数据科学与大数据技术

Python 和 PySpark 数据分析

[加] 乔纳森·里乌(Jonathan Rioux) 著
殷海英 译

清华大学出版社
北 京

北京市版权局著作权合同登记号 图字：01-2023-4142

Jonathan Rioux
Data Analysis with Python and PySpark
EISBN: 9781617297205

图书在版编目(CIP)数据

Python 和 PySpark 数据分析 / (加) 乔纳森 • 里乌(Jonathan Rioux) 著；殷海英译. —北京：清华大学出版社，2023.10
(数据科学与大数据技术)
书名原文：Data Analysis with Python and PySpark
ISBN 978-7-302-64536-8

I. ①P… II. ①乔… ②殷… III. ①软件工具—程序设计 ②数据处理 IV. ①TP311.561 ②TP274

中国国家版本馆 CIP 数据核字(2023)第 169057 号

责任编辑：王 军
装帧设计：孔祥峰
责任校对：成凤进
责任印制：宋 林

出版发行：清华大学出版社
网 址：http://www.tup.com.cn，http://www.wqbook.com
地 址：北京清华大学学研大厦 A 座 邮 编：100084
社 总 机：010-83470000 邮 购：010-62786544
投稿与读者服务：010-62776969，c-service@tup.tsinghua.edu.cn
质 量 反 馈：010-62772015，zhiliang@tup.tsinghua.edu.cn
印 装 者：大厂回族自治县彩虹印刷有限公司
经 销：全国新华书店
开 本：170mm×240mm 印 张：26.25 字 数：606 千字
版 次：2023 年 10 月第 1 版 印 次：2023 年 10 月第 1 次印刷
定 价：118.00 元

产品编号：097314-01

译 者 序

在为学生讲授《数据科学 101》课程时，同学们常常向我提出以下问题：“为什么我们配置了拥有 16 颗计算核心的服务器，但在处理数据时，CPU 占用率仅为不到 10%，导致程序运行缓慢？” 我向他们解释道：“这是 Python 解释器中的全局解释器锁(GIL)导致的问题”。GIL 确保在任何给定时间只有一个线程可以在解释器中执行字节码。这意味着 Python 的多线程并不能真正实现并行执行，尤其是在 CPU 密集型任务中。为了解决这一问题，我鼓励大家注册参加我的《数据科学 102》课程，我将在那里介绍如何利用 PySpark 解决并行处理问题。于是，在《数据科学 102》的课堂上，我看到了许多熟悉的面孔。

近年来，“数据科学”这个词变得非常流行。市面上的书籍和教程(包括我翻译并出版的几本关于数据科学的书籍在内)，通常都侧重于某种特定的实现技术。然而，在实际工作中，我们首要面临的问题是如何快速完成数据处理和计算。因为在工作环境中，我们通常使用的是大规模计算集群，它由许多带有 128 颗计算核心的服务器组成，而不是像上课时使用的笔记本电脑那样只有几个计算核心。如果你按照那些“教程”编写程序，在程序运行时，单台服务器的 CPU 使用率可能不到 1%，而程序仍然无法及时完成任务。你的客户或内部经理肯定对这样的运行状况感到不满意。那么，如何使用简单的技术解决这个问题呢？使用本书介绍的 PySpark 绝对是一个很好的选择。

为什么选择 PySpark？PySpark 是 Python 编程语言与 Apache Spark 分布式计算框架的完美结合。Apache Spark 作为一种快速、通用且可扩展的大数据处理框架，通过其强大的分布式计算能力，为数据科学家、工程师和研究人员提供了处理大规模数据集的解决方案。而 PySpark 作为 Python 开发者的首选工具，为他们提供了使用 Python 语言轻松处理大数据的能力。PySpark 的魅力在于其简洁而强大的 API。通过 PySpark，开发者可以利用 Python 的直观和简洁语法，编写并行、可扩展的数据处理和分析应用程序。PySpark 提供了一系列高级抽象，如 RDDs、DataFrames 和 Spark SQL 等，使得处理结构化和非结构化数据变得更加容易。通过 PySpark，你可以对数据进行各种转换和操作，如筛选、映射、聚合、连接和排序等。无论是简单的数据处理任务还是复杂的机器学习和深度学习应用，PySpark 都能够以高效的方式处理。其内置的 MLlib 机器学习库提供了丰富的算法和工具，使得训练和评估机器学习模型变得更加简单和可扩展。在 PySpark 中，分布式计算是关键。它利用 Spark 的任务调度和执行引擎，将任务分解为多个阶段，并在集群中的多个计算节点上并行执行这些阶段。这种分布式计算的优势使得 PySpark 能够处理大规模数据集，并以极快的速度完成任务。通过利用分布式计算，PySpark 能够提供卓越的性能和可扩展性，使得数据处理和分析的工作变得更加高效和可靠。不仅如此，PySpark

还具备与 Python 生态系统的良好兼容性。开发者可以轻松地整合其他 Python 库和工具，如 NumPy、Pandas 和 Matplotlib 等，以便进行更丰富的数据处理、可视化和分析。

本书有 14 章和 3 个附录，详细介绍了如何将 PySpark 应用到日常的数据科学工作中。通过通俗易懂的示例，介绍了 PySpark 中的实用知识点和语法，使你能够轻松掌握 PySpark 的核心概念，并将其应用于实际工作中。

在本书中，你将学习如何使用 PySpark 进行数据预处理、模型训练和评估等常见的数据科学任务。每个章节都以具体的示例和案例展示了 PySpark 在不同情景下的应用方法和技巧。通过实际操作，你将了解如何使用 PySpark 处理大规模数据集、构建复杂的数据处理流程以及应对常见的数据质量和性能挑战。

最后，我要由衷感谢清华大学出版社的王军老师。感谢他给我提供机会翻译并出版了多本关于机器学习、人工智能、云计算和高性能计算的书籍。他提供了一种新的方式，让我能够与大家分享我的知识和经验。他的支持和帮助使我能够将这些书籍带给读者，并希望这些书籍能对读者在相关领域的学习和工作有所帮助。

殷海英
埃尔赛贡多，加利福尼亚州

作 者 简 介

Jonathan Rioux 每天都在使用 PySpark。他还向数据科学家、数据工程师和精通数据的业务分析师讲授大规模数据分析。

在进入咨询行业成为机器学习和数据分析专家之前，Jonathan 在保险行业的各种分析岗位上工作了 10 年。他目前担任 Laivly 公司的机器学习总监，该公司为客户提供友好的人工智能和自动化机器学习解决方案，以创造最好的客户体验。

致　谢

虽然封面上有我的名字，但本书是团队努力的成果，我想花点时间感谢一路帮助我的人。

首先，我要感谢我的家人。写一本书是一项艰巨的工作，同时伴随着许多抱怨。Simon、Catherine、Véronique、Jean，谢谢你们。

Regina，在某种程度上，你是我的第一个 PySpark 学生。通过与你合作，真的改变了我事业上的一切。我将永远珍惜我们一起工作的时光，遇到你是我的幸运。

我要感谢 Renata Pompas，她允许我使用在她的监督下制作的调色板来制作书中的图表。我是色盲，所以找到一套让我满意且一致的安全颜色，对本书的编写很有帮助。如果你觉得这些图表不错，那就感谢她(以及优秀的平面设计师)。如果它们看起来很糟糕，就怪我。

感谢我在 EPAM 的团队，特别感谢 Zac、James、Nasim、Vahid、Dmitrii、Yuriy、Val、Robert、Aliaksandra、Ihor、Pooyan、Artem、Volha、Ekaterina、Sergey、Sergei、Siarhei、Kseniya、Artemii、Anatoly、Yuliya、Nadzeya、Artsiom、Denis、Yevhen、sofiia、Roman、Mykola、Lisa、Gaurav、Megan。从我宣布要写书的那天起，到我写下这段话的时候，我都感到了团队的支持和鼓励。感谢 Laivly 团队，Jeff、Rod、Craig、Jordan、Abu、Brendan、Daniel、Guy 和 Reid，感谢他们与我一起冒险的经历。我向你们保证未来是光明的。

在写本书的过程中，我有幸与一些优秀的播客制作人在 PySpark 上交流：Test & Code 的 Brian，WHAT the Data?!的 Lior 和 Michael，以及 Profitable Python 的 Ben。非常感谢你们邀请我参加交流。

我想感谢在编写过程中对手稿提供意见的读者，以及提供出色反馈的审稿人：Alex Lucas、David Cronkite、Dianshuang Wu、Gary Bake、Geoff Clark、Gustavo Patino、Igor Vieira、Javier Collado Cabeza、Jeremy Loscheider、Josh Cohen、Kay Engelhardt、Kim Falk、Michael Kareev、Mike Jensen、Patrick A. Mol、Paul Fornia、Peter Hampton、Philippe Van Bergen、Rambabu Posa、Raushan Jha、Sergio Govoni、Sriram Macharla、Stephen Oates 以及 Werner Nindl。

最后，也是最重要的，我要感谢 Manning 出版社的梦之队，是他们让本书得以出版。有许多人为我提供了不可思议的神奇经历：Marjan Bace、Michael Stephens、Rebecca Rinehart、Bert Bates、Candace Gillhoolley、Radmila Ercegovac、Aleks Dragosavljevic、Matko Hrvatin、Christopher Kaufmann、Ana Romac、Branko Latincic、Lucas Weber、Stjepan Jurekovic、Goran Ore、Keri Hales、Michele Mitchell、Melody Dolab 以及 Manning 制作团队的其他成员。

说到 Manning，我要感谢两本书的作者：*wxPython in Action* 的作者 Noel Rappin 和 Robin Dunn(Manning, 2016)，以及 *The Joy of Clojure* 的作者 Michael Fogus 和 Chris Houser(Manning, 2014)。这些书激发了我的灵感，让我一头扎进了编程(然后是数据科学)。在某种程度上，他们是本书诞生的最初火花。

我想强调 Manning 团队，他们帮助我在日常工作中保持责任感，也让我为本书感到自豪。Arthur Zubarev，真不敢相信我们住在同一个城市却还没见过面！感谢你的反馈，感谢你回答我的许多问题。Alex Ott，我觉得不可能找到比你更好的技术顾问了。Databricks，能拥有你真是太幸运了。最后，同样重要的是，我要感谢 Marina Michaels，从我有写本书的想法起，她就一直支持我。写一本书比我最初想象的要困难得多，但你让整个经历充满乐趣。我从心底感谢你。

关 于 本 书

本书将教你如何使用 PySpark 执行自己的大数据分析程序，以实际的场景讲授如何使用 PySpark 以及为什么使用 PySpark。你将学习如何有效地采集和处理大规模数据，以及如何编写自己的数据转换程序。读完本书后，你应该能够熟练地使用 PySpark 编写自己的数据分析程序。

本书目标读者

本书使用由浅入深的用例展开，从简单的数据转换一直到机器学习管道。本书涵盖了数据分析的整个生命周期，从数据采集到结果使用，添加了更多关于数据源使用和转换的实用技术。

本书主要面向数据分析师、数据工程师和数据科学家，他们希望将 Python 代码扩展到更大的数据集。理想情况下，你应该在工作中或学习编程时编写过一些与数据相关的程序。如果已经熟练使用 Python 编程语言及其生态系统，你会从本书中学到更多的实用内容。

Spark(当然还有 PySpark)从面向对象和函数式编程中借鉴了很多内容。我认为，仅仅为了有效地使用大数据，就要求完全掌握两种编程范式是不合理的。如果你理解 Python 类、装饰器和高级函数，就能熟练使用书中一些更高级的结构，让 PySpark 按照你的意愿运行。如果你对这些概念不熟悉，我会在本书(如果适用)正文和附录中讨论 PySpark。

本书组织结构：路线图

本书分为 3 部分。第 I 部分介绍 PySpark 及其计算模型。本部分还会介绍如何构建和提交一个简单的数据程序，重点介绍在每个 PySpark 程序中都会用到的核心操作，如数据帧中的数据选择、筛选、连接和分组。

第 II 部分通过引入分层数据进一步深入介绍数据转换，分层数据是 PySpark 中可扩展数据程序的关键元素。我们还通过明智地引入 SQL 代码，探索弹性分布式数据集/用户自定义函数，在 PySpark 中高效地使用 pandas 及窗口函数，使程序更具表现力、更加灵活并具有更好的性能。我们还会探讨 Spark 的报表功能和资源管理，以找出潜在的性能问题。

最后，第 III 部分在第 I 部分和第II部分的基础上介绍了如何在 PySpark 中构建机器学习程序。在构建和评估机器学习管道之前，使用数据转换工具包创建和选择特征。最后，创建自己的机器学习管道组件，确保我们的机器学习程序具有最大的可用性和可读性。

本书的大部分章节都有练习。你应该能够用学到的知识回答这些问题。

我建议你从头到尾按顺序阅读本书，并根据需要使用附录。如果你想直接深入某个主题，我仍然建议你在深入某一章节之前先学习第 I 部分。下面是一些硬依赖和软依赖，有助于你更高效地阅读本书。

- 第 3 章是第 2 章的直接延续。
- 第 5 章是第 4 章的直接延续。
- 第 9 章使用了第 8 章介绍的一些概念，但资深读者可以自己阅读。
- 第 12 章、第 13 章和第 14 章最好依次阅读。

关于代码

本书最适合使用 Spark 3.1 或 Spark 3.2：Spark 3 中引入了许多新功能，目前大多数商业版本都默认使用该版本。在适当的时候，我会为 Spark 2.3/2.4 提供向后兼容的指令。不推荐 Spark 2.2 或更低版本。我还推荐使用 Python 3.6 及以上版本(本书中我使用的是 Python 3.8.8)。安装说明见附录 B。

可以在 https://github.com/jonesberg/DataAnalysisWithPythonAndPySpark 上找到本书的配套代码库，其中包含数据和代码。有些部分还包含本书所开发程序的可运行版本，以及一些可选的练习。可扫描封底二维码下载本书源代码。

本书包含了许多源代码的示例，有带编号的代码清单，也有正常的文本。在这两种情况下，源代码的格式都是固定等宽字体，以将其与普通文本区分开。有时，代码也会以粗体字显示，以突出显示与本章前面步骤不同的代码，例如在现有代码中添加了新功能。

在许多情况下，原始源代码被重新格式化；添加了换行符，并修改了缩进，以方便排版和印刷。在极少数情况下，即使这样也不能满足排版需求，代码清单还会包括行连续标记(➥)。此外，正文中源代码的注释通常会被删除。代码清单中大都包含注释，以突出重要的概念。

前　言

虽然计算机的功能越来越强大，能够处理更大的数据集，但我们对数据的需求增长得更快。因此，我们构建了新的工具，以便在多台计算机上扩展大数据任务。这是有代价的，早期的工具很复杂，不仅需要用户管理数据程序，还需要用户管理计算机集群本身的运行状况和性能。我记得我曾尝试扩展自己的程序，但却得到“只需要对数据集进行采样，然后继续工作”的建议。

PySpark 改变了游戏规则。从流行的 Python 编程语言开始，它提供了一个清晰可读的 API 来操作非常大的数据集。尽管如此，当你坐下来编写代码时，就像在操作一台复杂且功能强大的机器。PySpark 集功能强大、表现力强、用途广泛于一体。通过强大的多维数据模型，无论多大的数据规模，都可以通过清晰的路径构建数据程序，以实现可伸缩性。

作为一名构建信用风险模型的数据科学家，我深深喜欢上 PySpark。在即将把模型迁移到新的大数据环境时，我们需要设计一个计划：在保持业务连续运行的同时智能地转换我们的数据产品。作为一个自封的 Python 人，我的任务是帮助团队熟悉 PySpark 并加速过渡。当我有机会在不同的用例上与无数客户合作时，我对 PySpark 的喜爱程度呈指数级增长。这些项目的共同点是什么？大数据和大问题都可以通过强大的数据模型解决。需要注意的是，大多数学习 Spark 的材料都是针对 Scala 和 Java 的，Python 开发人员只能将代码转换成他们喜欢的编程语言。我写本书是为了将 PySpark 作为数据分析师的优秀工具进行推广。幸运的是，Spark 项目真的让 Python 成为主要参与者。现在，你拥有了扩展数据程序的强大工具，这是史无前例的。

而一旦大数据被驯服，就可以发挥数据的无限可能。

目　录

第1章 介绍

本章主要内容

- 什么是 PySpark
- 为什么 PySpark 是一个有用的分析工具
- Spark 平台的多功能性及其局限性
- PySpark 处理数据的方式

根据几乎所有新闻媒体的说法，数据就是一切，无处不在。新石油、新电力、新黄金、钚，甚至培根！数据是强大的、无形的、珍贵的，也是危险的。与此同时，只有数据本身是不够的，重要的是你用它做什么。毕竟，对于计算机来说，任何数据都是 0 和 1 的集合。作为用户，我们有责任理解如何将其转换为有用的东西。

就像石油、电力、黄金、钚和培根(尤其是培根)一样，我们对数据的需求也在不断增长。事实上，如此之多的数据，以至于计算机都跟不上了。数据的规模和复杂性都在增长，但消费硬件却停滞不前。大多数笔记本电脑的内存在 8GB～16 GB 徘徊，而 SSD 超过几 TB 就会变得非常昂贵。对于当今的数据分析师来说，用 3 倍抵押贷款支付顶级硬件来解决大数据问题的解决方案是什么？

这里介绍了 Apache Spark(在本书中称为 Spark)及其配套工具 PySpark。它们可以利用超级计算机(功能强大但可管理的计算单元组成一个机器网络)的强大功能服务大众。再加上一组强大的数据结构，你可以随时使用它们进行任何工作，这样你就有了一个可以随你一起成长的工具。

本书的目标是提供使用 PySpark 分析数据的工具，无论是需要回答一个快速的数据驱动问题还是构建一个机器学习模型。它涵盖了足够的理论知识，同时提供足够的实践机会。大多数章节都包含一些练习来巩固你刚刚学到的内容。这些练习都在附录 A 中进行了解答和说明。

1.1 什么是 PySpark

名字有什么含义？事实上，有很多含义。只要把 PySpark 分成两部分，就可以推断出它与 Spark 和 Python 相关。

就其核心而言，PySpark 可以概括为 Spark 的 Python API。虽然这是一个准确的定义，但除非你了解 Python 和 Spark 的含义，否则它并不能提供太多信息。不过，让我们先回答“什么是 Spark?”。有了这些，再看看为什么 Spark 在与 Python 令人难以置信的分析(和机器学习)库结合时变得如此强大。

1.1.1　从头开始：什么是 Spark

据该软件的作者介绍，Apache Spark 是一个“用于大规模数据处理的统一分析引擎”，本书将始终将其称为 Spark。这是一个非常准确的定义，虽然有点枯燥。可以简单地把 Spark 想象为一个分析工厂。在这里，原始材料——数据——被输入，数据、见解、可视化、模型及你能想到的一切——被输出。

就像其他应用场景中通常会通过增加内存来获得更大的容量一样，Spark 也可以通过横向扩展(跨多台较小的计算机)来处理越来越大的数据量，而不是通过纵向扩展(向单台计算机添加更多的资源，如 CPU、内存和磁盘空间)来处理。内存与世界上的大多数东西不一样，它的数量和价格不成正比(例如，一根 128 GB 的内存比两根 64 GB 的内存贵)。这意味着，你将依赖多台计算机，在它们之间分配任务，而不是购买数千美元的内存来容纳数据集。在两台普通计算机比一台大型计算机成本更低的世界中，横向扩展比纵向扩展的成本更低。

云成本和内存

在云计算中，价格往往更为重要。例如，2022 年 1 月，16 核/128 GB 内存的云主机的成本可能是 8 核/64 GB 内存云主机的两倍左右。随着数据量的增长，Spark 可以通过调整给定任务的工作进程和执行进程的数量控制成本。例如，如果有一个数据转换任务，数据集规模不大(只有几 TB)，你可以限制自己使用更小的计算规模，如 5 台计算机。当你想进行机器学习时，可以扩展到 60 台。Databricks(见附录 B)等供应商提供自动扩展功能。也就是说，它们会根据集群的压力，在执行一个任务时增加或减少计算机的数量。自动扩展/成本控制的实现完全取决于供应商(第 11 章介绍了组成 Spark 集群的资源，以及这些资源的用途)。

一台计算机有时会崩溃或表现出不可预测的行为。如果不是 1 台，而是 100 台，那么它们中至少有 1 台出现问题的可能性就要大得多[1]。因此，Spark 有很多需要管理、扩展和监控的环节，让你可以专注于想做的事情，也就是处理数据。

事实上，这正是 Spark 的关键之处：它是一个很好的工具，因为它可以帮助你完成很多事情，之前的许多繁重任务都可以交给它去做。Spark 提供了强大的 API(Application Programming Interface，应用编程接口，提供交互式的函数、类和变量)，让你看起来像在处理一个内聚的数据源，同时又在后台努力优化程序，利用所有可用的功能。你不必是分布式计算方面的专家，只需要熟悉用于构建程序的语言。

1　这可能是一个有趣的概率计算练习，但我会尽量减少数学计算。

1.1.2 PySpark = Spark + Python

PySpark 在 Spark 的计算模型中提供了一个访问 Python 的入口。Spark 本身是用 Scala[1] 编写的。作者在提供不同语言之间的一致接口方面做得很好，同时适当保留了每种语言的特性。因此，无论是 Scala/Spark 程序员还是 Python 程序员，都会非常容易读懂你的 PySpark 程序。

Python 是一种动态的通用语言，可用于许多平台和任务。它的多功能性和表达能力使其特别适合 PySpark。该语言是许多领域最流行的语言之一，目前是数据分析和数据科学的主要力量。它的语法易于学习和阅读，而且可用的软件库数量意味着你经常会找到一个(或多个)适合你的问题的软件库。

PySpark 不仅提供了 Spark 核心 API，还提供了一组定制的扩展常规 Python 代码的功能，以及 pandas 的转换操作。在 Python 的数据分析生态系统中，pandas 实际上是用于内存绑定数据帧的数据帧库(整个数据帧需要驻留在单个计算机的内存中)。现在这不是 PySpark 或 pandas 的问题，而是 PySpark 与 pandas 的问题。第 8 章和第 9 章专门介绍如何将 Python、pandas 和 PySpark 组合成一个愉快的程序。对于那些真正致力于 pandas 语法的人(或者如果你有一个大型的 pandas 程序，想扩展到 PySpark)，Koalas(现在称为 pyspark.pandas 并且是 Spark 3.2.0 版本的一部分。在 PySpark 之上提供了一个类似 pandas 的解决方案。如果你要在 Python 中创建一个新的 Spark 程序，建议使用 PySpark 语法——本书将会详细介绍——当你想更轻松地从 pandas 过渡到 PySpark 时，建议使用 Koalas 语法。程序会运行得更快，可读性也会更好。

1.1.3 为什么选择 PySpark

有很多处理数据的软件库和框架，为什么要花时间专门学习 PySpark？

PySpark 对于现代数据工作负载有很多优势。它集快速、富有表现力和多功能于一身。本节将介绍 PySpark 的许多优点，为什么它的价值主张不仅仅是“Spark, with Python”，以及何时使用其他工具更好。

1. PySpark 速度很快

如果你在搜索引擎中搜索“大数据”，Hadoop 很有可能出现在前几个结果中。这有一个很好的理由：Hadoop 普及了谷歌在 2004 年首创的著名的 MapReduce 框架，并启发大家如何大规模处理数据(第 8 章讨论 PySpark 的底层数据结构时会涉及 MapReduce，即弹性分布式数据集)。

Spark 是几年后创建的，它继承了 Hadoop 令人难以置信的优势。使用积极的查询优化器，明智地使用内存(减少磁盘 I/O，参见第 11 章)，以及其他改进，Spark 的运行速度可以比普通 Hadoop 快 100 倍。由于这两个框架之间的集成，你可以轻松地将 Hadoop 工

---

1 开发 Spark 的 Databricks 公司有一个名为 Photon 的项目，它是用 C++重写的 Spark 执行引擎。

作流切换到 Spark，从而在不改变硬件的情况下获得一些性能提升。[1]

2. PySpark 简单明了

Python 是最流行且最容易学习的语言之一，PySpark 的 API 从头开始设计，易于理解。PySpark 借用并扩展了 SQL 中的数据操作功能。它以一种流畅的方式做到这一点：对数据帧的每个操作都返回一个“新”数据帧，因此可以将操作一个接一个地连接起来。虽然我们还处在学习 PySpark 的早期阶段，但代码清单 1-1 显示了 PySpark 的可读性及其优越设计。即使没有先验知识，词汇的选择和语法的一致性也使它读起来更加容易。读取一个 CSV 文件，创建一个包含旧列条件值的新列，筛选(使用 where)，根据列值进行分组，生成每个组的计数，最后将结果写回 CSV 文件。所有这些方法在本书的第 I 部分中都有介绍，但现在已经可以推断出这段代码的功能了。

代码清单 1-1　简单的 ETL 管道显示 PySpark 语言简单明了

```
(
    spark.read.csv("./data/list_of_numbers/sample.csv", header=True)
    .withColumn(
        "new_column", F.when(F.col("old_column") > 10, 10).otherwise(0)
    )
    .where("old_column > 8")
    .groupby("new_column")
    .count()
    .write.csv("updated_frequencies.csv", mode="overwrite")
)
```

实际上，Spark 优化了这些操作，这样就不必在每个方法之后获得中间数据帧。因此，可以以一种非常简洁和自描述的方式编写数据转换代码，依靠 Spark 优化最终结果——这是程序员最舒适的状态。

你将在本书中看到许多(更复杂的)示例。我在编写示例时，会很高兴代码最终看起来与最初的(纸笔)推理非常接近。在理解了框架的基本原理之后，我相信你的情况会和我一样。

3. PySpark 是万能的

PySpark 的一个关键优势是多功能性：学习一种工具，然后在各种设置中使用它。这种多功能性有两个组成部分。首先，是框架的可用性；其次，Spark 具有多样化的生态系统。

PySpark 无处不在。三大云提供商[Amazon Web Services (AWS)、Google Cloud Platform (GCP)、Microsoft Azure]都有一个受管理的 Spark 集群作为其产品的一部分，这意味着你只需要单击几个按钮就可以拥有一个功能完整的集群。你还可以轻松地在计算机上安装 Spark，以便在扩展到更强大的集群之前验证你的程序。附录 B 介绍了如何在本地运行 Spark，并简要介绍了当前主要的云产品。

1　一如既往，标准的免责声明：不是每个 Hadoop 任务都能在 Spark 中得到加速。你的情况可能会有所不同。在进行大型的架构更改之前，始终要进行充分的测试。

PySpark 是开源的。不像其他分析软件，你不会被某家公司绑住。如果你感到好奇，可以查看 PySpark 的源代码；如果你对新功能有想法或发现 bug，甚至可以贡献代码。它还降低了使用的门槛：只需要下载、学习，就能带来收益。

最后，Spark 的生态系统并不仅限于 PySpark。它还支持 Scala、Java 和 R 的 API，以及最先进的 SQL 层。这使在 Spark 中编写多语言程序变得很容易。Java 软件工程师可以使用 Java 处理 Spark 中的数据转换管道，而数据科学家可以使用 PySpark 构建模型。

4. PySpark 的不足之处

如果 PySpark 能解决所有数据问题，那就太棒了。遗憾的是，没有一种技术是完美的，PySpark 也不例外。因此，当你为下一个项目选择工具时，必须考虑以下因素。

如果你正在处理(非常)小型数据集，并需要快速得到结果，PySpark 就不是最好的选择。在多台计算机上执行程序需要节点之间一定程度的协调工作，这带来了一些额外的开销。如果只使用单个节点，那么你付出了代价，但没有得到收益。例如，PySpark shell 需要几秒钟才能启动，这段时间足够完成内存中的数据处理(数据量较小时，可以将所有要处理的数据加载到内存中)。但是，随着新的 PySpark 版本的发布，有关小型数据集处理的性能差距会越来越小。

与 Java 和 Scala API 相比，PySpark 也存在一个小缺点。由于 Spark 是 Scala 程序的核心，纯 Python 代码必须在 JVM (Java 虚拟机，支持 Java 和 Scala 代码的运行时环境)指令之间进行转换。由于 PySpark 提供了 DataFrame API，不同语言之间的差异已经显著缩小：无论程序是用 Scala、Java 还是 Python 编写的，数据帧操作都将映射到高效的 Spark 操作上，并且运行速度相同。使用弹性分布式数据集(Resilient Distributed Data Set，RDD)数据结构或定义 Python 用户自定义函数时，仍然会发现操作速度较慢。这并不意味着要避免使用它们，这两个主题将在第 8 章讨论。

最后，虽然编写 PySpark 程序很简单，但管理集群可能有一些挑战。Spark 是一个相当复杂的软件。虽然代码库在过去几年已经非常成熟，但还不能像管理单个节点那样轻松地管理 100 台计算机的集群。第 11 章会介绍如何配置 Spark 和进行性能调优，而云计算的选项会让理解 Spark 比以往任何时候都容易(参见附录 B)。对于棘手的问题，可以像我一样做：和运维团队成为朋友。

本节介绍了为什么要使用 PySpark，以及为什么不使用 PySpark，因为知道在何时何地使用 PySpark 是拥有良好开发体验和处理性能的关键。1.2 节会更深入地探讨 Spark 如何处理数据，以及如何让分布式数据处理看起来像在管理一家工厂。

1.2　PySpark 的工作原理

本节介绍 Spark 如何处理程序。展示一个系统的工作原理和基础可能有点奇怪，我们刚刚声称，Spark 隐藏了复杂性。不过，了解 Spark 的设置方式、数据管理方式和查询优化方式仍然很重要。知道了这些，你将能够推理系统，改进代码，并在代码没有按照预期方式执行时及时找出原因并修改。

如果我们依旧以工厂为例进行说明，可以想象 Spark 所在的计算机集群是建筑物。如图 1-1 所示，有两种不同的解释数据工厂的方式。在左边，是从外部看到它的样子：一个整体的单元，项目进来，结果出去。这就是大多数时候看到的样子。内部结构看起来更像右边所示：有一些工作人员被分配到工作台。工作台类似于 Spark 集群中的计算机，数量是固定的。在一些现代的 Spark 实现中，如 Databricks(见附录 B)，支持在运行时自动扩展服务器的数量。有时候需要进行更多的提前计划，特别是在本地运行并且拥有自己的硬件时。在 Spark 的文献中，工作节点被称为执行器节点(executor)，它们在服务器或节点上执行具体的任务。

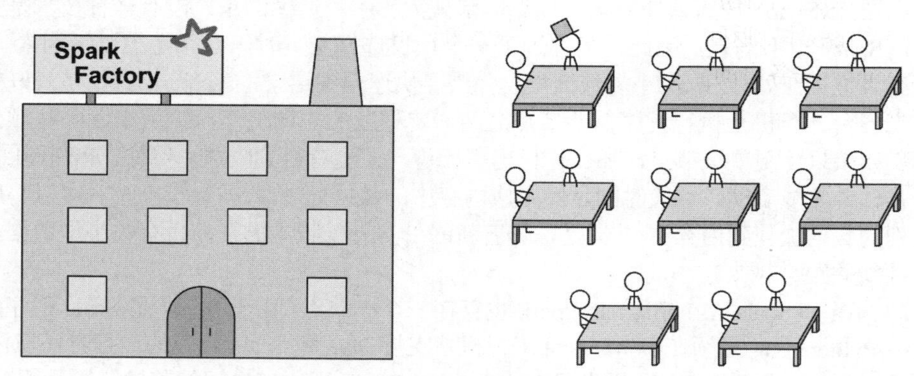

图 1-1　数据工厂内、外部概况图。90%的时间我们关心工厂的整体运行情况，但了解其布局有助于反思代码性能

其中一个工人看起来比其他工人更漂亮。那顶大礼帽绝对让他在人群中脱颖而出。在我们的数据工厂中，他是车间经理。在 Spark 中，称之为 master。这里的 master 位于一个工作台/服务器上，但它也可以位于不同的服务器上(甚至是你的计算机)，这取决于集群管理器和部署模式。master 的角色对程序的高效执行至关重要，因此 1.2.2 节将专门介绍。

提示

在云端，你可以拥有一个高可用性集群，这意味着你的主节点将被复制到多台计算机上。

1.2.1　使用集群管理器进行物理规划

接到任务(在 Spark 世界中称为驱动器程序)后，工厂程序就开始运行。这并不意味着要直接进行处理。在此之前，集群需要进行“容量规划”，也就是为程序分配计算能力。负责管理集群的实体或程序称为集群管理器(cluster manager)。在我们的工厂中，集群管理器将查看有可用空间的工作台，并确保有所需要的工作台数量，然后雇用工人开始生产。在 Spark 中，将查看具有可用计算资源的计算机，并在启动所需数量的执行程序之前保护必要的资源。

注意

Spark 提供了自己的集群管理器，称为独立集群管理器，但在与 Hadoop 或其他大数据平台协同工作时，它也可以与其他集群管理器很好地协同工作。如果你读过 YARN、Mesos 或 Kubernetes 的相关文章，就会知道它们被用作(就 Spark 而言)集群管理器。

任何关于容量的信息(计算机和 executor)都被编码在一个 SparkContext 中，表示到 Spark 集群的连接。如果指令中没有指定容量，集群管理器会按照 Spark 安装时指定的默认容量进行分配。

下面，使用代码清单 1-2 中的 sample.csv 文件(可在本书的配套程序中找到)计算这个程序的简化版本：返回 old_column 值的算术平均值。假设 Spark 实例有 4 个 executor，每个 executor 在各自的工作节点上工作。数据处理过程大致分配给 4 个 executor，每个 executor 处理数据帧中的一小部分。

代码清单 1-2　sample.csv 文件的内容

```
less data/list_of_numbers/sample.csv

old_column
1
4
4
5
7
7
7
10
14
1
4
8
```

图 1-2 描述了 PySpark 处理小数据帧中 old_column 的平均值的一种方式。这里选择平均值是因为它不像求和或计数那样是简单可分配的，而是要把每个 worker 的中间值相加。在计算平均值的情况下，每个 worker 独立计算它所负责的值的总和及其计数——而不是所有数据！最后，它们将结果交给一个 worker(或者当中间结果真的很小时，直接交给 master)，它将把这些值聚合成一个单一数值，即平均值。

对于这样一个简单的例子，映射 PySpark 的思维过程是一个简单而有趣的练习。数据的规模会越来越大，程序变得越来越复杂，我们将无法轻松地将代码映射到 Spark 实例执行的精确物理步骤。第 11 章会介绍 Spark 用来查看工作执行情况与工厂运行状况的机制。

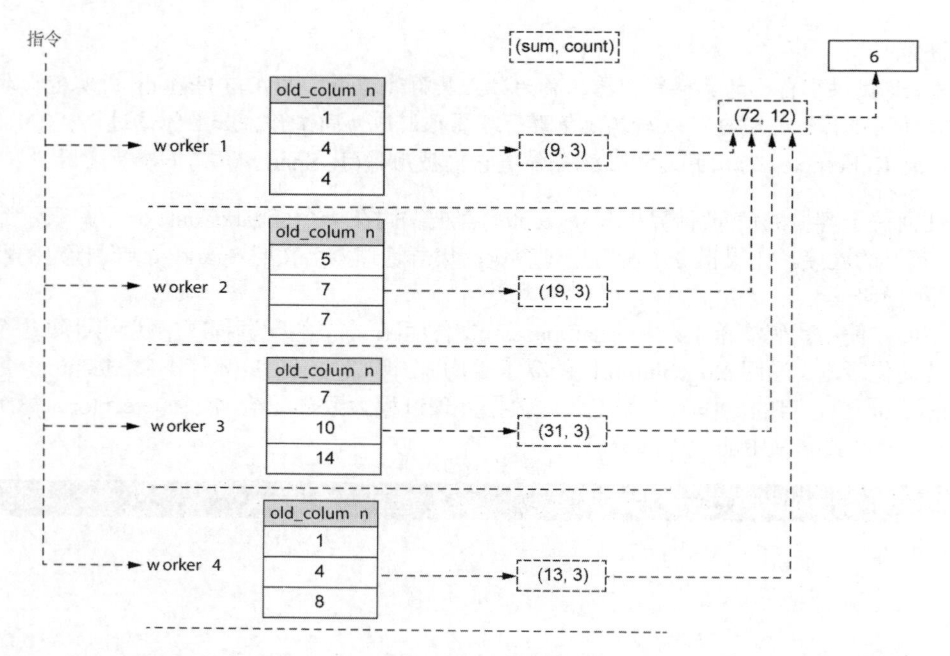

图 1-2 计算小数据帧的平均值。PySpark 风格：每个 worker 处理不同的数据块。必要时，会移动/混洗数据，以完成指令

本节举了一个简单的例子——计算一组数字组成的数据帧的平均值。为了得到正确的结果，我们绘制了 Spark 执行物理步骤的蓝图。1.2.2 节将介绍 Spark 最好但也最容易被误解的特性之一：惰性求值(laziness)。在进行大数据分析时，努力工作会有回报，但聪明的工作更好！

一些语言约定：data frame(数据帧)与 DataFrame

因为本书主要讨论的是数据帧，所以我更倾向于使用非大写的命名法(即 data frame)。我发现这比使用大写字母，甚至是没有空格的“dataframe”更具有可读性。

在直接引用 PySpark 对象时，将使用 DataFrame。这将有助于区分用于概念的“数据帧”和“DataFrame”对象。

1.2.2 懒惰的主管成就工厂的高效

本节介绍 Spark 最基本的特性之一：惰性计算能力。在讲授 PySpark 和对数据科学家的程序进行故障诊断时，我想说在 Spark 中惰性是最容易造成混淆的概念。这真是令人遗憾，因为惰性(在一定程度上)正是 Spark 获得惊人处理速度的原因。通过深入理解 Spark

如何实现惰性求值，将能够解释它的很多行为，并更好地调整性能。

就像在一个大型工厂里，你不会去每个员工那里给他们一个任务列表。不，在这里，master/manager 负责 worker。driver 是动作发生的地方。把 driver 想象成楼层主管：你给他们提供步骤列表，让他们处理。在 Spark 中，driver/楼层主管会接受你的指令(用 Python 代码仔细编写)，将它们转换为 Spark 步骤，然后在 worker 上处理。driver 还管理哪个 worker/table 拥有哪个数据切片，并确保你在这个过程中不会丢失数据。executor/factory worker 位于 worker /table 之上，在数据上执行具体的工作。

总结一下：

- master 就像工厂的主人一样，根据需要分配资源，以完成工作。
- driver 负责完成给定的工作。它根据需要向 master 请求资源。
- worker 是一组计算/内存资源，就像工厂中的工作台。
- executor 在 worker 上面，完成 driver 交代的工作，就像工作台上的员工一样。

第 11 章将回顾实践中使用的术语。

以代码清单 1-1 为例，将每条指令逐个打断，PySpark 直到 write 指令出现才会开始执行工作。如果使用常规的 Python 或 pandas 数据帧，它们不是惰性的(称为立即求值)，每条指令都是在读取时一个接一个执行的。

你的楼层主管/driver 具备一个好经理的所有品质：聪明、谨慎、懒惰。等等，什么？你没看错。在编程环境中(或者在现实世界中)，惰性求值可能是一件很好的事情。Spark 中提供的每条指令都可以分为两类：转换操作(transformation)和执行操作(action)，如图 1-3 所示。执行操作是许多编程语言中的 I/O 操作。最典型的执行操作如下：

- 在屏幕上打印信息。
- 向硬盘或云端存储桶写入数据。
- 计算记录的数量。

在 Spark 中，最常通过数据帧上的 show()、write()和 count()方法看到这些指令。

PySpark 不会评估所有数据转换(包括读取数据)。包含一系列数据帧转换的变量几乎会立即返回，因为没有执行任何数据操作

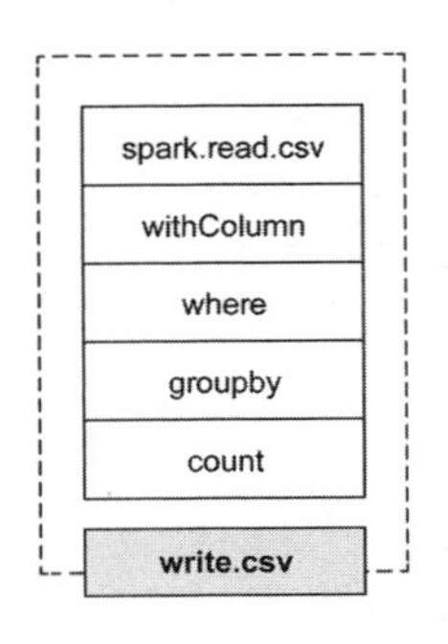

write.csv明确地将数据写入磁盘。PySpark实际写入或显示数据的操作称为执行操作(action)，并触发实际数据操作。没有执行操作，就没有可见的结果，没有具体工作执行，这就是惰性求值

图 1-3　将数据帧指令分解为一系列转换操作和一个执行操作。Spark 执行的每个“任务”都由零个或多个转换操作和一个执行操作组成

转换操作几乎就是剩下的一切。下面是一些转换操作的例子。

- 向表中添加列。
- 根据某些键执行聚合。
- 计算汇总统计信息。
- 训练机器学习模型。

你可能会问，为什么要进行区分？当考虑对数据进行的计算时，作为开发人员，你只关心导致执行操作的计算。你将始终与执行操作的结果交互，因为这是你可以看到的东西。Spark 的惰性计算模型将其发挥到极致，避免执行数据工作，直到某个执行操作触发计算链。在此之前，driver 会存储指令。在处理大规模数据时，这种处理计算的方式有很多好处。

注意

正如将在第 5 章中看到的，当 count()作为聚合函数应用时，它是一个转换函数(计算每组记录的数量)。但应用于数据帧时，它是一个执行操作(计算数据帧中的记录数量)。

第一，在内存中存储指令比存储中间数据结果占用的空间要小得多。如果你在一个数据集上执行了很多操作，并且每一步都将数据物化，那么虽然不需要中间结果，但占用的存储空间会大大增加。我们都认为应该避免空间的浪费。

第二，通过获取待执行任务的完整列表，driver 可以更高效地优化 executor 之间的工作。它可以使用运行时可用的信息，如特定部分数据所在的节点。如果有必要，它还可以重新排序、消除无用的转换、合并多个操作，以及更有效地重写程序的某些部分。

第三，如果一个节点在处理过程中失败——计算机失败！——Spark 能够重新创建缺失的数据块，因为它缓存了指令。它会读取相关的数据块，并在适当的位置重新计算，而不需要你做任何操作。这样，你就可以专注于代码中数据处理的部分，而把灾难和恢复的部分交给 Spark，如图 1-4 所示。第 11 章会详细介绍计算资源和内存资源，以及如何监控故障。

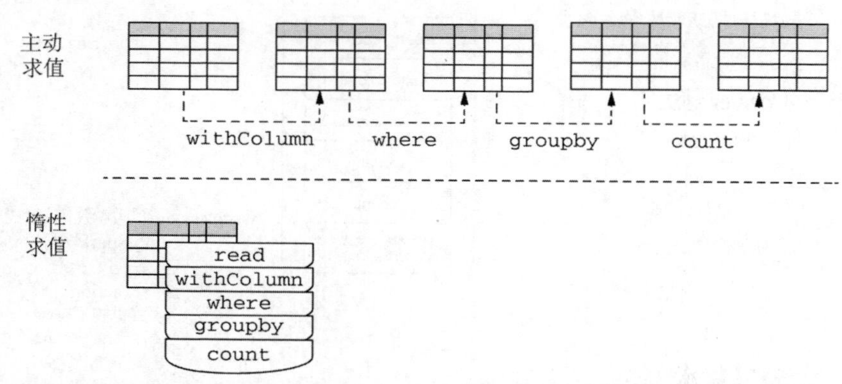

图 1-4 主动求值与惰性求值：存储(和动态计算)转换，通过减少对中间数据帧的需求来节省内存。如果其中一个节点发生故障，重新创建数据帧也更容易

最后，在交互式开发过程中，不必提交一大堆命令并等待计算发生。相反，你可以

迭代地构建转换链，一次一个。当准备好启动计算时，添加一个执行操作，让 Spark 发挥它的魔力。

惰性计算是 Spark 操作模型的一个基本方面，也是 Spark 速度如此之快的部分原因。大多数编程语言，包括 Python、R 和 Java，都是主动求值的。这意味着它们一收到指令就进行处理。使用 PySpark，可以使用一种积极的语言——Python，以及一个惰性的框架——Spark。这看起来可能有点陌生和吓人，但你不必担心。最好的学习方法是实践，本书提供了惰性的明确例子。你很快就会成为“惰性”的专业人士！

需要记住的一点是，Spark 不会为后续的计算保留操作的结果(或中间数据帧)。如果提交两次相同的程序，PySpark 将处理两次数据。我们使用缓存改变这种行为，并优化代码中的某些热点(最明显的是在训练机器学习模型时)，第 11 章将介绍如何以及何时进行缓存(剧透：并不像你想象的那么频繁)。

注意

虽然读取数据是 I/O 操作，但 Spark 认为这是一种转换操作。在大多数情况下，读取数据不会为用户执行任何可见的工作。因此，只有在需要对数据执行某些操作时才会读取数据(写入、读取、推断模式。更多信息参见第 6 章)。

没有有能力的员工，经理还有什么用？一旦接收到任务及其执行操作，driver 就会开始为被 Spark 称为 executor 的进程分配数据。executor 是指为应用运行计算和存储数据的进程。这些 executor 位于工作节点(worker node)上，即实际的计算机上。在我们的工厂类比中，executor 是执行工作的员工，而工作节点是工作台(table)，许多员工/执行器可以在其上工作。

我们的工厂之旅到此结束。总结一下典型的 PySpark 程序。

- 首先在 Python 代码中编写指令，形成一个 driver 程序。
- 在提交程序(或启动 PySpark shell)时，集群管理器会为我们分配资源。在程序运行期间，这些参数基本保持不变(自动扩展除外)。
- driver 程序采集你的代码并将其翻译成 Spark 指令。这些指令要么是转换操作，要么是执行操作。
- 一旦 driver 触发某个执行操作，它就会优化整个计算链，并在 executor 之间分配工作。executor 是执行实际数据工作的进程，它们位于被称为工作节点的计算机上。

就是这样！正如我们所看到的，整个过程非常简单，但很明显，Spark 隐藏了高效分布式处理带来的许多复杂性。对于开发人员来说，这意味着更短、更清晰的代码，以及更短的开发周期。

1.3　你将从本书学到什么

本书将使用 PySpark 解决数据分析师、数据工程师或数据科学家在日常生活中遇到的各种任务。因此将：

- 对于各种来源和格式，进行数据的读取和写入。
- 使用 PySpark 的数据操作功能处理混乱的数据。
- 发现新的数据集并执行探索性数据分析。
- 构建数据管道，以自动化的方式转换、总结和洞察数据。
- 排除常见的 PySpark 错误，以及从错误中恢复，并主动避免错误的发生。

在介绍了这些基础知识之后，还将处理不同的任务。这些任务也许并不常见，但它们很有趣，可以很好地展示 PySpark 的强大功能和多功能性。

- 建立机器学习模型，从简单的一次性实验到健壮的机器学习管道。
- 使用多种数据格式，从文本到表格再到 JSON。
- 无缝地融合 Python、pandas 和 PySpark 代码，利用它们各自的优势，最重要的是将 pandas 代码扩展到新的领域。

我们试图满足更多潜在读者，但主要关注那些与 Spark 和/或 PySpark 接触很少或没有接触过的人。更有经验的从业者可能会找到一些有用的知识，当他们需要解释困难的概念时，也许会从本书中受益！

1.4 我们将如何开始

本书主要介绍最新的 Spark 3.2 版本。数据帧是在 Spark 1.3 中出现的，所以有些代码可以在较早的 Spark 版本中使用。为了避免阅读本书时遇到麻烦，建议你使用 Spark 3.0 或更高版本，或者选择最新的版本。

我们假设你已经有一些基本的 Python 知识，附录 C 概述了一些有用的概念。如果你想更深入地了解 Python，我推荐 Naomi Ceder 撰写的 *Quick Python Book* (Manning，2018)，或 Reuven M. Lerner 撰写的 *Python Workout* (Manning，2020)。

要开始使用 Spark，只需要安装好 Spark。Spark 可以安装在计算机上，也可以安装在云端主机上(见附录 B)。本书中的大多数示例都可使用本地安装的 Spark，但也有一些可能需要更大的算力。

代码编辑器对于编写、阅读与编辑示例代码和编写程序也非常有用。有一个支持 Python 的编辑器很好，如 PyCharm、VS Code，甚至 Emacs/Vim，但并不是必要的。所有的示例也都适用于 Jupyter。请阅读附录 B 设置你的 Notebook 环境。

最后，我建议将你的想法用笔和纸记录下来。我就经常这样做，即使我在纸上记录的内容非常基本和粗糙，但我发现将想法在纸上写出来，有助于澄清这些想法。这意味着重写更少的代码，让程序员更快乐！不需要使用华丽的东西：一些废纸和一支铅笔就能创造奇迹。

1.5　本章小结

- PySpark 是用于大规模数据分析的分布式框架 Spark 的 Python API。Spark 继承了 Python 编程语言的表现力和动态性。
- Spark 之所以快，是因为它明智地使用了可用的内存，以及主动和惰性的查询优化器。
- 可在 Python、Scala、Java、R 等语言中使用 Spark，也可使用 SQL 进行数据操作。
- Spark 使用 driver 程序来处理指令并编排工作。executor 从 master 那里接受指令并执行工作。
- PySpark 中的所有指令要么是转换操作，要么是执行操作。因为 Spark 是惰性的，所以只有执行操作才会触发指令链的计算。

第 I 部分

介绍：PySpark 的第一步

当使用一项新技术时，熟悉它的最好方法是立即投入，从中建立直觉。在介绍两种不同的用例之前，第 I 部分简要介绍 PySpark。

第 1 章介绍了 Spark 的技术和计算模型。

在第 2 章和第 3 章，将构建一个简单的端到端程序，学习如何以可读且直观的方式构建 PySpark 代码。从文本数据的采集到处理，再到显示结果，最后以非交互的方式提交程序。

第 4 章和第 5 章介绍如何处理最常用的表格数据。我们在前几章的基础上，根据自己的意愿操作结构化数据。在第 I 部分结束时，你应该能熟练地从头到尾编写自己的简单程序了！

第2章

使用 PySpark 编写的第一个数据处理程序

本章主要内容

- 启动并使用 pyspark shell 进行交互式开发
- 读取数据并将其放入数据帧中
- 使用 DataFrame 结构探索数据
- 使用 select()方法选择列
- 使用 explode()将单嵌套数据重构为不同的记录
- 对列应用简单的函数，以修改列中包含的数据
- 使用 where()方法筛选列

数据驱动的应用程序，无论多么复杂，都可以归结为 3 个基本步骤，在程序中很容易区分。

(1) 加载或读取想要使用的数据。

(2) 转换数据，要么通过一些简单的指令，要么通过非常复杂的机器学习模型。

(3) 将结果数据导出(或接收)到文件中，或者将结果汇总成可视化的形式。

接下来的两章将通过创建一个简单的 ETL (Extract、Transform、Load，即采集、转换和导出)介绍使用 PySpark 的基本工作流程。从简单的总结到最复杂的机器学习模型，你会发现这 3 个简单的步骤在本书构建的每个程序中重复出现。我们将把大部分时间花在 pyspark shell 中，一步一步构建程序。与普通的 Python 开发一样，使用 shell 或 REPL(本书交替使用这两个术语)可以提供快速反馈和快速进展。一旦对结果感到满意，就将对程序进行包装，以便以批处理模式提交它。

注意

REPL 分别代表读取(read)、求值(evaluate)、打印(print)和循环(loop)。对 Python 来说，它表示交互式提示符，可在其中输入命令并读取结果。

数据操作是任何数据驱动程序中最基本也是最重要的方面，PySpark 在这方面做了很多工作。它是我们希望执行的任何报告、机器学习或数据科学练习的基础。本节不仅会介绍如何使用 PySpark 操作大规模数据，还会介绍如何进行数据转换。显然，我们无法涵盖 PySpark 提供的所有函数，但对使用的函数会进行充分的解释。此外，还将介绍在忘记某些东西如何工作时如何用 shell 作为友好的提醒。

由于这是你在 PySpark 中的第一个端到端程序，因此需要解决一个简单的问题：英语中最常用的单词有哪些？因为收集所有的英文资料是一项艰巨的任务，所以我们从一个很小的样本开始：简·奥斯汀的《傲慢与偏见》(*Pride and Prejudice*)。首先让程序处理这个小样本，然后扩展它以获取更大的文本语料库。在构建新程序时，我使用这个原则——从本地数据示例开始，以正确理解数据结构和概念。在云环境中工作时，这意味着在探索时成本更低。一旦对程序的流程有了信心，我就可以在所有节点上处理完整的数据集。

由于这是我们的第一个程序，而且需要介绍许多新概念，因此本章将重点放在程序的数据操作部分。第 3 章将介绍最终的计算过程，以及包装和扩展程序的过程。

提示

本书存储库包含示例和练习使用的代码和数据。这些可以在 http://mng.bz/6ZOR 网站上找到。

2.1 设置 pyspark shell

Python 提供了用于交互式开发的 REPL。由于 PySpark 是一个 Python 库，因此它也使用相同的环境。它在提交指令的瞬间提供即时反馈，而不是强迫你编译程序并将其作为一个整体提交，从而加快开发过程。我甚至可以说，在 PySpark 中 REPL 更有用，因为每个操作都可能需要相当长的时间。程序中途崩溃总是令人沮丧，但如果你已经运行了几小时的数据密集型任务，情况会更糟。

在本章(以及本书后面的内容)中，假设你已经在本地或云端安装了可用的 Spark。如果你想自己安装，附录 B 提供了针对 Linux、macOS 和 Windows 的安装步骤。如果你的计算机上不能安装，或者不想安装，附录 B 还提供了一些云驱动的选项。

一旦一切都设置好了，确保一切都在运行的最简单方法就是在终端中输入"pyspark"来启动 pyspark shell。你会看到一个 ASCII 格式的 Spark 标志，以及一些有用的信息。代码清单 2-1 展示了在我的本地计算机上执行的操作。在 2.1.1 节，会看到一个不那么神奇的替代方案，它可以帮助你将 PySpark 集成到现有的 Python REPL 中，以命令方式运行 pyspark。

代码清单 2-1　在本地计算机上启动 pyspark

```
$ pyspark
Python 3.8.8 | packaged by conda-forge | (default, Feb 20 2021, 15:50:57)
[Clang 11.0.1 ] on darwin
Type "help", "copyright", "credits" or "license" for more information.
21/08/23 07:28:16 WARN Utils: Your hostname, gyarados-2.local resolves to a
    loopback address: 127.0.0.1; using 192.168.2.101 instead (on interface en0)
21/08/23 07:28:16 WARN Utils: Set SPARK_LOCAL_IP if you need to bind to
     another address
21/08/23 07:28:17 WARN NativeCodeLoader: Unable to load native-hadoop library
     for your platform... using builtin-java classes where applicable
Using Spark's default log4j profile: org/apache/spark/log4j-defaults.properties
Setting default log level to "WARN".
To adjust logging level use sc.setLogLevel(newLevel). For SparkR, use
        setLogLevel(newLevel).
Welcome to
      ____              __
     / __/__  ___ _____/ /__
    _\ \/ _ \/ _ `/ __/ '_/
   /__ / .__/\_,_/_/ /_/\_\   version 3.2.0
      /_/
Using Python version 3.8.8 (default, Feb 20 2021 15:50:57)
Spark context Web UI available at http:/ /192.168.2.101:4040
Spark context available as 'sc' (master = local[*], app id = local-
        1629718098205).
SparkSession available as 'spark'.

+In [1]:
```

在本地使用 PySpark 时，通常不会预先配置一个完整的 Hadoop 集群。出于学习目的，这完全没问题

Spark 指定了它将提供的细节内容。我们将在 2.1.2 节看到如何配置它

使用的是 Spark 3.2.0 版本

Spark 用户界面(UI)的地址(参见第 11 章)

pyspark shell 通过变量 spark 和 sc 提供了一个入口。更多内容参见 2.1.1 节

现在 REPL 已经准备好接收输入了

PySpark 使用的是当前路径上可用的 Python。这将在主节点上显示 Python 版本号。因为是在本地运行，所以这是安装在我的计算机上的 Python

没有 IPython？没问题！

强烈建议你在交互模式下使用 PySpark 时使用 IPython。IPython 是 Python shell 的一个更好的前端工具，有很多有用的功能，比如更友好的复制粘贴和语法高亮显示功能。附录 B 中的安装说明包括配置 PySpark 以使用 IPython shell。

如果不使用 IPython REPL，会看到如下输出：

```
Using Python version 3.9.4 (default, Apr 5 2021 01:47:16)
Spark context Web UI available at http:/ /192.168.0.12:4040
Spark context available as 'sc' (master = local[*], app id = local-
          1619348090080).
SparkSession available as 'spark'.
>>>
```

如果你喜欢这种用户体验，附录 B 还提供了如何在 Jupyter notebook 界面中使用

PySpark 的说明。在云端(例如使用 Databricks 时)，通常会提供默认使用 notebook 的选项。

pyspark 程序提供了使用预配置 PySpark 的 Python REPL 的快捷方式：在代码清单 2-1 的最后两行，变量 spark 和 sc 已经预配置好了。在使用我最喜欢的代码编辑器时，通常更喜欢从常规的 python/IPython shell 开始，然后从上述 shell 中添加一个 Spark 实例，如附录 B 所示。在 2.1.1 节，将探索 spark 和 sc 作为 PySpark 的入口点，通过定义和实例化它们来编程。

2.1.1 SparkSession 入口点

本节将介绍 SparkSession 对象，以及它在程序中作为 PySpark 功能入口点的角色。知道它是如何创建和使用的，就可以更好地了解如何设置 PySpark。本节还会介绍如何将 PySpark 连接到现有的 REPL 中，简化与 Python IDE 和工具的集成。

如果你已经启动了 pyspark shell，使用 exit()(或者 Ctrl+D)会让你回到常规终端状态。打开 python(ipython 更好)提示符，输入代码清单 2-2 中的代码，手动创建 spark 对象。这就明确了 PySpark 应该作为 Python 库使用，而不是作为单独的工具使用。开始使用 Python REPL 时，可以很容易在 PySpark 中混合使用 Python 库。第 8 章和第 9 章主要介绍如何在 PySpark 的数据帧中集成 Python 和 pandas 代码。

PySpark 通过 SparkSession.builder 对象使用构建器(builder)模式。对于那些熟悉面向对象编程的人来说，构建器模式提供了一组方法来创建高度可配置的对象，而不需要有多个构造器。本章只关注最理想的场景。在第 II 部分和第III部分中，随着学习集群配置和给任务添加依赖，SparkSession 构建器模式会越来越有用。

在代码清单 2-2 中，启动了构建器模式，然后链接了一个定义了应用名称的配置参数。虽然这不是必须的，但在监控任务时(参见第 11 章)，使用一个精心设计的任务名称更容易区分任务。在构建器模式中，使用.getOrCreate()方法来物化和实例化 SparkSession。

代码清单 2-2 从头开始创建一个 SparkSession 入口点

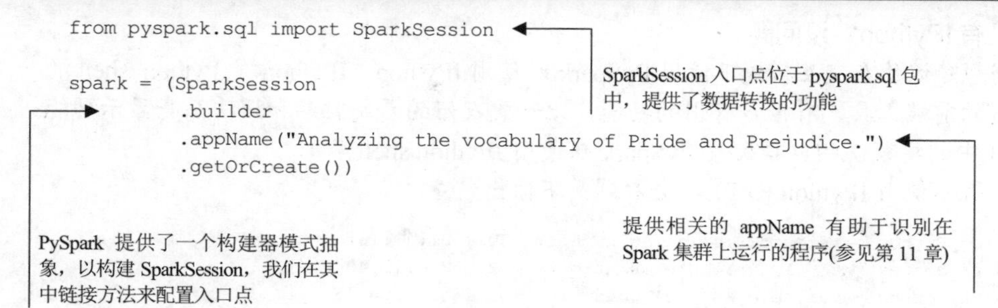

```
from pyspark.sql import SparkSession

spark = (SparkSession
         .builder
         .appName("Analyzing the vocabulary of Pride and Prejudice.")
         .getOrCreate())
```

注意

通过使用 getOrCreate()方法，程序可以在交互模式和批处理模式下工作，避免在 SparkSession 已经存在的情况下创建新的 SparkSession。注意，如果会话已经存在，则无法更改某些配置设置(主要与 JVM 选项有关)。如果需要修改 SparkSession 的配置，最好先删除所有配置，然后从头开始修改，以免混淆。

在第 1 章，简要介绍了 Spark 的入口点 SparkContext，它是 Python REPL 和 Spark 集群之间的联络点。SparkSession 是它的超集。它封装了 SparkContext 并提供了与 Spark SQL API 交互的功能，其中包括我们在大多数程序中都会用到的数据帧结构。为了证明我们的观点，看看从 SparkSession 对象访问 SparkContext 有多容易，只需要在 spark 中调用 sparkContext 属性：

```
$ spark.sparkContext
# <SparkContext master=local[*] appName=Analyzing the vocabulary of [...]>
```

SparkSession 对象是 PySpark API 的新成员，在 2.0 版本中才正式加入。这是因为 API 的发展为更快、更通用的数据帧(data frame)而不是底层的 RDD 提供了更多的空间。在此之前，必须使用另一个对象(称为 SQLContext)来使用数据帧。把所有内容放在一个容器中处理会更加简便。

本书将主要关注作为主要数据结构的数据帧。我会在第 8 章讨论底层 PySpark 编程以及如何在程序中嵌入 Python 函数时讨论 RDD。2.1.2 节将解释如何使用 Spark 通过日志级别(log level)提供更多(或更少)关于底层的信息。

阅读早期版本的 PySpark 代码

虽然本书展示了现代 PySpark 编程，但我们并不是生活在真空中。你可能会在网上看到使用 SparkContext/sqlContext 组合的早期 PySpark 代码。还会看到 sc 变量映射到 SparkContext 入口点。根据对 SparkSession 和 SparkContext 的了解，可以通过以下变量赋值来推断早期的 PySpark 代码:

```
sc = spark.sparkContext
sqlContext = spark
```

在 API 文档中会看到有关向后兼容性的 SQLContext 跟踪。建议避免使用这种方法，因为新的 SparkSession 方法更干净、更简单、更面向未来。

如果在命令行中运行 pyspark，所有这些都已经为你定义好了，如代码清单 2-1 所示。

2.1.2　配置 PySpark 的日志级别

本节将介绍日志级别，这可能是 PySpark 程序中最容易被忽视的部分。监控 PySpark 任务是开发健壮程序的重要组成部分。PySpark 提供了多种级别的日志，从什么都没有到对集群上发生的所有事情的完整描述。pyspark shell 默认设置为 WARN，在我们学习的过程中，这个值可能有点烦人。更重要的是，非交互式 PySpark 程序(脚本的大部分运行方式)默认设置为过度共享的 INFO 级别。幸运的是，可以使用代码清单 2-3 中的代码更改会话的设置。

代码清单 2-3　设置 PySpark 的日志级别

```
spark.sparkContext.setLogLevel("KEYWORD")
```

表 2-1 列出了可以传递给 setLogLevel 的关键字(以字符串的形式)。后续的每个设定都包含前面的所有设定，但明显的例外是 OFF，它没有显示任何内容。

表 2-1　日志级别关键字

关键字	含义
OFF	完全没有日志记录(不推荐)
FATAL	只记录致命错误。致命错误会让 Spark 集群崩溃
ERROR	将显示 FATAL，以及其他可恢复的错误
WARN	添加警告(警告信息有很多)
INFO	会给出运行时信息，如重新分区和数据恢复(参见第 1 章)
DEBUG	将提供任务的调试信息
TRACE	将跟踪你的任务(更详细地调试日志)。可能记录很多信息，这有时会让人觉得困扰
ALL	记录 PySpark 可以生成的一切信息。和 OFF 一样有用

注意

在使用 pyspark shell 时，输入命令可能会与除 WARN 之外的任何日志层掺杂在一起，这使在 shell 中输入命令变得非常困难。可以随意设置日志级别，但一般情况下不会显示任何输出，除非它对手头的工作有价值。将日志级别设置为 ALL 很可能会惹恼同事，我可没有告诉你要这么做。

现在 REPL 已经启动，可以输入数据了。到目前为止，环境已经设置好，开始计划程序并开始编码吧！

2.2　映射程序

本节将绘制这个简单程序的蓝图。花时间提前设计数据分析有好处，因为可以在构建代码时知道将要发生什么。这最终将加快编码速度，并提高代码的可靠性和模块化。把它想象成做饭时看食谱：你永远不会想知道你在和面团的时候少了一杯面粉！

在本章的开头介绍了要解决的问题：“英语中最常用的单词有哪些？”在 REPL 中输入代码之前，必须先列出程序需要执行的主要步骤。

(1) 读取：读取输入数据(假设是纯文本文件)。

(2) 分词：对文本进行分词操作。

(3) 清洗：删除所有非单词的标点及符号。每个单词都要小写。

(4) 计数：计算文本中每个单词出现的频率。

(5) 回答：返回出现频率最高的 10 个单词(也可以是 20 个、50 个或者 100 个)。

简化后的程序流程如图 2-1 所示。

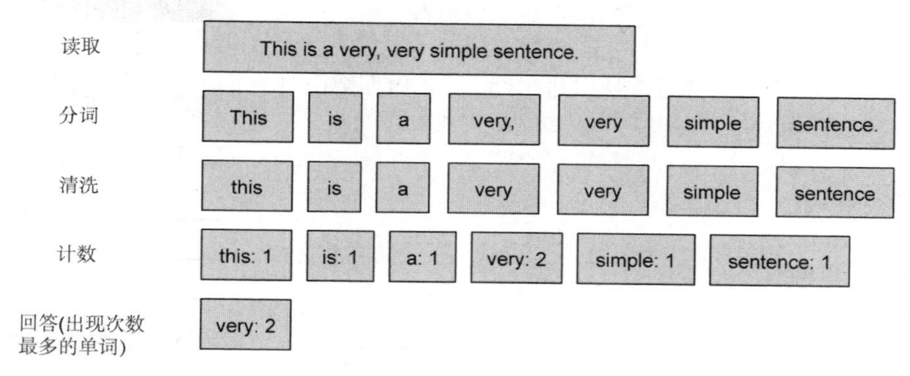

图 2-1　简化的程序流程，说明了 5 个步骤

我们的目标是崇高的：纵观历史，有大量的英文书面材料。因为我们正在学习，所以将从一个相对较小的源代码开始，让程序运行起来，然后扩展它以适应更大的文本。为此，我选择使用简·奥斯汀的《傲慢与偏见》，因为它已经是纯文本形式，并且可以免费获得。在 2.3 节中，将采集并探索数据，开始构建程序。

数据分析与帕累托法则

帕累托法则，也称为 80/20 法则，经常被总结为“20%的努力将产生 80%的结果”。在数据分析中，可以将这 20%视为分析、可视化或机器学习模型，以及任何为接收者提供有形价值的东西。

剩下的就是我所说的隐形工作(invisible work，也称为不可见的工作)：采集数据，清洗数据，弄清楚其含义，然后把它塑造成一种可用的形式。如果你看一下简单的步骤，步骤(1)～步骤(3)可以认为是隐形工作，采集数据并为计数过程做好准备。步骤(4)和步骤(5)是可见的步骤，回答了我们的问题[有人可能会说只有步骤(5)在执行可见的工作，但在这里不要吹毛求疵]。步骤(1)～步骤(3)之所以存在，是因为数据需要经过处理才能用于解决问题。这些步骤不是问题的核心，但不能没有它们。

在构建项目时，这将是最耗时的部分，你可能会忍不住(或迫于压力)节省这部分时间。永远要记住，所获取和处理的数据是程序的原材料，如果给程序提供垃圾数据，得到的结果也必定是垃圾。

2.3　采集和探索：为数据转换奠定基础

无论程序的性质如何，本节涵盖了每个 PySpark 程序都会遇到的 3 种操作：将数据采集到结构中，打印结构(或模式)以了解数据是如何组织的，最后展示一个数据示例以供查看。这些操作是任何数据分析的基础，无论是文本数据(本章和第 3 章)、表格数据(大多数章节，特别是第 4 章和第 5 章)还是二进制数据或层次数据(第 6 章)。通用蓝图和方法将适用于 PySpark 之旅的任何地方。

2.3.1 用 spark.read 将数据读入数据帧

程序的第一步是将数据采集到可执行工作的数据结构中。本节介绍 PySpark 为读取数据提供的基本功能，以及它如何专门处理纯文本数据。

在采集数据之前，需要选择数据的去处。在进行操作时，PySpark 提供了两种主要的数据存储结构。

- RDD
- 数据帧

在很长一段时间里，RDD 是唯一的数据结构。它看起来像一个对象(或行)的分布式集合。我把它想象成一个你给它下命令的袋子。你可以通过常规的 Python 函数将命令传递给 RDD。

数据帧是 RDD 的严格版本。从概念上讲，可以把它想象成一张表，其中每个单元格可以包含一个值。数据帧大量使用了列的概念，即操作列而不是像 RDD 那样操作记录(行)。图 2-2 给出了这两种结构的可视化概要。数据帧现在是最主要的数据结构，本书几乎只使用它。第 8 章介绍了 RDD(一种更通用、更灵活的结构，数据帧继承自 RDD)，用于满足逐条记录的灵活性需求。

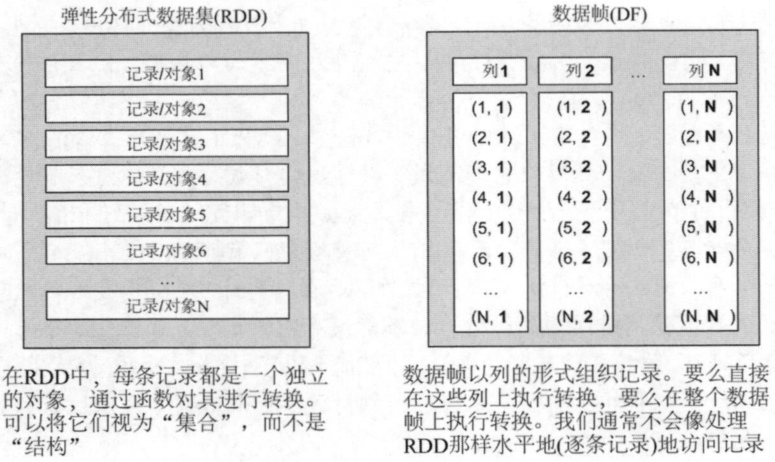

弹性分布式数据集(RDD)
记录/对象1
记录/对象2
记录/对象3
记录/对象4
记录/对象5
记录/对象6
...
记录/对象N

数据帧(DF)
列1 列2 ... 列N
(1, 1) (1, 2) (1, N)
(2, 1) (2, 2) (2, N)
(3, 1) (3, 2) (3, N)
(4, 1) (4, 2) (4, N)
(5, 1) (5, 2) (5, N)
(6, 1) (6, 2) (6, N)
... ...
(N, 1) (N, 2) (N, N)

在RDD中，每条记录都是一个独立的对象，通过函数对其进行转换。可以将它们视为“集合”，而不是“结构”

数据帧以列的形式组织记录。要么直接在这些列上执行转换，要么在整个数据帧上执行转换。我们通常不会像处理RDD那样水平地(逐条记录)地访问记录

图 2-2 RDD 与数据帧的区别。在 RDD 中，每条记录都是一个独立的实体。对于数据帧，我们主要是与列交互，对列执行函数。如果需要，仍然可以通过 RDD 访问数据帧中的行

如果你以前使用过 SQL，会发现数据帧的实现从 SQL 中获得了很多灵感。用于组织和操作数据的模块名为 pyspark.sql！此外，第 7 章还会介绍如何在同一个程序中混合使用 PySpark 和 SQL 代码。

将数据读入数据帧是通过 DataFrameReader 对象完成的，可以通过 spark.read 访问该

对象。代码清单 2-4 中的代码显示了该对象以及它可以使用的方法。我们知道有几种文件格式：CSV 表示逗号分隔值(第 4 章会用到)，JSON 表示 JavaScript 对象表示法(一种流行的数据交换格式)，而 text 就是纯文本。

代码清单 2-4　DataFrameReader 对象

```
In [3]: spark.read
Out[3]: <pyspark.sql.readwriter.DataFrameReader at 0x115be1b00>

In [4]: dir(spark.read)
Out[4]: [<some content removed>, _spark', 'csv', 'format', 'jdbc', 'json',
'load', 'option', 'options', 'orc', 'parquet', 'schema', 'table', 'text']
```

使用 PySpark 读取数据

PySpark 可以适应不同的数据处理方式。在底层，spark.read.csv()会映射到 spark.read.format('csv').load()，你可能在工作中遇到过这种表单。我通常更喜欢使用直接的 csv 方法，因为它提供了一个方便的提醒，提醒读者可以使用不同的参数。

orc 和 parquet 也是特别适合大数据处理的数据格式。ORC(Optimized Row Columnar，优化的行列式存储)和 Parquet 是相互竞争的数据格式，它们的目的几乎相同。它们都是开源的，现在都是 Apache 项目的一部分，就像 Spark 一样。

PySpark 在读写文件时默认使用 Parquet 格式，本书将使用这种格式存储结果。第 6 章会详细讨论使用 Parquet 或 ORC 作为数据格式的方法、优点和权衡。

下面读取代码清单 2-5 中的数据文件。假设你在本书代码库的根目录下启动了 PySpark。根据具体情况，你可能需要更改文件所在的路径。代码可以在本书的 GitHub 配套代码库中找到。

代码清单 2-5　飞速“阅读”简·奥斯汀的小说

```
book = spark.read.text("./data/gutenberg_books/1342-0.txt")

book
# DataFrame[value: string]
```

我们得到了一个数据帧，正如预期的那样！如果你在 shell 中输入数据帧的名称(方便地命名为 book)，会发现 PySpark 没有向屏幕输出任何数据。相反，它打印模式，即列的名称及其类型。在 PySpark 的世界中，每一列都有一个类型：表示 Spark 引擎如何表示值。通过为每一列指定类型，能立即知道可以对数据进行哪些操作。有了这些信息，你就不会在无意中尝试将整数和字符串相加：PySpark 不允许将“blue”与 1 相加。这里，有一个名为 value 的列，由一个字符串组成。数据帧的快速图形表示如图 2-3 所示：每一行文本(由换行符分隔)都是一条记录。除了能够提醒数据帧的内容，类型对于 Spark 如何快速准确地处理数据也不可或缺。第 6 章将深入探讨这个问题。

图 2-3　book 数据帧的概要逻辑模式，包含一个 value 字符串列。可以看到列的名称、类型和一小段数据

在处理数据帧时，我们最关心的是逻辑模式，即数据的组织方式，就像数据在单个节点上一样。我们使用模式理解给定数据帧的数据及其类型(整数、字符串、日期等)。在 REPL 中输入变量时，Spark 会显示变量的逻辑结构：列和类型。实际上，数据帧会分布在多个节点上，每个节点包含记录中的一段。执行数据转换和分析时，使用逻辑模式会更方便。第 11 章将通过查询规划(query planning)深入探讨逻辑世界和物理世界，了解 Spark 如何从概要(high-level)指令过渡到优化的机器指令。

当处理较大的数据帧(数百甚至数千列)时，你可能希望采用更清楚的显示模式。PySpark 提供了 printSchema()以树的形式显示模式。我使用这种方法可能比其他任何方法都多，因为它可以提供有关数据帧结构的直接信息。由于 printSchema()直接打印到 REPL，没有其他选项，如果你想筛选模式，可以使用数据帧的 dtypes 属性，它会提供一个元组列表(column_name, column_type)，参见代码清单 2-6。也可以使用 schema 属性以编程方式(作为数据结构)访问模式(更多信息参见第 6 章)。

代码清单 2-6　打印数据帧的模式

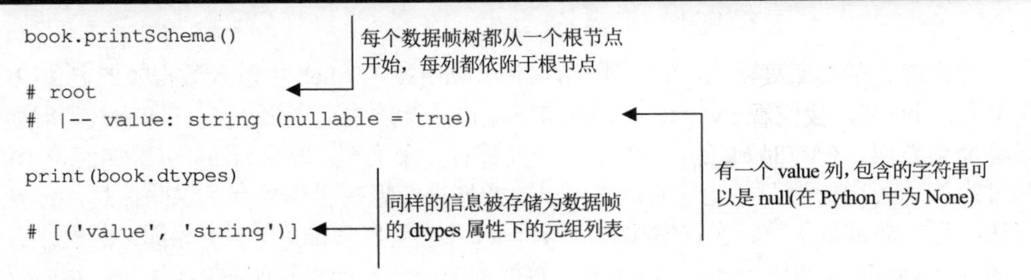
```
book.printSchema()

# root
# |-- value: string (nullable = true)

print(book.dtypes)

# [('value', 'string')]
```


在本节中，将文本数据采集到数据帧中。这个数据帧推断出了一个简单的列式结构，可以通过 REPL 中的变量名、printSchema()方法或 dtypes 属性研究这个结构，见代码清单 2-7。2.3.2 节将根据该结构查看其中的数据。

使用 shell 加速学习

shell 不仅适用于 PySpark，而且使用它的功能通常可以节省大量的文档搜索工作。不记得具体想要应用哪个方法时，我喜欢在对象上使用 dir()，就像在代码清单 2-4 中那样。

PySpark 的源代码有很好的文档。如果不确定函数、类或方法的正确用法，可以打印 __doc__ 属性；如果使用 IPython，可以在末尾加一个问号(如果想了解更多细节，可以加两个问号)。

代码清单 2-7　在 REPL 中直接使用 PySpark 文档

```
# 如果你没有 iPython ，则可以使用 `print(spark.__doc__)` 查看文档
In [292]: spark?
Type:          SparkSession
String form: <pyspark.sql.session.SparkSession object at 0x11231eb80>
File:          ~/miniforge3/envs/pyspark/lib/python3.8/sitepackages/
     pyspark/sql/session.py
Docstring:
The entry point to programming Spark with the Dataset and DataFrame API.

A SparkSession can be used create :class:`DataFrame`, register
     :class:`DataFrame` as
tables, execute SQL over tables, cache tables, and read parquet files.
To create a SparkSession, use the following builder pattern:

.. autoattribute:: builder
   :annotation:

[... more content, examples]
```

2.3.2　从结构到内容：使用 show()探索数据帧

使用 REPL 进行交互式开发的一个关键优势是，可以在执行过程中查看工作内容。现在数据已经加载到数据帧中，可以开始研究 PySpark 如何组织文本了。本节介绍查看数据帧中数据的最重要的方法：show()。

在 2.3.1 节，我们看到在 shell 中输入数据帧的默认行为是提供对象的模式或列信息。虽然非常有用，但有时我们想看一看里面的数据。

输入 show()方法，会显示几行数据，不多也不少。有了 printSchema()，该方法将成为进行数据探索和验证时最好的朋友之一。它默认显示 20 行，并截断长度较长的值。代码清单 2-8 展示了应用于 book 数据帧的方法的默认行为。对于文本数据，对输出结果的长度进行了限制。幸运的是，show()提供了一些选项来显示所需要的内容。

代码清单 2-8 使用.show()方法显示一些数据

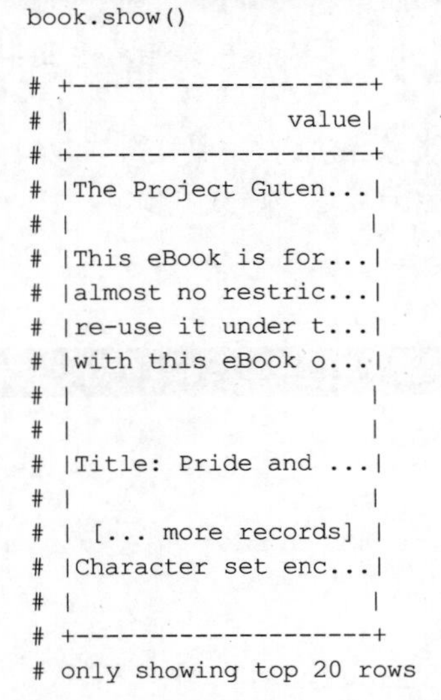

```
book.show()

# +--------------------+
# |               value|
# +--------------------+
# |The Project Guten...|
# |                    |
# |This eBook is for...|
# |almost no restric...|
# |re-use it under t...|
# |with this eBook o...|
# |                    |
# |                    |
# |Title: Pride and ...|
# |                    |
# | [... more records] |
# |Character set enc...|
# |                    |
# +--------------------+
# only showing top 20 rows
```

Spark 将数据帧中的数据以 ASCII 字符画(art-like)的形式显示，并将每个单元格的长度限制为 20 个字符。如果内容超出限制，则在末尾添加省略号

show()方法有 3 个可选的参数，如下所示。

- *n* 可以设置为任何正整数，表示要显示的记录数。
- truncate，如果设置为 true，将截断列，仅显示 20 个字符。如果设置为 False，将显示所有内容，truncate 也可以设置为任意正整数，表示要保留的字符数。
- vertical 参数为布尔值，设置为 true 时，每条记录将显示为一个小表。如果需要详细检查记录，这是一个非常有用的选项。

代码清单 2-9 显示了一个更有用的 book 数据帧视图，它只显示了 10 条记录，但将每条记录截断为 50 个字符。现在可以看到更多的文本！

代码清单 2-9 使用 show()方法显示更少的记录数，每条记录显示更多的内容

```
book.show(10, truncate=50)

# +--------------------------------------------------+
# |                                             value|
# +--------------------------------------------------+
# |The Project Gutenberg EBook of Pride and Prejud...|
# |                                                  |
# |This eBook is for the use of anyone anywhere at...|

# |almost no restrictions whatsoever.  You may cop...|
# |re-use it under the terms of the Project Gutenb...|
# |    with this eBook or online at www.gutenberg.org|
# |                                                  |
# |                                                  |
# |                        Title: Pride and Prejudice|
# |                                                  |
# +--------------------------------------------------+
# only showing top 10 rows
```

show()和 printSchema()让你对数据帧的结构和内容有了一个完整的了解。毫不奇怪，在 REPL 中进行数据分析时，最常用到的就是这些方法。

现在可以开始真正的工作了：对数据帧进行转换，以实现我们的目标。下面花点时间回顾一下 2.2 节概述的 5 个步骤。

(1) 【已经完成】读取：读取输入数据(假设是纯文本文件)。

(2) 分词：对文本进行分词操作。

(3) 清洗：删除所有非单词的标点及符号。每个单词都要小写。

(4) 计数：计算文本中每个单词出现的频率。

(5) 答案：返回出现频率最高的 10 个单词(也可以是 20 个、50 个或者 100 个)。

2.4 节将开始执行一些简单的列转换来对数据进行分词和清洗。数据帧将在我们眼前发生变化！

可选话题：Nonlazy Spark?

如果使用其他数据帧的实现，如 pandas 或 R 的 data.frame，你可能会觉得奇怪，在调用变量时看到的是数据帧的结构，而不是数据的摘要。show()方法可能会让你觉得讨厌。

如果退后一步，思考一下 PySpark 的用例，就会发现它这么做很有意义。show()是一个执行操作，因为它执行在屏幕上打印数据的可见工作。作为精明的 PySpark 程序员，我们希望避免意外触发计算链，因此 Spark 开发人员将 show()设置为显式的。在构建复杂的转换链时，触发它的执行比准备好再调用 show()方法要更麻烦、更耗时。这种方式也让 Spark 优化器有更多机会生成更高效的程序(参见第 11 章)。

话虽如此，有些时候，特别是在学习时，你会希望在每次转换后对数据帧进行评估(称为热切评估)。从 Spark 2.4.0 开始，你可以配置 SparkSession 对象，以支持打印到屏幕。第 3 章会更详细地介绍如何创建 SparkSession 对象，但如果想在 shell 中使用主动求值，可以在 shell 中粘贴以下代码。

```
from pyspark.sql import SparkSession

spark = (SparkSession.builder
                     .config("spark.sql.repl.eagerEval.enabled", "True")
                     .getOrCreate())
```

本书所有的示例都假定数据帧是惰性求值的，但如果你正在演示 Spark，该选项可能会很有用。你可以根据需要使用它，但请记住，Spark 的性能很大程度上得益于惰性计算。使用主动求值不能发挥 Spark 的所有强大性能！

2.4　简单的列转换：将句子拆解为单词列表

将选择的文本采集到数据帧中时，PySpark 为每行文本创建了一条记录，并提供了一个类型为 String 的 value 列。要对句子进行分词，需要将每个字符串拆分为由不同单词组成的列表。本节介绍使用 select()进行的简单转换。将把文本行分成单词，以便对其进行计数。

因为 PySpark 的代码很容易理解，所以先把代码简单地写出来，然后逐个分解。可以在代码清单 2-10 中看到它的神奇之处。

代码清单 2-10 将文本行拆分为数组或单词

```
from pyspark.sql.functions import split

lines = book.select(split(book.value, " ").alias("line"))

lines.show(5)

# +--------------------+
# |                line|
# +--------------------+
# |[The, Project, Gu...|
# |                  []|
# |[This, eBook, is,...|
# |[almost, no, rest...|
# |[re-use, it, unde...|
# +--------------------+
# only showing top 5 rows
```

通过一行代码[这里没有计算 import 和 show()的数量，它们只用于显示结果]，完成了很多工作。本节的其余部分将介绍基本的列操作，并解释如何将分词步骤构建为单行代码。更具体地说，将学习以下内容。

- select()方法及其典型应用，该方法用来选择数据。
- alias()方法用于重命名转换后的列。
- 从 pyspark.sql.functions 导入列函数并使用它们。

虽然我们的示例看起来非常具体(将字符串转换为单词列表)，但这与使用 PySpark 转换函数的蓝图非常一致：在转换数据帧时，你将经常看到并使用这种模式。

2.4.1 使用 select()选择特定的列

本节将介绍 select()的最基本功能，即从数据帧中选择一列或多列。这是一个概念上非常简单的方法，它为数据进行后续操作提供了基础。

在 PySpark 的世界中，数据帧是由 Column 对象组成的，可以对它们执行转换。最基本的转换是恒等运算，在这里可以准确返回提供给你的内容。如果过去使用过 SQL，可能认为这听起来像一个 SELECT 语句，你是对的！可以像使用 SELECT 语句一样，在 PySpark 中使用 select()方法。

我们来看一个简单的示例：选择 book 数据帧中的唯一一列。因为已经知道了预期的输出，所以我们可以专注于 select()方法的介绍。代码清单 2-11 完成了这一任务。

代码清单 2-11　最简单的 select 语句

```
book.select(book.value)
```

PySpark 为其数据帧中的每一列提供了一个点号表示法，指向对应的列。这是选择列的最简单方法，只要名称不包含任何特殊字符：PySpark 可以接收$!@#作为列名，但不能在该列中使用点号表示法。

PySpark 提供了多种选择列的方法。代码清单 2-12 展示了最常见的 4 种。

代码清单 2-12　从 book 数据帧中选择 value 列

```
from pyspark.sql.functions import col

book.select(book.value)
book.select(book["value"])
book.select(col("value"))
book.select("value")
```

第 1 种选择列的方法是前面介绍的可靠的点表示法。第 2 种方法使用方括号而不是点号来命名列。它可以解决将$!@#作为列名的问题，因为将列的名称作为字符串进行传递。

第 3 种方法使用了 pyspark.sql.functions 模块中的 col 函数。这里的主要区别是没有指定列来自 book 数据帧。在第 II 部分处理更复杂的数据管道时，这将非常有用。我将尽可能地使用 col 对象，因为我认为它的用法更符合习惯，有助于应对更复杂的用例，例如执行列转换(参见第 4 章和第 5 章)。

第 4 种方法只使用列名作为字符串。PySpark 足够聪明，可以推断这里指的是一列。对于简单的选择语句(以及稍后将介绍的其他方法)，直接使用列的名称也许是可行的选项。但它不如其他方法灵活，代码需要进行列转换时(如 2.4.2 节所示)，你将不得不使用另一个选项。

现在我们已经选择了列，开始使用 PySpark 吧。接下来是拆分文本行。

2.4.2　转换列：将字符串拆分为单词列表

我们刚刚看到了在 PySpark 中选择列的一种非常简单的方法。本节将在此基础上对一列进行转换。这提供了一种强大而灵活的方式表达转换，正如你将看到的，在操作数据时将经常使用这种模式。

PySpark 在 pyspark.sql.functions 模块中提供了一个 split()函数，用于将较长的字符串拆分为较短字符串的列表。这个功能最常用的用例是将一个句子拆分成单词。split()函数接收两到三个参数。

- 包含字符串的列对象。
- 用于分隔字符串的 Java 正则表达式分隔符。
- 关于应用分隔符的次数的可选整数(此处未使用)。

因为想要拆分单词，所以不会让正则表达式过于复杂，而是使用空格字符来拆分。代码清单 2-13 显示了代码运行结果。

代码清单 2-13 将文本行分割成单词列表

```
from pyspark.sql.functions import col, split

lines = book.select(split(col("value"), " "))

lines

# DataFrame[split(value, , -1): array<string>]

lines.printSchema()

# root
#  |-- split(value, , -1): array (nullable = true)
#  |    |-- element: string (containsNull = true)

lines.show(5)

# +--------------------+
# |   split(value, , -1)|
# +--------------------+
# |[The, Project, Gu...|
# |                  []|
# |[This, eBook, is,...|
# |[almost, no, rest...|
# |[re-use, it, unde...|
# +--------------------+
# only showing top 5 rows
```

split 函数将字符串(string)列转换为数组(array)列，其中包含一个或多个字符串元素。这就是我们所期望的：在查看数据之前，看看结构的行为是否符合计划。这是检查代码的一个好方法。

查看我们打印的 5 行，可以看到值现在被逗号分隔并包装在方括号中，这就是 PySpark 在视觉上表示数组的方式。第二个记录是空的，所以只看到[]，一个空数组。

PySpark 用于数据操作的内置函数非常有用，你应该花一点时间浏览一下 API 文档(http://spark.apache.org/docs/latest/api/python/)，看看在核心功能中有哪些可用的函数。如果你还没有找到想要的，第 6 章将介绍如何在 Column 对象上创建函数，并更深入地研究 PySpark 的复杂数据类型，如数组。内置的 PySpark 函数与普通的 Spark(在 Java 和 Scala 中)表现相同，因为它们直接映射到 JVM 函数。

高级主题：PySpark 的体系结构和 JVM 对应

如果你和我一样，你可能会对 PySpark 如何构建其核心 pyspark .sql. functions 函数感兴趣。如果看一下 split()的源代码(来自 API 文档；参见 http://mng.bz/oa4D)，你可能会失望。

```
def split(str, pattern, limit=-1):
    """ [... elided ] """
    sc = SparkContext._active_spark_context
    return Column(sc._jvm.functions.split(_to_java_column(str), pattern,
            limit))
```

它有效地引用了 sc._jvm.functions 对象的 split 函数。这与数据帧的构建方式有关。PySpark 使用一个转换层为其核心函数调用 JVM 函数。这使得 PySpark 更快，因为不用一直把 Python 代码转换成 JVM 代码；PySpark 已经完成这些工作。它还使将 PySpark 移植到另一个平台变得更容易：如果可以直接调用 JVM 函数，就不必重新实现所有东西。

这是站在 Spark 这个巨人的肩膀上的权衡之一。这也解释了为什么 PySpark 在其内置函数中使用基于 JVM 的正则表达式，而不是 Python 的正则表达式。第Ⅲ部分将大大扩展这个主题，但在此期间，我们将探索 PySpark 的源代码！

现在，文本行被拆分成单词列表后，出现了一点麻烦：Spark 给列指定了一个非常不直观的名称(split(value, , -1))。2.4.3 节将介绍如何将转换后的列重命名为有意义的名称，这样就可以显式地控制列的命名模式。

2.4.3　重命名列：alias 和 withColumnRenamed

对列执行转换时，PySpark 将为结果列指定一个默认名称。在我们的示例中，在拆分 value 列之后，使用空格作为分隔符，得到了名称 split(value, , -1)。虽然准确，但对程序员并不友好。本节提供了使用 alias()和 withColumnRenamed()重命名新创建的列和现有列的方法。

这里有一个隐含的假设，即你希望使用 alias()方法重命名结果列。它的用法并不复杂：应用到一列时，它接收一个参数并返回它所应用的列，并使用新名称。代码清单 2-14 提供了一个简单的演示。

代码清单 2-14　设置别名前后的数据帧

```
book.select(split(col("value"), " ")).printSchema()
# root
#  |-- split(value,  , -1): array (nullable = true)
#  |    |-- element: string (containsNull = true)

book.select(split(col("value"), " ").alias("line")).printSchema()

# root
#  |-- line: array (nullable = true)
#  |    |-- element: string (containsNull = true)
```

新列被称为 split(value, , -1)，这不是很美观

将列重命名为 line。这样更好

alias()提供了一种清晰且显式的方式，调用该方法后，可以为列设定别名。另一方面，它并不是唯一一个重命名的方法。另一种同样有效的方法是在数据帧上使用.withColumnRenamed()方法。它接收两个参数：列的当前名称和想要设定的新名称。因为已经使用 split 在列上执行了操作，所以通过链式使用 alias()方法比使用其他方法更有意义。代码清单 2-15 展示了两种不同的方法。

代码清单 2-15　通过两种方法修改列名

```
# 这看起来更加清晰
lines = book.select(split(book.value, " ").alias("line"))

# 这将更加混乱，而且你必须记住 PySpark 自动分配的名称
    automatically
lines = book.select(split(book.value, " "))
lines = lines.withColumnRenamed("split(value, , -1)", "line")
```

在编写代码时，具体选择哪种方法也非常简单。

- 在使用一个指定要出现哪些列的方法时，如 select()方法，使用 alias()。
- 如果只想重命名一列而不更改数据帧的其余部分，则使用.withColumnRenamed 方法。注意，如果列不存在，PySpark 将把该方法视为 no-op，不执行任何操作。

本节介绍了一组新的 PySpark 基础知识：我们不仅学习了如何选择普通列，也学习了如何选择列转换。我们还学习了如何显式地命名结果列，以避免 PySpark 可预测但不和谐的命名约定。现在可以继续进行剩下的工作了。看一下这 5 个步骤，已经完成了步骤(2)的一半。我们有一个单词列表，但需要让每个标记或单词成为自己的记录。

(1) 【已经完成】读取：读取输入数据(假设是纯文本文件)。
(2) 【进行中】分词：对文本进行分词操作。
(3) 清洗：删除所有非单词的标点及符号。每个单词都要小写。
(4) 计数：计算文本中每个单词出现的频率。
(5) 答案：返回出现频率最高的 10 个单词(也可以是 20 个、50 个或者 100 个)。

2.4.4　重塑数据：将 list 分解成行

在处理数据时，数据准备的一个关键元素是确保它“符合模式”。这意味着要确保包含数据的结构合乎逻辑，并且适合完成手头的工作。此时，数据帧的每条记录包含一个由多个单词组成的字符串数组。最好每个单词都是一条单独的记录。

输入 explode()函数。当应用于包含类似容器的数据结构(如数组)的列时，该函数将获取每个元素并将其作为自己的行。直观的解释要比用文字解释容易得多，如图 2-4 所示。

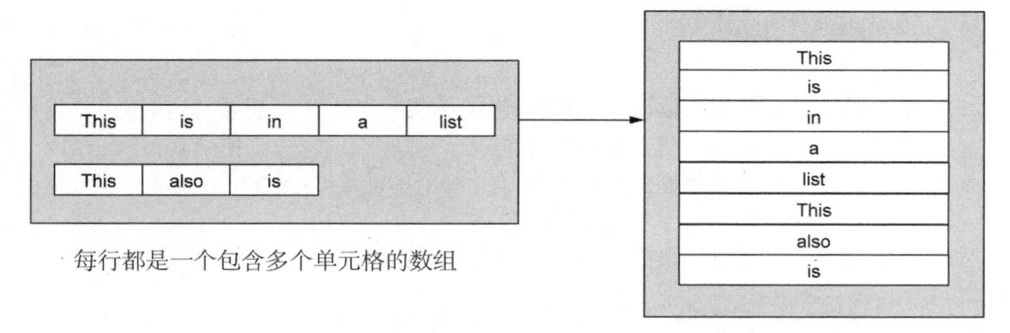

图 2-4　将 array[String]的数据帧通过 explode()方法转换为 String 数据帧。每个数组的每个元素都具有自己的记录

代码结构与 split()相同，可以在代码清单 2-16 中看到结果。现在得到了一个每行最多只包含一个单词的数据帧。我们的工作又进了一步！

代码清单 2-16　将数组中的一列通过 explode()方法转换成多行元素

```
from pyspark.sql.functions import explode, col

words = lines.select(explode(col("line")).alias("word"))

words.show(15)
# +----------+
# |      word|
# +----------+
# |       The|
# |   Project|
# | Gutenberg|
# |     EBook|
# |        of|
# |     Pride|
# |       and|
# |Prejudice,|
# |        by|
# |      Jane|
# |    Austen|
# |          |
# |      This|
# |     eBook|
# |        is|
# +----------+
# only showing top 15 rows
```

在继续数据处理之旅之前，先退一步看一个数据样本。通过查看返回的 15 行记录，可以看到 Prejudice 有一个逗号，Austen 和 This 之间的单元格包含空字符串。这为我们在开始分析词频之前需要执行的下一步工作提供了一个很好的蓝图。

回顾 5 个步骤，现在可以总结第(2)步，文本已经完成分词。下面进军步骤(3)，将清洗单词以简化计数。

(1) 【已经完成】读取：读取输入数据(假设是纯文本文件)。

(2) 【已经完成】分词：对文本进行分词操作。

(3) 清洗：删除所有非单词的标点及符号。每个单词都要小写。

(4) 计数：计算文本中每个单词出现的频率。

(5) 答案：返回出现频率最高的 10 个单词(也可以是 20 个、50 个或者 100 个)。

2.4.5 处理单词：更改大小写并删除标点符号

到目前为止，split()和 explode()的模式如下：在 pyspark.sql.functions 中找到相关的函数，并使用它们。本节将使用相同的方法规范单词的大小写并删除标点符号，因此将专注于函数的行为而不是如何应用它们。本节将介绍如何使用 lower()函数修改单词的大小写，并使用正则表达式删除标点符号。

代码清单 2-17 包含了将数据帧中所有单词都转换为小写的源代码。代码看起来应该很熟悉：选择一个通过 lower 转换的列，PySpark 函数将作为参数传递的列中的数据改为小写。然后，为避免使用 PySpark 默认的命名方法，将得到的列命名为 word_lower。

代码清单 2-17 将数据帧中的单词转换为小写

```
from pyspark.sql.functions import lower
words_lower = words.select(lower(col("word")).alias("word_lower"))

words_lower.show()

# +-----------+
# | word_lower|
# +-----------+
# |        the|
# |    project|
# |  gutenberg|
# |      ebook|
# |         of|
# |      pride|
# |        and|
# | prejudice,|
# |         by|
# |       jane|
# |     austen|
# |           |
# |       this|
# |      ebook|
# |         is|
# |        for|
# |        the|
# |        use|
# |         of|
# |     anyone|
```

```
# +-----------+
# only showing top 20 rows
```

接下来，要清除单词中的标点符号和其他无用字符。本例使用正则表达式只保留字母(有关正则表达式的内容，参阅本节末尾的介绍)。这可能有点棘手：我们不会在这里单独创建一个完整的NLP(自然语言处理)库，而是依赖 PySpark 的数据处理工具箱提供的功能。为了让这个练习更加简单，将保留第一个连续的字母组作为单词，并删除其余内容。这将有效地删除标点符号和其他符号，但代价是在某些单词结构上不那么好用。代码清单 2-18 展示了这些代码的精彩之处。

代码清单 2-18　使用 regexp_extract 保留那些看起来像是单词的内容

```
from pyspark.sql.functions import regexp_extract
words_clean = words_lower.select(
    regexp_extract(col("word_lower"), "[a-z]+", 0).alias("word")
)

words_clean.show()

# +---------+
# |     word|
# +---------+
# |      the|
# |  project|
# |gutenberg|
# |    ebook|
# |       of|
# |    pride|
# |      and|
# |prejudice|
# |       by|
# |     jane|
# |   austen|
# |         |
# |     this|
# |    ebook|
# |       is|
# |      for|
# |      the|
# |      use|
# |       of|
# |   anyone|
# +---------+
# only showing top 20 rows
```

我们只匹配多个小写字母(在 a 和 z 之间)。加号(+)表示匹配一次或多次

现在，单词数据帧看起来很规范，除了 austen 和 this 之间的空白单元格。2.5 节将介绍删除空记录的筛选操作。

关于正则表达式

PySpark 在两个函数中使用了正则表达式：regexp_extract()和 split()。使用 PySpark 并不一定要成为 regexp 专家(我当然不是)。在本书中，每当使用重要的正则表达式时，都会提供一个简单的英文名称定义，以便你能理解。

如果你有兴趣构建自己的正则表达式，可以参考 RegExr 网站(https://regexr.com/)，还有 Steven Levithan 和 Jan Goyvaerts 撰写的 *Regular Expression Cookbook* (O 'Reilly，2012)。

练习 2-1

给定以下 exo_2_1_df 数据帧，则 solution_2_1_df 数据帧包含多少条记录？(注意：不需要编写代码来解决此问题。)

```
exo_2_1_df.show()

# +-------------------+
# |            numbers|
# +-------------------+
# |    [1, 2, 3, 4, 5]|
# |[5, 6, 7, 8, 9, 10]|
# +-------------------+

solution_2_1_df = exo_2_1_df.select(explode(col("numbers")))
```

2.5 筛选记录

一种重要的数据操作是根据一定的谓词筛选记录。在我们的示例中，不应该保留空白单元格，因为它们不是单词！本节介绍如何从数据帧中筛选记录。在 select()处理记录之后，筛选可能是对数据执行的最频繁和最简单的操作了。PySpark 提供了一个简单的处理过程。

从概念上讲，应该能够为每条记录提供一个测试。如果它返回 True，则保留记录。如果返回 False，你出去！PySpark 提供了两个完全相同的方法来完成这个任务：使用.filter()或其别名.where()。这种重复是为了方便来自其他数据处理引擎或库的用户进行转换；有人用这一个，有人用另一个。PySpark 提供了这两个方法，可以任意选用你喜欢的方法！我更喜欢 filter()，因为 w 映射到更多的数据帧方法[第 4 章的 withColumn()或第 3 章的 withColumnRenamed()]。代码清单 2-19 使用通常的 Python 比较操作符比较列与值。这里使用 not equal 或！=。

代码清单 2-19 使用 where 或 filter()筛选数据帧中的行

```
words_nonull = words_clean.filter(col("word") != "")

words_nonull.show()
```

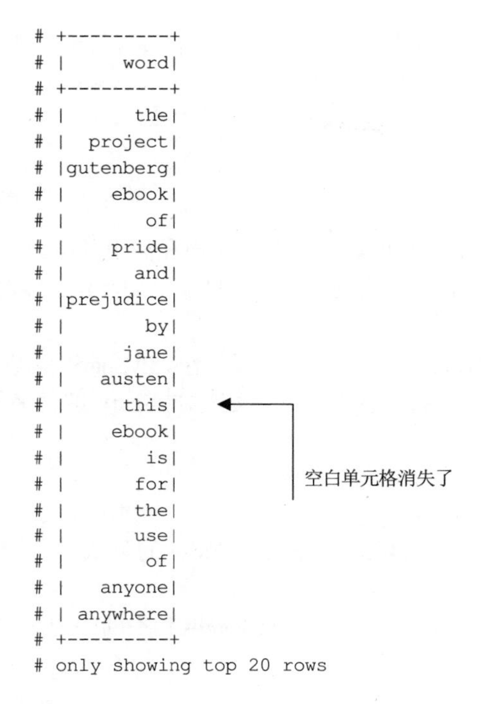

```
# +---------+
# |     word|
# +---------+
# |      the|
# |  project|
# |gutenberg|
# |    ebook|
# |       of|
# |    pride|
# |      and|
# |prejudice|
# |       by|
# |     jane|
# |   austen|
# |     this|
# |    ebook|
# |       is|
# |      for|
# |      the|
# |      use|
# |       of|
# |   anyone|
# | anywhere|
# +---------+
# only showing top 20 rows
```


提示

如果你想在 filter()方法中对整个表达式求反，PySpark 提供了~操作符。理论上可以使用 filter(~(col("word") == ""))。在本章末尾的练习中，可以在应用中看到它们。也可以使用 SQL 风格的表达式(参见第 7 章的另一种语法)。

在程序中，可以早一点尝试筛选，但也需要权衡：如果太早筛选，筛选子句会毫无理由地变得复杂得可笑。由于 PySpark 会缓存所有的转换操作，直到触发一个执行操作为止，因此我们可以专注于代码的可读性，让 Spark 优化程序，就像第 1 章中介绍的那样。第 3 章将介绍如何转换 PySpark 代码，增强它的易读性，并利用惰性求值。

现在似乎可以休息一下，并反思迄今为止已经完成的工作。如果看一下 5 个步骤，会发现已经完成了 60%。清洗步骤处理非字母字符并筛选空记录。现在可以计数并显示分析结果了。

(1) 【已经完成】读取：读取输入数据(假设是纯文本文件)。

(2) 【已经完成】分词：对文本进行分词操作。

(3) 【已经完成】清洗：删除所有非单词的标点及符号。每个单词都要小写。

(4) 计数：计算文本中每个单词出现的频率。

(5) 答案：返回出现频率最高的 10 个单词(也可以是 20 个、50 个或者 100 个)。

在 PySpark 操作方面，我们介绍了大量数据操作方面的内容。现在，不仅可以选择列，还可以转换列，并根据需要重命名列。我们学习了如何将数组等嵌套结构分解为单个记录。最后，我们学习了如何使用简单的条件筛选记录。

现在可以休息一下。第 3 章将结束这个程序。我们还会把代码放到一个文件中，从

REPL 切换到批处理模式。我们将探索简化和提高程序可读性的方法，最后将其扩展到更大的文本语料库。

2.6 本章小结

- 几乎所有的 PySpark 程序都围绕着 3 个主要步骤：读取、转换和导出数据。
- PySpark 通过 pyspark shell 提供了一个 REPL(读取、求值、打印、循环)，可以在其中对数据进行交互式实验。
- PySpark 数据帧是列的集合。可以使用链式转换对结构进行操作。PySpark 会优化转换操作，并仅在用户提交执行操作[如 show()]时执行。这是 PySpark 的性能优势之一。
- PySpark 对列进行操作的函数库位于 pyspark.sql.functions。
- 可以通过 select()方法选择列或转换后的列。
- 可以使用 where()或 filter()方法筛选列，并提供返回 True 或 False 的测试。只有返回 True 的记录会被保留。
- PySpark 可以有包含嵌套值的列，如元素数组。为了将元素提取到不同的记录中，需要使用 explode()方法。

2.7 扩展练习

对于所有练习，有如下假设(已经完成如下引用与设置)：

```
from pyspark.sql import SparkSession

spark = SparkSession.builder.getOrCreate()
```

练习 2-2

给定下面的数据帧，以编程方式计算非字符串的列的数量(答案：只有一列不是字符串)。

createDataFrame()允许从各种来源创建数据帧，如 pandas 数据帧或(在本例中)由列表组成的列表。

```
exo2_2_df = spark.createDataFrame(
    [["test", "more test", 10_000_000_000]], ["one", "two", "three"]
)

exo2_2_df.printSchema()
# root
#  |-- one: string (nullable = true)
#  |-- two: string (nullable = true)
#  |-- three: long (nullable = true)
```

练习 2-3

重写下面的代码片段，删除 withColumnRenamed 方法。哪个版本更清晰，更容易阅读？

```
from pyspark.sql.functions import col, length

# `length` 函数返回字符串列中字符的数量

exo2_3_df = (
    spark.read.text("./data/gutenberg_books/1342-0.txt")
    .select(length(col("value")))
    .withColumnRenamed("length(value)", "number_of_char")
)
```

练习 2-4

假设有一个数据帧 exo2_4_df。下面的代码块中有一个错误。问题是什么？如何解决？

```
from pyspark.sql.functions import col, greatest

exo2_4_df = spark.createDataFrame(
    [["key", 10_000, 20_000]], ["key", "value1", "value2"]
)

exo2_4_df.printSchema()
# root
#  |-- key: string (containsNull = true)
#  |-- value1: long (containsNull = true)
#  |-- value2: long (containsNull = true)

# `greatest` 函数将返回列名列表中的最大值，跳过空值

# 下面的语句会产生一个错误
from pyspark.sql.utils import AnalysisException

try:
    exo2_4_mod = exo2_4_df.select(
        greatest(col("value1"), col("value2")).alias("maximum_value")
    ).select("key", "max_value")
except AnalysisException as err:
    print(err)
```

练习 2-5

以代码清单 2-20 中的 words_nonull 数据帧为例。可以使用 REPL 中的代码库(code/Ch02/end_of_chapter.py)加载数据帧。

代码清单 2-20　用于练习的 words_nonull

```
from pyspark.sql import SparkSession
from pyspark.sql.functions import col, split, explode, lower, regexp_extract

spark = SparkSession.builder.getOrCreate()
```

```
book = spark.read.text("./data/gutenberg_books/1342-0.txt")

lines = book.select(split(book.value, " ").alias("line"))

words = lines.select(explode(col("line")).alias("word"))

words_lower = words.select(lower(col("word")).alias("word_lower"))

words_clean = words_lower.select(
    regexp_extract(col("word_lower"), "[a-z]*", 0).alias("word")
)

words_nonull = words_clean.where(col("word") != "")
```

a) 删除文本中的所有 is。

b) (挑战)使用 length 函数，只保留超过 3 个字符的单词。

练习 2-6

where 子句接收一个布尔表达式，用于筛选一列或多列上的数据帧。除了常见的布尔运算符(>，<，==，<=，>=，!=)之外，PySpark 还在 pyspark.sql.functions 模块中提供了其他函数，可以返回布尔值列。

例如，isin()方法[应用于 Column 对象，如 col(…).isin(…)]接收一个值列表作为参数，并只返回列中的值等于列表成员的记录。

假设想在 words_nonull 数据帧上使用一个 where()方法，从单词列表中删除单词 is、not、the 和 if。请编写相应的代码。

练习 2-7

你的一个朋友带着下面的代码来找你。他不知道为什么代码不起作用。你能诊断出 try 代码块中的问题，解释它为什么是一个错误，并提供解决方案吗？

```
from pyspark.sql.functions import col, split

try:
    book = spark.read.text("./data/gutenberg_books/1342-0.txt")
    book = book.printSchema()
    lines = book.select(split(book.value, " ").alias("line"))
    words = lines.select(explode(col("line")).alias("word"))
except AnalysisException as err:
    print(err)
```

第 3 章

提交并扩展你的第一个 PySpark 程序

本章主要内容

- 使用 groupby 和一个简单的聚合函数汇总数据
- 对显示的结果进行排序
- 从数据帧写出数据
- 使用 spark-submit 以批处理模式启动程序
- 使用方法链简化 PySpark 的编写过程
- 将程序一次扩展到多个文件

第 2 章处理了词频程序的所有数据准备工作。我们读取输入数据，对文本进行分词，并清洗记录以只保留小写单词。现在只需要完成步骤(4)和步骤(5)。

(1) 【已经完成】读取：读取输入数据(假设是纯文本文件)。

(2) 【已经完成】分词：对文本进行分词操作。

(3) 【已经完成】清洗：删除所有非单词的标点及符号。每个单词都要小写。

(4) 计数：计算文本中每个单词出现的频率。

(5) 答案：返回出现频率最高的 10 个单词(也可以是 20 个、50 个或者 100 个)。

在完成最后两步之后，看看如何将代码打包到一个文件中，以便在不启动 REPL 的情况下提交给 Spark。我们还会看一下已经完成的程序，并通过删除中间变量来简化它。最后，将扩展程序以适应更多的数据源。

3.1 对记录进行分组：计算词频

如果数据帧的形状和第 2 章结束时一样(代码在本书代码库 code/Ch02/end_of_chapter.py 的一个文件内)，就会发现还有一些工作要做。对于每条记录只包含一个单词的数据帧，只需要统计单词出现的次数，并选择出现次数最多的单词。本节展示如何使用 GroupedData 对象对记录进行计数，并在每个组上执行聚合函数(这里是对条目进行计数)。

直观地说，通过创建组来计算每个单词的出现次数：每个单词一个组。一旦这些组形成，可以对每个组执行聚合函数。在这个特定的例子中，计算每个组的记录数，这将返回每个单词在数据帧中出现的次数。在底层，PySpark 在 GroupedData 对象中表示一个分组数据帧；可以将其视为一个过渡性对象，等待聚合函数对它进行转换，从而得到转换后的数据帧，如图 3-1 所示。

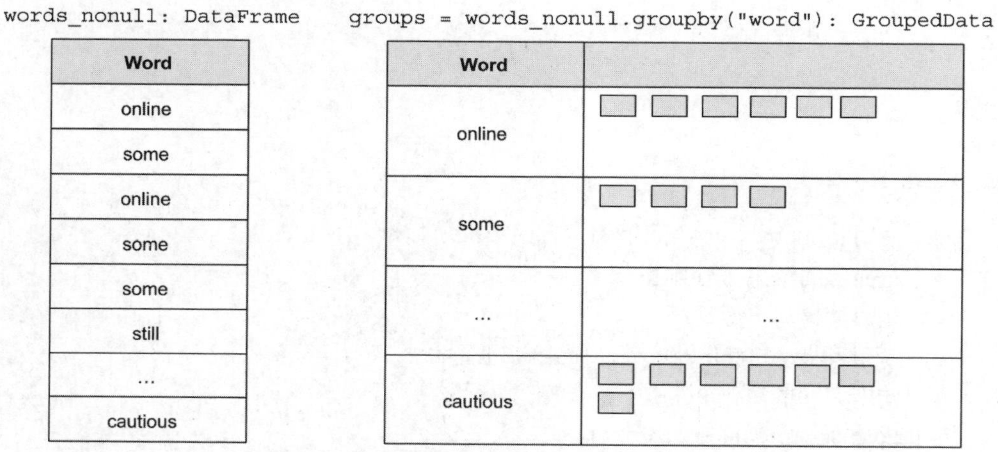

图 3-1 groups 对象的示意图。每个小方框代表一条记录

统计记录出现次数的最简单方法是使用 groupby()方法，将希望分组的列作为参数传入方法。代码清单 3-1 中的 groupby()方法返回一个 GroupedData 对象，并等待进一步的指令。应用 count()方法后，会得到一个数据帧，其中包含分组列中的单词，以及每个单词出现次数的 count 列。

代码清单 3-1 使用 groupby()和 count()对词频计数

```
groups = words_nonull.groupby(col("word"))

print(groups)

# <pyspark.sql.group.GroupedData at 0x10ed23da0>

results = words_nonull.groupby(col("word")).count()

print(results)

# DataFrame[word: string, count: bigint]

results.show()
```

```
# +-------------+-----+
# |         word| count|
# +-------------+-----+
# |       online|    4|
# |         some|  203|
# |        still|   72|
# |          few|   72|
# |         hope|  122|
# [...]
# |       doubts|    2|
# |    destitute|    1|
# |    solemnity|    5|
# |gratification|    1|
# |    connected|   14|
# +-------------+-----+
# only showing top 20 rows
```

看看代码清单 3-1 中的 results 数据帧，会发现结果并没有特定的顺序。事实上，如果你的语序和我一样，我会非常惊讶！这与 PySpark 管理数据的方式有关。第 1 章介绍过，PySpark 将数据分布在多个节点上。在执行分组功能[如 groupby()]时，每个 worker 会对分配给它的数据进行处理。groupby()和 count()都是转换操作，因此 PySpark 会将它们放入惰性求值队列，直到我们请求一个执行操作。将 show 方法传递给 results 数据帧时，它会触发如图 3-2 所示的计算链。

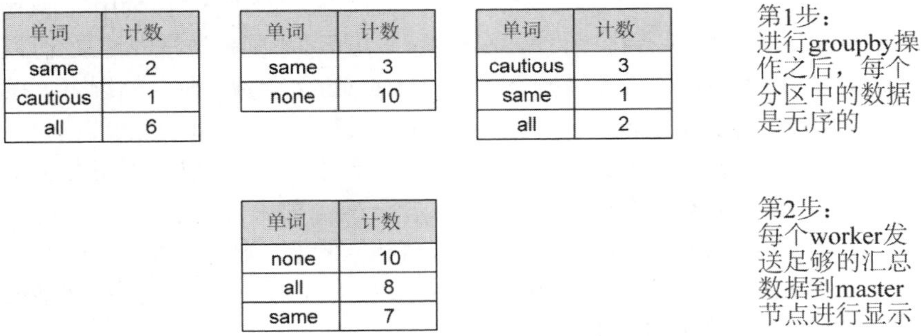

单词	计数
same	2
cautious	1
all	6

单词	计数
same	3
none	10

单词	计数
cautious	3
same	1
all	2

第1步：进行groupby操作之后，每个分区中的数据是无序的

单词	计数
none	10
all	8
same	7

第2步：每个worker发送足够的汇总数据到master节点进行显示

图 3-2　对 words_nonull 数据帧进行分布式分组。这些工作以分布式的方式进行，直到需要通过 show()将结果组装到一个内聚显示中

提示

如果需要根据多列的值创建分组，可以将多列作为参数传递给 groupby()。第 5 章会介绍这一点。

因为 Spark 是惰性的，所以除非我们明确要求，否则它并不关心记录的顺序。我们希望显示排名靠前的单词，因此在数据帧中稍微进行排序，同时完成程序的最后一步：返回排名靠前的单词的出现频率。

练习 3-1

从本节的 words_nonull 开始，下面哪个表达式会返回特定字母数的单词计数(例如，

有 *X* 个单字母的单词，*Y* 个双字母的单词)?

假设 pyspark.sql.functions.col 和 pyspark.sql.functions.length 已经被引入程序中：

a `words_nonull.select(length(col("word"))).groupby("length").count()`

b `words_nonull.select(length(col("word")).alias("length")).groupby("length").count()`

c `words_nonull.groupby("length").select("length").count()`

d 以上都不对

3.2 使用 orderBy 对结果排序

在3.1节中，解释了为什么PySpark在执行转换操作时不一定要维护记录顺序。如果看一下5步蓝图，最后一步是返回单词计数排序后的前 *N* 条记录。我们已经知道如何显示特定数量的记录，因此本节重点关注在显示之前在数据帧中对记录进行排序。

(1) 【已经完成】读取：读取输入数据(假设是纯文本文件)。

(2) 【已经完成】分词：对文本进行分词操作。

(3) 【已经完成】清洗：删除所有非单词的标点及符号。每个单词都要小写。

(4) 【已经完成】计数：计算文本中每个单词出现的频率。

(5) 答案：返回出现频率最高的10个单词(也可以是20个、50个或者100个)。

就像使用groupby()根据一列或多列的值对数据帧进行分组一样，使用orderBy()根据一列或多列的值对数据帧进行排序。PySpark提供了两种不同的语法对记录排序。

- 提供列名作为参数，并提供一个可选的 ascending 参数。默认情况下，按升序排列数据帧；将 ascending 设置为 false，可以反转顺序，先取最大值。
- 通过 col 函数直接使用 Column 对象。如果想颠倒顺序，可以对列调用 desc()方法。

PySpark使用每一列对数据帧排序，每次排序一列。如果传递了多列(参见第5章)，PySpark会使用第1列的值对数据帧排序。如果有相同的值，则会使用第2列(然后是第3列，等等)。因为只有一列，而且groupby()没有重复的列，所以不管使用什么语法，代码清单3-2中的orderBy()的应用程序都很简单。

代码清单 3-2 展示简·奥斯汀《傲慢与偏见》中最热门的 10 个单词

```
results.orderBy("count", ascending=False).show(10)
results.orderBy(col("count").desc()).show(10)

# +----+-----+
# |word|count|
# +----+-----+
# | the| 4480|
# |  to| 4218|
# |  of| 3711|
# | and| 3504|
# | her| 2199|
# |   a| 1982|
# |  in| 1909|
# | was| 1838|
```

```
# |    i| 1749|
# | she| 1668|
# +----+-----+
# only showing top 10 rows
```

这个列表并不令人惊讶：尽管我们不能否认奥斯汀的词汇量，但她也不能否认，英语需要代词和其他常用词。在自然语言处理中，这些词被称为停用词(stop words)，可以被删除。我们解决了原始的查询，可以放心了。如果想获得排名前 20、前 50 甚至前 1000 的数据，只要修改 show()的参数即可。

PySpark 的方法命名约定

如果你注重细节，可能已经注意到这里使用了 groupby(小写)，但使用了 orderBy (lowerCamelCase，其中每个单词的第一个字母大写，但第一个单词除外)。这看起来是一个奇怪的设计方式。

groupby()是 groupBy()的别名，就像 where()是 filter()的别名一样。我猜 PySpark 开发人员发现，通过接受这两种情况，可以避免许多输入错误。但 orderBy()没有这种设定，原因我无法理解，所以需要注意这一点。

这种不一致是由于 Spark 的传统造成的。Scala 更倾向于用驼峰形式的方法。另外，第 2 章中 regexp_extract 使用 Python 首选的 snake_case(由下画线分隔的单词)。这里没有什么神奇的秘密：必须注意 PySpark 中不同的大小写约定。

在屏幕上显示结果有利于快速评估，但大多数情况下，会希望将它们持久保存下来。最好将这些结果保存到文件中，这样就可以重用它们，而不必每次都计算所有内容。3.3 节将介绍如何将数据帧写入文件。

练习 3-2

为什么在下面的代码块中没有保留顺序？

```
(
    results.orderBy("count", ascending=False)
    .groupby(length(col("word")))
    .count()
    .show(5)
)
# +------------+-----+
# |length(word)|count|
# +------------+-----+
# |          12|  199|
# |           1|   10|
# |          13|  113|
# |           6|  908|
# |          16|    4|
# +------------+-----+
# only showing top 5 rows
```

3.3 保存数据帧中的数据

在屏幕上显示数据对于交互开发非常有用，但通常会希望导出结果。为此，我们将结果写入逗号分隔值(CSV，Comma-Separated Value)文件中。选择这种格式是因为它是一种人类可读的格式，这意味着我们可以查看操作的结果。

就像在 Spark 中使用 read()和 SparkReader 读取数据一样，也可以使用 write()和 SparkWriter 对象将数据帧写回磁盘。在代码清单 3-3 中，使用 SparkWriter 将文本导入 CSV 文件中，并将输出命名为 simple_count.csv。结果表明，PySpark 并没有创建 results.csv 文件。相反，它创建了一个同名的目录，并在该目录中放入 201 个文件(200 个 CSV 文件和 1 个_SUCCESS 文件)。

代码清单 3-3 将结果写入多个 CSV 文件，每个分区对应一个文件

```
results.write.csv("./data/simple_count.csv")

# 使用 shell 而不是 Python 提示符来运行 ls 命令
# 如果你使用 IPython，则可以使用感叹号模式 (! ls -1)
# 使用这个功能，可以在不离开 IPython 控制台的情况下获得相同的结果

$ ls -1 ./data/simple_count.csv     <-- 结果被写入名为 simple_count.csv 的目录中

_SUCCESS
part-00000-615b75e4-ebf5-44a0-b337-405fccd11d0c-c000.csv
[...]
part-00199-615b75e4-ebf5-44a0-b337-405fccd11d0c-c000.csv     <-- part-00000 到 part-00199 意味着我们的结果分布在 200 个文件中
```

_SUCCESS 文件表示操作成功

这是我们第一次需要关注 PySpark 的分布式特性。就像 PySpark 会将转换工作分配给多个 worker 一样，它也会对写入数据做同样的工作。虽然对于这个简单的程序来说，它看起来很麻烦，但在分布式环境中，它非常有用。有一个大型的集群时，有许多小文件可以让读写数据在逻辑上更容易分布，比只有一个大文件要快得多。

默认情况下，PySpark 会为每个分区提供一个文件。这意味着程序在我的计算机上运行时，最终产生 200 个分区。对于小数据文件来说，这个结果并不能让人满意。为了减少分区数，我们对所需要的分区数应用 coalesce()方法。代码清单 3-4 展示了在数据帧写入磁盘之前使用 coalesce(1)方法的差异。仍然得到一个目录，但其中只有一个 CSV 文件。任务完成！

代码清单 3-4 将结果写入单个分区

```
results.coalesce(1).write.csv("./data/simple_count_single_partition.csv")

$ ls -1 ./data/simple_count_single_partition.csv/

_SUCCESS
```

```
part-00000-f8c4c13e-a4ee-4900-ac76-de3d56e5f091-c000.csv
```

注意

你可能已经意识到，在写入文件之前没有对文件进行排序。由于这里的数据量很小，因此可以将单词按照频率降序表示。如果有一个大数据集，这个操作将会非常耗费资源。此外，既然读取是一种潜在的分布式操作，那么用什么保证它会以相同的方式读取呢？永远不要假设数据帧将保持相同的记录顺序，除非你在显示步骤之前通过 orderBy()明确进行设置。

到目前为止，我们的工作流具有相当强的交互性。在将结果显示到终端之前，我们编写了一两行代码。随着对操作数据帧的结构越来越有信心，这些显示将变得越来越少。

现在，已经通过交互的方式执行了所有必要的步骤，下面看看如何将程序放到一个文件中，并找到重构的机会。

3.4　整合所有内容：计数

交互式开发对于代码的快速迭代非常有用。在开发程序时，通过向 shell 快速输入代码来试验和验证我们的想法是很好的。实验结束后，最好将程序变成一个内聚的代码体。本节将本章和第 2 章中编写的所有代码转换为可运行的端到端代码。

REPL 允许你使用键盘上的方向箭头查询历史命令，就像普通的 Python REPL 一样。为了更容易一些，我提供了代码清单 3-5 中的分步程序。本节致力于优化代码，使代码更简洁并提高可读性。

代码清单 3-5　我们的第一个 PySpark 程序，名为“Counting Jane Austen”

```
from pyspark.sql import SparkSession
from pyspark.sql.functions import (
    col,
    explode,
    lower,
    regexp_extract,
    split,
)

spark = SparkSession.builder.appName(
    "Analyzing the vocabulary of Pride and Prejudice."
).getOrCreate()

book = spark.read.text("./data/gutenberg_books/1342-0.txt")

lines = book.select(split(book.value, " ").alias("line"))

words = lines.select(explode(col("line")).alias("word"))

words_lower = words.select(lower(col("word")).alias("word"))

words_clean = words_lower.select(
```

```
    regexp_extract(col("word"), "[a-z']*", 0).alias("word")
)

words_nonull = words_clean.where(col("word") != "")

results = words_nonull.groupby(col("word")).count()

results.orderBy("count", ascending=False).show(10)

results.coalesce(1).write.csv("./simple_count_single_partition.csv")
```

如果你将整个程序粘贴到 pyspark shell 中，它就可以完美地运行。将所有内容都放在同一个文件中，可以使代码更友好，并在将来更容易阅读它。首先，在使用 PySpark 时采用常见的导入约定。然后，如第 1 章所示，重新排列代码，使其更具可读性。

3.4.1 使用 PySpark 的导入约定简化依赖

本节介绍使用 PySpark 模块时的通用约定。我们会回顾最相关的导入——转换函数，以及如何通过限定它来帮助我们了解转换函数的来源。

这个程序使用了 pyspark.sql.functions 模块中 5 个不同的函数。可能应该将其替换为限定导入(qualified import)，这是 Python 通过为模块指定关键字(别名)导入模块的方式。虽然没有硬性的规则，但通常使用 F 引用 PySpark 的函数。代码清单 3-6 展示了修改前后的对比结果。

代码清单 3-6 简化 PySpark 函数导入

```
# Before
from pyspark.sql.functions import col, explode, lower, regexp_extract, split

# After
import pyspark.sql.functions as F
```

因为 col、explode、lower、regexp_extract 和 split 都在 pyspark.sql.functions 中，所以可以导入整个模块。由于新的 import 语句导入了整个 pyspark.sql.functions 模块，因此将关键字 F 赋值给它。PySpark 社区似乎已经隐式地决定将 pyspark.sql. functions 的别名设定为 F，我鼓励你也这样做。这将使你的程序保持一致。而且由于模块中的许多函数与 pandas 或 Python 内置函数名称相同，因此应该避免名称冲突。程序中的每个函数应用都将以 F 作为前缀，就像常规的 Python 限定导入一样。

警告

像 frompyspark.sql.functions import *这样开始导入函数非常诱人。不要落入那个陷阱！这会让读者很难知道哪些函数来自 PySpark，哪些函数来自常规的 Python。在第 8 章，将使用用户定义函数(User-Defined Function，UDF)，这种分离会变得更加重要。这是一个很好的编码规则！

在接下来的几章，特别是第 6 章，会介绍其他函数，都需要使用限定导入。选择逐个导入函数还是导入整个模块取决于用例；我通常更看重一致性而不是简洁性，并且更喜欢为数据转换 API 使用限定导入。

我们简化了程序的序言，现在使用 PySpark 中我最喜欢的一项技术——用链式功能——简化程序流，从而更加关注执行操作。

3.4.2 通过方法链简化程序

看看应用于数据帧的转换方法[select()、where()、groupBy()和 count()]，它们都有一个共同点：接收一个结构作为参数——在 count()中是数据帧或 GroupedData——并返回一个新的结构。所有的转换都可以看作一个管道，采集一个结构并返回修改后的结构。本节将介绍方法链，以及如何通过消除中间变量来简化程序，从而使其更易于阅读。

程序经常使用中间变量：每次执行转换时，将结果赋值给一个新变量。这在使用 shell 时很有用，因为可以保持转换的状态，并可以在每一步结束时查看工作。但当程序可以正常运行时，这种多变量的使用就会造成负担，而且会降低程序的可读性。

在 PySpark 中，每个转换都会返回一个对象，这就是为什么需要给结果赋一个变量。这意味着 PySpark 不会原地执行修改。例如，下面的代码块在程序中什么都不会做，因为没有将结果赋值给变量。另一方面，在 REPL 中，会得到打印的返回值，该代码块将被视为需要执行的命令。

```
results.orderBy("word").count()
```

可以将一个方法的结果链接到下一个方法，从而避免中间变量。由于每个转换返回一个数据帧[链接执行 groupby()方法时是 GroupedData]，因此可以直接添加 next 方法，而不需要将结果赋值给变量。这意味着除了一个变量之外，可以避免所有变量赋值。代码清单 3-7 展示了修改前和修改后的代码。注意，这里还为函数添加了 F 前缀，以遵守 3.4.1 节中的导入约定。

代码清单 3-7 通过链转换方法移除中间变量

```
# Before
book = spark.read.text("./data/gutenberg_books/1342-0.txt")

lines = book.select(split(book.value, " ").alias("line"))

words = lines.select(explode(col("line")).alias("word"))

words_lower = words.select(lower(col("word")).alias("word"))

words_clean = words_lower.select(
    regexp_extract(col("word"), "[a-z']*", 0).alias("word")
)

words_nonull = words_clean.where(col("word") != "")

results = words_nonull.groupby("word").count()
```

```
# After
import pyspark.sql.functions as F

results = (
    spark.read.text("./data/gutenberg_books/1342-0.txt")
    .select(F.split(F.col("value"), " ").alias("line"))
    .select(F.explode(F.col("line")).alias("word"))
    .select(F.lower(F.col("word")).alias("word"))
    .select(F.regexp_extract(F.col("word"), "[a-z']*", 0).alias("word"))
    .where(F.col("word") != "")
    .groupby("word")
    .count()
)
```

结果一目了然：修改之后的代码更简洁，可读性更强，能够轻松地遵循步骤列表。图 3-3 更直观地显示了这种差异。

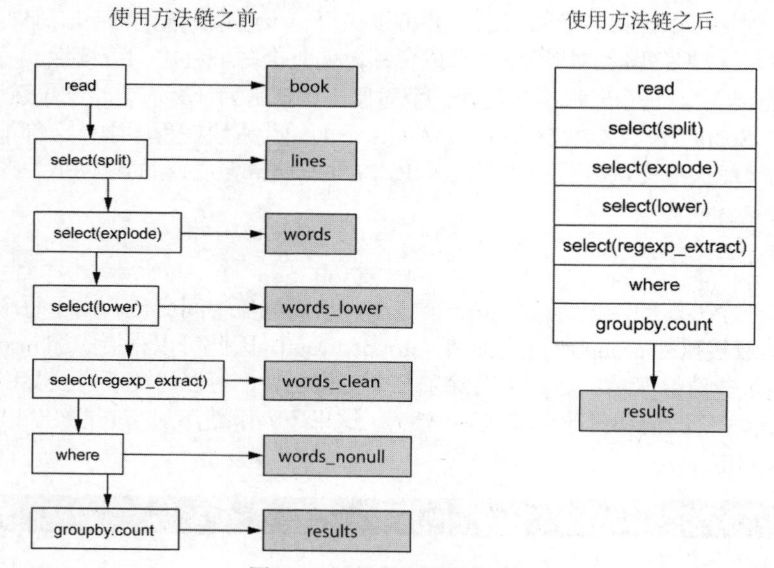

图 3-3 方法链消除了中间变量

并不是说中间变量一定糟糕，应该避免使用。但它们会降低代码的可读性，因此需要时刻关注变量所代表的含义。许多新入行的 PySpark 开发人员习惯于在编码时重复使用相同的变量。虽然本身并没有语法问题，但它会使代码冗余，并且更难推理。如果你发现自己要做的事情类似于代码清单 3-8 的前两行，可以使用方法链。你会得到同样的结果和更美观的代码。

代码清单 3-8　通过方法链改写变量重用

```
df = spark.read.text("./data/gutenberg_books/1342-0.txt")
df = df.select(F.split(F.col("value"), " ").alias("line"))
```

与其这样做……

```
df = (
        spark.read.text("./data/gutenberg_books/1342-0.txt")
        .select(F.split(F.col("value"), " ").alias("line"))
     )
```

不如这样做——消除了重复变量

使用 Python 的括号来简化工作

看看代码清单 3-7 中修改后的代码，会注意到我在等号的右边加上了括号(spark =([…]))。这是我在 Python 中需要使用方法链时的一个技巧。如果没有把结果用一对括号括起来，就需要在每行末尾加上一个\字符，这会给程序增加视觉干扰。你使用方法链时，PySpark 代码特别容易出现换行：

```
results = spark\
          .read.text('./data/ch02/1342-0.txt')\
          ...
```

作为一个懒惰的替代方案，我非常喜欢使用 Black 作为 Python 代码格式化工具(https://black.readthedocs.io/)。它消除了代码逻辑布局和一致性所涉及的大量猜测工作。由于阅读代码的时间多于编写代码的时间，因此可读性很重要。

由于对结果执行两个操作(在屏幕上显示前 10 个单词和将数据帧写入 CSV 文件)，因此必须使用变量。如果只需要对数据帧执行一个操作，可以通过不使用任何变量名来引导内部代码实现 golfer[1]。大多数时候，我更喜欢把转换放在一起，并保持执行操作在视觉上独立，就像现在做的那样。

程序现在看起来更精致了。最后一步是添加 PySpark 的管道，为批处理模式做准备。

3.5　使用 spark-submit 以批处理模式启动程序

如果使用 PySpark 命令启动 PySpark，启动器会负责为我们创建 SparkSession。第 2 章是从一个基本的 Python REPL 开始，因此创建了程序入口并将其命名为 spark。本节获取该程序并以批处理模式提交它。它相当于运行一个 Python 脚本；如果只需要结果而不需要 REPL，这样就可以了。

在交互式 REPL 中，程序会根据具体情况选择语言触发程序的运行，如代码清单 3-9 所示。与之不同的是，Spark 只提供了一个名为 spark-submit 的程序，用于提交 Spark (Scala、Java、SQL)、PySpark (Python)和 SparkR (R)程序。这个程序的完整代码可以在本书配套代码库 code/Ch02/word_count_submit.py 中找到。

1　用尽可能少的字符编写程序。

代码清单 3-9 以批处理模式提交任务

```
$ spark-submit ./code/Ch03/word_count_submit.py

# [...]
# +----+-----+
# |word|count|
# +----+-----+
# | the| 4480|
# |  to| 4218|
# |  of| 3711|
# | and| 3504|
# | her| 2199|
# |   a| 1982|
# |  in| 1909|
# | was| 1838|
# |   i| 1749|
# | she| 1668|
# +----+-----+
# only showing top 10 rows
# [...]
```

提示

如果收到了大量的 INFO 消息，别忘了你可以控制它的输出信息量：在定义 spark 之后立即使用 spark.sparkContext.setLogLevel ("WARN")。如果本地配置默认使用 INFO，在它运行到这一行之前，你仍然会得到一堆消息，但不会影响你的结果。

一旦这一步完成，就完成了所有工作！我们的程序成功地采集了《傲慢与偏见》这本书中的内容，将其转换为干净的词频列表，然后以两种方式导出：屏幕上前 10 个单词的列表和 CSV 文件。

如果看一下过程，我们在同一时间交互式地应用一个转换，在每个转换之后使用 show()显示结果。这是处理新数据文件时的惯用方法。一旦你对代码块有了信心，就可以删除中间变量。PySpark 开箱即用，提供了一个高效的环境来交互式地探索大型数据集，还提供了表达力强且简洁的语法来操作数据。从交互式开发过渡到批处理部署也很容易，只要定义好 SparkSession(如果还没有定义好的话)即可。

3.6 本章未涉及的内容

第 2 章和第 3 章的内容非常密集。我们学习了如何读取文本数据，处理它以回答所有问题，在屏幕上显示结果，并将结果写入 CSV 文件。另一方面，我们有意遗漏了许多元素。下面看一看本章没有完成的事情。

除了合并数据帧将其写入单个文件外，我们没有对分布式数据做太多处理。在第 1 章，PySpark 将数据分发到多个工作节点上，但我们的代码没有过多关注这一点。不需要经常考虑分区、数据本地性和容错性，使数据发现过程更快。

我们没有花太多时间配置 PySpark。除了给应用指定一个名称外，SparkSession 中没有其他配置。这并不是说我们永远不会讨论这个问题，而是可以从基本的配置开始，再进行调整。后续章节会介绍如何定制 SparkSession 来优化资源(第 11 章)，以及如何创建连接到外部数据仓库的连接器(第 9 章)。

最后，我们没有纠结于规划操作的顺序，因为它与处理有关，而我们关注的是可读性和逻辑性。我们描述的转换过程符合逻辑，并让 Spark 将它优化成高效的处理步骤。我们可能会重新排序，在得到相同结果的情况下，使程序可读性更高，易于理解，并且工作正常。

这与第 1 章所讲的内容相呼应：PySpark 的卓越之处不仅在于它提供了什么，还在于它可以实现很多抽象。大多数情况下，可以将代码编写为一系列转换，这些转换在大多数情况下都会实现你的目标。在第III部分中，我们将会看到，如果想要更细粒度地调整性能，或者对数据的物理布局有更多的控制，PySpark 不会阻碍你。因为 Spark 在不断发展，所以在某些情况下，仍然需要更加小心程序在集群上如何转换为具体执行步骤。为此，第 11 章会介绍 Spark 用户界面，展示 Spark 在数据上执行的工作，以及如何影响数据处理。

3.7　扩展词频程序

在之前的例子中并没有使用大数据集。这是肯定的。

大数据处理教学面临两难境地。虽然我想展示 PySpark 处理大规模数据集的能力，但又不希望你购买集群或支付大量的云账单。因为可以使用相同的代码进行扩展，所以使用较小的数据集更容易展示工作中使用的技巧。

以单词计数为例：如何将其扩展到更大的文本语料库？下面从“谷登堡项目(Project Gutenberg)”下载更多文件，并将它们放在同一个目录中。

```
$ ls -1 data/gutenberg_books

11-0.txt
1342-0.txt
1661-0.txt
2701-0.txt
30254-0.txt
84-0.txt
```

虽然用这些说明“我们正在做大数据”还不够，但足以解释一般的概念。如果想扩展项目规模，可以使用附录 B 在云上配置一个强大的集群，下载更多的书籍或其他文本文件，然后运行相同的程序，只需要花费几美元。

我们以一种非常微妙的方式修改了 word_count_submit.py。在.read.text()中，我们将更改路径，以读取目录中的所有文件。代码清单 3-10 展示了修改前后的结果：只是把 1342-0.txt 文件改成了*.txt 文件，这被称为通配模式(glob pattern)。*表示 Spark 选择目录中所有的.txt 文件。

代码清单 3-10 使用通配模式扩展词频计数程序

```
# Before
results = spark.read.text('./data/gutenberg_books/1342-0.txt')

# After
results = spark.read.text('./data/gutenberg_books/*.txt')
```

这里我们将一个文件作为参数传递

……这里的星号(或通配符)选择目录中的所有文本文件

注意

如果希望 PySpark 采集目录下的所有文件，也可以只传入目录名。

运行这个程序遍历目录下的所有文件，得到的结果如代码清单 3-11 所示。

代码清单 3-11 将程序扩展到使用多个文件

```
$ spark-submit ./code/Ch02/word_count_submit.py

+----+-----+
|word|count|
+----+-----+
| the|38895|
| and|23919|
|  of|21199|
|  to|20526|
|   a|14464|
|   i|13973|
|  in|12777|
|that| 9623|
|  it| 9099|

| was| 8920|
+----+-----+
only showing top 10 rows
```

有了这些，你就可以自信地说，你可以使用 PySpark 扩展一个简单的数据分析程序。可以使用这里概述的通用方法，并修改一些参数和方法以适应你的用例。第 4 章和第 5 章将以这里学习的内容为基础，更深入地探讨一些有趣且常见的数据转换。

3.8 本章小结

- 可以使用 groupby 方法对记录进行分组，将想要分组的列名作为参数传递。这将返回一个 GroupedData 对象，可以对该对象使用聚合方法，从而得到分组的计算结果，如记录的 count()。
- PySpark 对列进行操作的函数库位于 pyspark .sql.functions 中。非官方的但受到广泛尊重的约定是，在程序中使用 F 关键字限定该导入操作(为这个函数库在导入时设定别名)。
- 将数据帧写入文件时，PySpark 会创建一个目录，并为每个分区生成一个文件。如果想将所有结果写入一个文件，可以使用 coaslesce(1)方法。

- 为了让程序通过 spark-submit 以批处理模式工作，需要创建 SparkSession。PySpark 在 pyspark.sql 模块中提供了一个构建器模式。
- 如果程序需要读取同一个目录下的多个文件，可以使用通配符模式一次性选择多个文件。PySpark 会将它们收集到一个数据帧中。

3.9　扩展练习

在这些练习中，需要使用本章编写的 word_count_submit.py 程序。可以从本书的代码仓库(Code /Ch03/word_count_submit.py)中获取它。

练习 3-3

1. 修改 word_count_submit.py 程序，返回简・奥斯汀的《傲慢与偏见》中不同的单词的个数。(提示：results 包含每个不同单词的一条记录。)

2. (挑战)将程序包装在一个接收文件名作为参数的函数中。它应该返回不同单词的数量。

练习 3-4

以 word_count_submit.py 为例，修改脚本，让它返回 5 个在简・奥斯汀的《傲慢与偏见》中只出现过一次的单词。

练习 3-5

1. 使用 substring 函数(如果需要，可以参考 PySpark 的 API 或 pyspark shell)，返回前 5 个最常用的首字母(只保留每个单词的首字母)。

2. 计算以辅音或元音开头的单词的数量(提示：isin()函数可能有帮助)。

练习 3-6

假设想同时获得 GroupedData 对象的 count()和 sum()。为什么下面这段代码不起作用？映射每个方法的输入和输出。

```
my_data_frame.groupby("my_column").count().sum()
```

多个聚集函数的使用将在第 4 章介绍。

第 4 章

使用 pyspark.sql 分析表格数据

本章主要内容

- 将带分隔符的数据读取到 PySpark 数据帧中
- 理解 PySpark 如何在数据帧中表示表格数据
- 采集和探索表格数据或关系数据
- 选择、操作、重命名和删除数据帧中的列
- 生成数据帧的概要，以便进行快速探索

第 2 章和第 3 章中的第一个示例处理的是非结构化文本数据。每一行文本都映射到数据帧中的一条记录，通过一系列转换，从一个(和多个)文本文件中统计词频。本章将深入介绍数据转换，这次使用结构化数据。数据有多种形态和形式：我们从关系型(或表格型[1])数据开始，关系型数据是 SQL 和 Excel 中最常见的格式之一。本章和第 5 章与第一次数据分析的思路相同。使用加拿大公共电视时间表数据来识别和衡量广告在其总节目时间中的比例。

更具体地说，将首先介绍表格数据，以及数据帧如何提供必要的抽象来表示数据表。然后，再次实例化 SparkReader 对象，这次是用于处理带分隔符的数据，而不是非结构化文本。接着介绍 Column 对象上最常见的操作，即在二维环境下处理数据。最后，通过 summary()和 describe()方法介绍 PySpark 的轻量级 EDA(Exploratory Data Analysis，探索性数据分析)功能。在本章结束时，你将能够探索和改变数据帧的列式结构。更令人兴奋的是，这些知识可以应用于任何数据格式(如第 6 章介绍的层次化数据)。

和其他 PySpark 程序一样，首先要初始化 SparkSession 对象，如代码清单 4-1 所示。我还会主动导入 pyspark.sql.functions 并设定别名为 F，因为在第 3 章中已经看到，它有助于提高可读性，并避免潜在的函数名称冲突。

代码清单 4-1　创建 SparkSession 对象，开始使用 PySpark

```
from pyspark.sql import SparkSession
```

1　如果非常严苛，那么表格数据和关系型数据并不完全相同。在第 5 章，将多个数据帧连接在一起时，差别会很明显。使用单个表时，可以认为两个概念是一回事。

```
import pyspark.sql.functions as F

spark = SparkSession.builder.getOrCreate()
```

4.1 什么是表格数据

用二维表格表示数据时，称它为表(table)。每个单元格包含一个值，以行和列的形式组织数据。一个很好的例子是购物清单：可以用一列表示想要购买的商品，一列表示数量，还有一列表示价格。图 4-1 展示了一个简单的购物清单。其中包含了 3 列 4 行，每行代表购物清单中的一项(条目)。

条目	数量	价格
Banana	2	1.74
Apple	4	2.04
Carrot	1	1.09
Cake	1	10.99

图 4-1 将购物清单表示为表格数据。每行表示一个条目，每列表示一个属性

可以将表格数据最简单地理解为电子表格格式：在操作界面上可以看到大量的行和列，可以在其中输入数据并计算数据。SQL 数据库可以视为由行和列组成的表。表格数据是一种非常常见的数据格式，因为它非常流行，而且很容易理解，所以可以作为 PySpark 数据操作 API 的完美入门。

PySpark 的数据帧结构很自然地映射为表格数据。在第 2 章，解释了 PySpark 要么对整个数据帧结构进行操作[通过 select()和 groupby()等方法]，要么对列对象进行操作(例如使用 split()等函数)。数据帧以列为主，因此其 API 专注于操作列来转换数据。因此，可以考虑要执行哪些操作，以及哪些列会受到这些操作的影响，以简化数据转换的过程。

提示

第 1 章简要介绍的弹性分布式数据集(RDD)就是以行为主的数据结构的示例。你不是在考虑列，而是在考虑具有可在其中应用函数的属性的项(行)。这是看待数据的另一种方式，第 8 章会介绍更多关于如何有效使用数据的信息。

PySpark 如何表示表格数据

在第 2 章和第 3 章，直到计算每个单词的出现次数时，数据帧也始终只包含一列。换句话说，我们获取非结构化数据(文本主体)，执行一些转换，并创建一个包含想要的信息的由两列组成的表。表格数据在某种程度上是它的扩展，可以使用多列。

以购物清单为例，并将其加载到 PySpark 中。为简单起见，把购物清单编码为一个由列表(list)组成的列表(list)。PySpark 有多种导入表格数据的方法，但最流行的两种是列

表中的列表(the list of lists)和 pandas 数据帧。在第 9 章，将简要介绍如何使用 pandas。但仅仅为了加载 4 条记录而导入一个库有点大材小用，所以我将它保存在一个由列表组成的列表中。

使用 spark.createDataFrame 函数可以轻松利用程序中的数据创建数据帧，如代码清单 4-2 所示。第一个参数是数据本身。可以提供数据项的列表(这里是列表的列表)、pandas 数据帧或 RDD(将在第 8 章介绍)。第二个参数是数据帧的模式(schema)。第 6 章会更深入地介绍自动模式定义和手动模式定义。与此同时，传递列名列表将使 PySpark 能够推断出列的类型(分别为 string、long 和 double)。数据帧看起来如图 4-2 所示，不过简化了很多。master 节点知道数据帧的结构，但实际的数据由工作节点表示。每一列数据都映射到存储在由 PySpark 管理的集群中的某个位置。在抽象结构上操作，并让 master 高效地委派任务。

代码清单 4-2　从购物清单创建数据帧

```
my_grocery_list = [
    ["Banana", 2, 1.74],
    ["Apple", 4, 2.04],
    ["Carrot", 1, 1.09],
    ["Cake", 1, 10.99],
]                                    ← 购物清单放在一个列
                                       表的列表中

df_grocery_list = spark.createDataFrame(
    my_grocery_list, ["Item", "Quantity", "Price"]
)

df_grocery_list.printSchema()
# root
# |-- Item: string (nullable = true)        PySpark 根据 Python 中关于
# |-- Quantity: long (nullable = true)      每个值的信息自动推断出
# |-- Price: double (nullable = true)       每个字段的类型
```

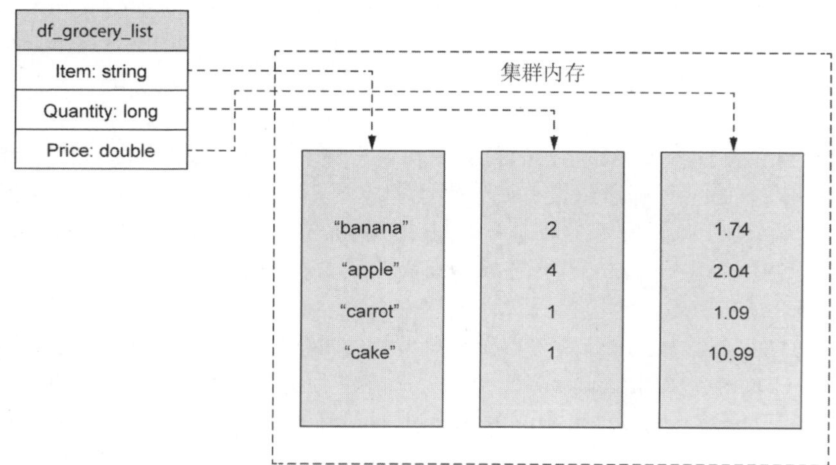

图 4-2　数据帧中的每列都映射到工作节点上的某个位置

PySpark 很擅长使用列定义表示表格数据。这意味着目前学到的所有函数都可用于表格数据。通过使用一种灵活的结构表示多种数据(到目前为止，已经介绍了文本和表格)，PySpark 可以轻松地从一个领域转移到另一个领域。这样就不必学习另一组函数，也不需要对数据进行重新抽象。

本节介绍了一个简单的二维/表格数据帧。4.2 节将采集并处理一个更重要的数据帧。是时候开始编码了！

4.2 使用 PySpark 分析和处理表格数据

我的购物清单很有趣，但用于分析工作的潜力相当有限。我们将使用一个更大的数据集，并对其进行探索，然后提出一些可能感兴趣的介绍性问题。这个过程被称为探索性数据分析(Exploratory Data Analysis，EDA)，通常是数据分析师和数据科学家面对新数据时进行的第一步。我们的目标是熟悉数据发现的函数和方法，以及执行一些基本的数据整合操作。熟悉这些步骤可以消除处理数据时无法亲眼看到转换的尴尬。本节将展示一个蓝图，你可以在面对新的数据帧时重用它，直到每秒需要处理数百万条记录为止。

通过图形进行探索性数据分析

在实际工作中会看到的许多 EDA 工作都包含图表和表格。这是否意味着 PySpark 可以做同样的事情？

在第 2 章中了解了如何打印数据帧，以便一目了然地查看其中的内容。这仍然适用于汇总信息并将其显示在屏幕上。如果想将表导出为易于处理的格式(例如合并成一个报告)，可以使用 spark.write.csv，确保将数据帧合并成一个文件[参见第 3 章中介绍的 coalesce()方法]。从本质上讲，表摘要不会非常大，因此不会有耗尽内存的风险。

PySpark 不提供任何图表功能，也无法与其他图表库(如 Matplotlib、seaborn、Altair 或 plot.ly)一起使用，这是有原因的：PySpark 将数据分发到多台计算机上。分发创建的图表没有多大意义。通常的解决方案是使用 PySpark 转换数据，使用 toPandas()方法将 PySpark 数据帧转换为 pandas 数据帧，然后使用喜欢的图表库。在使用图表时，我提供了用于生成它们的代码。

在使用 toPandas()时，要记住你失去了在多台计算机上工作的优势，因为数据将在 driver 上积累。将此操作保留给聚合或可管理的数据集。虽然这是一个粗略的公式，但我通常使用行数乘以列数；如果这个数字超过 100 000(对于 16 GB 的 driver 内存)，我将尝试进一步减少它。这个简单的技巧可以帮助我了解正在处理的数据的大小，以及对于特定大小的 driver 可能发生的情况。

你肯定不想一直在 pandas 和 PySpark 数据帧之间移动数据。保留 pandas()用于离散操作或一次性将数据移动到 pandas 数据帧中。来回移动数据会导致大量无谓的分发和收集数据的工作。如果需要在 Spark 数据帧上使用 pandas 的处理能力，参见第 9 章的 pandas UDF。

在本例中，将使用来自加拿大政府的一些公开数据，更具体地说，是来自

CRTC(Canadian Radio-Television and Telecommunications Commission，加拿大广播电视和电信委员会)的数据。每个广播公司都必须向加拿大公众提供节目和广告(这里指商业广告)的完整记录。这为我们提供了很多需要回答的潜在问题，但我们只选择一个：哪些频道的广告比例最大，哪些频道的广告比例最小？

你可以在加拿大开放数据门户网站(http://mng.bz/y4YJ)选择 BroadcastLogs_2018_Q3_M8 文件下载。要下载的文件为 994MB，下载可能需要很长时间，具体取决于你的计算机与网络。本书的代码库在 data/broadcast_logs 目录下包含了一个数据示例，可以用它代替原始文件。你还需要下载.doc 格式的数据字典，以及参考表的压缩文件，将它们解压缩到 data /broadcast_logs 中的 ReferenceTables 目录中。同样，该例假设数据已经被下载到 data/broadcast_logs 中，并且 PySpark 是从代码库的根目录启动的。

学习 4.3 节之前，请确保已经准备好以下内容。除了 BroadcastLogs 这个大文件之外，其他文件都在代码库中。

- data/BroadcastLogs_2018_Q3_M8.CSV(从网站下载或使用本书代码库中的示例)
- data/broadcast_logs/ReferenceTables
- data/broadcast_logs/data_dictionary.doc

4.3　在 PySpark 中读取和评估带分隔符的数据

现在我们已经用一个小的合成表格数据集进行了测试，已经准备好深入探索真实的数据。和第 3 章一样，第一步是读取数据，然后再进行探索和转换。这次读取的数据比一些无组织的文本要复杂一些，因此将更详细地介绍 SparkReader 的用法。由于二维表是最常见的数据组织格式之一，因此知道如何采集表中数据或关系型数据将很快成为我们的第二天性。

提示

关系型数据通常在 SQL 数据库中。Spark 可以非常容易地从 SQL(或类似 SQL 的)数据存储中读取数据：第 9 章中有一个从 Google BigQuery 读取数据的示例。

在本节中，首先通过将 SparkReader 应用于其中一个 CRTC 数据表来介绍 SparkReader 如何通过分隔符分隔数据(以创建第二维)。然后，将介绍最常见的 reader 选项，以便可以轻松读取其他类型的分隔文件。

4.3.1　第一次使用专门处理 CSV 文件的 SparkReader

带分隔符的数据是一种非常常见、流行且棘手的数据共享方式。本节将介绍如何读取 CRTC 表，它对 CSV 文件使用了一套非常常见的约定。

CSV 文件格式源于一个简单的想法：我们使用由两种分隔符(界定符)分隔的二维记录(行和列)中的文本。这些分隔符是字符，但在 CSV 文件中有特殊用途，如图 4-3 所示。

- 第一个是行分隔符。行分隔符将文件分割为逻辑记录。分隔符之间有且只有一条记录。
- 第二个是字段分隔符。每条记录都由相同数量的字段组成，字段定界符表示字段的开始和结束。

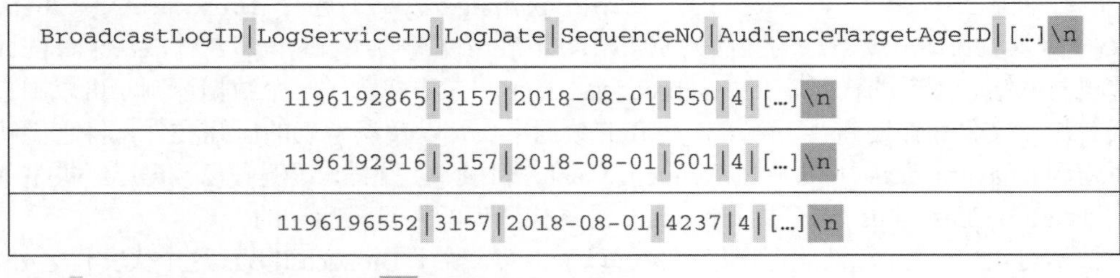

图 4-3 数据示例，突出显示字段分隔符(|)和记录分隔符(\n)

换行符(\n，如果明确描述的话)实际上是记录分隔符。它自然地将文件分解为可视的行，其中一条记录从该行的开头开始，到末尾结束。逗号(，)是最常用的字段分隔符。

CSV 文件很容易生成，需要遵循一套宽松的规则才能很好地使用这种文件。因此，PySpark 在读取 CSV 文件时提供了多达 25 个可选参数。将其与两个读取文本数据的方法进行比较。在代码清单 4-3 中，使用了 3 个配置参数：sep 用来设定记录分隔符，header 用来设定标题行(列名行)是否存在；inferSchema 用于让 Spark 对数据进行类型推断(更多信息请参见 4.3.2 节)。通过这 3 个参数就可以将数据解析为数据帧。

代码清单 4-3 读取来自 CRTC 的数据

```
import os

DIRECTORY = "./data/broadcast_logs"
logs = spark.read.csv(
    os.path.join(DIRECTORY, "BroadcastLogs_2018_Q3_M8.CSV"),
    sep="|",
    header=True,
    inferSchema=True,
    timestampFormat="yyyy-MM-dd",
```

首先指定数据所在的文件路径

我们的文件使用竖线作为分隔符，因此将 | 作为参数传递给 sep

header 参数为布尔值。值为 True 时，文件的第一行将被解析为列名

timestampFormat 用于通知解析器时间戳字段的格式(年、月、日、小时、分钟、秒、微秒，详情参见 4.4.3 节)

inferSchema 也接收一个布尔值参数。值为 True 时，将预解析数据以推断列(字段)的类型

虽然可以读取 CSV 数据进行分析，但这只是使用 SparkReader 的一个简单示例。4.3.2 节将详细介绍读取 CSV 数据时最重要的参数，并对代码清单 4-3 中的代码进行更详细的解释。

4.3.2 自定义 SparkReader 对象来读取 CSV 数据文件

本节重点介绍如何创建 SparkReader 对象来读取带分隔符的数据，以及如何使用最常用的配置参数处理各种 CSV 数据，如代码清单 4-4 所示。

代码清单 4-4　spark.read.csv 函数的参数介绍

```
logs = spark.read.csv(
    path=os.path.join(DIRECTORY, "BroadcastLogs_2018_Q3_M8.CSV"),
    sep="|",
    header=True,
    inferSchema=True,
    timestampFormat="yyyy-MM-dd",
)
```

读取带分隔符的数据可能是一件具有挑战性的事情。由于 CSV 格式的灵活性和可编辑性，CSV reader 需要提供许多选项，以覆盖更多可能的用例。还有一个风险是文件格式不正确，在这种情况下，需要将其视为文本，并小心地手动推断字段。我将继续讨论最常见的场景：单个文件，并且被正确分隔。

1. 要读取的文件的路径，作为唯一的必选参数

就像读取文本一样，唯一真正必须有的参数是 path，它设定文件所在路径。正如在第 2 章中看到的，可以使用通配模式读取给定目录中的多个文件，只要它们的结构相同。如果希望读取特定的文件，也可以显式地传递文件路径列表。

2. 使用 sep 参数设置字段分隔符

在读取和生成 CSV 文件时，最常见的变化是选择正确的分隔符。逗号是最常用的字符，但它在文本中很常用，这意味着需要一种方法来区分哪些逗号是文本的一部分，哪些逗号是分隔符。我们的文件使用了竖线字符，这是一个合适的选择：它在键盘上很容易找到，但在文本中不常见。

注意

在法语中，用逗号分隔整数部分和小数部分(例如 1.02→1,02)。在 CSV 文件中，这非常糟糕，因此大多数法语 CSV 文件使用分号(;)作为字段分隔符。这是使用 CSV 数据时需要保持警惕的又一个例子。

读取 CSV 数据时，PySpark 默认使用逗号作为字段分隔符。可以将可选参数 sep(用来设置分隔符)设置为要用作字段分隔符的单个字符。

3. 对文本使用引号，以避免将字符误认为分隔符

在使用逗号作为分隔符的 CSV 文件中，通常的做法是将文本字段引用起来，以确保文本中的逗号不会被误认为字段分隔符。CSV reader 对象提供了一个可选的 quote 参数，默认是双引号字符(")。因为没有显式地向 quote 传递值，所以我们保留默认值。这样，我们可以有一个值为“Three | Trois”的字段，而如果没有双引号字符，它们将被认为是两

个字段的数据。如果不想使用任何引用符号，则需要显式地将空字符串传递给 quote 参数。

4. 将第一行作为列名

header 可选参数接收一个布尔值标志。如果设置为 True，它将使用文件的第一行(或者多个文件，如果要读取的话)，并使用它设置列名。

如果想显式地给列命名，也可以传递一个显式的 schema(参见第 6 章)或者一个 DDL 字符串(参见第 7 章)作为 schema 可选参数。如果没有做上述任何设定，数据帧将使用_c*作为列名，其中*被替换为递增的整数(_c0, _c1...)。

5. 读取数据时推断列的类型

PySpark 具有模式发现能力。你可以通过将 inferSchema 设置为 True 来打开它(默认是关闭的)。这个可选参数强制 PySpark 对读取的数据进行两次遍历：一次设置每列的类型，另一次读取数据。这样会增加数据采集的时间，但可以避免手动编写 schema(我会在第 6 章详细讨论)。让计算机完成这些工作吧！

提示

如果有大量数据，推断 schema 的开销可能非常大。在第 6 章，将介绍如何使用(和提取)schema 信息；如果你多次读取一个数据源，最好只保留一次推断出的 schema 信息！也可以使用一个小型但具有代表性的数据集来推断 schema，然后读取大型数据集。

我们很幸运，加拿大政府是一个很好的数据管理员，提供了干净、已正确格式化的文件。在现实世界中，畸形的 CSV 文件数不胜数，在尝试获取其中一些文件时，会遇到错误。此外，如果数据量很大，你通常不会有机会检查每一行来修复错误。第 6 章介绍了一些缓解这种痛苦的策略，并展示了使用 schema 共享数据的一些方法。

代码清单 4-5 显示了我们的数据帧 schema，它与下载的文档一致。列名正确显示，列名的类型也正确。有了这些信息，就可以开始对数据进行探索了。

代码清单 4-5 logs 数据帧的 schema

```
logs.printSchema()
# root
# |-- BroadcastLogID: integer (nullable = true)
# |-- LogServiceID: integer (nullable = true)
# |-- LogDate: timestamp (nullable = true)
# |-- SequenceNO: integer (nullable = true)
# |-- AudienceTargetAgeID: integer (nullable = true)
# |-- AudienceTargetEthnicID: integer (nullable = true)
# |-- CategoryID: integer (nullable = true)
# |-- ClosedCaptionID: integer (nullable = true)
# |-- CountryOfOriginID: integer (nullable = true)
# |-- DubDramaCreditID: integer (nullable = true)
# |-- EthnicProgramID: integer (nullable = true)
# |-- ProductionSourceID: integer (nullable = true)
# |-- ProgramClassID: integer (nullable = true)
# |-- FilmClassificationID: integer (nullable = true)
# |-- ExhibitionID: integer (nullable = true)
# |-- Duration: string (nullable = true)
```

```
# |-- EndTime: string (nullable = true)
# |-- LogEntryDate: timestamp (nullable = true)
# |-- ProductionNO: string (nullable = true)
# |-- ProgramTitle: string (nullable = true)
# |-- StartTime: string (nullable = true)
# |-- Subtitle: string (nullable = true)
# |-- NetworkAffiliationID: integer (nullable = true)
# |-- SpecialAttentionID: integer (nullable = true)
# |-- BroadcastOriginPointID: integer (nullable = true)
# |-- CompositionID: integer (nullable = true)
# |-- Producer1: string (nullable = true)
# |-- Producer2: string (nullable = true)
# |-- Language1: integer (nullable = true)
# |-- Language2: integer (nullable = true)
```

练习 4-1

以下面的文件为例，文件名为 sample.csv，包含 3 列。

```
Item,Quantity,Price
$Banana, organic$,1,0.99
Pear,7,1.24
$Cake, chocolate$,1,14.50
```

完成以下代码，成功读取文件。

```
sample = spark.read.csv([...],
                        sep=[...],
                        header=[...],
                        quote=[...],
                        inferSchema=[...]
)
```

(注意：如果想测试代码，可以在本书的代码库 data/sample.csv/sample.csv 中找到 sample.csv)。

4.3.3　探索数据世界的轮廓

在处理表格数据，特别是来自 SQL 数据仓库的表格数据时，经常会发现数据集内的数据来自不同的数据表。在我们的示例中，日志表(Logs)包含了大部分以 ID 为后缀的字段；这些带有 ID 的字段来自其他表，必须将它们连接起来才能获得数据的整体轮廓。本节将简要介绍星形 schema、为什么经常用到星形 schema，以及如何可视化并使用它们。

我们的数据世界 (正在处理的一组表)遵循关系型数据库中非常常见的模式：一个包含很多 ID(或键)的中心表和一些包含每个键及其值之间映射的辅助表。这称为星形模式(star schema)，因为它看起来像一颗星星。星形模式在关系型数据库中很常见，这是由规范化决定的，因为规范化是一种避免数据片段重复，并提高数据完整性的过程。数据规范化如图 4-4 所示，其中中心表 Logs 包含映射到辅助表(也称为连接表)的 ID。对于 CD_category 连接表来说，它包含许多字段(如 Category_CD 和 English_description)，使用 Category_ID 键连接表时，Logs 表就可以使用这些字段。

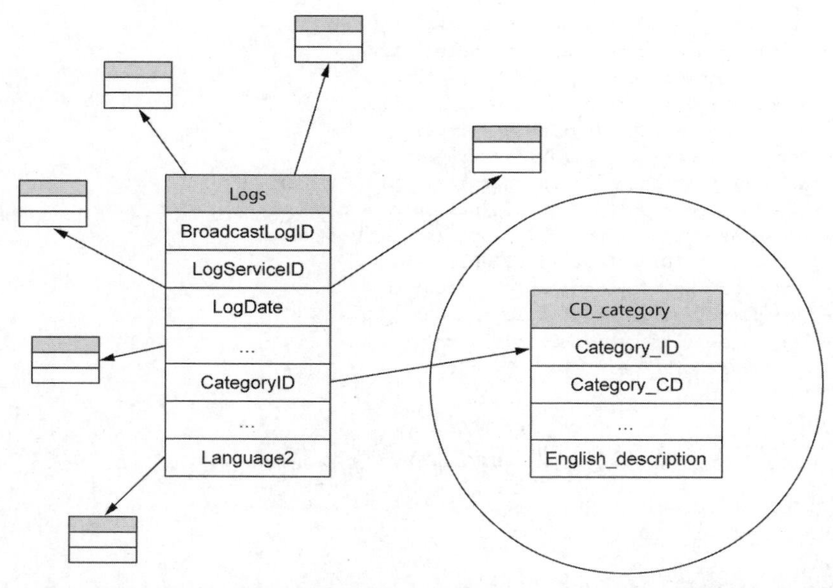

图 4-4　Logs 表中的那些 ID 字段映射到其他表，比如通过 Category_ID 可以连接到 CD_category 表

在 Spark 中，我们通常更喜欢使用单个表，而不是通过连接大量表来获取数据。我们称这些表为非规范化的表，或者通俗地称它们为“胖表”。在填充表之前，首先要评估 Logs 表中直接可用的数据，这是第 5 章要讨论的主题。通过查看 Logs 表、表中的内容及数据文档，可以避免连接那些对我们的分析没有实际价值的表。

为恰当的工作选择合适的结构

规范化、非规范化——这是怎么回事？这不是一本关于数据分析的图书吗？

虽然本书的主要内容不是关于数据建模的，但我们至少要了解一些有关数据结构的知识，以便更好地使用数据，理解这一点很重要。在处理关系型信息(如广播表)时，对数据进行规范化有很多优势。除了更容易维护之外，数据规范化还降低了数据中出现异常或不合逻辑记录的概率。另一方面，在大型数据系统中，有时会采用非规范化表来避免昂贵的连接操作。

在进行数据分析时，最好使用包含所有数据的单表。因为手工连接数据非常繁琐，特别是在处理几十个甚至几百个连接表时(有关连接的更多信息，请参阅第 5 章)。幸运的是，数据仓库的结构不会经常改变。如果有一天你遇到了复杂的星形模式，请与数据库管理员成为朋友，他们可以为你提供有关非规范化表的信息(通常这些信息是使用 SQL 语句编写的)。第 7 章会介绍如何以最小的代价将代码移植到 PySpark 中。

4.4　数据操作基础：选择、删除、重命名、排序及诊断

第一次接触数据时，通常会对其进行探索和总结。这就像第一次和数据约会一样：你想得到一个全面的概要，而不是纠结于细节(在 Québécois 法语中，我们说 s 'enfarger dans les fleurs du tapis，指的是那些过于专注细节的人。直译就是“被地毯上的花绊倒”)。本节更详细地展示了在数据帧上进行的常见操作，即如何选择、删除、重命名、重新排序和创建字段，以便你可以自定义数据帧的显示方式。本节还会提到数据帧，以便你可以对结构中的数据进行快速诊断。我们“只要地毯，不要花”。

4.4.1　了解我们想要什么：选择列

到目前为止，我们已经了解到，在 shell 中输入数据帧变量，打印的是数据帧的结构，而不是数据，除非正在使用即时处理的 Spark(参见第 2 章)。还可以使用 show()命令显示一些记录来大致了解数据的情况。在此我不会显示结果，但是如果你愿意尝试，就会看到混乱的表格式输出结果，因为一次显示了太多的列。本节将重新介绍 select()方法，该方法告诉 PySpark 要在数据帧中保留哪些列。还将介绍如何在使用 PySpark 方法和函数时引用列。

对于最简单的情况，select()可以接收一个或多个列对象(或表示列名的字符串)，并返回一个只包含特定列的数据帧。这样，可以保持输出结果的整洁，一次只查看几个列，如代码清单 4-6 所示。

代码清单 4-6　选择数据帧中前 5 行数据的前 3 列

```
logs.select("BroadcastLogID", "LogServiceID", "LogDate").show(5, False)

# +--------------+------------+-------------------+
# |BroadcastLogID|LogServiceID|LogDate            |
# +--------------+------------+-------------------+
# |1196192316    |3157        |2018-08-01 00:00:00|
# |1196192317    |3157        |2018-08-01 00:00:00|
# |1196192318    |3157        |2018-08-01 00:00:00|
# |1196192319    |3157        |2018-08-01 00:00:00|
# |1196192320    |3157        |2018-08-01 00:00:00|
# +--------------+------------+-------------------+
# only showing top 5 rows
```

在第 2 章，我们了解到.show(5, False)会显示前 5 行的所有列，以便得到完整的数据。而这里的.select()语句使结果发生了变化。在文档中，select()只接收一个参数*cols，其中*表示该方法可以接收任意数量的参数。如果传入多个字段名，select()会简单地将所有参数聚集在一个名为 cols 的元组中。

因此，可以使用相同的“去结构化”技巧来选择列。从 PySpark 语义的角度来看，代码清单 4-7 中的 4 条语句的解释是相同的。注意，在列表前加一个星号删除了容器，使每个元素都成为函数的参数。如果对此有点困惑，不用担心！附录 C 介绍了如何对集合进行解包。

代码清单 4-7　在 PySpark 中选择列的 4 种方法，它们的结果是相同的

```
# 使用字符串到列的转换
logs.select("BroadCastLogID", "LogServiceID", "LogDate")
logs.select(*["BroadCastLogID", "LogServiceID", "LogDate"])
```

```
# 显式传递列对象
logs.select(
    F.col("BroadCastLogID"), F.col("LogServiceID"), F.col("LogDate")
)
logs.select(
    *[F.col("BroadCastLogID"), F.col("LogServiceID"), F.col("LogDate")]
)
```

显式选择几个列时，不必将它们包装到列表中。如果已经在处理列列表，则可以使用*前缀将它们解包。这种参数解包模式经常使用，因为许多将列作为输入的数据帧方法都采用这种技术。

本着“聪明”(或称为“懒惰”)的原则，下面对选择代码进行扩展，以 3 个列为一组进行查看。这将让我们对数据内容更有感觉。数据帧通过 columns 属性跟踪它的列。logs.columns 是 Python 列表，包含 logs 数据帧的所有列名。在代码清单 4-8 中，将这些列每 3 个为一组进行分组，按组进行显示，而不是一次都显示出来。

代码清单 4-8 以 3 列为单位查看数据帧

```
import numpy as np

column_split = np.array_split(
    np.array(logs.columns), len(logs.columns) // 3    ◄── array_split() 函数来自 numpy 包，在代码清单的开始部分，以 np 的形式导入
)

print(column_split)

# [array(['BroadcastLogID', 'LogServiceID', 'LogDate'], dtype='<U22'),
# [...]
# array(['Producer2', 'Language1', 'Language2'], dtype='<U22')]'
for x in column_split:
logs.select(*x).show(5, False)
# +--------------+------------+-------------------+
# |BroadcastLogID|LogServiceID|LogDate            |
# +--------------+------------+-------------------+
# |1196192316    |3157        |2018-08-01 00:00:00|
# |1196192317    |3157        |2018-08-01 00:00:00|
# |1196192318    |3157        |2018-08-01 00:00:00|
# |1196192319    |3157        |2018-08-01 00:00:00|
# |1196192320    |3157        |2018-08-01 00:00:00|
# +--------------+------------+-------------------+
# only showing top 5 rows
# ... and more tables of three columns
```

接下来将逐行解释代码。首先将 logs.columns 列表分成每 3 列一组。因此，需要使用 numpy 包中的 array_split()函数。该函数接收一个数组和子数组的数量 N，返回一个包含 N 个子数组的列表。通过 np.array 函数将列列表 logs.columns 包装到一个数组中，并将其作为第一个参数传递给函数。对于子数组的数量，使用整数除法“//”，将列数除以 3。

提示

其实可以避免调用 np.array，因为 np.array_split()可以处理列表，只是速度比较慢。但我仍调用了它，因为如果使用静态类型检查器，如 mypy，会得到一个类型错误。第 8 章将对 PySpark 程序中的类型检查进行基本介绍。

代码清单 4-8 的最后一部分使用 select()方法遍历子数组列表，选择每个子数组中保存的列，并使用 show()方法将它们显示在屏幕上。

提示

如果使用 Databricks Notebook，则可以通过 display(logs)以极具表现力的表格格式显示 logs 数据帧。

该示例展示了将 Python 代码与 PySpark 结合是多么容易。除了提供大量函数外，数据帧 API 还将列名等信息暴露给 Python 结构。在必要的情况下，可以使用库中的功能，但和代码清单 4-8 一样，我会尽可能解释它的作用以及为什么要使用它。第 8 章和第 9 章深入探讨如何在 PySpark 中组合纯 Python 代码。

4.4.2　只保留我们想要的：删除列

选择列的另一方面是“不选择”哪些列。可以使用 select()来完成整个过程，仔细设计列的列表，只保留想要的那些列。幸运的是，PySpark 也提供了一个方便的方法：直接丢弃不想要的内容。

本着“清理”的目标，删除当前数据帧中的两列。希望这能带来方便。

- BroadCastLogID 是表的主键，不能回答我们的问题。
- SequenceNo 是一个序列号，也没什么用。

开始查看链接表时，会看到更多的内容。代码清单 4-9 中的代码简单地完成了这个任务。

代码清单 4-9　使用 drop()方法删除列

```
logs = logs.drop("BroadcastLogID", "SequenceNO")

# 测试是否高效删除了列

print("BroadcastLogID" in logs.columns) # => False
print("SequenceNo" in logs.columns) # => False
```

与 select()一样，drop()也接收*cols 参数，并返回一个数据帧，这次不包括作为参数传入的列。就像 PySpark 中的其他方法一样，drop()返回一个新的数据帧，因此我们通过赋值的方式，用结果覆盖 logs 变量。

警告

与选择不存在的列将返回运行时错误的 select()不同，删除不存在的列是空操作。PySpark 会忽略它找不到的列。要注意列名的拼写！

根据你想保留多少列，select()可能是一种更简洁的方式，它只保留你想要的列。可以把 drop()和 select()看作同一枚硬币的两面：一个将指定的内容丢弃；另一个保存指定的内容。可以使用 select()方法重现代码清单 4-9，具体见代码清单 4-10。

代码清单 4-10　使用 select 方式“删除列”

```
logs = logs.select(
    *[x for x in logs.columns if x not in ["BroadcastLogID", "SequenceNO"]]
)
```

高级主题：不一致问题

从理论上讲，也可以用 select()方法对列表中的列进行解包。下述代码将按预期运行：

```
logs = logs.select(
    [x for x in logs.columns if x not in ["BroadcastLogID", "SequenceNO"]]
)
```

但对于 drop()来说则不同，需要显式地进行解包：

```
logs.drop(logs.columns[:])
# TypeError: col should be a string or a Column

logs.drop(*logs.columns[:])
# DataFrame[]
```

我宁愿明确地进行解包，也不想去记什么时候是强制性的，什么时候是可选的。

现在知道了对数据帧执行的最基本操作。可以选择列和删除列，利用第 2 章和第 3 章介绍的 select()方法的灵活性，可以对现有列应用函数进行转换。4.4.3 节将介绍如何在不依赖 select()的情况下创建新列，简化代码并提高弹性。

注意

在第 6 章，将介绍如何限制直接从 schema 定义中读取数据。这是一种很有吸引力的方法，可以避免一开始就删除列。

练习 4-2

下面这段代码的输出结果是什么？

```
sample_frame.columns # => ['item', 'price', 'quantity', 'UPC']

print(sample_frame.drop('item', 'UPC', 'prices').columns)
```

a　['item' 'UPC']
b　['item', 'upc']
c　['price', 'quantity']
d　['price', 'quantity', 'UPC']
e　Raises an error

4.4.3　创建新列：使用 withColumn()创建新列

创建新列是如此基本的操作，以至于依赖于 select()似乎有点牵强。这种方法也给代码可读性带来了很大的压力。例如，使用 drop()可以明显地显示正在删除列。如果能有一个方法可以显式地创建一个新列，那就最好不过了。PySpark 将这个函数命名为 withColumn()。

在具体创建列之前，先举一个简单的例子，迭代地构建我们需要的数据，然后再使用 withColumn()方法。以 Duration 列为例，它包含每个节目播放的时长，如代码清单 4-11 所示。

代码清单 4-11　选择并显示 Duration 列

```
logs.select(F.col("Duration")).show(5)

# +----------------+
# |        Duration|
# +----------------+
# |02:00:00.0000000|
# |00:00:30.0000000|
# |00:00:15.0000000|
# |00:00:15.0000000|
# |00:00:15.0000000|
# +----------------+
# only showing top 5 rows

print(logs.select(F.col("Duration")).dtypes)

# [('Duration', 'string')]
```

数据帧的 dtypes 属性包含列的名称和类型，包装在一个元组中

PySpark 没有日期和持续时间的默认类型，因此它将这一列保存为字符串。我们通过 dtypes 属性验证了确切的类型，它返回数据帧列的名称和类型。字符串是一种安全且合理的选择，但对我们的目的来说并没有多大用处。通过观察，我们可以看到字符串的格式为 HH:MM:SS.mmmmmm，其中：

- HH 是节目持续的小时数。
- MM 是节目持续的分钟数。
- SS 是节目持续的秒数。
- mmmmmmm 是节目持续的微秒数。

注意

要匹配任意的日期/时间戳模式，参阅 Spark 文档中的日期－时间模式(http://mng.bz/M2X2)。

我忽略了以微秒为单位的持续时间，因为我认为它不会造成太大的区别。pyspark.sql.functions 模块(别名为 F)包含 substr()函数，用于从字符串列中提取子字符串。在代码清单 4-12 中，我用它从 Duration 列中提取小时、分钟和秒。substr()方法接收两个

参数。第一个参数给出了子字符串的起始位置，第一个字符是 1，而不是像 Python 中那样是 0。第二个参数给出了我们想要提取的子字符串的长度。函数应用返回一个字符串 Column，我通过 cast()方法将其转换为整型(Integer)。最后，我为每列都提供了一个别名，这样就可以很容易地区分它们。

代码清单 4-12　从 Duration 列中提取小时、分钟和秒

```
logs.select(
    F.col("Duration"),                                              # 原始列，用于进行比较
    F.col("Duration").substr(1, 2).cast("int").alias("dur_hours"),    # 前两个字符是小时
    F.col("Duration").substr(4, 2).cast("int").alias("dur_minutes"),  # 第 4 个和第 5 个字符是分钟
    F.col("Duration").substr(7, 2).cast("int").alias("dur_seconds"),  # 第 7 个和第 8 个字符是秒
).distinct().show(    # 为了避免看到相同的行，在结果中添加了 distinct()
    5
)

# +----------------+---------+-----------+-----------+
# |        Duration|dur_hours|dur_minutes|dur_seconds|
# +----------------+---------+-----------+-----------+
# |00:10:06.0000000|        0|         10|          6|
# |00:10:37.0000000|        0|         10|         37|
# |00:04:52.0000000|        0|          4|         52|
# |00:26:41.0000000|        0|         26|         41|
# |00:08:18.0000000|        0|          8|         18|
# +----------------+---------+-----------+-----------+
# only showing top 5 rows
```

在 show()之前使用了 distinct()方法，它会对数据帧进行“去重”操作，具体参见第 5 章。添加了 distinct()方法，可以避免在显示结果时出现重复的记录。

注意

可以通过 UDF 依赖 Python 的 datetime 和 timedelta 结构(参见第 8 章和第 9 章)。根据 UDF 的类型(简单 UDF 还是向量化 UDF)，使用这种方法的性能可能会比较慢或与现在差不多。虽然有专门的章节介绍 UDF，但我尽量多地使用 PySpark API 提供的功能，只在必要的情况下使用 UDF。

截至目前，我们的程序按预期执行！下面将所有这些值合并到一个字段中：生成以秒为单位的节目持续时间。PySpark 可以使用与 Python 相同的操作符对列对象执行算术运算，所以这将很容易实现！在代码清单 4-13 中，对整数列应用加法和乘法，就像处理简单的数值一样。

代码清单 4-13　从 Duration 列创建以秒为单位的字段

```
logs.select(
    F.col("Duration"),
    (
        F.col("Duration").substr(1, 2).cast("int") * 60 * 60
        + F.col("Duration").substr(4, 2).cast("int") * 60
```

```
        + F.col("Duration").substr(7, 2).cast("int")
    ).alias("Duration_seconds"),
).distinct().show(5)

# +----------------+----------------+
# |        Duration|Duration_seconds|
# +----------------+----------------+
# |00:10:30.0000000|             630|
# |00:25:52.0000000|            1552|
# |00:28:08.0000000|            1688|
# |06:00:00.0000000|           21600|
# |00:32:08.0000000|            1928|
# +----------------+----------------+
# only showing top 5 rows
```

保持相同的定义，删除别名，直接在列上执行算术运算。1min 有 60s，1h 有 60 × 60s。PySpark 遵循运算符的优先级，因此不必用括号破坏等式。总的来说，我们的代码很容易理解，我们已经准备好将列添加到数据帧中。

如果想在数据帧的末尾添加一列呢？不再使用 select()选择所有的列，然后添加新的列，而是使用 withColumn()。将这个方法应用到一个数据帧，它将返回一个附加了新列的数据帧。代码清单 4-14 获取了我们的字段，并将其添加到 logs 数据帧中。这里包含了一个 printSchema()方法的示例，以便可以看到最后添加的列。

代码清单 4-14　使用 withColumn()创建新列

```
logs = logs.withColumn(
    "Duration_seconds",
    (
        F.col("Duration").substr(1, 2).cast("int") * 60 * 60
        + F.col("Duration").substr(4, 2).cast("int") * 60
        + F.col("Duration").substr(7, 2).cast("int")
    ),
)

logs.printSchema()

# root
#  |-- LogServiceID: integer (nullable = true)
#  |-- LogDate: timestamp (nullable = true)
#  |-- AudienceTargetAgeID: integer (nullable = true)
#  |-- AudienceTargetEthnicID: integer (nullable = true)
#  [... more columns]
#  |-- Language2: integer (nullable = true)
#  |-- Duration_seconds: integer (nullable = true)
```

Duration_seconds 列已经添加到了数据帧的末尾

警告

如果用 withColumn()创建了一个新列，并给它一个数据帧中已经存在的名字，PySpark 将覆盖原有的列。这对于保持列数不变，以及数据帧结构的管理非常有用，但请确保你真的想实现这种效果！

创建新列时可以使用 select()方法，也可以使用 withColumn()方法。两种方法都有各自的用途。select()在显式处理少数列时非常有用。当需要在不改变数据帧其余部分的情况下创建几个新列时，我更倾向于使用 withColumn()。在面对选择时，很快就会知道哪种方法最适合。两种方法的对比如图 4-5 所示。

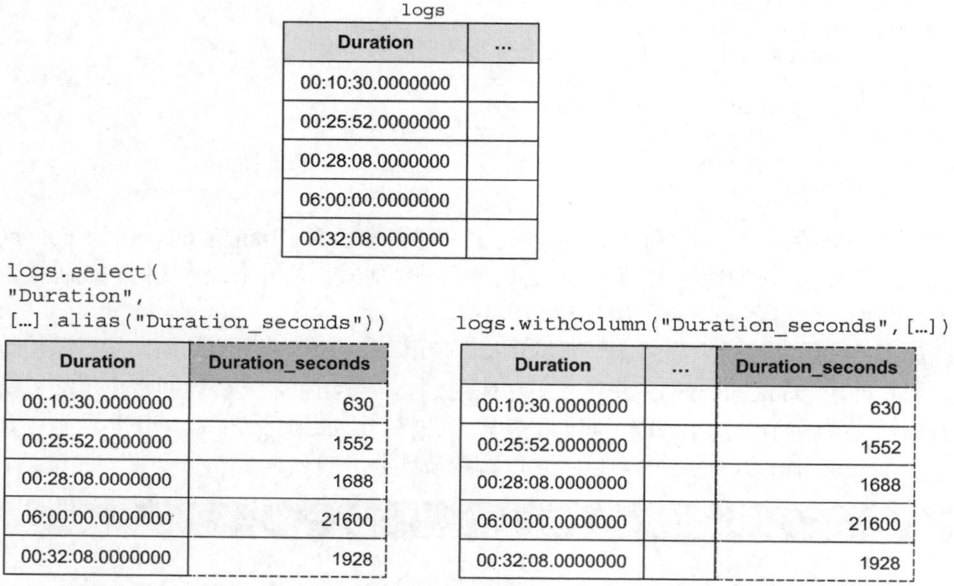

logs

Duration	...
00:10:30.0000000	
00:25:52.0000000	
00:28:08.0000000	
06:00:00.0000000	
00:32:08.0000000	

```
logs.select(
"Duration",
[…].alias("Duration_seconds"))
```

Duration	Duration_seconds
00:10:30.0000000	630
00:25:52.0000000	1552
00:28:08.0000000	1688
06:00:00.0000000	21600
00:32:08.0000000	1928

```
logs.withColumn("Duration_seconds",[…])
```

Duration	...	Duration_seconds
00:10:30.0000000		630
00:25:52.0000000		1552
00:28:08.0000000		1688
06:00:00.0000000		21600
00:32:08.0000000		1928

图 4-5 select()和 withColumn()的对比。withColumn()保留所有已经存在的列，而不需要显式指定它们

警告

使用 withColumns()创建许多(100 多个)新列会让 Spark 性能下降。如果需要一次创建很多列，可以使用 select()方法。它可以完成相同的工作，但会减少查询规划器上的任务数量。

4.4.4 整理数据帧：对列进行重命名和重排序

本节介绍如何修改列(字段)的顺序和名称。它可能看起来有点无聊，但在对特别复杂的数据编写几个小时的代码后，你会很高兴可以使用这些技术。

重命名列可以使用 select()和 alias()。在第 3 章简要介绍过，PySpark 提供了一种更简单的方法。使用 withColumnRenamed ()方法！在代码清单 4-15 中，使用 withColumnRenamed()删除新创建的 duration_seconds 列中的大写字母。

代码清单 4-15 通过 withColumnRenamed()方法，使用单行代码重命名列

```
logs = logs.withColumnRenamed("Duration_seconds", "duration_seconds")

logs.printSchema()
```

```
# root
#  |-- LogServiceID: integer (nullable = true)
#  |-- LogDate: timestamp (nullable = true)
#  |-- AudienceTargetAgeID: integer (nullable = true)
#  |-- AudienceTargetEthnicID: integer (nullable = true)
#  [...]
#  |-- Language2: integer (nullable = true)
#  |-- duration_seconds: integer (nullable = true)
```

我非常喜欢不用大写字母的列名。我是个懒惰的打字员，总按 Shift 键累死我了！我可以使用 withColumnRenamed()和 for 循环遍历数据帧中的所有列来重命名它们。PySpark 开发人员考虑了这一点，并提供了一种更好的方法一次性重命名数据帧中的所有列。这依赖于 toDF()方法，该方法返回一个包含新列的新数据帧。与 drop()一样，toDF()也需要一个*cols 参数。与 select()和 drop()一样，如果列名在列表中，需要将它们解包。代码清单 4-16 展示了如何使用这个方法通过一行代码将所有列重命名为小写。

代码清单 4-16　使用 toDF()方法将列名批量重命名为小写

```
logs.toDF(*[x.lower() for x in logs.columns]).printSchema()

# root
#  |-- logserviceid: integer (nullable = true)
#  |-- logdate: timestamp (nullable = true)
#  |-- audiencetargetageid: integer (nullable = true)
#  |-- audiencetargetethnicid: integer (nullable = true)
#  |-- categoryid: integer (nullable = true)
#  [...]
#  |-- language2: integer (nullable = true)
#  |-- duration_seconds: integer (nullable = true)
```

如果仔细看一下代码，会发现没有对修改后的结果进行赋值。我想展示功能，但是由于存在有相同列名的辅助表，因此我想避免将每个表中的每列都小写所带来的问题。

最后一步是对列进行重新排序。由于对列进行重新排序等同于以不同的顺序选择列，因此 select()是完成这项工作的完美方法。例如，如果想按字母顺序对列进行排序，可以对数据帧的列使用 sorted 函数，如代码清单 4-17 所示。

代码清单 4-17　使用 select()按字母顺序对列进行排序

```
logs.select(sorted(logs.columns)).printSchema()

# root
#  |-- AudienceTargetAgeID: integer (nullable = true)
#  |-- AudienceTargetEthnicID: integer (nullable = true)
#  |-- BroadcastOriginPointID: integer (nullable = true)
#  |-- CategoryID: integer (nullable = true)
#  |-- ClosedCaptionID: integer (nullable = true)
#  |-- CompositionID: integer (nullable = true)
#  [...]
#  |-- Subtitle: string (nullable = true)
#  |-- duration_seconds: integer (nullable = true)
```

记住，在大多数编程语言中，大写字母在小写字母之前本节介绍了很多基础知识：通过选择、删除、创建、重命名和重排序列，我们直观地了解了 PySpark 是如何管理数据帧，并影响数据帧结构的。4.4.5 节将介绍一种快速探索数据帧中数据的方法。

4.4.5 用 describe()和 summary()分析数据帧

在处理数值数据时，查看一长列的值没太多用处。我们通常更关心一些关键信息，如计数(count)、均值(mean)、标准差(standard deviation，即 stddev)、最小值(min)和最大值(max)。本节将介绍如何使用 PySpark 的 describe()和 summary()方法快速探索数值列。

对数据帧直接应用 describe()方法(没有使用任何参数)时，将显示所有数值列和字符串列的汇总统计信息(计数、均值、标准差、最小值和最大值)。为了避免屏幕溢出，在代码清单 4-18 中，通过遍历列的列表逐一显示列的描述信息，并显示 describe()的输出。注意，describe()会(惰性地)计算数据帧，因此不会直接显示结果，就像任何转换操作一样，所以必须使用 show()方法显示结果。

代码清单 4-18 显示数据帧中所有字段的统计信息

```
for i in logs.columns:
    logs.describe(i).show()
```

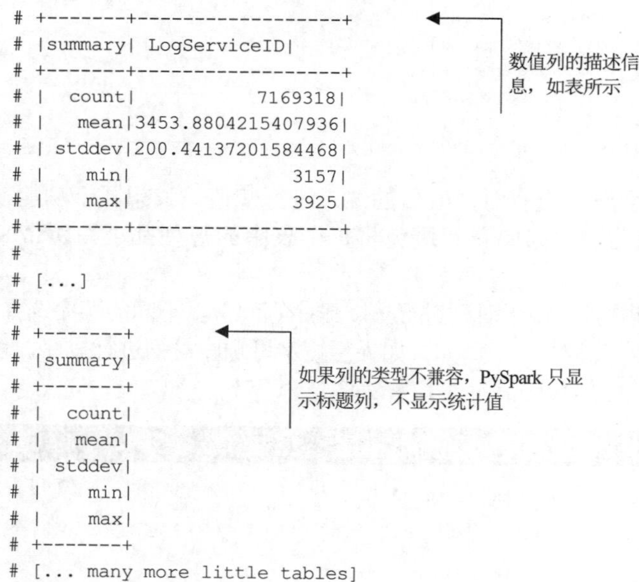

```
# +-------+------------------+
# |summary| LogServiceID|
# +-------+------------------+
# |  count|           7169318|
# |   mean|3453.8804215407936|
# | stddev|200.44137201584468|
# |    min|              3157|
# |    max|              3925|
# +-------+------------------+
#
# [...]
#
# +-------+
# |summary|
# +-------+
# |  count|
# |   mean|
# | stddev|
# |    min|
# |    max|
# +-------+
# [... many more little tables]
```


显示所有这些内容将花费很多时间，但输出结果更方便阅读。由于无法计算字符串的均值或标准差，因此这些列的值将为 null。此外，有些列将不会显示(在统计结果中时间类型的字段将只显示表头)，因为 describe()只适用于数值型和字符串型的列。虽然只有一小行代码，但仍然可以得到很多信息！

describe()是一个很棒的方法，但如果想获取更多内容呢？用 summary()方法！

describe()以*cols 作为参数[一列或多列，与 select()或 drop()相同]，summary()以*statistics 作为参数。这意味着你需要在调用 summary()方法之前选择想要查看的列。另一方面，我们可以自定义想要看到的统计数据。默认情况下，summary()会显示 describe()显示的所有内容，并添加 25%、50%和 75%的分位数。代码清单 4-19 展示了如何将 describe()替换为 summary()，以及替换的结果。

代码清单 4-19　使用 summary()方法显示数据帧统计信息

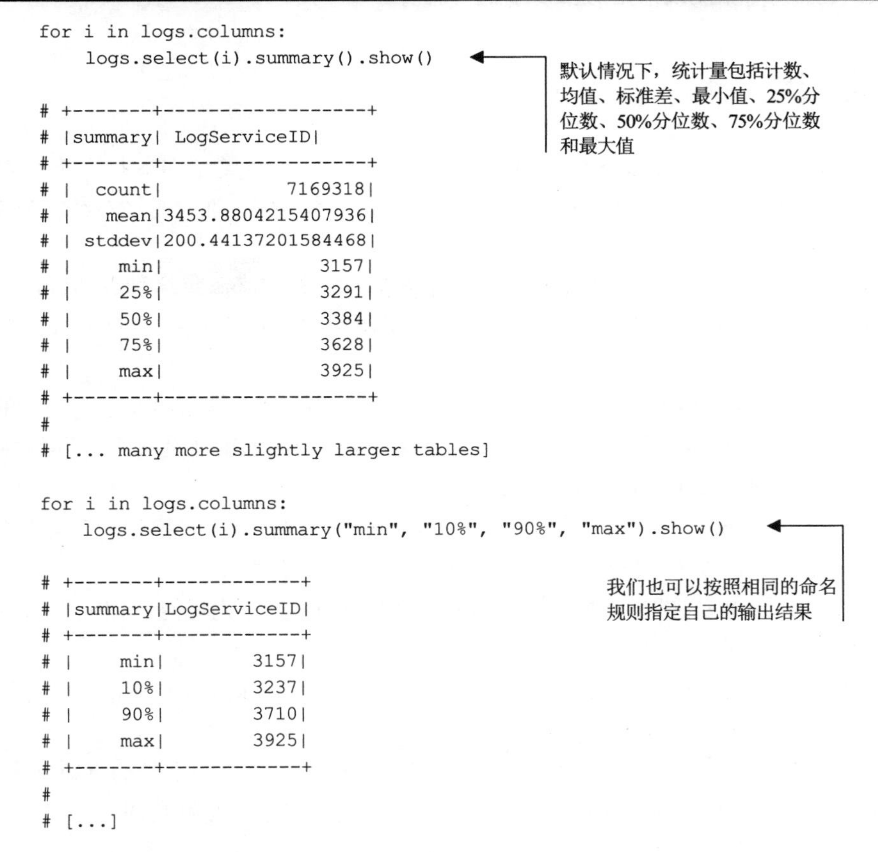

```
for i in logs.columns:
    logs.select(i).summary().show()

# +-------+------------------+
# |summary|     LogServiceID|
# +-------+------------------+
# |  count|           7169318|
# |   mean|3453.8804215407936|
# | stddev|200.44137201584468|
# |    min|              3157|
# |    25%|              3291|
# |    50%|              3384|
# |    75%|              3628|
# |    max|              3925|
# +-------+------------------+
#
# [... many more slightly larger tables]

for i in logs.columns:
    logs.select(i).summary("min", "10%", "90%", "max").show()

# +-------+------------+
# |summary|LogServiceID|
# +-------+------------+
# |    min|        3157|
# |    10%|        3237|
# |    90%|        3710|
# |    max|        3925|
# +-------+------------+
#
# [...]
```


如果只想使用这些指标的一个子集，summary()可以接收一些表示统计量的字符串参数。你可以直接输入 count、mean、stddev、min 或 max。对于近似百分位数，你需要以 XX%格式进行设定，如 25%。

这两种方法只对非空值起作用。对于汇总统计，这是预期的行为，但“count”条目也将只计算每列的非空值。这是查看哪些列基本为空的好方法！

警告

describe()和 summary()是两个非常有用的方法，但它们只用于在开发过程中快速查看数据。PySpark 开发人员不能保证不同版本的输出看起来都一样，所以如果你的程序需要某个输出，应使用 pyspark.sql.functions 中的对应函数。

本章介绍对表格数据的采集和探索，表格数据是最流行的数据表示方式之一。在第 2 章和第 3 章介绍的 PySpark 数据操作基础上，增加了一个处理列的新层。第 5 章是本章的直接延续，将探索数据帧结构的更高级主题。

4.5 本章小结

- PySpark 使用 SparkReader 对象直接读取数据帧中任何类型的数据。专用的 CSVSparkReader 用于读取 CSV 文件。就像读取文本一样，唯一的强制参数是数据源的位置。
- CSV 格式用途广泛，因此 PySpark 提供了许多可选参数来满足这种灵活性。其中最重要的是字段分隔符、记录分隔符和引用符号，所有这些都有合理的默认值。
- 通过将可选参数 inferSchema 设置为 True，PySpark 可以推断出 CSV 文件的 schema。PySpark 通过两次读取数据来实现这一点：一次为每列设置适当的类型，一次以推断的格式采集数据。
- 表格数据在数据帧中由一系列列(字段)表示，每一列都有一个名称和一个类型。由于数据帧是以列为主的数据结构，行的概念就不那么重要了。
- 可以使用 Python 代码高效地探索数据，使用列(字段)列表作为任何 Python 列表探索感兴趣的数据帧内容。
- 数据帧上最常见的操作是选择、删除和创建列。在 PySpark 中，使用的方法分别是 select()、drop()和 withColumn()。
- 通过将一个重新排序的列(字段)列表作为参数，select()方法可用于列的重新排序。
- 可以使用 withColumnRenamed()方法逐个重命名列，也可以使用 toDF()方法一次性重命名所有列。
- 可以使用 describe()或 summary()方法显示列的汇总统计信息。describe()有一个固定的指标集合，而 summary()将函数作为参数应用于所有列。

4.6 扩展练习

练习 4-3

重新读取 logs_raw 数据帧中的数据(数据文件为./data/broadcast_logsBroadcastLogs_

2018_Q3_M8.CSV)，这次不传递任何可选参数。打印前 5 行数据以及 schema。在数据和 schema 方面，logs 和 logs_raw 有什么区别？

练习 4-4

创建一个新的数据帧 logs_clean，它只包含不以"ID"结尾的列。

第 5 章

数据帧操作：连接和分组

本章主要内容

- 连接两个数据帧
- 为用例选择正确的连接类型
- 分组数据并理解分组数据(GroupedData)转换对象
- 使用聚合方法对分组数据进行分解
- 在数据帧中填充 null 值

第 4 章介绍了如何使用选择、删除、创建、重命名、重排序以及创建列的汇总统计信息来转换数据帧。这些操作是在 PySpark 中使用数据帧的基础。本章将完成对数据帧最常用操作的回顾：连接数据帧；对数据进行分组(以及对 GroupedData 对象执行操作)。最后，像第 3 章那样，把探索性程序封装成一个可以提交的脚本。本章所学的技能为你在日常工作中转换数据的操作奠定了基础。

本章使用与第 4 章相同的 logs 数据帧。在实际操作步骤中，本章的代码会使用连接表中的相关信息来丰富表中的内容，然后将这些信息按照相关分组进行总结，使用的方法可以看作第 4 章中 describe()方法的升级版。相关程序可以参考目录 code/Ch04-05 中的 checkpoint.py 脚本。

5.1 连接数据

在处理数据时，通常一次处理一种结构。到目前为止，我们已经探索了多种拆分和修改数据帧的方法，以满足工作的需求。当需要连接两个数据来源时会发生什么？本节将介绍连接，以及在使用星形模式(star schema)或其他一组通过值进行匹配的表时，应该如何使用连接。

连接数据帧是处理相关表时的常见操作。如果使用过其他数据处理库，可能见过称为合并(merge)或连接(link)的相同操作。由于执行连接操作有多种方式，后面将设置常用词汇表，以避免混淆，也为理解连接操作打下坚实的基础。

5.1.1 探索连接的世界

本节将介绍连接的核心蓝图，会介绍 join()方法的一般语法，以及不同的参数。了解了这些，你将认识并知道如何构建基本的连接，并准备好执行更具体的连接操作。

在最基本的层面上，连接操作是一种从一个数据帧中获取数据，并根据一组规则将其连接到另一个数据帧的方法。为了介绍如何进行连接操作，本书将再提供一个表，用于与代码清单 5-1 中的 logs 数据帧进行连接。我使用与 logs 表相同的参数，通过 SparkReader.csv 读取新的 log_identifier 表。一旦读取了表，就将对数据帧进行筛选，根据数据说明文档，只保留主频道(PrimaryFG)。准备好以上内容，执行代码清单 5-1。

代码清单 5-1 探索第一个连接表：log_identifier

```
DIRECTORY = "./data/broadcast_logs"
log_identifier = spark.read.csv(
    os.path.join(DIRECTORY, "ReferenceTables/LogIdentifier.csv"),
    sep="|",
    header=True,
    inferSchema=True,
)

log_identifier.printSchema()
# root
# |-- LogIdentifierID: string (nullable = true)

# |-- LogServiceID: integer (nullable = true)
# |-- PrimaryFG: integer (nullable = true)

log_identifier = log_identifier.where(F.col("PrimaryFG") == 1)
print(log_identifier.count())
# 758

log_identifier.show(5)
# +---------------+------------+---------+
# |LogIdentifierID|LogServiceID|PrimaryFG|
# +---------------+------------+---------+
# |           13ST|        3157|        1|
# |         2000SM|        3466|        1|
# |           70SM|        3883|        1|
# |           80SM|        3590|        1|
# |           90SM|        3470|        1|
# +---------------+------------+---------+
# only showing top 5 rows
```

这是频道标识符

这是一个布尔标志：主频道是 1 还是 0？只保留为 1 的记录

这是频道键(映射到中心表)

这里有两个数据帧，logs 和 log_identifier，每个数据帧都包含一组列。我们已经准备好开始进行连接！

连接操作有以下 3 个主要组成部分。

- 两个表，分别称为左表和右表。
- 一个或多个谓词，这是确定如何连接两个表之间的记录的一系列条件。
- 一个方法，用于指示在谓词成功和失败时如何执行连接操作。

有了这 3 个要素，就可以在 PySpark 中通过在代码清单 5-2 的蓝图中填充相关的关键字来构建两个数据帧之间的连接，从而实现所需要的行为。PySpark 中的每个关联操作都遵循相同的蓝图。接下来的几节将介绍每个关键字，并说明它们如何影响最终结果。

代码清单 5-2　PySpark 中连接操作的基本流程

```
[LEFT].join(
    [RIGHT],
    on=[PREDICATES]
    how=[METHOD]
)
```

5.1.2　了解连接的两边

一次对两个表执行连接。本节将介绍代码清单 5-2 中的[LEFT]和[RIGHT]代码块。在讨论连接类型时，知道哪个表叫“左”，哪个表叫“右”很有帮助，所以我们从这个有用的词汇表开始。

基于数据操作词汇表中的 SQL 传统，这两个表分别被命名为左表(left)和右表(right)。在 PySpark 中，有一种简洁的方式清楚地区分它们，即左表在 join()方法的左边，而右表在右边(放在括号内)。在选择 join()方法时，清楚地区分左表和右表非常有用。不出所料，也有左连接和右连接两种连接类型(参见 5.1.4 节)。

现在，表已经标识好了，可以更新连接蓝本了，如代码清单 5-3 所示。现在需要把注意力转向下一个参数：谓词。

代码清单 5-3　PySpark 中的基本连接操作，包含左表和右表

```
logs.join(                      <- logs 表作为左表
    log_identifier,             <- log_identifier 表作为右表
    on=[PREDICATES]
    how=[METHOD]
)
```

5.1.3　成功连接的规则：谓词

本节将介绍连接蓝图的[predicate]代码块，它是确定左表中的哪些记录与右表匹配的基础。连接操作中的大多数谓词都很简单，但根据业务需要，它们的复杂性可能会显著增加。在介绍更复杂的谓词之前，首先介绍最简单和最常见的情况。

PySpark 连接的谓词是左右数据帧的列之间的连接规则。连接是按记录方式执行的，其中将(通过谓词)比较左侧数据帧上的每条记录与右侧数据帧上的每条记录。如果谓词

返回 True，则连接匹配；如果返回 False，则不匹配。我们可以把这想象成一个双向 where(参见第 2 章)：当匹配两个表中的值时，[predicate]代码块的(布尔值)结果确定它们是否匹配。

说明谓词的最佳方式是创建一个简单的示例，然后研究结果。对于我们的两个数据帧来说，将构建谓词 logs["LogServiceID"] = = log_identifier["LogServiceID"]。简单来说，这意味着“当 LogServiceID 列的值相等时，将 logs 数据帧中的记录匹配到 log_identifier 数据帧中的记录”。

我选取了两个数据帧中的一小部分数据，并在图 5-1 中展示了应用谓词的结果。有以下两点需要强调。

- 如果左表中的一条记录与右表中的多条记录匹配(反之亦然)，则该记录(左表中的记录)将在合并的表中重复出现。
- 如果左表或右表中的一条记录与另一张表中的任何记录都不满足谓词匹配，那么它将不会出现在结果表中，除非 join 方法(参见 5.1.4 节)为失败的谓词指定了处理方法。

在我们的示例中，左边的 3590 记录(LogServiceID=3590)等于右边的两条对应记录，我们在结果集中看到两条满足谓词匹配的记录。另一方面，3417 记录不匹配右边的任何记录，因此在结果集中不存在。同样的事情发生在右表中的 3883 记录上。

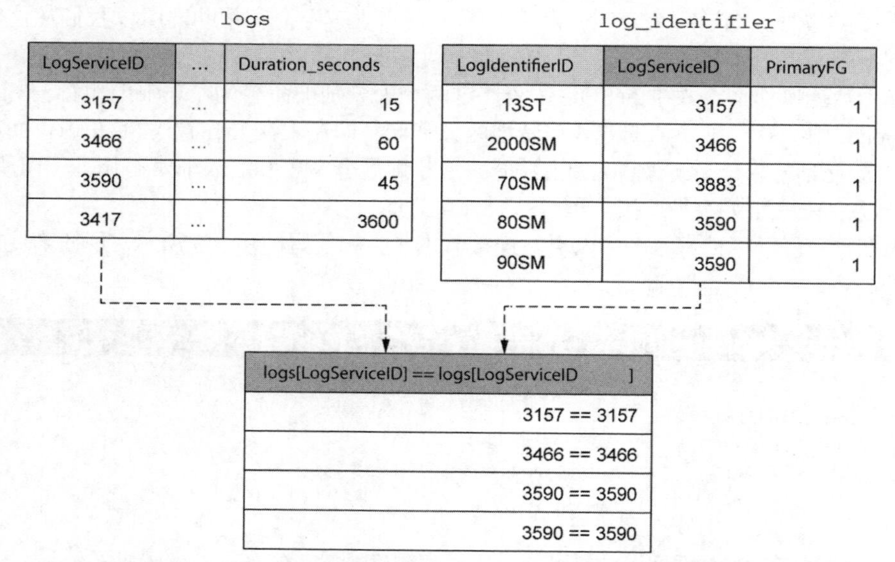

图 5-1 在 logs 表和 log_identifier 表之间通过 LogServiceID 列进行谓词匹配。结果中只有 4 条匹配记录。在这个示例中：左表的 3590 满足两次谓词匹配，而左表的 3417 和右表的 3883 没有匹配

谓词中不只可以使用单个条件。可以使用布尔操作符应用多个条件，例如 | (or)或& (and)。还可以使用“不等”作为匹配条件。下面是两个示例及其解释。

- (logs["LogServiceID"] == log_identifier["LogServiceID"])&(logs["left_col"] < log_identifier ["right_col"])，这将只匹配两边具有相同 LogServiceID 的记录，并且 logs 表中的 left_col 的值小于 log_identifier 表中的 right_col 的值。
- (logs["LogServiceID"] == log_identifier["LogServiceID"]) | (logs["left_col"] > log_identifier ["right_col"])，这将只匹配两边具有相同 LogServiceID 的记录，或者 logs 表中 left_col 的值大于 log_identifier 表中 right_col 的值的记录。

可以把操作弄得想多复杂就多复杂。我建议将每个条件用括号括起来，这样可以避免运算符的优先级造成的混乱，也便于阅读。

在将谓词添加到连接之前，要知道 PySpark 提供了一些谓词快捷方式来降低代码的复杂性。如果有多个 and 谓词(比如(left["col1"] == right["colA"]) & (left["col2"]> right["colB"]) & (left["col3"] != right["colC"]))，可以把它们放到一个列表中，如[left["col1"] == right["colA"]， left["col2"]> right["colB"]，left["col3"] != right["colC"]]。这使你的意图更加明确，并避免在长条件链中使用括号。

最后，如果要执行“等值连接”(equal-join)，即测试名称相同的列是否相等，只需要指定列的名称作为一个字符串参数，或者指定一个字符串列表作为谓词。在我们的示例中，这意味着谓词只能是"LogServiceID"。这就是代码清单 5-4 中使用的方法。

代码清单 5-4　PySpark 中的连接操作，包含左表、右表和谓词

```
logs.join(
    log_identifier,
    on="LogServiceID"
    how=[METHOD]
)
```

join 方法会影响谓词的构造方式，所以在介绍完 join 方法的各个部分之后，5.1.5 节会重新审视整个连接操作。最后一个参数是 how，用于完成连接操作。

5.1.4　连接方法

成功连接的最后一个要素是 how 参数，它指示连接方法。大多数解释连接的书都展示了维恩图来说明每种连接如何实现，但我发现这只是一种提醒，而不是教学工具。我们将回顾图 5-1 中使用的表的每种连接，并给出操作的结果。

连接方法可以归结为两个问题：

- 当谓词的返回值为 True 时会发生什么？
- 当谓词的返回值为 False 时会发生什么？

根据这些问题的答案对连接方法进行分类是记忆它们的一种简单方法。

提示

PySpark 的连接操作本质上和 SQL 中的连接一样。如果你已经掌握了相关技术，可以跳过本节。

1. 内连接

内连接(how="inner")是最常见的连接。如果你没有显式传递连接方法，PySpark 将默认使用内连接。如果谓词为 true，它返回一条记录；如果为 false，则忽略该记录。我认为内连接是理解连接的自然方式，因为它们很容易理解。

我们的表与图 5-1 非常相似。左边 LogServiceID = = 3590 的记录将被保留，因为它匹配右边表中的两条记录。结果如图 5-2 所示。

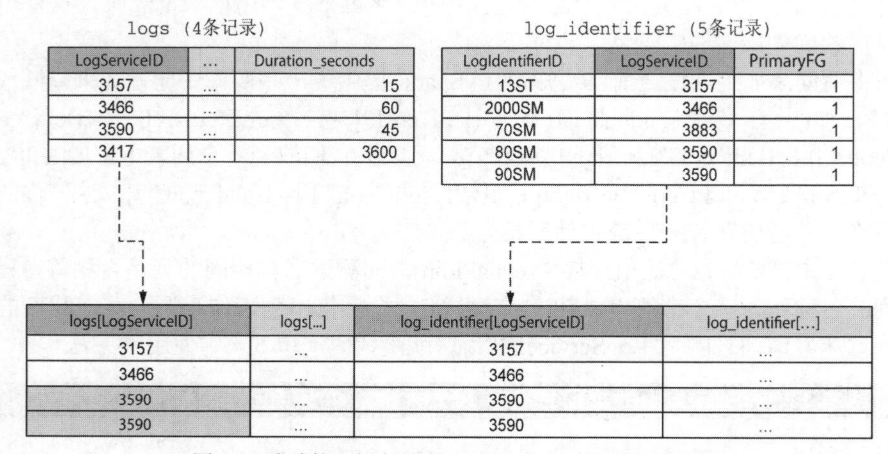

图 5-2 内连接。每个成功匹配的谓词创建一条连接记录

2. 左外连接或右外连接

如图 5-3 所示，左表(how="Left"或 how="left_outer")和右表(how="right"或 how="right_outer")类似于内连接，因为它们会为成功匹配的谓词生成一条记录。区别在于谓词为 false 时的情况。

- 左外连接将在结果中包含来自连接中左表的不匹配记录。在显示结果的时候，来自右表的列将使用 null 进行填充。
- 右外连接将在结果中包含来自连接中右表的不匹配记录。在显示结果的时候，来自左表的列将使用 null 进行填充。

在实践中，这意味着被连接的表可以保证包含提供连接的所有记录(左记录或右记录)。从视觉上看，图 5-3 展示了这一点。尽管 3417 不满足谓词，但它仍然存在于左外连接的结果表中。3883 存在于右外连接的结果表中。就像内连接一样，如果谓词多次匹配成功，结果中将包含多条记录。

不确定连接表是否包含每个键时，左外连接和右外连接非常有用。然后，你可以填充 null 值(见代码清单 5-16)，或者在没有删除任何记录的情况下处理它们。

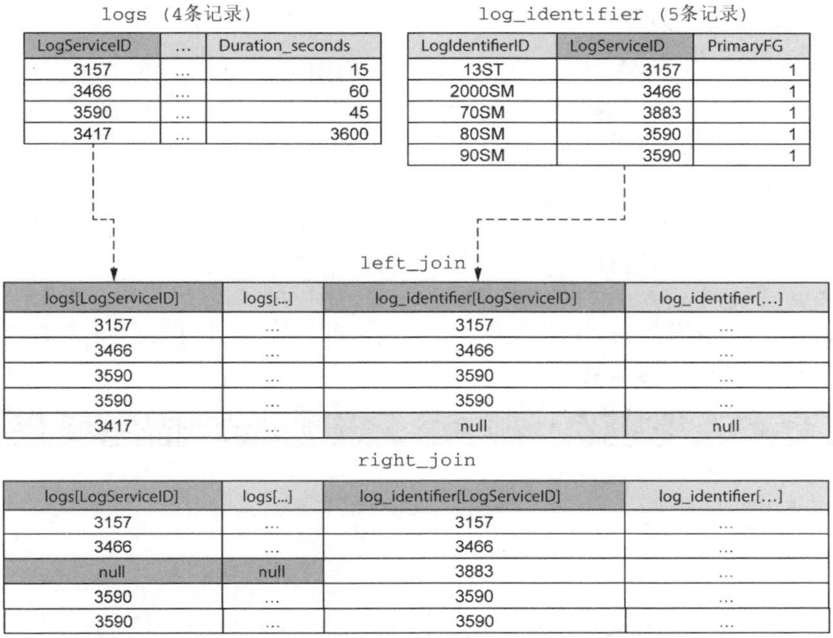

logs （4条记录）

LogServiceID	...	Duration_seconds
3157	...	15
3466	...	60
3590	...	45
3417	...	3600

log_identifier （5条记录）

LogIdentifierID	LogServiceID	PrimaryFG
13ST	3157	1
2000SM	3466	1
70SM	3883	1
80SM	3590	1
90SM	3590	1

left_join

logs[LogServiceID]	logs[...]	log_identifier[LogServiceID]	log_identifier[...]
3157	...	3157	...
3466	...	3466	...
3590	...	3590	...
3590	...	3590	...
3417	...	null	null

right_join

logs[LogServiceID]	logs[...]	log_identifier[LogServiceID]	log_identifier[...]
3157	...	3157	...
3466	...	3466	...
null	null	3883	...
3590	...	3590	...
3590	...	3590	...

图 5-3　左外连接与右外连接。左表(或右表)中的所有记录都出现在结果表中

3. 全外连接

全外连接(how="outer"， how="full"，或 how="full_outer")只是左外连接和右外连接的融合体，如图 5-4 所示。它将添加左表和右表中未匹配的记录，并使用 null 进行填充。它的作用与左外连接或右外连接类似，但不那么常用，因为通常有一个(而且只有一个)锚表(anchor table)，用来保存所有记录。

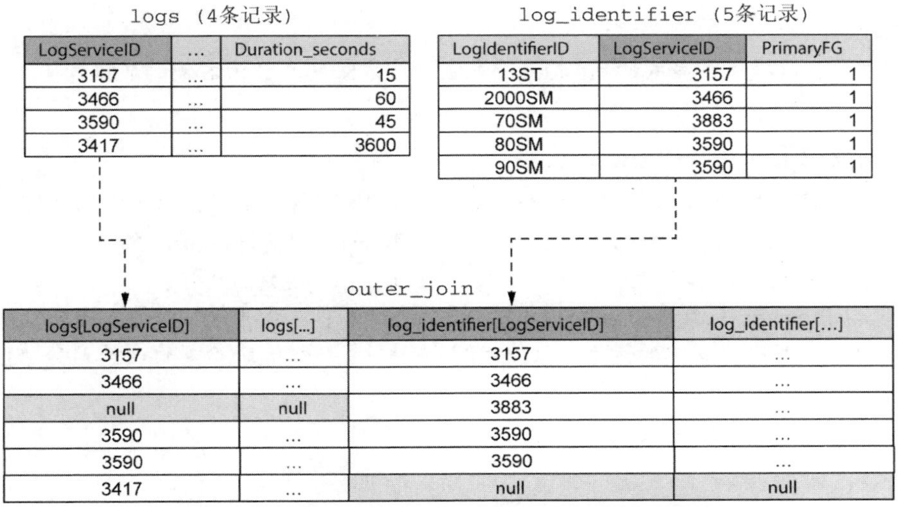

logs （4条记录）

LogServiceID	...	Duration_seconds
3157	...	15
3466	...	60
3590	...	45
3417	...	3600

log_identifier （5条记录）

LogIdentifierID	LogServiceID	PrimaryFG
13ST	3157	1
2000SM	3466	1
70SM	3883	1
80SM	3590	1
90SM	3590	1

outer_join

logs[LogServiceID]	logs[...]	log_identifier[LogServiceID]	log_identifier[...]
3157	...	3157	...
3466	...	3466	...
null	null	3883	...
3590	...	3590	...
3590	...	3590	...
3417	...	null	null

图 5-4　全外连接，两个表中的所有记录都出现在结果表中

4. 左半连接和左反连接

左半连接和左反连接不太常用，但仍然非常有用。

左半连接(how="left_semi")与内连接相同，但将列保存在左表中。即使左表中的记录在右表中有多条记录，它也不会复制左表中的记录。它的主要目的是基于依赖于另一个表的谓词从表中筛选记录。

左反连接(how="left_anti")与内连接相反。它只保留左表中与右表中任何记录都不匹配谓词的记录。如果左表中的记录与右表中的记录匹配，则该记录不会出现在结果表中。

连接蓝图现在完成了：我们将进行内连接，因为我们只想保留 LogServiceID 在 log_identifier 表中具有附加信息的记录，见代码清单 5-5。由于连接已经完成，我将结果分配给一个新变量：logs_and_channels。

代码清单 5-5 PySpark 中的连接操作，所有参数都已填好

```
logs_and_channels = logs.join(
    log_identifier,
    on="LogServiceID",
    how="inner"
)
```

可以直接省略 how 参数，因为该参数的默认值就是内连接

本节回顾了不同的连接方法及其用法。5.1.5 节将介绍连接时列和数据帧名称的相关设定。它将为左右数据帧中名称相同的列所遇到的常见问题，提供解决方案。

5. 交叉连接：生成海量数据

交叉连接(how="cross")是最关键的选择。它为每个记录对返回一条记录，而不管谓词返回什么值。在我们的数据帧示例中，logs 表包含 4 条记录，logs_identifier 表包含 5 条记录，因此交叉连接将包含 4 × 5 = 20 条记录。结果如图 5-5 所示。

交叉连接不常使用，但想要一个包含所有可能的组合的表时，它很有用。

提示

PySpark 还提供了显式的 crossJoin()方法，该方法的参数为右侧的数据帧。

在分布式环境中进行连接的技术

当在分布式环境中连接数据时，数据所在的位置变得很重要。为了能够处理记录之间的比较，数据需要在同一台计算机上。否则，PySpark 将通过 shuffle 操作移动数据。你可以想象，通过网络移动大量数据非常慢，应该尽可能避免这种情况。

这是 PySpark 抽象模型表现出一些缺点的一个示例。由于连接是处理多个数据源的重要技术，这里会介绍它的语法，以便可以开始工作。第 11 章会更详细地讨论 shuffle。

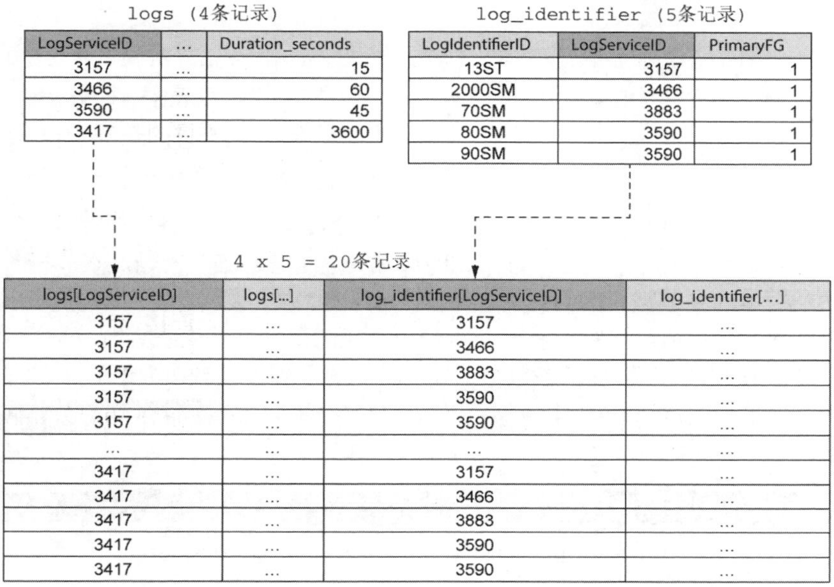

logs（4条记录）

LogServiceID	...	Duration_seconds
3157	...	15
3466	...	60
3590	...	45
3417	...	3600

log_identifier（5条记录）

LogIdentifierID	LogServiceID	PrimaryFG
13ST	3157	1
2000SM	3466	1
70SM	3883	1
80SM	3590	1
90SM	3590	1

4 x 5 = 20条记录

logs[LogServiceID]	logs[...]	log_identifier[LogServiceID]	log_identifier[...]
3157	...	3157	...
3157	...	3466	...
3157	...	3883	...
3157	...	3590	...
3157	...	3590	...
...	...	...	...
3417	...	3157	...
3417	...	3466	...
3417	...	3883	...
3417	...	3590	...
3417	...	3590	...

图 5-5　交叉连接的可视化示例。左边的每条记录都与右边的每条记录相匹配

5.1.5　连接的命名约定

本节介绍 PySpark 如何管理列和数据帧的名称。虽然这不只适用于连接，但当你试图将多个数据帧组装成一个时，名称冲突是最痛苦的。我们会介绍如何防止名称冲突，以及遇到一个数据帧中的名称冲突时应该如何处理。

默认情况下，PySpark 不允许两个列有相同的名称。如果使用已有的列名，通过 withColumn()创建了一个列，PySpark 会覆盖(或投影)该列。在连接数据帧时，情况有点复杂，如代码清单 5-6 所示。

代码清单 5-6　生成两个名字相同的列的连接

```
logs_and_channels_verbose = logs.join(
    log_identifier, logs["LogServiceID"] == log_identifier["LogServiceID"]
)

logs_and_channels_verbose.printSchema()

# root
#  |-- LogServiceID: integer (nullable = true)    <- 这是一个 LogServiceID 列
#  |-- LogDate: timestamp (nullable = true)
#  |-- AudienceTargetAgeID: integer (nullable = true)
#  |-- AudienceTargetEthnicID: integer (nullable = true)
#  [...]
#  |-- duration_seconds: integer (nullable = true)
#  |-- LogIdentifierID: string (nullable = true)
#  |-- LogServiceID: integer (nullable = true)    <- 这是另一个
#  |-- PrimaryFG: integer (nullable = true)
```

```
try:
    logs_and_channels_verbose.select("LogServiceID")
except AnalysisException as err:
    print(err)

# "Reference 'LogServiceID' is ambiguous, could be: LogServiceID, LogServiceID.;"
```

PySpark 不知道我们指的是哪一列：是第一个 LogServiceID 还是第二个 LogServiceID?

PySpark 可以很好地合并两个数据帧，但尝试处理有歧义的列时，将会失败。当数据遵循相同的列命名约定时，这是一种常见的情况。为了解决这个问题，本节将介绍 3 种方法，从最简单的到最常用的。

首先，在执行等值连接时，我倾向于使用简化的语法，因为它会删除谓词列的第二个实例。这只在使用相等比较时有效，因为谓词的两列中的数据是相同的，这可以防止信息丢失。在代码清单 5-7 中，展示了使用简化的等值连接时得到的数据帧的代码和 schema。

代码清单 5-7 使用等值连接的简化语法

```
logs_and_channels = logs.join(log_identifier, "LogServiceID")

logs_and_channels.printSchema()

# root
#  |-- LogServiceID: integer (nullable = true)
#  |-- LogDate: timestamp (nullable = true)
#  |-- AudienceTargetAgeID: integer (nullable = true)
#  |-- AudienceTargetEthnicID: integer (nullable = true)
#  |-- CategoryID: integer (nullable = true)

#  [...]
#  |-- Language2: integer (nullable = true)
#  |-- duration_seconds: integer (nullable = true)
#  |-- LogIdentifierID: string (nullable = true)
#  |-- PrimaryFG: integer (nullable = true)
```

这里没有 LogServiceID：PySpark 只保留了第一个引用列

第二种方法依赖于 PySpark 连接的数据帧能够记住列的来源这一事实。因此，可以使用与之前相同的命名法引用 LogServiceID 列(即 log_identifier["LogServiceID"])。然后，可以重命名这一列或删除它，从而解决问题。代码清单 5-8 使用了这种方法。

代码清单 5-8 使用列的原始名称进行无歧义选择

```
logs_and_channels_verbose = logs.join(
    log_identifier, logs["LogServiceID"] == log_identifier["LogServiceID"]
)

logs_and_channels.drop(log_identifier["LogServiceID"]).select(
    "LogServiceID")

# DataFrame[LogServiceID: int]
```

通过删除两个重复列中的一个，可以使用另一个列的名称，而不会有任何问题如果直接使用 Column 对象，最后一种方法很方便。依赖 F.col()来处理列时，PySpark 将无法解析原始名称。为了以最常见的方式解决这个问题，在执行连接操作时需要使用 alias()方法来处理表，如代码清单 5-9 所示。

代码清单 5-9 为表添加别名来解析数据来源

```
logs_and_channels_verbose = logs.alias("left").join(        ← 将 logs 表的别名设定为 left
    log_identifier.alias("right"),                          ← 将 log_identifier 表的别名设定为 right
    logs["LogServiceID"] == log_identifier["LogServiceID"],
)

logs_and_channels_verbose.drop(F.col("right.LogServiceID")).select(
      "LogServiceID"
)          ← F.col()将把 left 和 right 解析为列名的前缀

# DataFrame[LogServiceID: int]
```

这 3 种方法都是有效的。第一种方法只在等值连接的情况下有效，其他两种方法大多数情况下可以互换。PySpark 提供了很多对数据帧结构和命名的控制，但要求你明确指定。

本节包含了很多关于连接的信息，连接是处理相关数据帧时非常重要的工具。虽然有无穷无尽的可能性，但语法简单易懂：left.join (right)，括号中的第一个参数决定被连接的表，on 指定匹配的列。how 指定匹配的方法。

现在第一个连接已经完成，将连接另外两个表来继续进行数据发现和处理。CategoryID 表包含有关节目类型的信息，ProgramClassID 表包含能够精确定位广告的数据。

这一次，执行左外连接，因为我们不完全确定连接表中的键是否存在。在代码清单 5-10 中，处理过程与处理 log_identifier 表的过程相同。

- 使用 SparkReader.csv 读取这张表，配置与其他表相同。
- 保留相关的列。
- 使用 PySpark 的方法链(method chaining)将数据连接到 logs_and_channels 表。

代码清单 5-10 使用两个左外连接将目录表和节目类型表连接起来

```
DIRECTORY = "./data/broadcast_logs"

cd_category = spark.read.csv(
    os.path.join(DIRECTORY, "ReferenceTables/CD_Category.csv"),
    sep="|",
    header=True,
    inferSchema=True,
).select(
    "CategoryID",
    "CategoryCD",
    F.col("EnglishDescription").alias("Category_Description"),   ← 给 EnglishDescription 列添加别名，从而更好地了解其中的内容
)

cd_program_class = spark.read.csv(
    os.path.join(DIRECTORY, "ReferenceTables/CD_ProgramClass.csv"),
    sep="|",
```

```
        header=True,
        inferSchema=True,
    ).select(
        "ProgramClassID",
        "ProgramClassCD",
        F.col("EnglishDescription").alias("ProgramClass_Description"),   ◄── 这里也为节目类别设定了别名
    )

full_log = logs_and_channels.join(cd_category, "CategoryID", how="left").join(
    cd_program_class, "ProgramClassID", how="left"
)
```

在将数据表汇总到一起之后，进入最后一步：使用分组来总结表。

练习 5-1

假设有两个表，left 表和 right 表，每个表都包含一个名为 my_column 的列。下面这段代码的结果是什么？

```
one = left.join(right, how="left_semi", on="my_column")
two = left.join(right, how="left_anti", on="my_column")

one.union(two)
```

练习 5-2

假设有两个数据帧，red 和 blue。如果想使用 red.join(blue, …)连接 red 和 blue，并且保留所有满足谓词条件的记录，应该使用哪种连接？

a　左外连接
b　右外连接
c　内连接
d　Theta
e　交叉连接

练习 5-3

假设有两个数据帧，red 和 blue。如果想使用 red.join(blue, …)连接 red 和 blue，并且保留所有满足谓词条件的记录以及所有来自 blue 表中的记录，应该使用哪种连接？

a　左外连接
b　右外连接
c　内连接
d　Theta
e　交叉连接

5.2　通过 groupby 和 GroupedData 汇总数据

在显示数据，特别是大量数据时，通常会先使用统计学方法对数据进行汇总。第 4

章展示了如何使用 summary()和 display()计算整个数据帧的均值、最小值、最大值等。那么，如何根据列的内容进行汇总，从而对数据帧进行扩展呢？

本节介绍如何通过 groupby()方法将数据帧转换到更细粒度的维度(而不是整个数据帧)。第 3 章已经介绍了文本的分组，本节将深入讨论分组的细节，将介绍 GroupedData 对象及其用法。实际上，将使用 groupby()回答我们最初的问题：哪些频道的商业广告比例最大？哪些频道的商业广告比例最小？要回答这个问题，必须对每个频道使用两种方式对 duration_seconds 进行求和：

- 获取节目中商业广告的时间(s)。
- 获取节目的总时长(s)。

在开始进行汇总之前，我们的计划是确定什么是商业广告，什么不是。文档没有提供如何操作的正式指导，因此我们将研究数据并得出结论。

5.2.1　一个简单的分组蓝图

在第 3 章，使用了非常简单的 groupby()来计算每个单词出现的次数。这是一个基于(唯一)列中的单词对记录进行分组和计数的简单示例。在本节，将通过对多列进行分组来扩展这个简单的示例。还将介绍一种比之前使用的 count()更通用的表示法，以便可以使用多个汇总函数。

由于已经熟悉 groupby()的基本语法，本节将介绍一个计算节目类别的总持续时间(以 s 为单位)的完整代码块。在代码清单 5-11 中，执行分组，计算聚合函数，并按降序显示结果。

代码清单 5-11　显示最受欢迎的节目类型

```
(full_log
 .groupby("ProgramClassCD", "ProgramClass_Description")
 .agg(F.sum("duration_seconds").alias("duration_total"))
 .orderBy("duration_total", ascending=False).show(100, False)
 )

# +--------------+--------------------------------------+--------------+
# |ProgramClassCD|ProgramClass_Description              |duration_total|
# +--------------+--------------------------------------+--------------+
# |PGR           |PROGRAM                               |652802250     |
# |COM           |COMMERCIAL MESSAGE                    |106810189     |
# |PFS           |PROGRAM FIRST SEGMENT                 |38817891      |
# |SEG           |SEGMENT OF A PROGRAM                  |34891264      |
# |PRC           |PROMOTION OF UPCOMING CANADIAN PROGRAM|27017583      |
# |PGI           |PROGRAM INFOMERCIAL                   |23196392      |
# |PRO           |PROMOTION OF NON-CANADIAN PROGRAM     |10213461      |
# |OFF           |SCHEDULED OFF AIR TIME PERIOD         |4537071       |
# [... more rows]
# |COR           |CORNERSTONE                           |null          |
# +--------------+--------------------------------------+--------------+
```

这个简单的程序有几个新内容，下面逐一进行分析。

分组路由从图 5-6 中数据帧的 groupby()方法开始。“分组的数据帧”不再是数据帧；而是一个 GroupedData 对象，如代码清单 5-12 所示。这个对象是一个过渡对象：无法直接查看它的内容[它没有.show()方法]，它正在等待进一步的指令来显示内容。它看起来就像图 5-7 的右侧，现在可以使用键[如果使用 groupby()方法对多列进行分组，就会生成键]，其余的列被分组在某个“单元格”中，等待通过汇总函数进行计算，这样它们就可以再次转换为真正的列。

logs: DataFrame

ProgramClassCD	ProgramClass_Description	...	Duration_seconds
PGR	PROGRAM	...	15
PGR	PROGRAM	...	60
COM	COMMERCIAL MESSAGE	...	45
COM	COMMERCIAL MESSAGE	...	3600
PGR	PROGRAM	...	30
PFS	PROGRAM FIRST SEGMENT	...	60
...	...	...	540
COM	COMMERCIAL MESSAGE	...	60

图 5-6　原始的数据帧，重点关注分组的列

代码清单 5-12　打印 GroupedData 对象

```
full_log.groupby()
# <pyspark.sql.group.GroupedData at 0x119baa4e0>
```

logs.groupby("ProgramClassCD", "ProgramClass_Description"): GroupedData

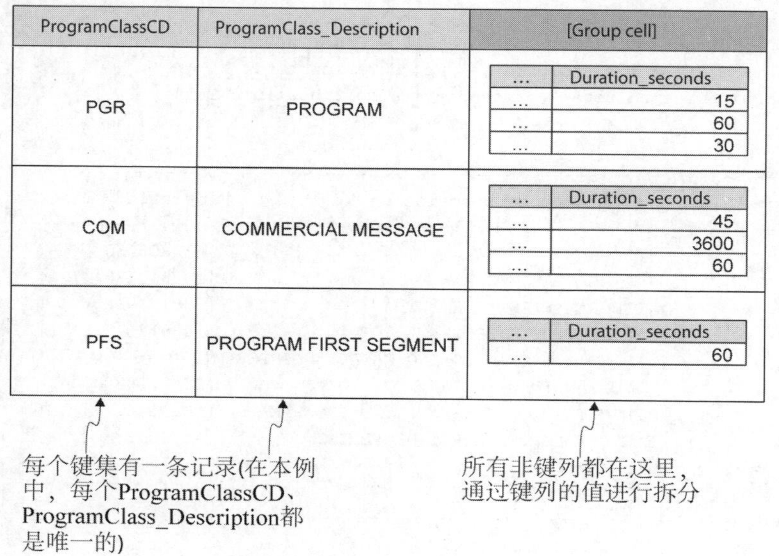

图 5-7　分组后得到的 GroupedData 对象

聚合函数的小技巧

agg()也接收一个形式为 {column_name: aggregation_function} 的字典，两个参数都是字符串。因此，可以像下面这样重写代码清单 5-11：

```
full_log.groupby("ProgramClassCD", "ProgramClass_Description").agg(
    {"duration_seconds": "sum"}
).withColumnRenamed("sum(duration_seconds)", "duration_total").orderBy(
    "duration_total", ascending=False
).show(
    100, False
)
```

这使得快速创建原型非常容易(你可以像使用 column 对象一样，使用“*”来引用所有列)。我个人不喜欢在大多数情况下使用这种方法，因为创建列时不能使用别名。之所以介绍它，是因为你会在阅读别人写的代码时看到这种用法。

在第 3 章中，使用 count()方法将 GroupedData 还原成一个数据帧，该方法返回每个组的计数。还有其他一些函数，如 min()、max()、mean()或 sum()。可以直接使用 sum()方法，但这些方法名不能作为列的别名使用，否则会陷入 sum(duration_seconds)作为名称的麻烦。这时，应该使用 agg()方法。

用于聚合的 agg()方法从我们熟悉并喜爱的 pyspark.sql.functions 模块中获取一个或多个聚合函数，并将它们应用于 GroupedData 对象的每个组。在图 5-8 中，从左边的 GroupedData 对象开始。使用适当的聚合函数调用 agg()，从分组单元格中提取列，提取值，执行函数，得到结果。与在 groupby 对象上使用 sum()函数相比，agg()少了一些输入操作，并且有两个主要优点。

- 与直接使用 summary()方法不同，agg()接收任意数量的聚合函数。不能在 GroupedData 对象上链式应用多个函数：第一个函数会将其转换为数据帧，第二个函数则会失败。
- 你可以使用别名来控制结果列的名称，从而使代码更加健壮。

在 GroupedData 对象上应用聚合函数后，又得到了一个数据帧。然后，可以使用 orderBy()方法将新创建的列 duration_total 按降序排列。最后，结果显示了 100 行，比数据帧包含的内容多，因为它显示了所有内容。

```
logs.groupby(
    "ProgramClassCD", "ProgramClass_Description"
).agg(
    F.sum(F.col("Duration_seconds"))
): DataFrame
```

ProgramClassCD	ProgramClass_Description	Duration_seconds
PGR	PROGRAM	15 + 60 + 30 = 105
COM	COMMERCIAL MESSAGE	45 + 3600 + 60 = 3705
PFS	PROGRAM FIRST SEGMENT	60

图 5-8 应用 agg()方法得到的数据帧(聚合函数：在 Duration_seconds 上使用 F.sum())

选择商业广告。表 5-1 展示选择的结果。

表 5-1 我们认为是商业广告的节目类型

ProgramClassCD	ProgramClass_Description	duration_total
COM	COMMERCIAL MESSAGE	106810189
PRC	PROMOTION OF UPCOMING CANADIAN PROGRAM	27017583
PGI	PROGRAM INFOMERCIAL	23196392
PRO	PROMOTION OF NON-CANADIAN PROGRAM	10213461
LOC	LOCAL ADVERTISING	483042
SPO	SPONSORSHIP MESSAGE	45257
MER	MERCHANDISING	40695
SOL	SOLICITATION MESSAGE	7808

现在已经完成了识别商业广告的艰巨工作，可以开始计数了。5.2.2 节将介绍如何使用自定义列灵活地进行聚合操作。

agg()并不是唯一的解决方案

也可以使用 groupby()和 apply() (Spark 2.3+)以及 applyInPandas() (Spark 3.0+)方法，这两个方法的名字很有创意，它表示“拆分-应用-合并”模式。我们会在第 9 章探讨这个强大的工具。还有其他不太常用(但仍然有用)的方法。

5.2.2 对自定义列使用 agg()

在 PySpark 中对列进行分组和聚合时，可以轻松使用 Column 对象的所有功能。这意味着可以对自定义列进行分组和聚合！本节将从定义 duration_commercial 开始，该定义仅在节目是商业广告时计算其时长，并在 agg()语句中使用它无缝地计算节目总时长和商业广告时长。

如果将表 5-1 的内容用 PySpark 定义，就会得到代码清单 5-13。

代码清单 5-13 只计算表中每个节目的商业广告时长

```
F.when(
    F.trim(F.col("ProgramClassCD")).isin(
        ["COM", "PRC", "PGI", "PRO", "PSA", "MAG", "LOC", "SPO", "MER", "SOL"]
    ),
    F.col("duration_seconds"),
).otherwise(0)
```

我认为这里描述代码的最好方法是将其按字面意思翻译成简单的文字，如下所示。

当 ProgramClass 的字段值(去掉开头和结尾的空格)在商业广告代码列表中时，取得 duration_seconds 列中该字段的值。否则，使用 0 填充。

F.when()函数的结构如下所示。如果有多个条件，可以链式调用多个 when()；如果不介意当所有条件都不满足时，结果中出现 null，可以省略 otherwise()方法。

```
(
F.when([BOOLEAN TEST], [RESULT IF TRUE])
 .when([ANOTHER BOOLEAN TEST], [RESULT IF TRUE])
 .otherwise([DEFAULT RESULT, WILL DEFAULT TO null IF OMITTED])
)
```

现在有一个列可以使用了。虽然可以使用 withColumn()方法在分组之前创建列，但可以更进一步，直接使用 agg()子句进行定义。代码清单 5-14 就是这么做的，同时还给出了结果！

代码清单 5-14　在 agg()中使用新列，并计算最终结果

```
answer = (
    full_log.groupby("LogIdentifierID")
    .agg(

        F.sum(
            F.when(
                F.trim(F.col("ProgramClassCD")).isin(
                    ["COM", "PRC", "PGI", "PRO", "LOC", "SPO", "MER", "SOL"]
                ),
                F.col("duration_seconds"),
            ).otherwise(0)
        ).alias("duration_commercial"),
        F.sum("duration_seconds").alias("duration_total"),
    )
    .withColumn(
        "commercial_ratio", F.col(
            "duration_commercial") / F.col("duration_total")
    )
)

answer.orderBy("commercial_ratio", ascending=False).show(1000, False)

# +---------------+-------------------+--------------+---------------------+
# |LogIdentifierID|duration_commercial|duration_total|commercial_ratio     |
# +---------------+-------------------+--------------+---------------------+
# |HPITV          |403                |403           |1.0                  |
# |TLNSP          |234455             |234455        |1.0                  |
# |MSET           |101670             |101670        |1.0                  |
# |TELENO         |545255             |545255        |1.0                  |
# |CIMT           |19935              |19935         |1.0                  |
# |TANG           |271468             |271468        |1.0                  |
# |INVST          |623057             |633659        |0.9832686034602207   |
# [...]
# |OTN3           |0                  |2678400       |0.0                  |
# |PENT           |0                  |2678400       |0.0                  |
# |ATN14          |0                  |2678400       |0.0                  |
# |ATN11          |0                  |2678400       |0.0                  |
# |ZOOM           |0                  |2678400       |0.0                  |
```

F.when()函数返回一个可以在 F.sum()中使用的列对象

```
# |EURO          |0                  |null          |null                 |
# |NINOS         |0                  |null          |null                 |
# +--------------+-------------------+--------------+---------------------+
```

等等，一些频道的商业广告比率是 1.0；有些频道只有商业广告吗？如果看一下总时长，会看到一些频道并没有太多的节目。一天是 86400s(24×60×60)，HPITV 频道在我们的数据帧中只有 403s 的节目。现在我不太关心这个问题，但总是可以通过 filter()方法删除节目很少的频道(参见第 2 章)。不过，我们还是实现了目标：找到了商业广告时长最长的频道。本章的最后一个任务是：处理 null 值。

5.3　处理 null 值：删除或填充

null 值表示值缺失。我认为这是一个很好的矛盾修饰法：没有价值的价值？抛开哲学不谈，结果集中有一些 null 值，我希望结果集内不再包含 null 值。本节介绍在数据帧中处理 null 值的两种最简单的方法：对包含 null 值的记录使用 dropna()将它们删除，或者使用 fillna()对 null 值进行填充。本节将探讨这两种选择，看看哪一种最适合我们的分析。

5.3.1　立即删除：使用 dropna()删除具有 null 值的记录

第一个选择是直接忽略有 null 值的记录。本节将介绍使用 dropna()方法根据 null 值的存在情况删除记录的不同方式。

dropna()非常容易使用。这个数据帧方法有 3 个参数。

- how：可以设置为 any 或 all。如果设置为 any，一条记录只要有一列为 null，PySpark 就会删除该条记录。如果设置为 all，只当所有列都为 null 时，才删除这条记录。how 参数的默认值为 any。
- thresh：它接收一个整数值。如果设置了特定值(默认值为 None)，PySpark 将忽略 how 参数，并只删除那些非 null 值小于阈值的记录。
- subset：它将接收一个可选的列(字段)列表，dropna()将使用它来做决策。

在我们的示例中，只想保留 commercial_ratio 列为非 null 值的记录。只需要将列名称传递给 subset 参数，如代码清单 5-15 所示。

代码清单 5-15　只删除 commercial al_ratio 值为 null 的记录

```
answer_no_null = answer.dropna(subset=["commercial_ratio"])

answer_no_null.orderBy(
    "commercial_ratio", ascending=False).show(1000, False)

# +---------------+-------------------+--------------+---------------------+
# |LogIdentifierID|duration_commercial|duration_total|commercial_ratio     |
# +---------------+-------------------+--------------+---------------------+
# |HPITV          |403                |403           |1.0                  |
# |TLNSP          |234455             |234455        |1.0                  |
# |MSET           |101670             |101670        |1.0                  |
```

```
# |TELENO          |545255             |545255        |1.0                  |
# |CIMT            |19935              |19935         |1.0                  |
# |TANG            |271468             |271468        |1.0                  |
# |INVST           |623057             |633659        |0.9832686034602207   |
# [...]
# |OTN3            |0                  |2678400       |0.0                  |
# |PENT            |0                  |2678400       |0.0                  |
# |ATN14           |0                  |2678400       |0.0                  |
# |ATN11           |0                  |2678400       |0.0                  |
# |ZOOM            |0                  |2678400       |0.0                  |
# +----------------+-------------------+--------------+---------------------+

print(answer_no_null.count()) # 322
```

虽然这样做是可以的，但它会从数据帧中删除一些记录。如果想保留所有记录呢？5.3.2 节将介绍如何用其他值来替换 null 值。

5.3.2　使用 fillna()替换 null 值

与 dropna()不同，fillna()方法将使用默认值来填充空值。本节将详细介绍如何使用这个方法。

fillna()方法比 dropna()方法更简单。这个数据帧方法有以下两个参数。

- value：它可以是 Python 的 int、float、string 或 bool 类型。PySpark 只会填充可以兼容的列，例如，如果使用 fillna("zero")处理 double 类型的 commercial_ratio 列，那么该列中的 null 值就不会被填充。
- subset：与 dropna()中使用的 subset 参数相同。可以将填充的范围限制为我们想要的列。

具体来说，任何数值列中的 null 值都意味着该值应该为 0，因此代码清单 5-16 将 null 值填充为 0。

代码清单 5-16　使用 fillna()方法将数值型记录中的 null 值填充为 0

```
answer_no_null = answer.fillna(0)

answer_no_null.orderBy(
    "commercial_ratio", ascending=False).show(1000, False)

# +---------------+-------------------+--------------+---------------------+
# |LogIdentifierID|duration_commercial|duration_total|commercial_ratio     |
# +---------------+-------------------+--------------+---------------------+
# |HPITV          |403                |403           |1.0                  |
# |TLNSP          |234455             |234455        |1.0                  |
# |MSET           |101670             |101670        |1.0                  |
# |TELENO         |545255             |545255        |1.0                  |
# |CIMT           |19935              |19935         |1.0                  |
# |TANG           |271468             |271468        |1.0                  |
# |INVST          |623057             |633659        |0.9832686034602207   |
# [...]
# |OTN3           |0                  |2678400       |0.0                  |
# |PENT           |0                  |2678400       |0.0                  |
```

```
# |ATN14          |0                  |2678400       |0.0                 |
# |ATN11          |0                  |2678400       |0.0                 |
# |ZOOM           |0                  |2678400       |0.0                 |
# +---------------+-------------------+-------------+--------------------+

print(answer_no_null.count()) # 324
```

比代码清单5-15的结果多了两条记录，因为在代码清单 5-15 中，那两条带有 null 值的记录被删除了

dict(字典)的返回值

也可以向 fillna()方法传递一个 dict，将列名作为键，值作为 dict 的值。如果使用此方法进行填充，代码将类似于以下代码:

```
Filling our numerical records with zero using the fillna() method and a dict
answer_no_null = answer.fillna(
    {"duration_commercial": 0, "duration_total": 0, "commercial_ratio": 0}
)
```

就像 agg()一样，我更喜欢避免使用 dict 方法，因为我发现它的可读性较差。在这种情况下，可以将多个 fillna()链接起来，以获得可读性更好的相同结果。

现在节目数据中没有 null 值了，我们有了完整的频道列表和相关的商业广告比例。我认为是时候对程序进行完整的总结，并总结本章所涵盖的内容了。

5.4 问题回顾：端到端程序

在本章开始时，提出了一个锚定问题，开始探索数据并进行洞察。本章整合了一个数据集，其中包含识别商业广告所需要的相关信息，并根据节目的商业化程度对频道进行排序。在代码清单 5-17 中，把本章介绍的所有相关代码块都合并成了一个可以使用 spark-submit 的程序。这些代码也可以在本书的代码库 code/Ch05/commercials.py 中找到。本章末尾的练习也使用了这些代码。

代码清单 5-17 本章的完整程序，通过减少商业广告的比例订购节目频道

```
import os

import pyspark.sql.functions as F
from pyspark.sql import SparkSession

spark = SparkSession.builder.appName(
    "Getting the Canadian TV channels with the highest/lowest proportion of
    commercials."
).getOrCreate()

spark.sparkContext.setLogLevel("WARN")

# 读取所有相关的数据源
```

```
DIRECTORY = "./data/broadcast_logs"

logs = spark.read.csv(
    os.path.join(DIRECTORY, "BroadcastLogs_2018_Q3_M8.CSV"),
    sep="|",
    header=True,
    inferSchema=True,
)

log_identifier = spark.read.csv(
    os.path.join(DIRECTORY, "ReferenceTables/LogIdentifier.csv"),
    sep="|",
    header=True,
    inferSchema=True,
)

cd_category = spark.read.csv(
    os.path.join(DIRECTORY, "ReferenceTables/CD_Category.csv"),
    sep="|",
    header=True,
    inferSchema=True,
).select(
    "CategoryID",
    "CategoryCD",
    F.col("EnglishDescription").alias("Category_Description"),
)

cd_program_class = spark.read.csv(
    "./data/broadcast_logs/ReferenceTables/CD_ProgramClass.csv",
    sep="|",
    header=True,
    inferSchema=True,
).select(
    "ProgramClassID",
    "ProgramClassCD",
    F.col("EnglishDescription").alias("ProgramClass_Description"),
)

# 数据处理

logs = logs.drop("BroadcastLogID", "SequenceNO")

logs = logs.withColumn(
    "duration_seconds",
    (
        F.col("Duration").substr(1, 2).cast("int") * 60 * 60
        + F.col("Duration").substr(4, 2).cast("int") * 60
        + F.col("Duration").substr(7, 2).cast("int")
    ),
)

log_identifier = log_identifier.where(F.col("PrimaryFG") == 1)

logs_and_channels = logs.join(log_identifier, "LogServiceID")
```

```
full_log = logs_and_channels.join(cd_category, "CategoryID",
    how="left").join(
    cd_program_class, "ProgramClassID", how="left"
)

answer = (
    full_log.groupby("LogIdentifierID")
    .agg(
        F.sum(
            F.when(
                F.trim(F.col("ProgramClassCD")).isin(
                    ["COM", "PRC", "PGI", "PRO", "LOC", "SPO", "MER", "SOL"]
                ),
                F.col("duration_seconds"),
            ).otherwise(0)
        ).alias("duration_commercial"),
        F.sum("duration_seconds").alias("duration_total"),
    )
    .withColumn(
        "commercial_ratio", F.col("duration_commercial") /
     F.col("duration_total")
    )
    .fillna(0)
)

answer.orderBy("commercial_ratio", ascending=False).show(1000, False)
```

如果不把数据采集、注释和文档字符串计算在内，代码只有 100 行左右。可以进行“代码高尔夫”(尽量减少程序中的字符数量)，但我认为我们已经在简洁和易读之间取得了很好的平衡。同样，我们没有过多关注 PySpark 的分布式特性。而是对问题进行了非常详细的描述，并通过 PySpark 强大的数据帧抽象和丰富的函数生态系统将其转换为代码。

本章是本书第 I 部分的最后一章。你现在已经熟悉了 PySpark 生态系统，以及如何使用它的主要数据结构——数据帧(data frame)来采集和操作两种非常常见的数据源——文本和表格。你知道可以应用于数据帧和列的各种方法和函数，也可以将这些技术应用于你自己的数据问题。还可以直接在 PySpark shell 中使用通过 PySpark 文档字符串获得的文档。

可以从本书的纯数据操作部分获得更多信息。因此，建议你花时间复习 PySpark 的在线 API，熟练掌握它的结构。现在你已经对数据模型以及如何构造简单的数据操作程序有了扎实的理解，可以轻松向 PySpark 程序中添加新的函数。

本书的第 II 部分将以你目前所学的知识为基础。

- 将深入挖掘 PySpark 的数据模型，并找到改进代码的机会。还将学习 PySpark 的列类型，它们如何连接到 Python 的类型，以及如何使用它们来提高代码的可靠性。
- 通过采集层次数据，可以处理具有复杂数据类型(如数组、映射和结构体)的二维数据帧。

- 将介绍 PySpark 如何改进 SQL，以及如何在一个程序中混合 SQL 和 Python。SQL 是一种很有影响力的表格数据操作语言。
- 将介绍如何让纯 Python 代码在 Spark 分布式环境中运行。将正式介绍一个较低层次的结构，RDD 及以行(row)为主的模型。还会把 UDF 和 pandas UDF 作为增强数据帧功能的一种方式。

5.5　本章小结

- PySpark 实现了 7 种连接功能，常见连接为：交叉连接、内连接、左外连接、右外连接、全外连接、左半连接和左反连接。选择哪种连接方法取决于如何通过谓词选择想要的记录。
- PySpark 在连接数据帧时保留谱系信息。使用这些信息，可以避免列命名冲突。
- 可以在数据帧上使用 groupby()方法对相似的值进行分组。该方法接收一些列对象或表示列的字符串，并返回一个 GroupedData 对象。
- GroupedData 对象是过渡结构。它们包含两种类型的列：键列，即“分组”的列；组单元格，是所有其他列的容器。返回数据帧最常见的方式是通过 agg()函数或者 count()或 min()等直接聚合方法对列中的值进行汇总。
- 可以使用 dropna()删除包含 null 值的记录，也可以使用 fillna()方法将 null 值替换为其他值。

5.6　扩展练习

练习 5-4

编写 PySpark 代码，在不使用左反连接的情况下返回以下代码块的结果。

```
left.join(right, how="left_anti",
          on="my_column").select("my_column").distinct()
```

练习 5-5

使用 data/broadcast_logs/ call_signals .csv 中的数据(注意：这里的分隔符是逗号，而不是管道符号)，将 Undertaking_Name 添加到最终表中，以显示人类可读的频道描述。

练习 5-6

加拿大政府要求对分析进行修改，它们希望使用不同的 PRC 的权重。他们希望 1 PRC 秒=0.75“商业广告秒”。修改程序以适应这种变化。

练习 5-7

在 commercial.py 返回的数据帧上，根据它们的 commercial_ratio(见表 5-2)返回每个“桶”中的频道数(提示：有关如何舍入值，参阅文档中关于 round 的描述)。

表 5-2 commercial_ratio 值

commercial_ratio	number_of_channels
1.0	
0.9	
0.8	
……	
0.1	
0.0	

第II部分

进级：将你的想法转化为代码

掌握了之前学习的内容后，是时候扩展我们的视野了。第II部分是关于扩充工具集的，以便更好地探索数据集。

第 6 章打破行和列的模式，实现多维。通过 JSON 数据，构建了包含数据帧本身的数据帧。这个工具将 Spark 数据帧的多功能性提升到了一个全新的境界。

第 7 章将介绍 PySpark 和 SQL。它们将代码的表达能力和简洁程度提升到一个新的水平，允许你以前所未有的速度扩展 SQL 工作流，并提供一种新的方法来推理你的分析。

第 8 章和第 9 章介绍如何使用完整的 Python 编写 PySpark 代码。从 RDD(一种灵活且可扩展的数据结构)到使用 Python 和 pandas 的两种 UDF，你将对自己的数据处理能力更有信心。

第 10 章介绍了窗口函数，从一个新的角度看待数据。窗口函数可以让有序数据更容易处理。你可能会想，如果没有这些函数，别人应该怎么做呢？

最后，在第 11 章中，暂时抛开前面的代码，回顾一下 Spark 的执行模型。可以通过 Spark 用户界面查看底层运行情况，更好地理解引擎是如何处理指令的。

在第II部分结束时，应该知道从数据获得见解的清晰路径，并且拥有一个完整的工具箱，可以按你的意愿调整数据。

第 6 章

多维数据帧：使用 PySpark 处理 JSON 数据

本章主要内容

- 将 JSON 文档与 Python 数据结构进行比较
- 在数据帧中采集 JSON 数据
- 通过复杂的列类型表示数据帧中的层次数据
- 使用文档/层次数据模型减少重复和对辅助表的依赖
- 从复杂数据类型中创建和解包数据

到目前为止，已经使用 PySpark 的数据帧处理文本数据(第 2 章和第 3 章)和表格数据(第 4 章和第 5 章)。这两种数据格式差异很大，但它们可以无缝地融入数据帧结构。我相信我们已经准备好通过在数据帧中表示分层信息来进一步推动抽象。想象一下：列中列，这将带来极大的灵活性。

本章介绍如何使用 PySpark 数据帧采集和处理层次化的 JSON 数据。JSON (JavaScript Object Notation，JavaScript 对象表示法)数据已经迅速成为客户端(如浏览器)和服务器端之间交换信息的主要数据格式。在大数据环境中，与 CSV 等表格序列化格式相比，JSON 允许存储更多丰富的数据类型，而不是普通的标量值。首先介绍 JSON 格式以及如何将其与 Python 数据结构进行类比。本章将介绍 3 种可用于数据帧的容器结构：array(数组)、map(映射)和 struct(结构体)，以及如何使用它们表示更丰富的数据结构。还将介绍如何使用它们来表示多维数据，以及如何通过结构体表示层次信息。最后，将这些信息包装到 schema 中，这是一个非常有用的结构，用于记录数据帧中的内容。

6.1 读取 JSON 数据：为 schemapocalypse 做好准备

PySpark 中的每个数据处理任务都从数据采集开始。JSON 数据也不例外。本节解释什么是 JSON，如何在 PySpark 中使用专门的 JSON 读取器，以及如何在数据帧中表示

JSON 文件。在这之后，就可以对 JSON 数据进行推理，并将其映射到 PySpark 的数据类型。

在本章中，使用从 TV Maze 中导出的有关电视剧《硅谷》(*Silicon Valley*)的 JSON 信息。我将数据上传到了本书的存储库(位于./data/shows)，但也可以直接从 TV Maze API(http://mng.bz/g4oR)下载。这个 JSON 文档的简化版本如代码清单 6-1 所示。主要部分都由数字组成，后面会逐一介绍。

代码清单 6-1 简单的 JSON 对象示例

```
{                                    ← 在顶层，JSON对象看起来像一个Python字典。
                                       它们都使用方括号划定对象的边界
  "id": 143,                         ← JSON 数据被编码为键-值对，
  "name": "Silicon Valley",            就像在字典中一样。JSON 的
  "type": "Scripted",                  键必须是字符串
  "language": "English",
  "genres": [                        ← JSON 数组可以包含多个值
    "Comedy"                           (在这里，它是一个字符串)。
  ],
  "network": {                       ← 值也可以是对象。可以用这种
    "id": 8,                           方式将对象嵌套在一起
    "name": "HBO",
    "country": {
      "name": "United States",
      "code": "US",
      "timezone": "America/New_York"
    }
  },
  "_embedded": {
    "episodes": [                    ← 数组中的每个对象代
      {                                表电视剧中的一集
        "id": 10897,
        "name": "Minimum Viable Product",

        "season": 1,
        "number": 1,
      },
      {
        "id": 10898,
        "name": "The Cap Table",
        "season": 1,
        "number": 2,
      }
    ]
  }
}
```

我看到 JSON 数据格式的第一个想法是它看起来很像 Python 字典。我仍然认为这是一种映射 JSON 文档的有效方法，6.1.1 节将解释如何利用 Python 知识快速使用 JSON。

6.1.1　从小处开始：将 JSON 数据作为受限的 Python 字典

本节将简要介绍 JSON 格式，以及如何使用 Python 数据结构构建数据的心智模型。接下来，通过在 Python 中解析一小段 JSON 消息来验证我们的想法。就像 CSV 一样，将原始数据转换为 PySpark 结构，对于了解如何映射数据转换很有帮助。如果清楚地知道字段映射到哪里，可以更快地编码。

JSON 数据是一种存在已久的数据交换格式，因其可读性好以及相对较小的体积而非常流行。JSON 是 JavaScript 对象表示法(JavaScript Object Notation)的缩写，鉴于每个 JSON 文件都可以被认为是一个 JavaScript 对象，这个名字很贴切。JSON 官方网站(https://json.org)对 JSON 数据格式有更正式的介绍。由于我们关注的是 Python 编程语言，因此将通过 Python 使用的数据结构来探索 JSON 规范。

在代码清单 6-1 和图 6-1 中，我们注意到文档以左大括号“{”开始。每个有效的 JSON 文档都是一个对象[1]， JavaScript 使用大括号将对象包裹起来。在 Python 中，就 JSON 而言，与对象直接等价的是字典。和字典一样，JSON 对象也有键和值。JSON 文档中的顶层对象称为根对象或根元素。

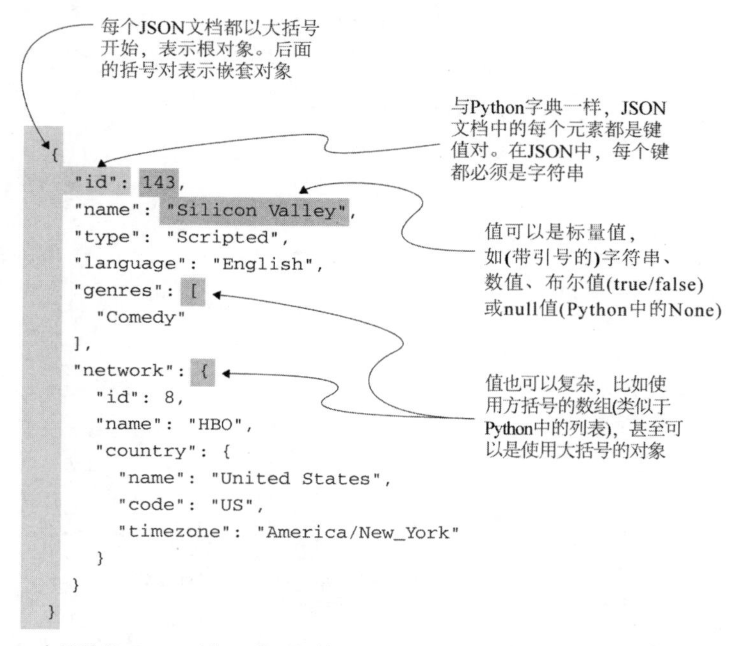

图 6-1　一个简单的 JSON 对象，说明了其主要组成部分：根对象、键和值。使用大括号表示对象范围，使用方括号表示数组/列表范围。JSON 使用引号表示该值是字符串而不是数字

1　根据“JavaScript 对象表示法(JSON)数据交换格式”[The JavaScript Object Notation(JSON) Data Interchange Format]，也可以创建只有一个值的 JSON 文本(如一个数字、一个字符串、一个布尔值或 null)。对于我们的使用来说，这样的 JSON 文本没有意义，因为可以直接对值进行解析。

JSON 对象或 Python 字典都有键和值。根据 JSON 规范，JSON 对象的键必须是字符串。而 Python 字典没有这种限制，但我们可以轻松地适应这种情况。

最后，JSON 对象的值可以表示几种数据类型。

- 字符串(使用双引号来包裹字符)。
- 数字(JavaScript 不区分整数和浮点数)。
- 布尔值(true 或 false，不像 Python 中那样使用大写字母)。
- null，类似于 Python 中的 None。
- 数组，由方括号“[”包裹起来，类似于 Python 中的 list。
- 对象，使用大括号“{”包裹起来。

如果在 JSON 和 Python 术语之间可以进行轻松地转换(数组到列表，对象到字典)，在 Python 中使用 JSON 将是轻而易举的事。为了完成这样的类比，查看代码清单 6-2：使用 Python 标准库中的 JSON 模块创建简单的 JSON 对象。

代码清单 6-2 将一个简单的 JSON 文档读取为 Python 字典

```
import json

sample_json = """{
  "id": 143,
  "name": "Silicon Valley",
  "type": "Scripted",
  "language": "English",
  "genres": [
   "Comedy"
  ],
  "network": {
    "id": 8,
    "name": "HBO",
    "country": {
      "name": "United States",
      "code": "US",
      "timezone": "America/New_York"
    }
  }
}"""

document = json.loads(sample_json)
print(document)
# {'id': 143,
#  'name': 'Silicon Valley',
#  'type': 'Scripted',
#  'language': 'English',
#  'genres': ['Comedy'],
#  'network': {'id': 8,
#    'name': 'HBO',
#    'country': {'name': 'United States',
#     'code': 'US',
#     'timezone': 'America/New_York'}}}

type(document)
# dict
```

导入了 Python 标准库中的 json 模块

加载的文档看起来像一个使用字符串作为键的 Python 字典。Python 识别出 143 是一个整数，并将其解析为整数

加载的文档是 dict 类型的

在本节中，介绍了如何将 JSON 对象视为受限的 Python 字典。它的键总是字符串，值可以是数值、布尔值、字符串或 null 值。还可以将元素或对象的数组作为值，这支持数据的嵌套和分层组织。现在我们已经了解了它在 Python 中的工作原理，接下来的几节将展示如何使用 PySpark 读取 JSON 数据，并介绍迄今为止遇到过的最复杂的数据帧模式。在不知不觉中，你将征服“schema 的末日”！

6.1.2　更进一步：在 PySpark 中读取 JSON 数据

本节介绍如何使用专用的 JSON SparkReader 对象读取 JSON 数据。我们将讨论 reader 最常用和最有用的参数。有了这些信息，就可以将 JSON 文件读入数据帧。

本节将使用本章开头介绍的数据。我们使用专用的 SparkReader 对象，轻松读取 JSON 文档。结果如代码清单 6-3 所示。

代码清单 6-3　使用 JSON 专用的 SparkReader 获取 JSON 文档

```
from pyspark.sql import SparkSession

spark = SparkSession.builder.getOrCreate()

shows = spark.read.json("./data/shows/shows-silicon-valley.json")
shows.count()
# 1
```

调用 spark.read 上的 json 方法可以访问专用的 SparkReader 对象。就像读取 CSV 或文本数据一样

采集的文档只包含一条记录

在审查代码时，有两个元素会浮现在脑海中。首先，我们不使用任何可选参数。与 CSV 数据不同，JSON 数据不需要担心记录分隔符或推断数据类型(JSON 强制使用字符串分隔符，因此值 03843 是一个数字，而"03843"是一个字符串)，这在一定程度上减少了修改读取过程的需求。有很多放宽 JSON 规范的选项，例如允许对字符串使用单引号、注释或引用的键。如果你的 JSON 文档“符合规范”，并且你所使用的 JSON 数据中没有特殊的数据类型也没有其他的特殊要求，那么 Stock Reader 可以很好地完成任务。如果想了解更多 JSON 的选项，你可以阅读 DataFrameReader 对象的 json 方法的说明文档。

数据采集的第二个不寻常之处是只有一条记录。如果我们花点时间思考一下，会发现这是有意义的：TVMaze 在单个文档中提供了我们查询的结果。在 PySpark 的世界中，读取 JSON 遵循这样的规则：一个 JSON 文档，只有一行，表示一条记录。这意味着如果想在同一个文档中包含多个 JSON 记录，需要每行表示一个文档，并且文档中不能有新行。如果你对此感兴趣，JSON Lines 文档格式(http://jsonlines.org/)有更正式的定义。打开代码清单 6-3 中读取的 JSON 文档(使用普通的文本编辑器就可以)，会看到文件中只有一行。

如果想跨多个文件采集多个文档，需要将 multiLine(注意大写的 L!)参数设置为 true。这会将 JSON 读取规则改变为：一个 JSON 文档，一个文件，一条记录。有了这个规则，就可以像第 3 章中那样使用 glob 模式(使用*来引用多个文件)，或者将一个只包含相同

schema 的 JSON 文件的目录作为参数传递给 reader。我在 data/shows 目录中又制作了两部剧集(《绝命毒师》和《黄金女郎》，即 *Breaking Bad* 和 *The Golden Girls*，以覆盖更广的范围)。在代码清单 6-4 中，同时读取了 3 个 JSON 文档，并证明确实有 3 条记录。

代码清单 6-4 使用 multiLine 选项读取多个 JSON 文档

```
three_shows = spark.read.json("./data/shows/shows-*.json", multiLine=True)

three_shows.count()
# 3

assert three_shows.count() == 3
```

本节介绍了如何在 PySpark 中导入简单的 JSON 文档，以及如何调整专用的 JSON reader 以适应常见的用例。在 6.2 节中，我们将关注复杂数据类型如何帮助我们在数据帧中探索分层数据。

6.2 用复杂的数据类型突破二维数据

本节使用 JSON 数据模型，并将其应用于 PySpark 数据帧的上下文中。我会更深入地介绍 PySpark 的复杂数据类型：数组和映射。本书采用 PySpark 的列式模型并将其转换为分层数据模型。在本节的最后，你将了解如何在 PySpark 数据帧中表示、访问和处理容器类型。这些技术在处理分层或面向对象的数据(就像正在处理的 shows 数据)时很有用。

PySpark 在数据帧中使用复杂类型的能力使其具有显著的灵活性。虽然仍然要处理抽象的表格，但单元格超级强大，因为它们可以包含多个值。这就像从二维到三维，甚至更高的维度！

复杂类型并不是 Python 意义上的复杂：Python 使用的复杂数据包括图像、地图、视频文件等，而 Spark 使用这个术语来指代包含其他类型的数据类型。因此，我还使用术语容器或复合类型作为复杂类型的同义词。这样可以更清楚地表达它的含义。容器类型的列包含其他类型的值。在 Python 中，主要的复杂类型是列表、元组和字典。在 PySpark 中，我们有数组、映射和结构体。有了这些，将能够表达无限数量的数据内容。

如果想深入挖掘标量数据类型

在第 1 章到第 3 章中，主要处理的是包含单个值的标量数据。这些类型无缝映射为 Python 类型。例如，一个字符串类型的 PySpark 列映射为一个 Python 字符串。由于 Spark 借用了 Java/Scala 的类型约定，因此有一些特性我会在后面介绍。

下面通过代码清单 6-5 揭示我们使用的数据帧的模式(schema)!

代码清单 6-5　使用更深层次的嵌套结构

```
shows.printSchema()
# root
#  |-- _embedded: struct (nullable = true)
#  |    |-- episodes: array (nullable = true)
#  |    |    |-- element: struct (containsNull = true)
#  |    |    |    |-- _links: struct (nullable = true)
#  |    |    |    |    |-- self: struct (nullable = true)
#  |    |    |    |    |    |-- href: string (nullable = true)
#  |    |    |    |-- airdate: string (nullable = true)
#  |    |    |    |-- airstamp: string (nullable = true)
#  |    |    |    |-- airtime: string (nullable = true)
#  |    |    |    |-- id: long (nullable = true)
#  |    |    |    |-- image: struct (nullable = true)
#  |    |    |    |    |-- medium: string (nullable = true)
#  |    |    |    |    |-- original: string (nullable = true)
#  |    |    |    |-- name: string (nullable = true)
#  |    |    |    |-- number: long (nullable = true)
#  |    |    |    |-- runtime: long (nullable = true)
#  |    |    |    |-- season: long (nullable = true)
#  |    |    |    |-- summary: string (nullable = true)
#  |    |    |    |-- url: string (nullable = true)
#  |-- _links: struct (nullable = true)
#  |    |-- previousepisode: struct (nullable = true)
#  |    |    |-- href: string (nullable = true)
#  |    |-- self: struct (nullable = true)
#  |    |    |-- href: string (nullable = true)
#  |-- externals: struct (nullable = true)
#  |    |-- imdb: string (nullable = true)
#  |    |-- thetvdb: long (nullable = true)
#  |    |-- tvrage: long (nullable = true)
#  |-- genres: array (nullable = true)
#  |    |-- element: string (containsNull = true)
#  |-- id: long (nullable = true)
# [and more columns...]
```

和 JSON 文档一样，数据帧模式的顶层元素称为根元素

复杂列在数据帧模式中引入了一个新的嵌套层

我不对模式进行深入介绍，这样可以专注于这里的重点：schema 中的层次结构。PySpark 获取每一个顶层键(根对象中的键)，并将它们解析为列(顶层列的信息见代码清单 6-6)。当列的值是标量时，列的类型根据 6.1.1 节中介绍的 JSON 规范推断出来。

代码清单 6-6　打印 shows 数据帧的列

```
print(shows.columns)

# ['_embedded', '_links', 'externals', 'genres', 'id', 'image',
# 'language', 'name', 'network', 'officialSite', 'premiered',
# 'rating', 'runtime', 'schedule', 'status', 'summary', 'type',
# 'updated', 'url', 'webChannel', 'weight']
```

本节简要介绍了采集 JSON 文档的 schema。6.2.1 节将介绍 Spark 提供的两种复杂的列类型，首先是数组，然后是映射。

6.2.1 当有多个值时：使用数组

本节将介绍 PySpark 中最简单的容器类型：数组。这里会解释数组最常用的场景，以及创建、操作和从数组列中提取数据的主要方法。

在 6.1.1 节中，大致上将 JSON 数组等同于 Python 列表。在 PySpark 的世界中，上述内容同样适用，但有一个重要的区别：PySpark 数组是相同类型值的容器。这种精度对 PySpark 采集 JSON 文档以及更普遍的嵌套结构的方式有重要影响，所以下面会更详细地解释。

在代码清单 6-5 中，genres 数组指向一个类型为 string 的 element 项(我复制了相关章节的内容)。与数据帧中的其他类型一样，需要为复杂类型(包括数组)提供完整的类型描述。虽然在数组包含的内容方面失去了灵活性，但可以更好地掌握列中包含的数据，从而避免难以追踪的 bug。我们将使用 array [element]表示法来引用数组列(例如，array [string]表示包含字符串数组的列)：

```
|-- genres: array (nullable = true)
|    |-- element: string (containsNull = true)
```

警告

如果尝试读取具有多种类型的数组类型列，PySpark 不会引发错误。相反，它将简单地使用最可能兼容的方式，通常是字符串。这样，不会丢失任何数据，但如果你的代码期望得到另一种类型的数组，那么这种结果不是你想要的。

为了对数组进行一些处理，我选择了 shows 数据帧的一个子集，以便在这个庞大的模式中抓住重点。在代码清单 6-7 中，选择 name 和 genres 列并显示记录。遗憾的是，《硅谷》(*Silicon Valley*)是一个单一类型的电视剧，所以这个电视剧对我来说有点太基础了。下面将它变得更有趣一点。

代码清单 6-7 选择 name 和 genres 列

```
array_subset = shows.select("name", "genres")

array_subset.show(1, False)
# +--------------+--------+
# |name          |genres  |
# +--------------+--------+
# |Silicon Valley|[Comedy]|
# +--------------+--------+
```

从概念上讲，可以认为 genres 列包含每条记录中的元素列表。在第 2 章遇到过类似的情况，将行分解为单词。它看起来如图 6-2 所示：Comedy 值位于一个列表类型的结构中，并保存在列中。

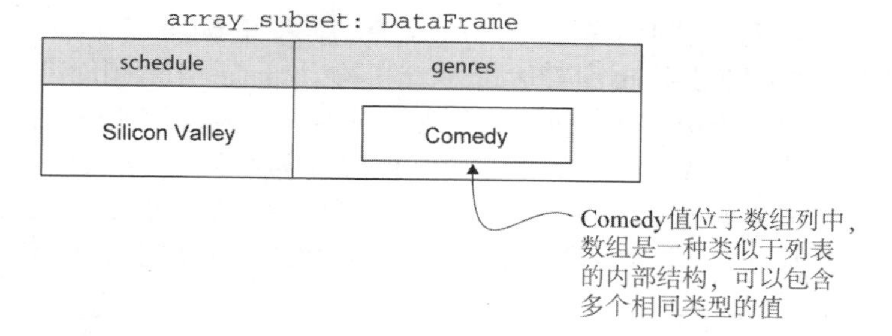

图 6-2　对 array_subset 数据帧的可视化描述。genres 列的类型是 Array[string]，这意味着它可以在列表类型的容器中包含任意数量的字符串值

为了获取数组中的值，需要提取它们。PySpark 提供了一种非常 Python 化的方式来处理数组，就像处理列表一样。代码清单 6-8 展示了访问数组中(唯一的)元素的主要方法。在检索数组中的元素时，数组的下标从 0 开始，就像 Python 中的列表一样。与 Python 列表不同的是，传递超出列表内容的下标将返回 null。

代码清单 6-8　从数组中提取元素

```
import pyspark.sql.functions as F

array_subset = array_subset.select(
    "name",
    array_subset.genres[0].alias("dot_and_index"),      # 使用点表示法和常用的方括号，方括号内有索引
    F.col("genres")[0].alias("col_and_index"),
    array_subset.genres.getItem(0).alias("dot_and_method"),   # 可以在 Column 对象上使用 getItem()方法，而不是方括号中的索引
    F.col("genres").getItem(0).alias("col_and_method"),
)

array_subset.show()

# +--------------+-------------+-------------+--------------+--------------+
# |          name|dot_and_index|col_and_index|dot_and_method|col_and_method|
# +--------------+-------------+-------------+--------------+--------------+
# |Silicon Valley|       Comedy|       Comedy|        Comedy|        Comedy|
# +--------------+-------------+-------------+--------------+--------------+
```

警告

尽管方括号方法看起来与 Python 风格非常相近，但你不能使用列表的切片方法。PySpark 只接收一个整数作为索引，所以 array_subset.genres[0:10]将失败并返回一个 AnalysisException 异常，其中包含一个含糊的错误提示信息。与第 1 章类似，PySpark 是 Spark (Java/Scala)的外壳。这提供了跨语言的一致 API，但代价是与宿主语言的集成并不总是一致的。在这里，PySpark 不允许对数组进行切片，与 Python 风格存在差异。

PySpark 的数组函数(可在 pyspark.sql.functions 模块中找到)几乎都有 array_关键字的前缀[有些函数。可以应用于多个复杂类型，如代码清单 6-9 中的 size()，所以没有前缀]。因此，很容易在 API 文档(参见 http://mng.bz/5Kj1)中查看它们。接下来，我们使用函数来

创建一个更强大的数组，并对其进行一些探索。在代码清单 6-9 中，执行了如下任务。

(1) 创建 3 个文字列[使用 lit()创建标量列，然后使用 make_array()]创建一个包含可能的流派的数组。PySpark 不接收 Python 列表作为 lit()的参数，因此必须先创建单个标量列，然后再将它们组合成一个数组。第 8 章将介绍可以返回数组列的 UDF。

(2) 使用函数 array_repeat()创建一列，将代码清单 6-8 中提取的 Comedy 字符串重复 5 次。最后计算两列的大小，删除两个数组中的重复数据，并将它们相交，得到代码清单 6-7 中原来的数组[Comedy]。

代码清单 6-9　对数组列执行多个操作

```
array_subset_repeated = array_subset.select(
    "name",
    F.lit("Comedy").alias("one"),
    F.lit("Horror").alias("two"),
    F.lit("Drama").alias("three"),
    F.col("dot_and_index"),
).select(
    "name",
    F.array("one", "two", "three").alias("Some_Genres"),
    F.array_repeat("dot_and_index", 5).alias("Repeated_Genres"),
)

array_subset_repeated.show(1, False)

# +--------------+-----------------------+----------------------------------------+
# |name          |Some_Genres            |Repeated_Genres                         |
# +--------------+-----------------------+----------------------------------------+
# |Silicon Valley|[Comedy, Horror, Drama]|[Comedy, Comedy, Comedy, Comedy, Comedy]|
# +--------------+-----------------------+----------------------------------------+

array_subset_repeated.select(
    "name", F.size("Some_Genres"), F.size("Repeated_Genres")
).show()

# +--------------+-----------------+---------------------+
# |          name|size(Some_Genres)|size(Repeated_Genres)|
# +--------------+-----------------+---------------------+
# |Silicon Valley|                3|                    5|
# +--------------+-----------------+---------------------+

array_subset_repeated.select(
    "name",
    F.array_distinct("Some_Genres"),
    F.array_distinct("Repeated_Genres"),
).show(1, False)

# +--------------+---------------------------+-------------------------------+
# |name          |array_distinct(Some_Genres)|array_distinct(Repeated_Genres)|
# +--------------+---------------------------+-------------------------------+
# |Silicon Valley|[Comedy, Horror, Drama]    |[Comedy]                       |
# +--------------+---------------------------+-------------------------------+
```

使用 array()函数根据 3 个列创建一个数组

使用 array_repeat()在数组中将这些值复制 5 次

使用 size()函数计算两个数组中的元素个数

使用 array_distinct()方法删除两个数组中的重复项。由于 Some_Genre 没有重复的类型，因此数组中的值不会改变

```
array_subset_repeated = array_subset_repeated.select(
    "name",
    F.array_intersect("Some_Genres", "Repeated_Genres").alias(
       "Genres"
    ),
)

array_subset_repeated.show()

# +--------------+--------+
# |          name|  Genres|
# +--------------+--------+
# |Silicon Valley|[Comedy]|
# +--------------+--------+
```

通过使用 array_intersect()求两个数组的交集，两个数组唯一共有的值是 Comedy

如果想知道某个值在数组中的位置，可使用 array_position()。这个函数接收两个参数。

- 用于执行搜索的数组列。
- 要在数组中搜索的值。

它返回所查找的值在数组列中的位置(第一个值是 1，第二个值是 2，以此类推)。如果值不存在，函数返回 0，如代码清单 6-10 所示。基于 0 的索引[对于 getItem()]和基于 1 的索引[对于 array_position()]之间的不一致可能会让人困惑。通过调用 getItem()或方括号索引来获取位置，或者通过 array_position()函数的返回值中的 position 来获取位置，就像在 PySpark API 中一样，以此来记住这个区别。

代码清单 6-10　使用 array_position()搜索 Genres 字符串

```
array_subset_repeated.select(
    "Genres", F.array_position("Genres", "Comedy")
).show()

# +--------+------------------------------+
# |  Genres|array_position(Genres, Comedy)|
# +--------+------------------------------+
# |[Comedy]|                             1|
# +--------+------------------------------+
```

本节通过 shows 数据帧查看了数组。我们看到一个 PySpark 数组包含了相同的元素，数组列可以访问一些容器函数[如 size()]以及一些数组专用的函数，这些函数的前缀通常为 array_。6.2.2 节将介绍另一个复杂类型：映射。

6.2.2　映射类型：同一列中的键和值

本节将介绍映射列类型以及在什么情况下可以成功使用它。映射作为列类型不太常见；读取 JSON 文档不会得到 map 类型的列，但它们在表示简单的键值对时很有用。

映射在概念上非常接近 Python 中的字典：就像字典一样有键和值，但与数组一样，键的类型要相同，值的类型也要相同(键的类型可以与值的类型不同)。值可以为 null，但键不能为 null，就像 Python 字典一样。

创建映射最简单的方法之一是使用两个类型为 array 的列。我们将收集一些关于

name、language、type 和 url 列的信息，放到一个数组中，并使用 map_from_arrays()函数，如代码清单 6-11 所示。

代码清单 6-11 通过两个数组创建映射

```
columns = ["name", "language", "type"]

shows_map = shows.select(
    *[F.lit(column) for column in columns],
    F.array(*columns).alias("values"),
)

shows_map = shows_map.select(F.array(*columns).alias("keys"), "values")

shows_map.show(1)
# +--------------------+--------------------+
# |                keys|              values|
# +--------------------+--------------------+
# |[name, language, ...|[Silicon Valley, ...|
# +--------------------+--------------------+

shows_map = shows_map.select(
    F.map_from_arrays("keys", "values").alias("mapped")
)

shows_map.printSchema()

# root
#  |-- mapped: map (nullable = false)
#  |    |-- key: string
#  |    |-- value: string (valueContainsNull = true)

shows_map.show(1, False)
# +---------------------------------------------------------------+
# |mapped                                                         |
# +---------------------------------------------------------------+
# |[name -> Silicon Valley, language -> English, type -> Scripted]|
# +---------------------------------------------------------------+

shows_map.select(
    F.col("mapped.name"),
    F.col("mapped")["name"],
    shows_map.mapped["name"],
).show()

# +--------------+--------------+--------------+
# | name         | mapped[name] | mapped[name] |
# +--------------+--------------+--------------+
# |Silicon Valley|Silicon Valley|Silicon Valley|
# +--------------+--------------+--------------+
```

在 col()函数中，可以使用句点表示法来访问键对应的值

也可以像在 Python 字典中那样，在方括号中传递键值

与数组一样，也可以使用句点表示法获取列，然后使用方括号选择正确的键

与数组一样，PySpark 在 pyspark.sql.functions 模块中提供了一些函数来处理映射。它们中的大多数都以 map 作为前缀或后缀，如 map_values()(用映射的值创建一个数组列)

或 create_map()(用传递给参数的列创建一个映射，在键和值之间交替)。本节和本章末尾的练习提供了更多关于 map 列类型的练习。

如果 map 映射到 Python 字典，为什么 JSON 文档没有任何映射？因为映射的键和值需要分别具有相同的类型(JSON 对象不强制这样做)，所以需要一个更灵活的容器容纳对象。将顶层的名/值对作为列更有所帮助，就像 PySpark 对代码清单 6-3 中的 shows 数据帧所做的那样。6.3 节将介绍结构体，它是数据帧的主要容器。

数组和映射中的 null 元素

在定义数组或映射时，也可以传递可选参数(数组的参数为 containsNull，映射的参数为 valueContainsNull)，它会指示 PySpark 是否可以接收 null 元素。这与列级别的 nullable 标志不同：在这里，可以设定是否有元素(或值)可以为 null。

在处理数据帧时，我不使用非空元素或无 null 元素的列，但如果你的数据模型需要这样设定，则可以使用该选项。

练习 6-1

假设有以下 JSON 文档：

```
"""{"name": "Sample name",
    "keywords": ["PySpark", "Python", "Data"]}"""
```

通过 spark.read.json 读取的 schema 将是什么？

练习 6-2

假设有以下 JSON 文档：

```
"""{"name": "Sample name",
    "keywords": ["PySpark", 3.2, "Data"]}"""
```

通过 spark.read.json 读取的 schema 将是什么？

6.3　结构体：列中的嵌套列

本节将以列类型的形式介绍结构体(struct)，这也是数据帧的基础。下面看一下如何根据结构体推理数据帧，以及如何使用嵌套结构体探索数据帧。

struct 类似于 JSON 对象，因为每个键值对的键或名称都是字符串，而且每条记录可以是不同的类型。如果在数据帧中取一小部分列(见代码清单 6-12)，会看到 schedule 列包含以下两个字段。

- days：一个字符串数组。
- time：一个字符串。

代码清单 6-12　带有一个字符串数组和一个字符串的 schedule 列

```
shows.select("schedule").printSchema()

# root
#  |-- schedule: struct (nullable = true)
#  |    |-- days: array (nullable = true)
#  |    |    |-- element: string (containsNull = true)
#  |    |-- time: string (nullable = true)
```

schedule 列是一个结构体。当观察列中的嵌套时，我们注意到结构体包含两个命名字段：days(一个字符串数组)和 time(一个字符串)

该结构体与数组和映射存在很大差异，字段的数量及其名称事先已知。在我们的示例中，schedule 结构体列是固定的：我们知道数据帧的每一条记录都将包含该 schedule 结构体(或者一个 null 值，如果我们想要学有所用的话)，并且在该结构体中将有一个字符串数组 days 和一个字符串 time。数组和映射强制值的类型，但不强制它们的数量或名称。只要你提前命名每个字段并提供类型，该结构体就支持更多的类型。

从概念上讲，我发现了解结构体列类型的最简单方法是想象它是列记录中的一个小数据帧。使用代码清单 6-12 中的例子，可以将 schedule 可视化为一个包含两列(days 和 time)的数据帧。在图 6-3 中展示了嵌套列的类比。

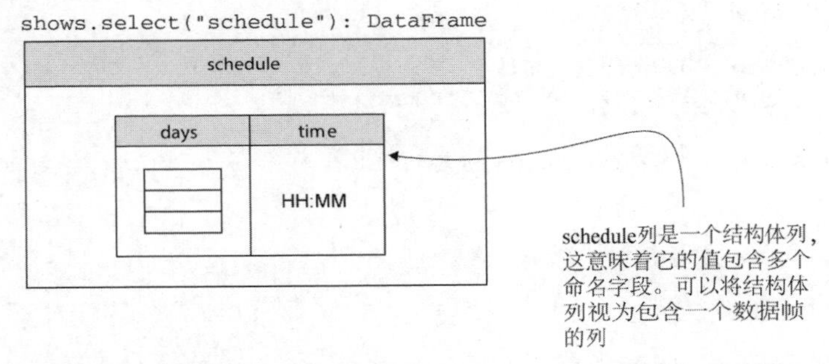

图 6-3　shows.select("schedule")数据帧。这个列是一个结构体，包含两个命名字段：days 和 time

结构体可以相互嵌套。例如，在代码清单 6-5(或代码清单 6-13)中，数据帧的第一个字段_embedded 是一个结构体，其中包含一个数组字段 episodes。该数组包含结构体_links，它里面包含一个结构体 self，其中包含一个字符串字段 href。我们在这里遇到了一个相当令人困惑的嵌套问题！如果这仍然有点难以理解，也不要担心，6.3.1 节将通过浏览数据帧来解析结构体的套娃式排列。

代码清单 6-13　_embedded 列的 schema

```
shows.select(F.col("_embedded")).printSchema()
# root
#  |-- _embedded: struct (nullable = true)
#  |    |-- episodes: array (nullable = true)
#  |    |    |-- element: struct (containsNull = true)
#  |    |    |    |-- _links: struct (nullable = true)
#  |    |    |    |    |-- self: struct (nullable = true)
#  |    |    |    |    |    |-- href: string (nullable = true)
#  |    |    |    |-- airdate: string (nullable = true)
```

_embedded 包含一个单个字段：episodes

episodes 是一个结构体数组(Array[Struct])。是的，这很可能

每个 episode 都是数组中的一条记录，包含了该结构体中的所有命名字段。_links 是一个 Struct[Struct[string]] 字段。PySpark 可以表示多层嵌套，不会出现问题

```
# |     |     |     |-- id: long (nullable = true)
# |     |     |     |-- image: struct (nullable = true)
# |     |     |     |    |-- medium: string (nullable = true)
# |     |     |     |    |-- original: string (nullable = true)
# |     |     |     |-- name: string (nullable = true)
# |     |     |     |-- number: long (nullable = true)
# |     |     |     |-- runtime: long (nullable = true)
# |     |     |     |-- season: long (nullable = true)

# |     |     |     |-- summary: string (nullable = true)
# |     |     |     |-- url: string (nullable = true)
```

像嵌套列一样探索结构体

本节介绍如何从数据帧内的嵌套结构体中提取值。在处理嵌套列时，PySpark 提供了与处理普通列相同的简便方法。我将介绍句点和方括号表示法，并解释 PySpark 在使用其他复杂结构时如何处理嵌套。我们通过清理无用的嵌套来处理_embedded 列。

在开始编码之前，将把_embedded 列的结构绘制为一棵树，以了解我们正在处理的内容。在代码清单 6-14 中，给出了 printSchema()命令的输出，结果如图 6-4 所示。

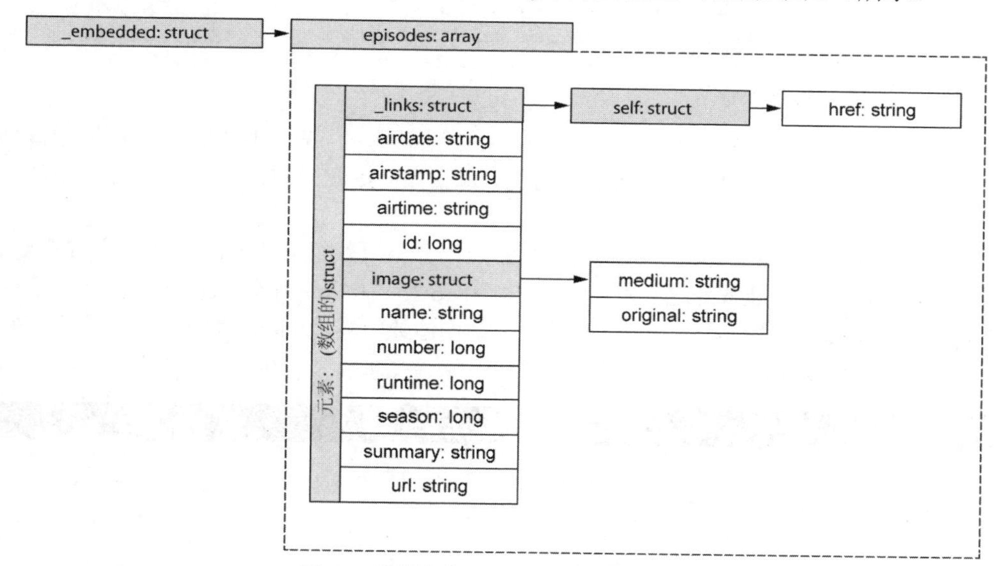

图 6-4　数据帧中_embedded 字段的 schema

首先，我们在图 6-4 中看到_embedded 是一个无用的结构体，因为它只包含一个字段。在代码清单 6-14 中，我创建了一个新的顶层列，名为 episodes，它直接指向_embedded 结构体中的 episodes 字段。为此，我使用 col 函数和_embed.episodes。这与“作为迷你数据帧的结构体”的心智模型是一致的：可以使用与数据帧相同的符号引用结构体字段。

代码清单 6-14　将结构体中的字段提升为列

```
shows_clean = shows.withColumn(
```

```
  "episodes", F.col("_embedded.episodes")
).drop("_embedded")

shows_clean.printSchema()
# root
#  |-- _links: struct (nullable = true)
#  |    |-- previousepisode: struct (nullable = true)
#  |    |    |-- href: string (nullable = true)
#  |    |-- self: struct (nullable = true)
#  |    |    |-- href: string (nullable = true)
#  |-- externals: struct (nullable = true)
#  |    |-- imdb: string (nullable = true)
#  [...]
#  |-- episodes: array (nullable = true)
#  |    |-- element: struct (containsNull = true)
#  |    |    |-- _links: struct (nullable = true)
#  |    |    |    |-- self: struct (nullable = true)
#  |    |    |    |    |-- href: string (nullable = true)
#  |    |    |-- airdate: string (nullable = true)
#  |    |    |-- airstamp: string (nullable = true)
#  |    |    |-- airtime: string (nullable = true)
#  |    |    |-- id: long (nullable = true)
#  |    |    |-- image: struct (nullable = true)
#  |    |    |    |-- medium: string (nullable = true)
#  |    |    |    |-- original: string (nullable = true)
#  [... rest of schema]
```

我们删除了_embedded 列，并将结构体的字段(episodes)提升为顶层列

最后，看一下嵌套数组中的结构体。在6.2.1节解释过，在引用列之后，可以通过列后面括号中的索引来引用数组中的单个元素。那么如何提取结构体数组 episodes 中所有剧集的名称呢？

事实证明，PySpark 允许在数组内进行钻取，并将以数组形式返回该结构体的子集。用一个示例可以很好地解释这一点：在代码清单 6-15 中，从 shows_clean 数据帧中提取了 episodes.name 字段。因为 episodes 是一个结构体数组，而 name 是其中一个字符串字段，所以 episodes.name 是一个字符串数组。

代码清单 6-15　在 Array[Struct]中选择一个字段来创建列

```
episodes_name = shows_clean.select(F.col("episodes.name"))
episodes_name.printSchema()

# root
#  |-- name: array (nullable = true)
#  |    |-- element: string (containsNull = true)

episodes_name.select(F.explode("name").alias("name")).show(3, False)
# +--------------------------+
# |name                      |
# +--------------------------+
# |Minimum Viable Product    |
# |The Cap Table             |
# |Articles of Incorporation|
# +--------------------------+
```

episodes.name 指向 episodes 数组元素的 name 字段

由于 episodes 数组中有多条记录，episodes.name 提取数组中的 name 字段或每条记录，并将其封装到名称数组中。我对数组进行分解(第 2 章和 6.5 节)，以便清楚地显示名称

本节使用与从数据帧中提取列相同的表示法来遍历结构体的层次结构。现在可以从 JSON 文档中提取任何字段，并确切地知道会发生什么。6.4 节将利用我们对复杂数据类型的了解，并使用这些知识来构建 schema。还将讨论使用层次模式(hierarchical schemas)和复杂数据类型的优点和权衡。

6.4　构建和使用数据帧模式

本节将介绍如何用 PySpark 数据帧定义和使用 schema。我们通过编程的方式为 JSON 对象构建 schema，并检查 PySpark 提供的开箱即用类型。能够使用 Python 结构(序列化为 JSON)意味着可以像操作其他数据结构一样操作 schema。我们可以重用数据操作工具包来操作数据帧的元数据。通过这种方法，还解决了来自 inferSchema 的潜在效率低下的问题，因为我们不需要 Spark 读取两次数据(一次用于推断模式，一次用于执行读取)。

在 6.3 节中，解释了可以将结构体列看作嵌套在该列中的迷你数据帧。反之亦然：可以将数据帧看作具有单一结构的实体，其中的列是"root"结构体的顶层字段。在 printSchema()的任何输出中(为了方便，在代码清单 6-16 中复制了代码清单 6-5 的相关部分)，所有顶层字段都连接到 root。

代码清单 6-16　shows 数据帧的模式示例

```
shows.printSchema()
# root
#  |-- _links: struct (nullable = true)
#  |    |-- previousepisode: struct (nullable = true)
#  |    |    |-- href: string (nullable = true)
#  |    |-- self: struct (nullable = true)
#  |    |    |-- href: string (nullable = true)
#  |-- externals: struct (nullable = true)
#  |    |-- imdb: string (nullable = true)
#  [... rest of schema]
```

所有顶层字段(或列)都是一个隐式根结构的子节点

有两种语法可以用来创建 schema。在 6.4.1 节，将回顾显式的编程方法。PySpark 也接受 DDL 风格的 schema，第 7 章将讨论 PySpark 和 SQL。

6.4.1　使用 Spark 类型作为 schema 的基本代码块

本节将介绍 schema 定义上下文中的列类型。我从头开始为我们的 shows 数据帧构建 schema，并包含 PySpark 模式构建功能的一些编程方面的细节。还将介绍 PySpark 数据类型以及如何将它们组合到一个结构体中，以构建数据帧 schema。将数据与 schema 解耦意味着可以控制数据在数据帧中的表示方式，并提高数据转换程序的健壮性。

用于构建 schema 的数据类型位于 pyspark.sql.types 模块中。在处理数据帧时，它们经常被导入，就像 pyspark.sql.functions 一样，导入时通常使用限定前缀 T：

```
import pyspark.sql.types as T
```

提示

就像函数使用大写 F 一样，通常的约定是在导入 types 模块时使用大写 T。强烈建议你也这样做。

在 pyspark.sql.types 中，对象主要有两种类型。首先是 types 对象，它表示某种类型的列。所有这些对象都遵循 ValueType() 驼峰式(CamelCase)语法：例如，“长列”由 LongType()对象表示。大多数标量类型不接收任何参数[DecimalType(precision, scale)除外，它用于在小数点前后设置精确精度]。复杂类型，如数组和映射，直接在构造函数中接收其值的类型。例如，一个字符串数组将是 ArrayType(StringType())，一个映射到 long 的字符串映射是 MapType(StringType(), LongType())。

其次，可以使用字段对象，也就是 StructField()。PySpark 提供了一个 StructType()，它可以包含任意数量的命名字段。编程时，这将转换为一个接收 StructField()列表的 StructType()。就这么简单！

StructField()包含两个强制参数和两个可选参数。

- name：作为字符串传递。
- dataType：作为对象传递。
- nullable 标记(可选)：用于确定字段是否可以为 null(默认为 True)。
- metadata 字典(可选)：包含任意信息的元数据字典，我们将在使用机器学习管道时将其用于列的元数据(第 13 章)。

提示

如果提供了一个简化的模式——这意味着只定义了字段的一个子集——PySpark 将只读取已定义的字段。如果你只需要一个非常“宽”的数据帧中的列或字段的一个子集，那么可以节省大量的时间！

把所有这些放在一起，shows 数据帧的 summary 字符串字段将被编码为 StructField，如下所示：

```
T.StructField("summary", T.StringType())
```

在代码清单 6-17 中，完成了 shows 数据帧的_embedded schema。虽然非常冗长，但我们获得了关于数据帧结构的深入知识。由于数据帧 schema 是常规的 Python 类，因此可以将它们赋值给变量，并从头构建 schema。我通常将包含超过 3 个或更多字段的结构体分解为它们自己的变量，所以我的代码读起来不像是一整块结构体，其中穿插着括号。

代码清单 6-17　_embedded 字段的模式

```
import pyspark.sql.types as T

episode_links_schema = T.StructType(
    [
        T.StructField(
```

```
                "self", T.StructType([T.StructField("href", T.StringType())])
            )
        ]
    )

    episode_image_schema = T.StructType(
        [
            T.StructField("medium", T.StringType()),
            T.StructField("original", T.StringType()),
        ]
    )

    episode_schema = T.StructType(
        [
            T.StructField("_links", episode_links_schema),
            T.StructField("airdate", T.DateType()),
            T.StructField("airstamp", T.TimestampType()),
            T.StructField("airtime", T.StringType()),
            T.StructField("id", T.StringType()),
            T.StructField("image", episode_image_schema),
            T.StructField("name", T.StringType()),
            T.StructField("number", T.LongType()),
            T.StructField("runtime", T.LongType()),
            T.StructField("season", T.LongType()),
            T.StructField("summary", T.StringType()),
            T.StructField("url", T.StringType()),
        ]
    )

    embedded_schema = T.StructType(
        [
            T.StructField(
                "_embedded",
                T.StructType(
                    [
                        T.StructField(
                            "episodes", T.ArrayType(episode_schema)
                        )
                    ]
                ),
            )
        ]
    )
```

_links 字段包含一个 self 结构体，它本身包含一个单字符串字段：href

图像字段是两个字符串字段的结构体：medium 和 original

由于类型是 Python 对象，因此可以将它们传递给变量并使用它们。使用 episode_links_schema 和 episode_image_schema 可以使我们的剧集模式看起来更清晰

很明显，_embedded 列包含一个字段 episodes，该字段包含一个剧集数组。使用合理的变量名有助于记录我们的意图，而不用依赖注释

本节介绍了如何从头构建模式：你可以使用 pyspark.sql.types 模块中的类型和字段，并为每一列创建一个字段。当你有一个结构体列时，可以用同样的方式处理它：创建一个 StructType()并分配结构体字段。使用这些简单的规则，应该能够构建所需要的任何模式。6.4.2 节将利用我们的模式以严格的方式读取 JSON。

6.4.2　使用结构体模式原地读取 JSON 文档

本节将介绍如何在强制执行精确模式的同时读取 JSON 文档。当你想要提高数据管

道的健壮性时，这种技术非常有帮助。在读取数据时知道丢失了一些列，比在程序运行后得到错误要好。当你希望数据符合某种模式(mold)时，我将介绍一些简便的方法，以及如何依靠 PySpark 在混乱的 JSON 文档中保持清醒。另外，在使用 schema 读取数据时，你可以期望获得更好的性能，因为 inferSchema 需要预读数据来推断 schema。

如果逐个字段分析代码清单 6-17，可能已经意识到我将 airdate 定义为日期，将 airstamp 定义为时间戳。在 6.1.2 节中，列出了 JSON 文档中可用的类型；上面没有日期和时间戳。幸运的是，PySpark 依旧提供支持，我们可以利用 JSON Reader 的一些选项读取某些字符串作为日期和时间戳。为此，需要为文档提供完整的 schema，好在我们有一个准备好的 schema。在代码清单 6-18 中，再次读取了我的 JSON 文档，但这次提供了显式的 schema。注意 airdate 和 airstamp 类型的变化。我还提供了一个新参数 mode，当将其设置为 FAILFAST 时，如果遇到与所提供的 schema 格式不匹配的记录，就会出错。

代码清单 6-18 使用显式的部分模式读取 JSON 文档

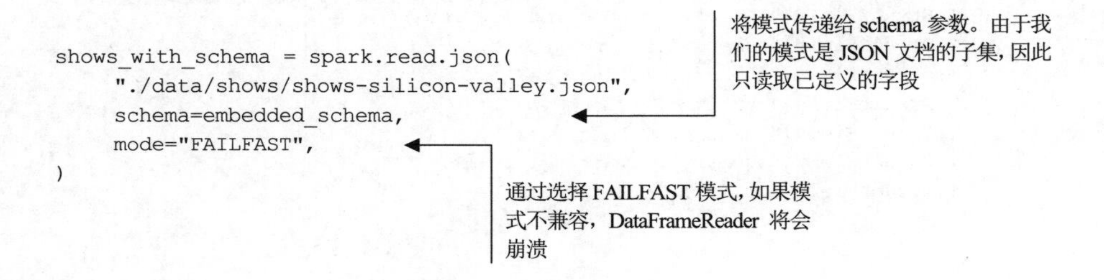

```
shows_with_schema = spark.read.json(
    "./data/shows/shows-silicon-valley.json",
    schema=embedded_schema,
    mode="FAILFAST",
)
```


因为我们只传递了一个不完整的 schema (embedded_schema)， PySpark 将只读取已定义的列。在本例中，只涉及_embedded 结构体，因此这是读取的数据帧的唯一部分。这是一种方便的方法，可以避免在删除未使用的列之前读取所有内容。

因为 JSON 文档中的日期和时间戳符合 ISO-8601 标准(日期为 yyyy-MM-dd，时间戳为 yyyy-MM-ddTHH:mm:ss.SSSXXX)，所以不需要定制 JSON DataFrameReader 来解析我们的值。如果你面临的是非标准的日期或时间戳格式，则需要将正确的格式传递给 dateFormat 或 timestampFormat。格式语法可在 Spark 官方文档网站(http://mng.bz/6ZgD)获取。

警告

如果使用的版本是 Spark 2，dateFormat 和 timestampFormat 遵循的格式是不同的。如果是这种情况，参考 java.text.SimpleDateFormat。

上面的程序应该可以成功读取数据，但是因为我想验证我的新日期和时间戳字段，所以我钻取、扩展并在代码清单 6-19 中显示这些字段。

代码清单 6-19　验证 airdate 和 airstamp 字段的读取

```
for column in ["airdate", "airstamp"]:
    shows.select(f"_embedded.episodes.{column}").select(
        F.explode(column)
    ).show(5)

# +----------+
# |       col|
# +----------+
# |2014-04-06|
# |2014-04-13|
# |2014-04-20|
# |2014-04-27|
# |2014-05-04|
# +----------+
# only showing top 5 rows

# +-------------------+
# |                col|
# +-------------------+
# |2014-04-06 22:00:00|
# |2014-04-13 22:00:00|
# |2014-04-20 22:00:00|
# |2014-04-27 22:00:00|
# |2014-05-04 22:00:00|
# +-------------------+
# only showing top 5 rows
```

这里一切看起来都很好。如果模式不匹配怎么办？如果 schema 允许 null 值，PySpark 即使设定了 FAILFAST，也会允许文档中存在缺失字段。代码清单 6-20 污染了 schema，把两个 StringType()改成了 LongType()。我没有包含整个堆栈跟踪，但是产生的错误是 Py4JJavaError。错误的原因是：字符串值不是 bigint(或 long)。不过，并不知道是哪一个出现了问题：堆栈跟踪只给出它试图解析的内容和期望的内容。

注意

Py4J (https://www.py4j.org/)是一个库，它使 Python 程序能够访问 JVM 中的 Java 对象。就 PySpark 而言，它可以在 Python 和基于 JVM 的 Spark 之间架起一座桥梁。在第 2 章，我们看到了 Py4J 的实际作用(虽然没有命名)，因为大多数 pyspark.sql.functions 都会调用 _jvm 函数。这使 Spark 的核心函数在 PySpark 中的运行速度和在 Spark 中一样快，但代价是偶尔会出现一些错误。

代码清单 6-20　对于模式不兼容的 JSON 文档进行采集

```
from py4j.protocol import Py4JJavaError    # 导入相关的异常包(Py4JJavaError)，以便能够捕获和分析它

episode_schema_BAD = T.StructType(
    [
        T.StructField("_links", episode_links_schema),
        T.StructField("airdate", T.DateType()),
        T.StructField("airstamp", T.TimestampType()),
```

```
        T.StructField("airtime", T.StringType()),
        T.StructField("id", T.StringType()),
        T.StructField("image", episode_image_schema),
        T.StructField("name", T.StringType()),
        T.StructField("number", T.LongType()),
        T.StructField("runtime", T.LongType()),
        T.StructField("season", T.LongType()),
        T.StructField("summary", T.LongType()),
        T.StructField("url", T.LongType()),
    ]
)

embedded_schema2 = T.StructType(
    [
        T.StructField(
            "_embedded",
            T.StructType(
                [
                    T.StructField(
                        "episodes", T.ArrayType(episode_schema_BAD)
                    )
                ]
            ),
        )
    ]
)

shows_with_schema_wrong = spark.read.json(
    "./data/shows/shows-silicon-valley.json",
    schema=embedded_schema2,
    mode="FAILFAST",
)

try:
    shows_with_schema_wrong.show()
except Py4JJavaError:
    pass

# Huge Spark ERROR stacktrace, relevant bit:
#
# Caused by: java.lang.RuntimeException: Failed to parse a value for data type
#   bigint (current token: VALUE_STRING).
```

将模式中的两个字段从 string 改为 long

PySpark 会给出这两个字段的类型，但不会告诉你哪个字段有问题。我想是时候进行详细分析了

这一节很简短，但非常有用。我们看到了如何使用 schema 信息在数据提供者和数据处理者(我们)之间创建严格的契约。在实践中，这种严格的 schema 断言在数据与预期不一致时提供了更好的错误提示消息，并允许你避免一些错误(或产生错误的结果)。

FAILFAST：你想什么时候惹上麻烦？

使用 FAILFAST 同时手动设置一个冗长的模式似乎有点偏执。遗憾的是，数据混乱，而人们可能会粗心大意，当你依赖数据做决定时，如果输入的是垃圾，得到的结果必定也是垃圾。

在我的职业生涯中，读取数据时经常遇到数据完整性问题，所以我现在坚信，你需要尽早对数据进行诊断。FAILFAST 模式就是一个示例：默认情况下，PySpark 会将格式错误的记录设置为 null(这是一种宽松的方式)。在探索数据时，我认为这是完全合理的。但是，一位业务利益相关者在最后一分钟打电话给我，说“结果很奇怪”，我需要重新审视数据，减少错误结果的产生，这让我经历了很多不眠之夜。

6.4.3　循环往复：以 JSON 格式指定模式

本节介绍一种不同的模式定义方法，将介绍如何在 JSON 中定义模式，而不是使用 6.4 节中介绍的冗长构造函数。我们在数据和模式中都使用了 JSON！

StructType 对象有一个方便的 fromJson()方法(注意这里使用的驼峰式大小写，其中第一个单词的第一个字母不大写，但其他单词的首字母都大写)，它可以读取 JSON 格式的模式。只要我们知道如何提供正确的 JSON 模式，应该就可以了。

要了解典型 PySpark 数据帧的布局和内容，可以使用 shows_with_schema 数据帧和 schema 属性。与 printSchema()将模式打印到标准输出不同，schema 返回模式的 StructType 内部表示。幸运的是，StructType 提供了两种将内容导出为 JSON 格式的方法。

- json()输出一个字符串，其中包含 JSON 格式的 schema。
- jsonValue()以字典的形式返回 schema。

在代码清单 6-21 中，借助标准库中的 pprint 模块对 shows_with_schema 数据帧的模式子集进行了打印。结果非常理想，每个元素都是一个包含 4 个字段的 JSON 对象。

- name：表示字段名称的字符串。
- type：一个字符串(对于标量值来说)，包含数据类型(如"string"或"long")或者对象(对于复杂值来说)，表示字段的类型。
- nullable：布尔值，表示字段是否可以包含 null 值。
- metadata 对象：包含字段的元数据。

代码清单 6-21　美化打印模式

```
import pprint

pprint.pprint(
    shows_with_schema.select(
        F.explode("_embedded.episodes").alias("episode")
    )
    .select("episode.airtime")
    .schema.jsonValue()
)
# {'fields': [{'metadata': {},
#              'name': 'airtime',
#              'nullable': True,
#              'type': 'string'}],
# 'type': 'struct'}
```

pprint 可以在 shell 对 Python 数据结构进行美化打印。它使读取嵌套字典更容易这些参数与传递给StructField的参数相同，如6.4.1节所示。数组、映射和结构体的类型表示与之前的数据表示相比，略微复杂。不要把它们一一列举出来，可以创建一个虚拟(dummy)对象，然后调用jsonValue()，直接从REPL中获得结果，如代码清单6-22所示。

代码清单 6-22 对虚拟复杂类型的美化打印

```
pprint.pprint(
    T.StructField("array_example", T.ArrayType(T.StringType())).jsonValue()
)

# {'metadata': {},
#  'name': 'array_example',
#  'nullable': True,
#  'type': {'containsNull': True, 'elementType': 'string', 'type': 'array'}}

pprint.pprint(
    T.StructField(
        "map_example", T.MapType(T.StringType(), T.LongType())
    ).jsonValue()
)

# {'metadata': {},
#  'name': 'map_example',
#  'nullable': True,
#  'type': {'keyType': 'string',
#           'type': 'map',
#           'valueContainsNull': True,
#           'valueType': 'long'}}

pprint.pprint(
    T.StructType(
        [
            T.StructField(
                "map_example", T.MapType(T.StringType(), T.LongType())
            ),
            T.StructField("array_example", T.ArrayType(T.StringType())),
        ]
    ).jsonValue()
)

# {'fields': [{'metadata': {},
#              'name': 'map_example',
#              'nullable': True,
#              'type': {'keyType': 'string',
#                       'type': 'map',
#                       'valueContainsNull': True,
#                       'valueType': 'long'}},
#             {'metadata': {},
#              'name': 'array_example',
#              'nullable': True,
#              'type': {'containsNull': True,
#                       'elementType': 'string',
```

数组类型包含3个元素：containsNull、elementType和type(总是array)

映射包含与数组类似的元素，但使用keyType和valueType而不是elementType和valueContainsNull(null键没有意义)

该结构体包含与构造函数相同的元素：有一个struct类型和一个fields元素，其中包含一个JSON对象数组。每个StructField都包含4个字段，与6.3节中介绍的构造函数相同

```
#                       'type': 'array'}}],
#  'type': 'struct'}
```

最后，可以通过确保我们的 JSON schema 与当前使用的 JSON schema 一致来结束循环。为此，将 shows_with_schema 的 schema 导出为 JSON 字符串，将其加载为 JSON 对象，然后使用 StructType.fromJson()方法重新创建 schema。从代码清单 6-23 可以看出，这两种 schema 是等价的。

代码清单 6-23　验证 JSON 模式与数据帧模式是否相等

```
other_shows_schema = T.StructType.fromJson(
    json.loads(shows_with_schema.schema.json())
)

print(other_shows_schema == shows_with_schema.schema) # True
```

虽然这看起来只是一个小技巧，但将数据帧的 schema 序列化为通用格式的能力对获得一致且可预测的大数据有很大帮助。你可以对 schema 进行版本控制，并与他人分享你的结果。此外，由于 JSON 与 Python 字典有很高的亲和力，因此可以使用常规的 Python 代码在任何 schema 定义语言之间进行转换(第 7 章包含有关 DDL 的信息，DDL 是一种描述数据 schema 的方法，SQL 数据库使用它定义 schema)。PySpark 提供了定义和访问数据布局的高级权限。

本节介绍了 PySpark 如何在数据帧中组织数据，并通过 schema 将其传递给你。你学习了如何以编程方式创建 schema，以及如何导入和导出 JSON 格式的 schema。6.5 节将解释为什么在分析大型数据集时需要复杂的数据结构。

练习 6-3

下面的 schema 有什么问题？

```
schema = T.StructType([T.StringType(), T.LongType(), T.LongType()])
```

6.5　进行整合：使用复杂数据类型减少重复数据

本节以分层数据模型为例，介绍它在大数据环境下的优势。我们将研究它如何在不依赖辅助数据帧的情况下帮助减少数据重复，以及如何扩展和收缩复杂类型。

查看一个新表(或数据帧)时，我总是问自己：每条记录包含什么？解决这个问题的另一种方法是完成下面的句子：每个记录包含一个____________。

提示

数据库人员有时称之为主键(Primary Key)。主键在数据库设计中具有特定的含义。在我的日常生活中，我使用“曝光记录”(exposure record)这个术语：每条记录代表一个曝光点，意味着两条记录之间没有重叠。这避免了使用特定领域的语言(零售行业：客户或交易；保险行业：投保年度或保单年度；银行业：每天结束营业时的客户或余额)。这不是官方术语，但我发现它非常方便，因为它可以跨领域移植。

在 shows 数据帧中，每条记录包含一个单独的 show(节目)。查看字段时，可以说“每个 show 都有一个(填入字段的名称)”。例如，每个 show 都有一个 ID、一个名字、一个 URL 等。那“剧集”呢？一部剧肯定不止一集。到目前为止，我相信你已经明白了分层数据模型和复杂的 Spark 列类型是如何优雅地解决这个问题的，但让我们回顾一下传统的“行和列”模型对此的看法。

在二维世界中，如果想要一个包含 show(节目)和剧集的表，可以从两种情况中选择一种。

首先，我们可以使用类似第 4 章和第 5 章中遇到的星形模式，创建一个与 episodes 表链接的 shows 表。从视觉上看，图 6-5 解释了如何使用两个表来区分 episodes 和 shows 的层次关系。在这种情况下，数据是规范化的，虽然没有重复，但要获取所有信息意味着要根据键连接表。

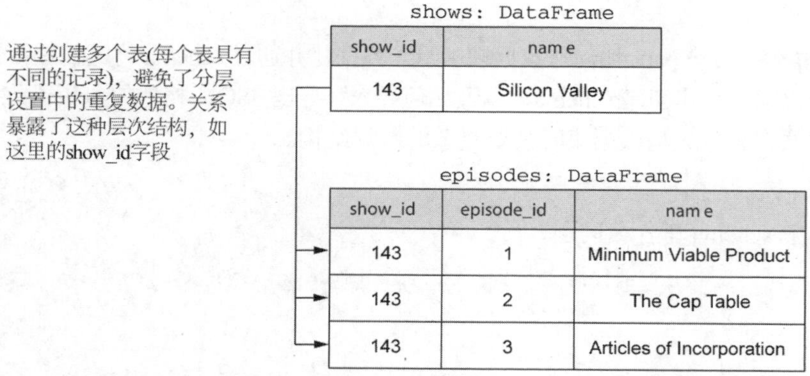

通过创建多个表(每个表具有不同的记录)，避免了分层设置中的重复数据。关系暴露了这种层次结构，如这里的show_id字段

shows: DataFrame

show_id	name
143	Silicon Valley

episodes: DataFrame

show_id	episode_id	name
143	1	Minimum Viable Product
143	2	The Cap Table
143	3	Articles of Incorporation

图 6-5 层次关系可以通过两个表之间的“链接/关系”来表达。在这里，节目(show)通过 show_id 键与剧集关联

其次，可以有一个包含标量记录的联结表(没有嵌套结构)。在该示例中，很难理解表之间的关系。如果看一下 map 和 array 类型，我们需要“标量化”，我们有节目(show)、剧集(episode)、类型(genre)和播放日期(day)。一个“剧集-节目-类型-播放日期”的“曝光表”没有什么意义。图 6-6 展示了一个只有 3 条记录的表。其中，show_id 和 genre 的数据是重复的，没有提供额外的信息。此外，拥有一个合并的表意味着记录之间的关系丢失了。genre 字段的值是表示节目(show)的类型，还是剧集(episode)的类型？

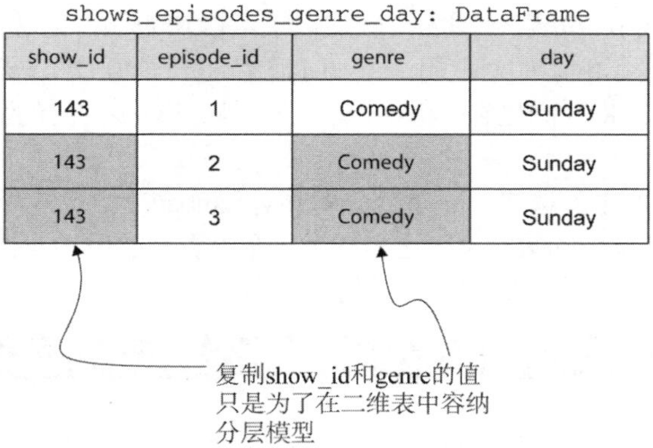

shows_episodes_genre_day: DataFrame
show_id
episode_id
genre
day
143
1
Comedy
Sunday
143
2
Comedy
Sunday
143
3
Comedy
Sunday
复制show_id和genre的值
只是为了在二维表中容纳
分层模型

图 6-6　shows 层次模型的连接表示。我们看到数据重复和关系信息丢失

从本书开始，所有的数据处理都试图聚合到一张表中。如果想避免数据重复，保留关系信息，并且只有一张表，那么可以而且应该这样做！——使用数据帧的复杂列类型。在 shows 数据帧中：

- 每条记录代表一个节目。
- 一个节目有多个剧集(结构体列的数组)。
- 每个剧集有许多字段(数组中的结构体列)。
- 每个节目可以有多个种类(字符串列的数组)。
- 每个节目都有一个时间表(结构体列)。
- 一个节目的时间表可以有多个播放日期(数组)，但只有一个单独的时间(字符串)。

这个结构如图 6-7 所示。很明显，剧集、类型和时间表都隶属于节目，但可以在不复制任何数据的情况下拥有多个剧集。

一个高效的、层次化的数据模型是一件极好的事情，但有时需要离开舒适区去处理数据。6.5.1 节将展示如何根据你的喜好展开和收缩数组列，从而在每个阶段获得想要的数据帧。

shows: DataFrame
show_id
_embedded.episodes
...
genre
schedule
143
{ep. 1}
{ep. 2}
{ep. 3}
...
...
Comedy
days
time
Sunday
22:00
long
Array[Struct]
...
Array[String]
Struct

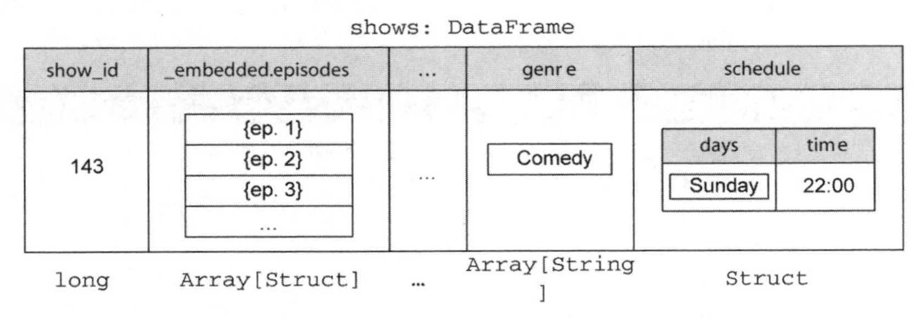

图 6-7　通过 shows 数据帧展示层次结构模型(或称为面向对象模型)

6.5.1　获取“刚刚好”的数据帧：explode 和 collect

本节介绍如何使用 explode 和 collect 操作从层次结构转换到表格结构，以及反向操作。

我们将介绍如何将数组或映射分解为离散的记录，以及如何将记录恢复到原始结构。

在第 2 章，已经了解了如何使用 explode()函数将一个值数组分解为离散记录。现在将重新审视分解操作，将其泛化到映射中，观察数据帧具有多列时的行为，并了解 PySpark 提供的不同选项。

在代码清单 6-24 中，选取了一小部分列并对_embedded.episodes 进行了分解，生成的每个剧集对应一条记录的数据帧。这和在第 2 章中看到的用例一样，但会有更多的列。PySpark 会复制那些没有被解析的列中的值。

代码清单 6-24　将_embedded.episodes 分解成 53 条独立的记录

```
episodes = shows.select(
    "id", F.explode("_embedded.episodes").alias("episodes")
)
episodes.show(5, truncate=70)

# +---+----------------------------------------------------------------------+
# | id|                                                              episodes|
# +---+----------------------------------------------------------------------+
# |143|{{{http:/ /api.tvmaze.com/episodes/10897}}, 2014-04-06, 2014-04-07T0...|
# |143|{{{http:/ /api.tvmaze.com/episodes/10898}}, 2014-04-13, 2014-04-14T0...|
# |143|{{{http:/ /api.tvmaze.com/episodes/10899}}, 2014-04-20, 2014-04-21T0...|
# |143|{{{http:/ /api.tvmaze.com/episodes/10900}}, 2014-04-27, 2014-04-28T0...|
# |143|{{{http:/ /api.tvmaze.com/episodes/10901}}, 2014-05-04, 2014-05-05T0...|
# +---+----------------------------------------------------------------------+
# only showing top 5 rows

episodes.count() # 53
```

分解一个数组列，为数组中的每个元素创建一条记录

在映射中也可以使用分解：键和值会在两个不同的字段中分解。为了完整起见，这里将介绍第二种分解类型：posexplode()。“pos”代表 position 位置：它将这一列分解，在包含 position 作为 long 类型的数据之前返回一个额外的列。在代码清单 6-25 中，用数组中的两个字段创建了一个简单的映射，然后对每条记录使用 posexplode()。由于映射列有一个键和一个值字段，因此在映射列上使用 posexplode()方法将生成 3 列；在对结果进行别名化时，需要向 alias()传递 3 个参数。

代码清单 6-25　使用 posexplode()分解映射

```
episode_name_id = shows.select(
    F.map_from_arrays(
        F.col("_embedded.episodes.id"), F.col("_embedded.episodes.name")
    ).alias("name_id")
)

episode_name_id = episode_name_id.select(
    F.posexplode("name_id").alias("position", "id", "name")
)

episode_name_id.show(5)
```

用两个数组构建一个映射：第一个是键；第二个是值

通过位置进行分解，创建了 3 列：每条记录中都包含映射中每个元素的位置、键和值

```
# +--------+-----+--------------------+
# |position|   id|                name|
# +--------+-----+--------------------+
# |       0|10897|Minimum Viable Pr...|
# |       1|10898|       The Cap Table|
# |       2|10899|Articles of Incor...|
# |       3|10900|    Fiduciary Duties|
# |       4|10901|      Signaling Risk|
# +--------+-----+--------------------+
# only showing top 5 rows
```

explode()和 posexplode()都将跳过数组或映射中的所有 null 值。如果想在记录中包含 null，可以使用 explode_outer()或 posexplode_outer()方法。

现在已经分解了数据帧，接下来将进行反向操作，将记录整合到一个复杂的列中。为此，PySpark 提供了两个聚合函数：collect_list()和 collect_set()。它们的工作方式相同：接收一列作为参数，并返回一个数组列作为结果。collect_list()为每列记录返回一个数组元素，而 collect_set()将为每条不同的列记录返回一个数组元素，就像 Python 的集合(set)一样。代码清单 6-26 将结果转换回数组。

代码清单 6-26　将结果转换回数组

```
collected = episodes.groupby("id").agg(
    F.collect_list("episodes").alias("episodes")
)

collected.count() # 1

collected.printSchema()
# |-- id: long (nullable = true)
# |-- episodes: array (nullable = true)
# |    |-- element: struct (containsNull = false)
# |    |    |-- _links: struct (nullable = true)
# |    |    |    |-- self: struct (nullable = true)
# |    |    |    |    |-- href: string (nullable = true)
# |    |    |-- airdate: string (nullable = true)
# |    |    |-- airstamp: timestamp (nullable = true)
# |    |    |-- airtime: string (nullable = true)
# |    |    |-- id: long (nullable = true)
# |    |    |-- image: struct (nullable = true)
# |    |    |    |-- medium: string (nullable = true)
# |    |    |    |-- original: string (nullable = true)
# |    |    |-- name: string (nullable = true)
# |    |    |-- number: long (nullable = true)
# |    |    |-- runtime: long (nullable = true)
# |    |    |-- season: long (nullable = true)
# |    |    |-- summary: string (nullable = true)
# |    |    |-- url: string (nullable = true)
```

agg()并不支持直接整合分解后的映射，但可以将多个 collect_list()函数作为参数传递给 agg()，这很容易理解。然后就可以使用 map_from_arrays()了。参见代码清单 6-25 和代码清单 6-26 中的构建块。

本节介绍了容器列与独立记录之间的转换。有了它，就可以在不依赖辅助表的情况下，实现层次化的列与到非规范化的列之间的转换。6.5.2 节将通过创建分层数据模型的最后一个缺失部分来解释如何创建你自己的结构体。

6.5.2　创建自己的层次结构：作为函数的结构体

本节介绍如何在数据帧中创建结构体。有了工具箱中的最后一个工具，数据帧的结构对你来说，不再有任何秘密。

要创建结构体，使用 pyspark.sql.functions 模块中的 struct()函数。该函数接收一些列作为参数[就像 select()一样]，并返回一个包含作为参数传递的列作为字段的结构体列。这很容易！

在代码清单 6-27 中，创建了一个新的结构体 info，其中包含了来自 shows 数据帧的一些列。

代码清单 6-27　使用 struct 函数创建 struct 列

```
struct_ex = shows.select(
    F.struct(
        F.col("status"), F.col("weight"), F.lit(True).alias("has_watched")
    ).alias("info")
)

struct_ex.show(1, False)
# +-----------------+
# |info             |
# +-----------------+
# |{Ended, 96, true}|
# +-----------------+

struct_ex.printSchema()
# root
#  |-- info: struct (nullable = false)
#  |    |-- status: string (nullable = true)
#  |    |-- weight: long (nullable = true)
#  |    |-- has_watched: boolean (nullable = false)
```

struct 函数可以接收一个或多个列对象(或列名)。我传递了一个说明性的文字作为别名，用来表示我看过这个节目

info 列是一个结构体，包含我们指定的 3 个字段

info 列是一个结构体，包含我们指定的 3 个字段

提示

就像在顶层数据帧中一样，可以通过使用星号，从一个结构体中解包(或选择)所有字段，如 column.* 。

本章通过一种与大多数二维数据表示完全不兼容的数据模型——分层文档数据模型，介绍了数据帧的强大功能和灵活性。我们采集、处理、探索和构建了一个 JSON 文档，它使用了与文本和表格数据相同的数据帧和一组函数。这对数据帧的功能进行了扩展，并提供了一种关系模型的替代方案，消除了关系模型中的冗余数据表示。

6.6　本章小结

- PySpark 有一个专门的 JSON DataFrameReader，用于在数据帧中采集 JSON 文档。默认参数将读取格式良好的 JSONLines 文档，而设置 multiLine=True 将读取一系列 JSON 文档，每个文档都保存在自己的文件中。
- JSON 数据可以看作 Python 中的字典。允许通过数组(Python 中的列表)和对象(Python 中的字典)对元素进行嵌套。
- 在 PySpark 中，层次数据模型通过复杂的列类型表示。数组表示同一类型元素的列表，映射表示多个键和值(类似于 Python 中的字典)，结构体表示 JSON 意义上的对象。
- PySpark 提供了一个编程 API，可以在 JSON 表示之上构建数据帧 schema。有了显式的 schema，可以减少数据类型不兼容的风险，避免数据操作阶段可能出现的分析错误。
- 复杂类型可以通过数据帧 API 创建和分解，如分解、整合和解包。

6.7　扩展练习

练习 6-4

既然可以使用句点或方括号访问数据帧中的分层实体，为什么在列名中使用句点或方括号是一个坏主意呢？

练习 6-5

虽然不太常见，但可以从字典创建数据帧。因为字典和 JSON 文档非常接近，为下面的字典构建 schema (JSON 和 PySpark schema 都是有效的)。

```
dict_schema = ???
spark.createDataFrame([{"one": 1, "two": [1,2,3]}], schema=dict_schema)
```

练习 6-6

使用 three_shows 计算每个节目的第一集到最后一集之间的时间。哪部剧的播放时间最长？

练习 6-7

以 shows 数据帧为例，在两个数组列中提取每集的播出日期和名称。

练习 6-8

通过下面的数据帧，创建一个新的数据帧，其中包含一个从 one 到 square 的映射。

```
exo6_8 = spark.createDataFrame([[1, 2], [2, 4], [3, 9]], ["one", "square"])
```

第 7 章

双语 PySpark：混合 Python 和 SQL

本章主要内容

- 将 PySpark 的指令集和 SQL 的技术进行比较
- 将数据帧注册为临时视图或表，以便使用 Spark SQL 进行查询
- 使用目录创建、引用和删除用于 SQL 查询的注册表
- 将常见的数据操作指令在 Python 与 SQL 之间进行互换
- 在某些 PySpark 方法中使用 SQL 风格的子句

对于“Python 和 SQL，我应该学哪一个？”，我的回答是“两者都学”。

在操作表格数据时，SQL 是当之无愧的王者。几十年来，它一直是关系数据库的主力语言，即使在今天，学习如何驯服它也是值得的。Spark 正视了 SQL 的强大。你可以在你的 Spark 或 PySpark 程序中无缝地混合 SQL 代码，使得迁移那些旧的 SQL ETL 任务变得比以往更容易，而“不需要重新发明轮子”。

本章专门介绍如何在 PySpark 中使用 SQL。我将介绍如何从一种语言转换到另一种语言。我还会介绍如何在数据帧方法中使用类 SQL 语法来加快代码速度，以及你可能面临的一些权衡。最后，我们将 Python 和 SQL 代码混合起来，以获得两者的优势。

如果你已经接触过 SQL，本章对你来说易如反掌。你可以浏览 SQL 相关的章节(7.4 节)，但不要跳过 Python 和 SQL 互操作性的章节(7.5 节及以后的章节)，因为我会介绍 PySpark 的一些特性。对于那些 SQL 新手来说，我希望这是一个让你大开眼界的时刻，你将获得另一个强大的工具。如果你想更深入地了解 SQL，可以参考 Ben Brumm 的 *SQL in Motion*(Manning，2017)。如果你想了解更多，可以参考 Joe Celko 的 *SQL for Smarties* (Morgan Kaufmann， 2014)。

下面是本章示例中使用的导入方法。

```
from pyspark.sql import SparkSession
from pyspark.sql.utils import AnalysisException
import pyspark.sql.functions as F
import pyspark.sql.types as T
spark = SparkSession.builder.getOrCreate()
```

我们将处理一些 AnalysisException 异常，所以在一开始就导入了它

Spark SQL、ANSI SQL 和 HiveQL

Spark 支持两种 ANSI SQL(目前还处于实验阶段；请参阅 http://mng.bz/oapr)以及绝大多数 HiveQL[1]作为 SQL 方言。Spark SQL 还内置了一些 Spark 特有的函数，以确保跨语言的通用功能。

简而言之，Hive 是一个类似 SQL 的接口，可以操作多种数据存储。它变得非常流行，因为它提供了像查询表一样查询 HDFS (Hadoop 分布式文件系统)中的文件的能力。当你的环境中安装了 Hive 后，Spark 可以与 Hive 集成。Spark SQL 还提供了处理大型数据集的额外语法，本章将对此进行介绍。

因为可供阅读的材料数量以及它的生命周期，也因为它的语法类似于基本和中级的查询，我通常建议先学习 ANSI SQL，再学习 HiveQL。这样，你的知识将可以转移到其他基于 SQL 的产品中。由于 Hive 不是 Spark 的组件，本书不会介绍 Hive 特有的功能，而是将重点放在 Spark 中的 SQL。

7.1　根据我们的了解：pyspark.sql 与普通 SQL

本节将比较 Spark 的函数名、方法名和 SQL 关键字。由于 Spark 和 SQL 共用一个基本词汇表，因此 Spark 和 SQL 的代码和行为都变得易于阅读和理解。更具体地说，本文分解了两种语言中的一组简单的指令，以识别相似性和差异性。

PySpark 中的 SQL 继承并不仅仅停留在表面上：模块的名称——pyspark.sql 是一个致命的漏洞。PySpark 开发人员意识到 SQL 语言在数据操作方面的传统，并使用相同的关键字来命名它们的方法。让我们快速看一个 SQL 和普通 PySpark 的例子，看看使用的关键字之间的相似之处。在代码清单 7-1 中，我们加载了一个包含元素周期表信息的 CSV 文件，然后查询数据集，找出每个周期中处于 liquid(液体)的元素数量。代码以 PySpark 和 SQL 的形式呈现，没有太多的上下文，我们可以看出相似之处。图 7-1 给出了这两个版本的对应关系。

与 SQL 语言相比，PySpark 的数据操作 API 主要有两个不同之处。

- PySpark 总是以你正在使用的数据帧的名称开始。SQL 使用 from 关键字引用表(或目标)。
- PySpark 将转换和操作作为数据帧上的方法链接起来，而 SQL 则将它们分成两组：操作组和条件组。第一个在 from 子句之前，作用于列。第二个在 from 子句之后，对结果表的结构进行分组、筛选和排序。

提示

SQL 不区分大小写，因此可以使用小写或大写形式。

1　你可以在 Spark 网站(http://mng.bz/nYMg)上查看支持(和不支持)的功能。

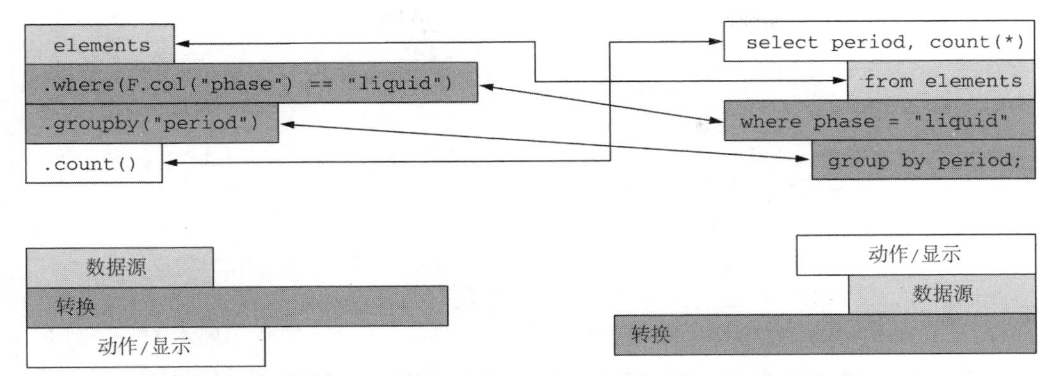

图 7-1　PySpark 和 SQL 使用相同的关键字，但操作的顺序不同。PySpark 看起来像一个有序的操作列表(获取这张表，进行一些转换，然后最终显示结果)，而 SQL 有一个更有描述性的方法(在执行这些转换后，再显示该表的结果)

代码清单 7-1　按周期读取和计数液体元素

```
elements = spark.read.csv(
    "./data/elements/Periodic_Table_Of_Elements.csv",
    header=True,
    inferSchema=True,
)

elements.where(F.col("phase") == "liq").groupby("period").count().show()

-- In SQL: We assume that the data is in a table called `elements`

SELECT
  period,
  count(*)
FROM elements
WHERE phase = 'liq'
GROUP BY period;
```

两者都返回相同的结果：一个周期为四的元素(溴)和一个周期为六的元素(汞)。

你更喜欢 PySpark 还是 SQL 的操作顺序，这取决于你在心理上如何构建查询，以及你对它们的熟悉程度。幸运的是，PySpark 可以很容易地从一个转换到另一个，甚至可以同时使用它们。

7.2　为 SQL 准备数据帧

因为可以把 PySpark 数据帧想象成表的变体，所以考虑使用一种用于查询表的语言来查询它们是行得通的。Spark 提供了完整的 SQL API，其文档格式与 PySpark API (http://mng.bz/vozJ)相同。Spark SQL API 也定义了在 pyspark.sql API 中使用的函数，如 substr()或 size()。

注意

Spark 的 SQL API 只涵盖了 Spark 的数据操作子集。例如，不能使用 SQL 进行机器学习(参见第 13 章)。

7.2.1 将数据帧转换为 Spark 表

本节将介绍使用 SQL 获取 Spark 数据帧的简单步骤。PySpark 维护自己的命名空间与 Spark SQL 的命名空间之间的界限；因此，使用时必须显式设定。

首先，让我们看看什么都不做时会发生什么。代码清单 7-2 中的代码展示了一个例子。

代码清单 7-2 尝试(但失败)查询数据帧的 SQL 样式

```
try:
    spark.sql(
        "select period, count(*) from elements "
        "where phase='liq' group by period"
    ).show(5)
except AnalysisException as e:
    print(e)

# 'Table or view not found: elements; line 1 pos 29'
```

在这里，PySpark 没有在指向数据帧的 Python 变量 elements 和可被 Spark SQL 查询的潜在 elements 表之间建立关联。为了允许通过 SQL 查询数据帧，需要对它进行注册。

当将数据帧赋值给变量时，Python 指向该数据帧。但 Spark SQL 无法看到 Python 赋值的变量。

当你想用 Spark SQL 创建一个表或视图来查询时，可以使用 createOrReplaceTempView() 方法。这个方法接收一个字符串参数，即要使用的表的名称。这个转换操作会查看 Python 变量引用的数据帧，并创建一个 Spark SQL 对这个数据帧的引用。

注意

虽然可以将变量名作为表名，但并不是强制要求这样做。

一旦注册了 elements 表，它与 Python 变量同名并指向相同的数据帧，我们就可以顺利地查询表了。让我们重新运行代码清单 7-2 中的代码块，看看是否成功(见代码清单 7-3)。

注意

在本章中，使用术语“表”和“视图”。在 SQL 中，它们是不同的概念：表在内存和磁盘中进行存储，而视图是动态计算的。Spark 的临时视图在概念上更接近于 SQL 中的视图而不是表。Spark SQL 也有表，但我们不会使用它们，而是将数据读取并物化到一个数据帧中。

代码清单 7-3　尝试(并成功)查询数据帧的 SQL 样式

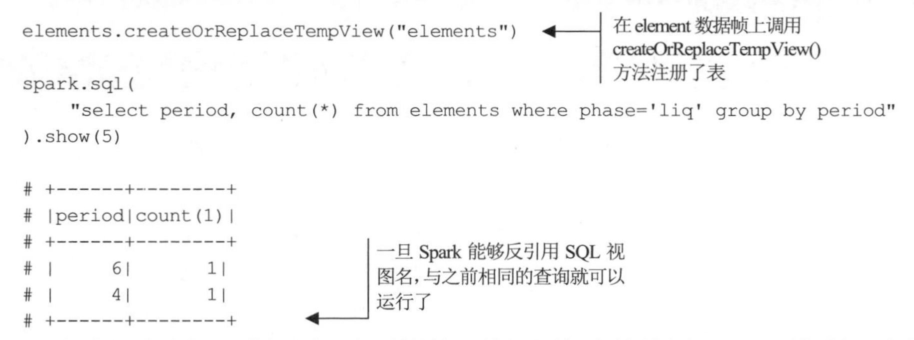

```
elements.createOrReplaceTempView("elements")

spark.sql(
    "select period, count(*) from elements where phase='liq' group by period"
).show(5)

# +------+--------+
# |period|count(1)|
# +------+--------+
# |     6|       1|
# |     4|       1|
# +------+--------+
```


现在我们注册了一个视图。在需要管理的视图很少的情况下，可以轻松对它们进行管理。如果你有几十个视图或者你需要删除一些，该怎么办？应该使用目录，这是 Spark 管理 SQL 命名空间的方式。

高级主题：Spark SQL 视图和持久化

PySpark 有 4 种创建临时视图的方法，乍一看非常相似：

- createGlobalTempView()
- createOrReplaceGlobalTempView()
- createOrReplaceTempView()
- createTempView()

可以看到，这是一个 2 乘 2 的可能性矩阵：

- 我想要替换现有的视图吗(OrReplace)?
- 我要创建全局视图吗(Global)?

第一个问题相对容易回答：如果 createTempView 的名字已经被其他表使用了，这个方法就会失败。另一方面，如果你使用 createOrReplaceTempView()，Spark 会将旧表替换为新表。在 SQL 中，这相当于使用 CREATE VIEW 与 CREATE OR REPLACE VIEW。我个人总是使用后者，因为它模仿了 Python 的工作方式：重新给变量赋值。

那么全局(Global)呢？局部视图和全局视图之间的区别在于它们会在内存中保存多长时间。局部表与你的 SparkSession 关联，而全局表与 Spark 应用关联。目前差别并不明显，因为没有使用需要共享数据的多个 SparkSession。在使用 Spark 进行数据分析时，你不会同时处理多个 SparkSession，因此我通常不会使用全局方法。

7.2.2　使用 Spark 目录

Spark 目录是一个对象，用于处理 Spark SQL 中的表和视图。它的很多方法都与管理这些表的元数据有关，比如表的名称和缓存级别(将在第 11 章详细介绍)。本节将介绍一组最基本的功能，为更高级的内容打下基础，如表缓存(第 11 章)和 UDF(第 8 章)。

可以使用目录列出已经注册的表或视图，并在完成时删除它们。代码清单 7-4 提供了完成这些任务的简单方法。由于它们主要是模仿 PySpark 的数据帧功能，我认为一个例子可以更好地说明这一点。

代码清单 7-4 使用目录显示已注册的视图，然后删除它

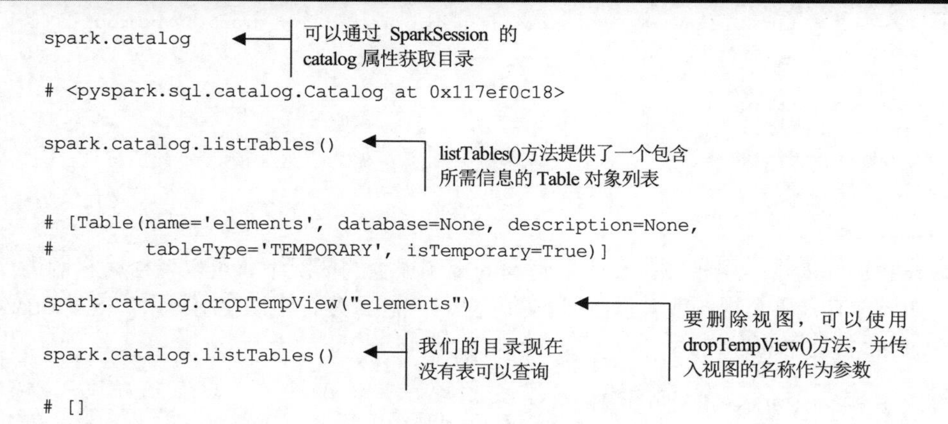

```
spark.catalog

# <pyspark.sql.catalog.Catalog at 0x117ef0c18>

spark.catalog.listTables()

# [Table(name='elements', database=None, description=None,
#        tableType='TEMPORARY', isTemporary=True)]

spark.catalog.dropTempView("elements")

spark.catalog.listTables()

# []
```


我们已经了解了如何在 PySpark 中管理 Spark SQL 视图，现在可以开始使用两种语言来操作数据了。

7.3 SQL 和 PySpark

Python(通过 PySpark)和 SQL 之间的集成是经过深思熟虑的，可以提高我们编写代码的速度。本节重点介绍仅使用 SQL 操作数据，而 Python 则扮演与目录和指令协调的角色。我将从纯 SQL 和 PySpark 的角度介绍最常见的操作，以说明如何编写基本操作的代码。

本章接下来将使用 Backblaze 提供的公开数据集，数据集提供了硬盘信息和统计数据。Backblaze 是一家提供云存储和备份的公司。自 2013 年以来，他们一直在数据中心提供数据存储服务，随着时间的推移，他们开始关注故障和诊断。他们的(干净的)数据在“GB”范围内，虽然还不是特别大，但肯定需要使用 Spark，因为它将超过你的家庭计算机上可用的内存。如果你想要更大的数据集，Backblaze 的网站上有更多的历史数据。它还提供了一个方便的 shell 脚本，可以一次性下载所有内容。对于那些在本地环境练习本书内容的读者来说，可以使用 2019 年第三季度的数据。两个工作流的语法略有不同。一台至少有 16GB 内存的计算机应该能够处理所有文件。Backblaze 主要以 SQL 语句的形式提供文档，这与我们正在学习的内容非常吻合。

要获得这些文件，可以从网站(http://mng.bz/4jZa)下载，也可以使用代码存储库中的 backblaze_download_data.py 进行下载，这需要安装 wget 包。需要将数据存储在./data/backblaze 目录下(见代码清单 7-5)。

代码清单 7-5　从 Backblaze 下载数据

```
$ pip install wget

$ python code/Ch07/download_backblaze_data.py full

# [some data download progress bars]

$ ls data/backblaze

__MACOSX/          data_Q2_2019.zip       data_Q4_2019/
data_Q1_2019.zip      data_Q3_2019/          data_Q4_2019.zip
data_Q2_2019/          data_Q3_2019.zip      drive_stats_2019_Q1/
```

Windows 用户，使用"dir data\backblaze"

在尝试读取文件之前，请确保将文件解压到该目录中。与许多其他编程解码器(例如 Gzip、Bzip2、Snappy 和 LZO)不同，PySpark 在读取 zip 文件时不会自动解压缩，因此我们需要提前将文件进行解压缩。如果你使用的是命令行，则可以使用 unzip 命令(你可能需要在 Linux 上安装该工具)。在 Windows 上，我通常使用 Windows 资源管理器手动解压。

采集和准备数据的代码非常简单。我们分别读取每个数据源，然后确保每个数据帧与其他数据帧具有相同的列。在我们的例子中，第四季度的数据比其他数据多两列，因此我们添加缺少的列。当连接 4 个数据帧时，使用 select 方法使它们的列顺序相同。继续将包含 SMART 测量的所有列转换为 long 类型，因为它们被记录为整数值。最后，我们将数据帧注册为视图，以便在其上使用 SQL 语句(见代码清单 7-6)。

代码清单 7-6　将 Backblaze 数据读取到数据帧中并注册视图

```
DATA_DIRECTORY = "./data/backblaze/"

q1 = spark.read.csv(
    DATA_DIRECTORY + "drive_stats_2019_Q1", header=True, inferSchema=True
)
q2 = spark.read.csv(
    DATA_DIRECTORY + "data_Q2_2019", header=True, inferSchema=True
)
q3 = spark.read.csv(
    DATA_DIRECTORY + "data_Q3_2019", header=True, inferSchema=True
)
q4 = spark.read.csv(
    DATA_DIRECTORY + "data_Q4_2019", header=True, inferSchema=True
)

# Q4 比其他季度多两个字段

q4_fields_extra = set(q4.columns) - set(q1.columns)

for i in q4_fields_extra:
    q1 = q1.withColumn(i, F.lit(None).cast(T.StringType()))
    q2 = q2.withColumn(i, F.lit(None).cast(T.StringType()))
    q3 = q3.withColumn(i, F.lit(None).cast(T.StringType()))
```

```
# 如果你只使用最小的数据集，则使用这个版本
backblaze_2019 = q3

# 如果你使用完整的数据集，则使用这个版本
backblaze_2019 = (
    q1.select(q4.columns)
    .union(q2.select(q4.columns))
    .union(q3.select(q4.columns))
      .union(q4)
)

  # 根据模式(schema)为每列设置布局

  backblaze_2019 = backblaze_2019.select(
      [
          F.col(x).cast(T.LongType()) if x.startswith("smart") else F.col(x)
          for x in backblaze_2019.columns
      ]
  )

  backblaze_2019.createOrReplaceTempView("backblaze_stats_2019")
```

7.4 在数据帧方法中使用类似 SQL 的语法

在本节中，我们的目标是对所给出的列的一个子集进行快速的探索性数据分析。我们将重现 Backblaze 计算的故障率，并确定 2019 年故障次数最多和最少的硬盘型号。

7.4.1 获取所需的行和列：select 和 where

select 和 where 用于缩小想要保留在数据帧中的列(select)和行(where)。在代码清单 7-7 中，使用 select 和 where 显示一些硬盘的序列号，这些硬盘在某个时刻发生了故障(failure = 1)。select()和 where()在第 2 章介绍过，此后一直在使用。我想再次将重点放在 SQL 和 Python 语法的差异上。

要在 PySpark 程序中使用 SQL，请使用 SparkSession 对象中的 sql 方法。这个方法接收一个包含 SQL 语句的字符串。就这么简单！

代码清单 7-7 比较 PySpark 和 SQL 中的 select 和 where

```
spark.sql(
    "select serial_number from backblaze_stats_2019 where failure = 1"
).show(
    5
)

backblaze_2019.where("failure = 1").select(F.col("serial_number")).show(5)

# +-------------+
# |serial_number|
```

由于 SQL 语句返回一个数据帧，我们仍然需要 show()它来查看结果

```
# +-------------+
# |    57GGPD9NT|
# |     ZJV02GJM|
# |     ZJV03Y00|
# |     ZDEB33GK|
# |     Z302T6CW|
# +-------------+
# only showing top 5 rows
```

通过代码清单 7-7 的例子回顾 Python 代码和 SQL 代码的区别。PySpark 会让你思考如何将操作链接起来。在我们的例子中，首先筛选数据帧，然后选择感兴趣的列。SQL 提供了另一种实现方法。

(1) 将要选择的列放在语句的开头。这称为 SQL **操作**：选择 select serial_number。

(2) 你可以添加一个或多个表进行查询，称为**目标**：from backblaze_stats_2019。

(3) 你可以添加一些**条件**，如筛选：where failure = 1。

本章要介绍的每个操作都将被分类为**操作**、**目标**或**条件**，这样你就可以知道它应该放在语句的什么位置。

最后，SQL 没有使用 withColumns()创建列或使用 withColumnRenamed 重命名列的概念。所有操作都是通过 SELECT 完成的。在下一节中，将介绍对记录进行分组；我也利用这个机会介绍别名。

提示

如果你想要提取一张表作为数据帧，可以将 SELECT 语句的结果赋值给一个变量。举个例子，你可以这样写：failures = spark.sql("select serial_number . . .")，结果数据帧将被分配给变量 failures。

7.4.2　将相似的记录分组在一起：group by 和 order by

groupby()和 orderBy()的 PySpark 语法已经在第 5 章详细介绍过。在本节中，我将通过比较 SQL 语法和 Python 语法来介绍 SQL 语法，具体按照硬盘的型号对包含数据(以 GB 为单位)的硬盘进行分组(见代码清单 7-8)。为此，我们使用了一些算术运算和 pow()函数(可在 pyspark.sql.functions 中找到)，这个函数可以进行幂运算，第一个参数是底数，第二个参数是指数。可以看到 SQL 和 PySpark 术语之间的相似之处，但转换的顺序仍然不同。

代码清单 7-8　使用 PySpark 和 SQL 进行分组和排序

```
spark.sql(
    """SELECT
           model,
           min(capacity_bytes / pow(1024, 3)) min_GB,
           max(capacity_bytes/ pow(1024, 3)) max_GB
        FROM backblaze_stats_2019
        GROUP BY 1
        ORDER BY 3 DESC"""
).show(5)
```

```
backblaze_2019.groupby(F.col("model")).agg(
    F.min(F.col("capacity_bytes") / F.pow(F.lit(1024), 3)).alias("min_GB"),
    F.max(F.col("capacity_bytes") / F.pow(F.lit(1024), 3)).alias("max_GB"),
).orderBy(F.col("max_GB"), ascending=False).show(5)

# +--------------------+--------------------+-------+
# |               model|              min_GB| max_GB|
# +--------------------+--------------------+-------+
# |       ST16000NM001G|             14902.0|14902.0|
# | TOSHIBA MG07ACA14TA|-9.31322574615478...|13039.0|
# |HGST HUH721212ALE600|             11176.0|11176.0|
# |       ST12000NM0007|-9.31322574615478...|11176.0|
# |       ST12000NM0008|             11176.0|11176.0|
# +--------------------+--------------------+-------+
# only showing top 5 rows
```

在 PySpark 中，我们再一次关注操作的逻辑顺序。根据计算列 capacity_GB 进行分组。就像在 PySpark 中一样，算术运算可以使用 SQL 中的常用语法来执行。此外，Spark SQL 也实现了 pow()函数。如果你想知道哪些函数可以直接使用，可以参考 Spark SQL 的 API 文档(http://mng.bz/vozJ)。

要给一列添加别名，只需要在列描述符后面加上一个空格，然后给出别名。在我们的例子中，min(capacity_bytes / pow(1024, 3))以 min_GB 为别名，这个名称看起来更加友好！有些人更喜欢使用关键字 as，如 min(capacity_bytes / pow(1024, 3)) as min_GB。在 Spark SQL 中，这取决于个人偏好。

在 SQL 中，分组和排序是条件，因此它们位于语句的末尾。它们都遵循与 PySpark 相同的约定：

- 使用 groupby 进行分组。对于多列分组，使用逗号对分组字段进行分隔。
- 对于 orderBy，如果想按降序对结果进行排序，可以使用一个可选的 DESC 参数(默认为 ASC 表示升序)。

值得注意的是，我们按 1 分组，按 3 DESC 排序。这是 SQL 操作中按位置而不是名称引用列的一种简写方式。在这种情况下，它使我们不必在条件块中编写复杂的代码，例如 group by capacity_bytes / pow(1024, 3)或 order by max(capacity_bytes / pow(1024,3)) DESC 。可以在 group by 和 order by 子句中使用数字别名。虽然它们很好，但滥用它们会使你的代码更脆弱，一旦你更改查询，这将难以维护。

从我们的查询结果来看，有一些硬盘显示了多个容量。此外，我们有一些硬盘显示出负容量，这真的很奇怪。接下来，让我们看看如何处理这种情况。

7.4.3　在分组后使用 having 进行筛选

由于 SQL 中运算的执行顺序，where 总是在 group by 之前执行。如果想筛选 group by 操作后的结果，应该怎么办？我们使用了一个新的关键字：having!

例如，假设对于每种硬盘型号，所报告的最大容量都是正确的。代码清单 7-9 展示了如何在两种语言中实现这个功能。

代码清单 7-9　使用 SQL 中的 having 和 PySpark 中的 where

```
spark.sql(
    """SELECT
           model,
           min(capacity_bytes / pow(1024, 3)) min_GB,
           max(capacity_bytes/ pow(1024, 3)) max_GB
        FROM backblaze_stats_2019
        GROUP BY 1
        HAVING min_GB != max_GB
        ORDER BY 3 DESC"""
).show(5)

backblaze_2019.groupby(F.col("model")).agg(
    F.min(F.col("capacity_bytes") / F.pow(F.lit(1024), 3)).alias("min_GB"),
    F.max(F.col("capacity_bytes") / F.pow(F.lit(1024), 3)).alias("max_GB"),
).where(F.col("min_GB") != F.col("max_GB")).orderBy(
    F.col("max_GB"), ascending=False
).show(
    5
)

# +--------------------+--------------------+-------+
# |               model|              min_GB| max_GB|
# +--------------------+--------------------+-------+
# | TOSHIBA MG07ACA14TA|-9.31322574615478...|13039.0|
# |       ST12000NM0007|-9.31322574615478...|11176.0|
# |HGST HUH721212ALN604|-9.31322574615478...|11176.0|
# |       ST10000NM0086|-9.31322574615478...| 9314.0|
# |HGST HUH721010ALE600|-9.31322574615478...| 9314.0|
# +--------------------+--------------------+-------+
# only showing top 5 rows
```

having 是 SQL 特有的语法：它可以被认为是一个 where 子句，只能应用于聚合字段，如 count(*)或 min(date)。因为 having 在功能上等同于 where，所以它位于 group by 子句之后的条件块中。在 PySpark 中，我们没有将 having 作为方法。因为每个方法都会返回一个新的数据帧，所以不需要使用不同的关键字，只需要对创建的列使用 where 即可。

注意

我们将(暂时)忽略这些容量报告上的不一致。稍后再处理。

到目前为止，已经介绍了最重要的 SQL 操作：使用 select 选择列。接下来，以 SQL 的方式实现我们的工作。

7.4.4　使用 CREATE 关键字创建新表/视图

我们已经对数据进行了查询，并掌握了 SQL 的技巧，现在想检查我们的工作并保存一些数据，以便下次不必从头开始处理所有内容。为此，可以创建一个表或视图，然后直接查询它们。

在 SQL 中创建表或视图非常简单：在查询前添加 CREATE[TABLE / VIEW]前缀。

在这里，创建表或视图的情况可能会有所不同。如果连接了一个 Hive 元数据服务，则需要创建一张表来物化数据，而视图只保留查询。打个烘焙的比方，CREATE TABLE 会存储蛋糕，而 CREATE VIEW 只会引用原料(原始数据)和配方(查询)。

为了演示这一点，将重现计算一个硬盘型号的运行天数和驱动器故障数量的 drive_days 和 failures。代码清单 7-10 展示了如何实现：在 select 查询前加上 CREATE [TABLE/VIEW]前缀。

在 PySpark 中，我们不需要依赖额外的语法。将新创建的数据帧赋值给一个变量，然后就可以使用了。

代码清单 7-10 使用 Spark SQL 和 PySpark 创建视图

```
backblaze_2019.createOrReplaceTempView("drive_stats")


spark.sql(
    """
    CREATE OR REPLACE TEMP VIEW drive_days AS
        SELECT model, count(*) AS drive_days
        FROM drive_stats
        GROUP BY model"""
)

spark.sql(
    """CREATE OR REPLACE TEMP VIEW failures AS
          SELECT model, count(*) AS failures
          FROM drive_stats
          WHERE failure = 1
          GROUP BY model"""
)

drive_days = backblaze_2019.groupby(F.col("model")).agg(
    F.count(F.col("*")).alias("drive_days")
)

failures = (
    backblaze_2019.where(F.col("failure") == 1)
    .groupby(F.col("model"))
    .agg(F.count(F.col("*")).alias("failures"))
)
```

在 SQL 中通过数据创建表

用户也可以根据硬盘或 HDFS 上的数据来创建表。为此，可以使用修改过的 SQL 查询。因为我们读取的是 CSV 文件，所以在路径前加上 CSV.。

```
spark.sql("create table q1 as select * from
    csv.`./data/backblaze/drive_stats_2019_Q1`")
```

我更喜欢依赖 PySpark 语法从数据源读取和设置模式，然后使用 SQL，但也有其他方法。

7.4.5　使用 UNION 和 JOIN 向表中添加数据

到目前为止，我们已经了解了如何一次查询一张表。在工作中，你经常会使用多个相互关联的表。我们已经遇到了这个问题，每个季度有一个历史数据表，需要整合在一起(或合并)，还有 drive_days 和 failures 表，它们在整合(或连接)之前都描绘了所需数据的一个维度。

在 SQL 语句中，只有 join 和 union 子句会修改查询的目标部分。在 SQL 中，查询一次只操作一个目标。我们已经在本章开头看到了如何使用 PySpark 将表合并在一起。在 SQL 中，我们遵循相同的思路：SELECT columns FROM table1 UNION ALL SELECT columns FROM table2。

> **PySpark 的 union()与 SQL UNION**
>
> 在 SQL 中，UNION 会删除重复的记录。PySpark 的 union()则不会，这就是为什么它等同于 SQL 的 UNION ALL。如果你想删除重复项，在分布式环境中这是一个开销很大的操作，可以在 union()之后使用 distinct()函数。这是 PySpark 术语与 SQL 术语不一致的罕见情况之一，但这是有原因的。大多数时候，你会希望使用 UNION ALL 的结果。

在尝试使用 union 之前，最好确保数据帧具有相同的列、相同的类型、相同的顺序。在 PySpark 解决方案中，可以从列表中提取列，并以相同的方式选择(select)数据帧。Spark SQL 没有一个简单的方法来完成同样的事情，所以你必须输入所有的列。如果只有几个，这是可以的，但我们在这里谈论数百个。

解决这个问题的一个简单方法是利用 Spark SQL 语句是一个字符串的特性。我们可以获取列的列表，将其转换为 SQL 风格的字符串，然后使用它。这正是在代码清单 7-11 中所做的。这不是一个纯粹的 Spark SQL 解决方案，但它比让你逐个输入所有列要友好得多。

警告

如果你正在处理用户输入，则应该禁止插入纯字符串！这是 SQL 注入入侵的最佳方式，用户可以构造一个字符串，对你的数据造成严重破坏。有关 SQL 注入以及它们为什么如此危险的更多信息，请查看有关此主题的文章“Open Web Application Security Project”(http://mng.bz/XWdG)。

代码清单 7-11　在 Spark SQL 和 PySpark 中合并数据表

```
columns_backblaze = ", ".join(q4.columns)

q1.createOrReplaceTempView("Q1")
q2.createOrReplaceTempView("Q2")
q3.createOrReplaceTempView("Q3")
q4.createOrReplaceTempView("Q4")
```

使用 join()方法创建一个包含列表中所有元素的字符串，这些元素之间用“,”分隔

我们将季度数据帧转换为 Spark SQL 视图，以便在查询中使用它们

```
spark.sql(
    """
    CREATE OR REPLACE TEMP VIEW backblaze_2019 AS
    SELECT {col} FROM Q1 UNION ALL
    SELECT {col} FROM Q2 UNION ALL
    SELECT {col} FROM Q3 UNION ALL
    SELECT {col} FROM Q4
""".format(
        col=columns_backblaze
    )
)
                                         这段代码摘自代码清单 7-6
backblaze_2019 = (                  <----
    q1.select(q4.columns)
    .union(q2.select(q4.columns))
    .union(q3.select(q4.columns))
    .union(q4)
)
```

SQL 中的连接同样简单。我们在语句的目标部分添加了[DIRECTION] JOIN table [ON] [LEFT COLUMN] [COMPARISON OPERATOR] [RIGHT COLUMN]。direction 参数与 PySpark 中的 how 参数相同。on 子句是一系列字段之间的比较。在代码清单 7-12 的例子中，我们对 drive_days 和 failures 表中 model 列的值相等的记录进行了连接操作。如果不止一个条件，怎么办？使用括号和逻辑操作符(AND 和 OR)，就像在 Python 中一样(更多信息请参见第 5 章)。

代码清单 7-12　连接 Spark SQL 和 PySpark 中的表

```
spark.sql(
    """select
        drive_days.model,
        drive_days,
        failures
    from drive_days
    left join failures
    on
        drive_days.model = failures.model"""
).show(5)

drive_days.join(failures, on="model", how="left").show(5)
```

7.4.6　通过子查询和公共表表达式更好地组织 SQL 代码

我们要学习的最后一部分 SQL 语法是子查询和公共表表达式(common table expression)。在很多 SQL 教材中，直到最后才介绍这部分内容，这是一种遗憾。首先，它们易于理解，其次，它们对保持代码整洁非常有用。简言之，它们允许你在本地查询中创建表。在 Python 中，这类似于使用 with 语句或使用函数块来限制查询的范围。我将展示函数式方法，因为它更常见[1]。

在我们的例子中，将把 drive_days 和 failures 表定义捆绑到一个查询中，该查询将计算 2019 年失败率最高的硬盘型号。代码清单 7-13 中的代码展示了如何使用子查询实现这一点。子查询只是用独立的 SQL 查询替换表名。在这个例子中，可以看到表的名称已经被组成表的 SELECT 查询所取代。子查询形成的“表”可以在子查询末尾的括号旁添加别名，从而实现给子查询命名。

代码清单 7-13　使用子查询查找故障率最高的驱动器型号

```
spark.sql(
    """
    SELECT
        failures.model,
        failures / drive_days failure_rate
    FROM (
        SELECT
            model,
            count(*) AS drive_days
        FROM drive_stats
        GROUP BY model) drive_days
    INNER JOIN (
        SELECT
            model,
            count(*) AS failures
        FROM drive_stats
        WHERE failure = 1
        GROUP BY model) failures
    ON
        drive_days.model = failures.model
    ORDER BY 2 desc
    """
).show(5)
```

子查询很方便，但可能很难阅读和调试，因为你在主查询中增加了复杂性。这就是通用表表达式(CTE)特别有用的地方。CTE 是一个表定义，就像在子查询中一样。这里的不同之处在于，将它们放在主语句的顶部(在主 SELECT 语句之前)，并以 WITH 作为前缀。在代码清单 7-14 中，采用了与子查询情况相同的语句，但使用了两个 CTE。这些也可以被视为在查询结束时删除的临时 CREATE 语句，就像 Python 中的 with 关键字一样。

1　with 语句通常用于处理最后需要清理的资源。它在这里并不适用，但我觉得依旧要介绍它。

代码清单 7-14 使用公共表表达式查找最高失败率

```
spark.sql(
    """
    WITH drive_days as (
        SELECT
            model,
            count(*) AS drive_days
        FROM drive_stats
        GROUP BY model),
    failures as (
        SELECT
            model,
            count(*) AS failures
        FROM drive_stats
        WHERE failure = 1
        GROUP BY model)
    SELECT
        failures.model,
        failures / drive_days failure_rate
    FROM drive_days
    INNER JOIN failures
    ON
        drive_days.model = failures.model
    ORDER BY 2 desc
    """
).show(5)
```

可以在主查询中引用 drive_days 和 failures

在 Python 中，我发现最好的替代方案是将语句包装在函数中。一旦函数返回，在函数作用域中创建的任何中间变量都将不再保留。代码清单 7-15 展示了使用 PySpark 查询的版本。

代码清单 7-15 使用 Python 作用域规则查找最高失败率

```
def failure_rate(drive_stats):
    drive_days = drive_stats.groupby(F.col("model")).agg(
        F.count(F.col("*")).alias("drive_days")
    )
    failures = (
        drive_stats.where(F.col("failure") == 1)
        .groupby(F.col("model"))
        .agg(F.count(F.col("*")).alias("failures"))
    )
    answer = (
        drive_days.join(failures, on="model", how="inner")
        .withColumn("failure_rate", F.col("failures") / F.col("drive_days"))

        .orderBy(F.col("failure_rate").desc())
    )
    return answer
```

在函数体中创建中间数据帧，以避免出现复杂的查询

answer 数据帧使用了两个中间数据帧

```
failure_rate(backblaze_2019).show(5)

print("drive_days" in dir())
```

一旦函数返回确认中间数据帧整齐地限制在函数范围内，我们就测试在范围内是否有一个 drive_days 变量

在本节中，我们使用了 PySpark/Python 数据转换 API 以及 Spark SQL 进行数据转换。PySpark 可以轻松地使用 SQL。如果你碰巧与 DBA 和 SQL 开发人员在一起，这将非常方便，因为你可以使用他们首选的语言进行协作，你知道 Python 就在眼前。这是所有人希望看到的结果。

7.4.7　PySpark 与 SQL 语法的快速总结

PySpark 从 SQL 世界中借鉴了很多关键字。我认为这是一个非常聪明的想法：几乎所有程序员都了解 SQL，采用相同的关键字可以让他们易于沟通。我们在操作的顺序上看到了很大的不同：PySpark 自然会鼓励你思考操作应该执行的顺序。SQL 则遵循更严格的框架，需要记住处理的是操作子句、目标子句还是条件子句。

我发现 PySpark 处理数据操作的方式更直观，但在更多的时候，我将依靠作为数据分析师积累的多年 SQL 经验。在编写 SQL 时，我通常会乱写查询语句，从目标子句开始，然后再完成其他部分。不是所有的东西都需要循规蹈矩！

到目前为止，我一直试图将两种语言保持完全隔离。现在，我们将打破他们之间的障碍，释放 Python + SQL 的强大功能。这将简化我们编写某些转换的方式，并使我们的代码更容易编写，减少工作量。

练习 7-1

以 elements 数据帧为例，哪一段 PySpark 代码等价于下面的 SQL 语句？

```
select count(*) from elements where Radioactive is not null;
```

a　element.groupby("Radioactive").count().show()

b　elements.where(F.col("Radioactive").isNotNull()).groupby().count().show()

c　elements.groupby("Radioactive").where(F.col("Radioactive").isNotNull()).show()

d　elements.where(F.col("Radioactive").isNotNull()).count()

e　以上都不是

7.5　简化代码：混合 SQL 和 Python

在接收方法和函数参数时，PySpark 相当灵活：在使用 groupby()时，可以传递列名(以字符串的形式)，而不是列对象(F.col())(参见第 4 章)。此外，还有一些方法可以在 PySpark 代码中填充一些 SQL 语法。你会发现，可以使用它的方法并不多，但它非常有用，而且做得很好，你最终会使用它。

本节将以目前编写的代码为基础。我们将编写一个函数，在给定容量的情况下，根据故障率返回前三名最可靠的驱动器。将利用已经编写的代码并简化它。

7.5.1 使用 Python 提高弹性并简化数据读取阶段

我们从简化数据读取的代码开始。程序的数据采集部分如代码清单 7-16 所示。与原始数据采集相比，有一些变化。

代码清单 7-16 程序的数据读取部分

```
from functools import reduce

import pyspark.sql.functions as F
from pyspark.sql import SparkSession

spark = SparkSession.builder.getOrCreate()

DATA_DIRECTORY = "./data/backblaze/"

DATA_FILES = [
    "drive_stats_2019_Q1",
    "data_Q2_2019",
    "data_Q3_2019",
    "data_Q4_2019",
]

data = [
    spark.read.csv(DATA_DIRECTORY + file, header=True, inferSchema=True)
    for file in DATA_FILES
]

common_columns = list(
    reduce(lambda x, y: x.intersection(y), [set(df.columns) for df in data])
)

assert set(["model", "capacity_bytes", "date", "failure"]).issubset(
    set(common_columns)
)

full_data = reduce(
    lambda x, y: x.select(common_columns).union(y.select(common_columns)), data
)
```

首先，将所有目录放在一个列表中，以便可以使用列表推导式读取它们。这删除了一些重复的代码，如果我删除或添加文件，操作起来也非常方便(如果你只使用 2019 年 Q3 的数据，则可以删除列表中的其他条目)。

其次，由于我们不需要 SMART(Self-Monitoring, Analysis, and Reporting Technology, 一种包括在大多数硬盘驱动器中的监控系统；更多信息请参见 http://mng.bz/jydV)测量，因此取列的交集，而不是试图用 null 值填充缺失的列。为了创建适用于任意数量数据源的公共交集，使用 reduce，它将匿名函数应用于所有列的集合，得到所有数据帧之间的公共列。(对于那些不熟悉 reduce 的人，我发现 Python 文档非常明确，也很容易理解：http://mng.bz/y4YG)。我还在公共列集合上添加了一个断言，因为我希望确保它包含分析所需的列。断言是一种很好的方法，可以在某些条件不满足时缩短分析过程。在这种情况下，如果我少了一列，我宁愿让我的程序早点失败并抛出 AssertionError 异常，也不愿以后出现一个巨大的堆栈跟踪。

最后，使用第二个 reduce 将所有不同的数据帧合并为一个内聚的数据帧。这里使用了与创建公共变量相同的原则。这使得代码更加简洁，并且如果我想添加或删除更多资源，它将不需要任何修改即可运行。

7.5.2　在 PySpark 中使用 SQL 风格的表达式

现在我们的数据已经被读取并处于稳定状态，可以对其进行处理，以便它可以轻松地回答我们的问题。有 3 个方法接受 SQL 风格语句：selectExpr()、expr()和 where()/filter()。在本节中，我们会在合适的情况下使用 SQL 风格的表达式，以展示融合两种语言的合理性。在本节的最后，我们有这样的代码：

- 只选择必要的列进行查询
- 硬盘容量以 GB 为单位
- 计算 drive_days 和 failures 数据帧
- 将两个数据帧合并在一起并计算失败率

代码清单 7-17 如下所示。

代码清单 7-17　处理数据，以便为查询函数做好准备

```
full_data = full_data.selectExpr(
    "model", "capacity_bytes / pow(1024, 3) capacity_GB", "date", "failure"
)

drive_days = full_data.groupby("model", "capacity_GB").agg(
    F.count("*").alias("drive_days")
)


failures = (
    full_data.where("failure = 1")
    .groupby("model", "capacity_GB")
    .agg(F.count("*").alias("failures"))
)

summarized_data = (
    drive_days.join(failures, on=["model", "capacity_GB"], how="left")
    .fillna(0.0, ["failures"])
    .selectExpr("model", "capacity_GB", "failures / drive_days failure_rate")
    .cache()
)
```

selectExpr()与 select()方法类似，只是它可以处理 SQL 风格的操作。我非常喜欢这种方法，因为它在使用函数和算术操作列时简化了语法。在我们的例子中，PySpark 的替代方案(见代码清单 7-18)在读写方面有点冗长和麻烦，特别是因为我们必须创建一个“1024”字段才能应用 pow()函数。

代码清单 7-18 用常规 select() 替换 selectExpr()

```
full_data = full_data.select(
    F.col("model"),
    (F.col("capacity_bytes") / F.pow(F.lit(1024), 3)).alias("capacity_GB"),
    F.col("date"),
    F.col("failure")
)
```

第二个方法简单地调用 expr()。它将 SQL 风格的表达式封装到列中。这是一种通用的 selectExpr()，可以在需要修改列时代替 F.col()(或列名)。以代码清单 7-17 中的 failures 表为例，可以使用 expr(或表达式)作为 agg()的参数。代码清单 7-19 展示了另一种语法。我喜欢在 agg()参数中这样做，因为它减少了很多 alias()方法的使用。

代码清单 7-19 在 failures 数据帧代码中使用 SQL 表达式

```
failures = (
    full_data.where("failure = 1")
    .groupby("model", "capacity_GB")
    .agg(F.expr("count(*) failures"))
)
```

第三个方法，也是我最喜欢的，就是使用 where()/filter()方法。我发现 SQL 中的筛选语法比普通的 PySpark 要简洁得多；能够毫无顾忌地使用 SQL 语法作为 filter()方法的参数。在我们的最后一个程序中，可以使用 full_data.where("failure = 1")，而不是像之前那样把列名包装在 F.col()中。

在 query 函数中重用了这种便利，如代码清单 7-20 所示。这一次，将字符串插值与 between 结合使用。虽然这样做不会减少我们的代码长度，但很容易理解，而且也不会像使用 data.capacity_GB.between(capacity_min, capacity_max)那样让人费解(如果你喜欢使用列函数，也可以使用这样的语法：F.col("capacity_GB").between(capacity_min, capacity_max))。在这一点上，主要是个人喜好的问题，以及你对每种方法的熟悉程度。

代码清单 7-20 most_reliable_drive_for_capacity()函数

```
def most_reliable_drive_for_capacity(data, capacity_GB=2048, precision=0.25,
    top_n=3):
    """Returns the top 3 drives for a given approximate capacity.

    Given a capacity in GB and a precision as a decimal number, we keep the N
    drives where:

    - the capacity is between (capacity * 1/(1+precision)), capacity *
    (1+precision)
    - the failure rate is the lowest

    """
    capacity_min = capacity_GB / (1 + precision)
    capacity_max = capacity_GB * (1 + precision)

    answer = (
```

```
        data.where(f"capacity_GB between {capacity_min} and {capacity_max}")
        .orderBy("failure_rate", "capacity_GB", ascending=[True, False])
        .limit(top_n)
    )

    return answer
```

因为想返回前 N 个结果，而不仅仅是显示它们，所以使用 limit()而不是 show()

在 where()方法中使用了 SQL 风格的表达式，而不需要使用任何其他特殊的语法或方法

```
most_reliable_drive_for_capacity(summarized_data, capacity_GB=11176.0).show()
# +--------------------+-----------+--------------------+
# |               model|capacity_GB|        failure_rate|
# +--------------------+-----------+--------------------+
# |HGST HUH721010ALE600|     9314.0|                 0.0|
# |HGST HUH721212ALN604|    11176.0|1.088844437497695E-5|
# |HGST HUH721212ALE600|    11176.0|1.528677999266234...|
# +--------------------+-----------+--------------------+
```

7.6　结论

你不需要学习或使用 SQL 就可以有效地使用 PySpark。话虽如此，由于数据操作 API 与 SQL 共享了很多关键字和功能，如果你对语法和查询结构有基本的了解，那么使用 PySpark 将会更有效率。

我的家人说英语和法语，有时你并不总是知道哪一种语言更加合适。我倾向于通过两种语言思考，有时会把它们混合在一个句子中。同样，我发现有些问题使用 Python 更容易解决，而有些问题则更多地属于 SQL 的范畴。你也会找到自己的平衡，多一个选择，总是好的。就像我们日常交谈一样，目标是尽可能清晰地向你的听众表达你的想法和意图。

7.7　本章小结

- Spark 为数据操作提供了 SQL API。此 API 支持 ANSI SQL。
- Spark(以及 PySpark 的扩展版本)从 SQL 操作表的方式中借用了很多关键字和预期的功能。这一点在数据操作模块 pyspark.sql 中尤为明显。
- 在使用 Spark SQL 查询之前，PySpark 的数据帧需要注册为视图或表。你按照你的喜好来命名它们。
- PySpark 自己的数据帧操作方法和函数大部分都借用了 SQL 的功能。有些则不同(如 union())，这些差异都被记录在 API 中。
- Spark SQL 查询可以通过 spark.sql 函数插入 PySpark 程序中，其中 spark 是运行中的 SparkSession。
- Spark SQL 的表引用保存在一个目录(Catalog)中，目录中包含了 Spark SQL 可访问的所有表的元数据。

- PySpark 在 where()、expr()和 selectExpr()中接受 SQL 风格的子句，这可以简化复杂筛选和选择的语法。
- 在使用用户提供的输入进行 Spark SQL 查询时，要小心用户输入的内容，以避免潜在的 SQL 注入攻击。

7.8 扩展练习

练习 7-2

看看下面的代码，我们可以进一步简化它，避免直接创建两个表。你能写一个 summarized_data 而不使用 full_data 以外的表，并且不使用连接吗？(提示：尝试使用纯 PySpark，然后使用纯 Spark SQL，最后同时使用两者。)

```
full_data = full_data.selectExpr(
    "model", "capacity_bytes / pow(1024, 3) capacity_GB", "date", "failure"
)

drive_days = full_data.groupby("model", "capacity_GB").agg(
    F.count("*").alias("drive_days")
)

failures = (
    full_data.where("failure = 1")
    .groupby("model", "capacity_GB")
    .agg(F.count("*").alias("failures"))
)

summarized_data = (
    drive_days.join(failures, on=["model", "capacity_GB"], how="left")
    .fillna(0.0, ["failures"])
    .selectExpr("model", "capacity_GB", "failures / drive_days failure_rate")
    .cache()
)
```

练习 7-3

本章的分析是有缺陷的，因为没有考虑驱动器的使用时间。不应该按故障率排序，而是应该按发生故障时的平均使用时间排序(假设每个驱动器在报告的最大日期发生故障)。(提示：你需要先计算每个硬盘的使用时间。)

练习 7-4

Backblaze 在每个月初记录的总容量(以 TB 为单位)是多少？

练习 7-5

注意

有一种更优雅的方法可以解决这个问题，我们会在第 10 章介绍使用窗口函数。同时，这个练习可以通过明智地使用 group by 和 join 来解决。

如果你查看数据，将看到一些驱动器型号可能报告错误的容量。在数据准备阶段，重新设置 full_data 数据帧，以便使用每个驱动器的常见容量。

第 8 章

使用 Python 扩展 PySpark：RDD 和 UDF

本章主要内容

- 使用 RDD 作为底层的、灵活的数据容器
- 使用高阶函数操作 RDD 中的数据
- 如何将常规 Python 函数转换为 UDF 以分布式方式运行
- 如何在本地数据上应用 UDF 以简化调试

到目前为止，我们的 PySpark 之旅已经证明了它是一个强大而通用的数据处理工具。我们已经探索了许多操作数据帧中数据的现成函数和方法。回想第 1 章的内容，PySpark 的数据帧操作使用 Python 代码并应用优化的查询计划。这使得我们的数据作业高效、一致和可预测，就像在线内着色一样。如果我们需要脱离脚本，按照自己的规则操作数据，该怎么办？

本章将介绍 PySpark 提供的两种分布式 Python 代码的机制。换句话说，我们脱离了 pyspark.sql 提供的函数和方法集；将使用 PySpark 作为一个方便的分布式引擎，用纯 Python 构建自己的转换程序集。为此，我们从弹性分布式数据集(RDD)开始。RDD 类似于数据帧，但它分布的是无序对象，而不是记录和列。与数据帧的严格模式相比，object-first 方法提供了更大的灵活性。其次，将介绍 UDF，这是一种通过常规 Python 函数处理数据帧的简单方法。

RDD 太老派了？

数据帧拥有更好的性能，对于常见的数据操作(select、filter、groupby、join)也有精简的 API。随着数据帧的出现，RDD 在流行度方面大不如前。在现代 PySpark 程序中，RDD 还有存在的空间吗？

虽然随着 Spark 版本的发布，数据帧变得越来越灵活，但在灵活性方面，RDD 仍然占主导地位。RDD 特别适用于以下两种场景：

- 当你有一个无序的 Python 对象集合，可以被序列化(这就是 Python 调用对象序列化的方式；见 http://mng.bz/M2X7)。
- 当你有无序的键值对时，就像在 Python 字典中一样。

本章将介绍这两种使用场景。默认情况下，你应该选择数据帧的结构，但要知道，如果你发现它有限制，RDD 会提供另一种解决方案。

8.1　PySpark 中的 RDD

本节将介绍 RDD。更具体地说，将介绍如何推理数据结构和 API 来操作它包含的数据。

与数据帧不同，在数据帧中，大多数数据操作工具包都是围绕列展开的。而 RDD 是围绕对象展开的：我认为 RDD 是由一系列元素组成的，它们之间没有顺序，也没有关联关系。每个元素都独立于其他元素。实验 RDD 最简单的方法是从 Python 列表中创建一个 RDD。在代码清单 8-1 中，我们创建了一个包含多个不同类型对象的列表，然后通过 parallelize 方法将其转换为 RDD。得到的 RDD 如图 8-1 所示。创建 RDD 时，需要将列表中的对象进行序列化，然后在工作节点之间进行分发。

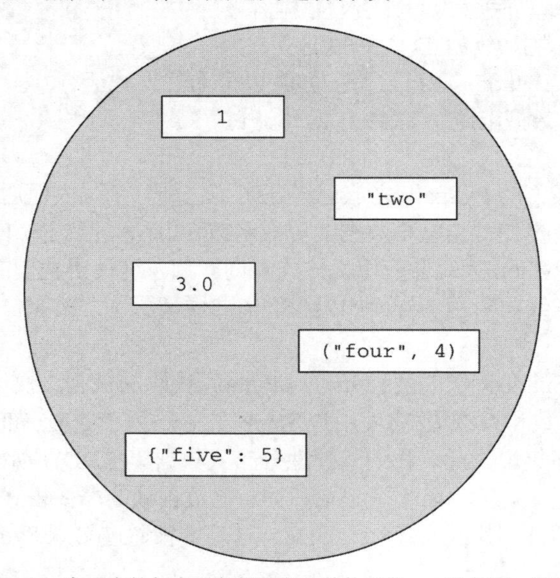

图 8-1　collection_rdd。容器中的每个对象都独立于其他对象——没有列、没有结构、没有模式

代码清单 8-1　将 Python 列表转换为 RDD

```
from pyspark.sql import SparkSession

spark = SparkSession.builder.getOrCreate()

collection = [1, "two", 3.0, ("four", 4), {"five": 5}]
```

我的集合是一个列表，包含一个整数、一个字符串、一个浮点数、一个元组和一个字典

```
sc = spark.sparkContext

collection_rdd = sc.parallelize(collection)

print(collection_rdd)
# ParallelCollectionRDD[0] at parallelize at PythonRDD.scala:195
```

使用 SparkContext 的 parallelize 方法将列表转换为 RDD

collection_rdd 对象实际上就是一个 RDD。我们打印对象时，PySpark 会返回集合的类型

RDD 的函数和方法在 SparkContext 对象中，可作为 SparkSession 的属性访问。为了方便起见，将它命名为 sc

与数据帧相比，RDD 在可接受的内容方面要灵活得多。如果我们试图在一列中存储一个整数、一个字符串、一个浮点数、一个元组和一个字典，数据帧将(并且失败)找到一个可以兼容这些数据的类型，来存储不同类型的数据。

在本节中，我们介绍了 RDD 的总体魅力，并见证了它在将多种类型的数据采集到单个容器抽象中所提供的灵活性。下一节将介绍如何操作 RDD 中的数据。灵活性越大，责任越大！

以 RDD 方式操作数据：map()、filter()和 reduce()

本节解释如何使用 RDD 操作数据。将讨论高阶函数的概念，并使用它们转换数据。最后，将简要介绍 MapReduce，这是大规模数据处理的一个基本概念，并将它放在 Spark 和 RDD 的背景下讨论。

使用 RDD 操作数据就像将军给军队下命令一样：你在战场上或集群上的私人部队完全服从你，但如果你下的命令不完整或错误，将会给你的部队或 RDD 造成极大的破坏。此外，每种划分方式都有自己可以处理的特定类型顺序，并且不需要提醒你它具体是什么(这与数据帧模式不同)。这听起来是个有趣的工作。

RDD 提供了许多方法(可以在 API 文档中找 pyspark.RDD 对象的说明)，但我们将重点放在 3 个特定的方法上：map()、filter()和 reduce()。它们共同体现了使用 RDD 进行数据操作的精髓；了解这三种方法将为你理解其他方法提供必要的基础。

map()、filter()和 reduce()都接收一个函数(将其称为 f)作为它们的唯一参数，并返回带有所需修改的 RDD 副本。将以其他函数作为参数的函数称为高阶函数。当你第一次遇到它们的时候，可能有点难以理解；不用担心，在看到它们的实际作用后，你将会在 PySpark(以及 Python 中，如果你阅读了附录 C)中使用它们。

对每个对象应用函数：MAP

我们从最基本和最常见的操作开始：对 RDD 的每个元素应用 Python 函数。为此，PySpark 提供了 map()方法。它直接对应 Python 中 map()函数的功能。

了解 map()的使用的最好方法是通过示例。在代码清单 8-2 中，应用了一个函数，它在 RDD 中的每个对象的参数中添加 1。通过 map()对 RDD 中的每个元素应用这个“+1”的函数，然后使用 collect()方法将计算后的 RDD 的每个元素放入一个 Python 列表中，并

将它们打印出来——看起来是这样的；我们会得到一个错误及其对应的堆栈跟踪。为什么会这样？

代码清单 8-2　将一个简单的函数 add_one()映射到每个元素

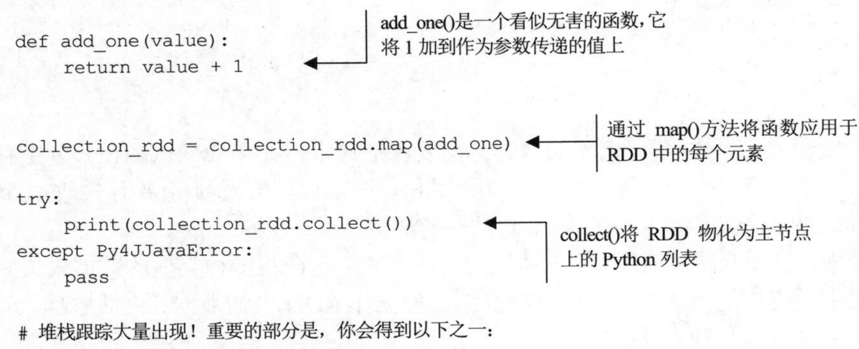


```
from py4j.protocol import Py4JJavaError


def add_one(value):
    return value + 1


collection_rdd = collection_rdd.map(add_one)

try:
    print(collection_rdd.collect())
except Py4JJavaError:
    pass

# 堆栈跟踪大量出现！重要的部分是，你会得到以下之一：
# TypeError: can only concatenate str (not "int") to str
# TypeError: unsupported operand type(s) for +: 'dict' and 'int'
# TypeError: can only concatenate tuple (not "int") to tuple
```

为了理解代码失败的原因，我们将分解映射过程，如图 8-2 所示。通过将 add_one()函数作为参数传递给 map()方法，我对 RDD 中的每个元素应用了 add_one()函数。add_one()是一个常规 Python 函数，应用于常规 Python 对象。由于存在不兼容的类型(例如，"two" + 1 在 Python 中不是合法的操作)，因此有 3 个元素是 TypeError。当对 RDD 使用 collect()以查看这些值时，它在我的 REPL 中生成了一个堆栈跟踪。

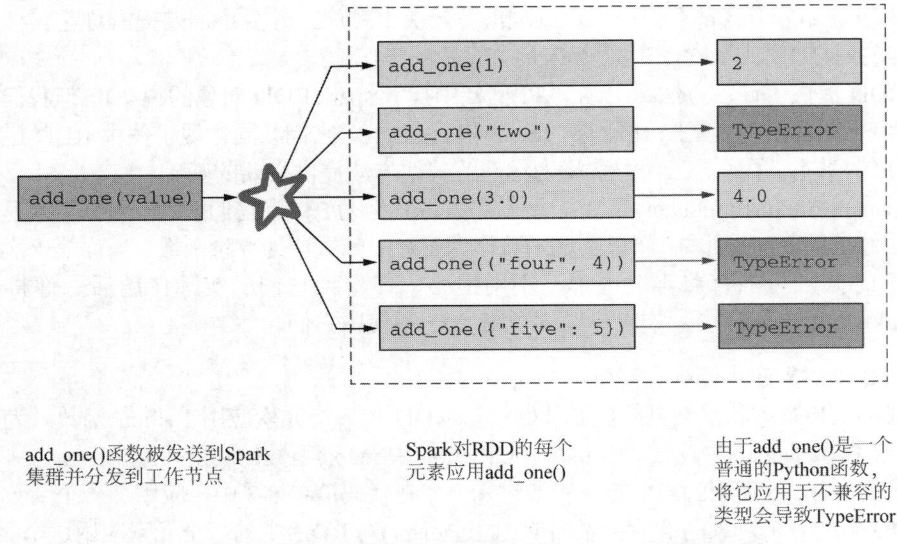

图 8-2　通过 map()对 RDD 的每个元素应用 add_one()函数。如果函数不能被应用，将在操作过程中引发一个错误

注意

RDD 是一个延迟集合。如果在函数应用中存在错误，它在执行操作(例如 collect())之前是不可见的，就像数据帧一样。

幸运的是，由于使用的是 Python，因此可以使用 try/except 代码块防止错误。在代码清单 8-3 中，提供了一个改进的 safer_add_one()函数，如果函数遇到类型错误，它将返回原始元素。

代码清单 8-3　将 safer_add_one()映射到 RDD 中的每个元素

```
collection_rdd = sc.parallelize(collection)    # ← 从零开始重新创建 RDD，移除 thunk 中的错误操作(参见第 1 章对计算 thunk 的描述)


def safer_add_one(value):
    try:
        return value + 1
    except TypeError:
        return value    # ← 如果遇到 TypeError，函数将返回原有值
collection_rdd = collection_rdd.map(safer_add_one)

print(collection_rdd.collect())
# [2, 'two', 4.0, ('four', 4), {'five': 5}]    # ← 将 RDD 中的相关元素都加 1
```

总而言之，使用 map()将函数应用到 RDD 的每个元素上。由于 RDD 的灵活性，PySpark 对 RDD 的内容没有任何保护措施。作为开发人员，你有责任使你的函数更加健壮，无论输入的是什么。下一节将介绍如何筛选 RDD 中的元素。

使用筛选器筛选 RDD 中的元素

就像我们介绍数据帧时首先介绍的 where()/filter()方法一样，RDD 也有类似的方法。filter()用于只保留满足谓词条件的元素。RDD 版本的 filter()与数据帧版本略有不同：它接收一个函数 *f*，该函数应用于每个对象(或元素)，并只保留那些返回真值的对象。在代码清单 8-4 中，我们使用 lambda 函数筛选 RDD，只保留整数和浮点数元素。如果第二个参数中包含第一个参数的类型，isinstance()函数返回 True。在这个例子中，它会测试每个元素是 float 类型或是 int 类型。

代码清单 8-4　使用 lambda 函数筛选 RDD

```
collection_rdd = collection_rdd.filter(
    lambda elem: isinstance(elem, (float, int))
)

print(collection_rdd.collect())
# [2, 4.0]
```

像专家一样使用 lambda 函数

当你只需要一个简单的函数做一次性调用时，lambda 函数是减少代码量的好方法。

从本质上讲，lambda 函数允许你在创建函数时不给它指定名称。在下面的图中，展示了一个具名函数(使用 def 关键字)和一个使用 lambda 关键字的 lambda(或匿名)函数之间的对应关系。这两条语句都会返回一个可以使用的函数对象：在可以通过名称(is_a_number)引用命名函数的地方，定义 lambda 函数。以代码清单 8-4 中的 filter()为例，我们可以用 is_a_number 函数替换 lambda，但直接使用 lambda 函数作为 filter()的参数可以节省一些操作。

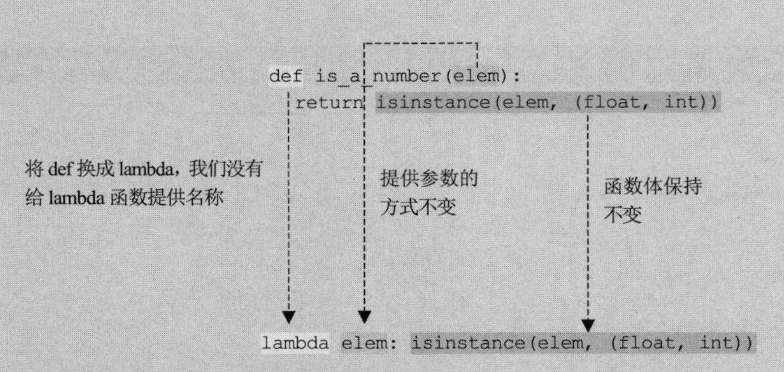

使用 lambda 关键字将一个简单函数转换为 lambda 函数

lambda 函数与 RDD 的高阶函数(如 map()和 filter())配合使用非常有用。通常，应用到元素上的函数只会使用一次，因此为它们命名没有意义。如果你不喜欢使用 lambda 函数，也不用担心。创建一个小函数并将其应用到 RDD 上也是可以的。

与 map()类似，作为参数传递给 filter()的函数会应用于 RDD 中的每个元素。不过这一次，如果函数的结果为真值，就保留原始值，而不是返回一个新的 RDD。如果结果为 false，则删除元素。图 8-3 展示了 filter()操作的分解过程。

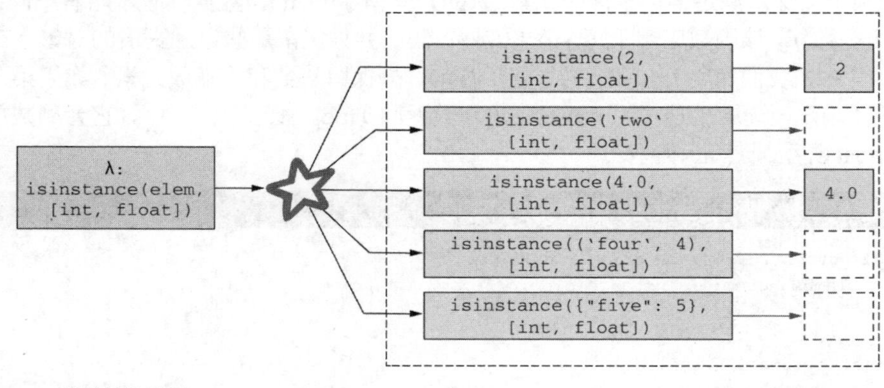

图 8-3 筛选 RDD，只保留 int 和 float 类型。谓词函数是在元素级别上应用的，只有函数结果为真的值会被保留

Python 中的真/假

在使用数据帧时，filter()方法(数据帧方法)的参数需要显式返回一个布尔值：True 或 False。本章将使用 Python 对 RDD 进行布尔测试。因此，在讨论 RDD 的筛选时，会避免使用绝对的 True/False，因为 Python 有自己的方法来确定一个值是“真”还是“假”(Python 使用 True 表示真值)。提醒一下，False、0(任何 Python 数值类型中的数字 0)和空序列以及空集合(list、tuple、dict、set、range)都表示“假”。有关 Python 如何在非布尔类型上估算布尔值的更多解释，请参阅 Python 文档(http://mng.bz/aDoz)。

现在可以对 RDD 中的元素进行映射和筛选了。如何将它们聚合成一个汇总值？如果你认为 RDD 再次提供了一种非常通用的方法来总结它所包含的元素，那么你是对的！准备好探索 reduce 了吗？

输入两个元素，输出一个元素：REDUCE()

本节介绍 RDD 的最后一个重要操作，即使用数据帧对数据进行汇总(类似于 groupby()/agg())。顾名思义，reduce()用于归约 RDD 中的元素。所谓归约，我的意思是接收两个元素，并应用一个只返回一个元素的函数。PySpark 将对前两个元素应用该函数，然后对结果和第三个元素再次应用该函数，以此类推，直到没有元素为止。图 8-4 展示了使用 reduce()对 RDD 中所有元素求和的过程。代码清单 8-5 展示了如何在数据帧上使用 reduce()方法。

代码清单 8-5　通过 reduce()应用 add()函数

```
from operator import add

collection_rdd = sc.parallelize([4, 7, 9, 1, 3])

print(collection_rdd.reduce(add)) # 24
```

operator 模块包含常用函数或常用操作符，如+ (add())，因此不必传递 lambda a, b: a + b

map()、filter()和 reduce()乍一看好像是简单的概念：它们接收一个函数，并将其应用于集合中的所有元素。不同的方法会对结果进行不同的处理，reduce()的参数是一个函数，并要求该函数使用两个参数并返回一个值。2004 年，谷歌使用了这个不起眼的概念，并通过发布其 MapReduce 框架(https://research.google/pubs/pub62/)在大规模数据处理领域引起了一场革命。这个函数名是 map()和 reduce()的结合。这个框架直接启发了 Hadoop 和 Spark 等大数据框架。虽然现代的抽象(如数据帧)与最初的 MapReduce 已经不太接近了，但 MapReduce 的思想仍然存在。从高层次上理解 MapReduce 的构建模块，可以帮助我们更容易地理解一些更高层次的设计选择。

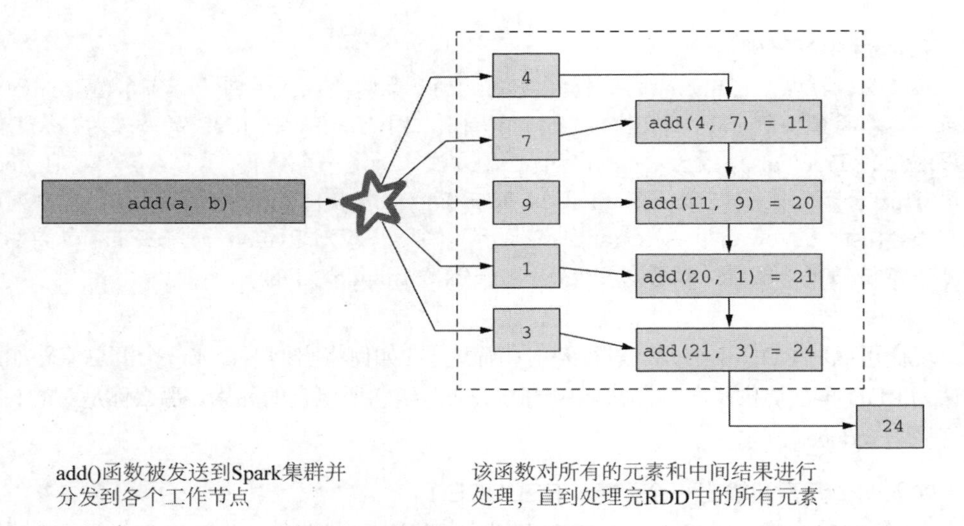

图 8-4 通过对所有元素的值求和来归约 RDD

分布式环境中的 reduce()方法

由于 PySpark 的分布式特性，RDD 中的数据可以分布在多个分区中。reduce()函数将在每个分区上独立执行，然后每个中间值将被发送到主节点进行最终归约(reduce)。因此，用户需要为 reduce()提供一个可交换和可结合的函数。

交换函数是指参数应用的顺序不重要的函数。例如，add()是可交换的，因为 a + b = b + a。但是，subtract()不是：a - b != b - a。

add()、multiply()、min()和 max()都满足结合律和交换律。

我们的 PySpark RDD API 之旅到此结束。我们介绍了 RDD 如何通过 map()、filter()和 reduce()等高阶函数对其元素应用转换。这些高阶函数将作为参数传递给每个元素的函数应用到 RDD 中，形成以元素为主(或以行为主)的 RDD。如果你对 RDD 的其他应用感到好奇，我建议你查看 PySpark 在线 API 文档。RDD 中的大多数方法都与数据帧中的方法等效，或者直接通过 map()、filter()和 reduce()的使用进行拓展。接下来的部分建立在直接应用 Python 函数的概念之上，但这次是在数据帧上使用。好戏开始了！

练习 8-1

PySpark RDD API 提供了一个 count()方法，可以返回 RDD 中元素的个数(以整数方式返回)。使用 map()、filter()和/或 reduce()重现这个方法的行为。

练习 8-2

下面代码块的返回值是什么？

```
a_rdd = sc.parallelize([0, 1, None, [], 0.0])

a_rdd.filter(lambda x: x).collect()
```

```
    a  [1]
    b  [0, 1]
    c  [0, 1, 0.0]
    d  []
    e  [1, []]
```

可选主题：其实数据帧也是一个 RDD!

为了展示 RDD 的极致灵活性，我们看以下这个例子：可以通过数据帧的 rdd 属性访问数据帧中的隐式 RDD(见代码清单 8-6)。

代码清单 8-6　使用 rdd 属性从数据帧中发现 RDD

```
df = spark.createDataFrame([[1], [2], [3]], schema=["column"])

print(df.rdd)
# MapPartitionsRDD[22] at javaToPython at
          NativeMethodAccessorImpl.java:0

print(df.rdd.collect())
# [Row(column=1), Row(column=2), Row(column=3)]
```

从 PySpark 的角度来看，数据帧也是一个 RDD[Row](来自 pyspark.sql.Row)，其中每一行都可以看作一个字典；键是列名，值是记录中包含的值。相反，也可以通过一个可选模式将 RDD 传递给 spark.createDataFrame。记住，当从一个数据帧来到 RDD 时，你放弃了数据帧的模式安全性！

你可能会根据自己想要执行的操作，在数据帧和 RDD 之间来回切换。记住，这将以性能为代价(因为要将数据从列存储转换为行存储)，同时也会使代码更难理解。在将 RDD 放入数据帧之前，还必须确保所有的行都遵循相同的模式。通常情况下，如果你偶尔需要 RDD 的强大功能，又能希望使用数据帧的结构，那么 UDF 是最佳选择。下一个主题就将介绍 UDF。

8.2　使用 Python 通过 UDF 扩展 PySpark

在 8.1 节中，我们体验了 RDD 操作数据的灵活性。本节也将介绍同样的问题——如何在数据上使用 Python 代码？一并将其应用于数据帧。更具体地说，我们关注 map()转换：每输入一条记录，就输出一条记录。到目前为止，map 类型转换是最常用的，也是最容易实现的。

与 RDD 不同，数据帧的结构是严格按照列进行组织的。为了解决这个限制，PySpark 提供了通过 pyspark .sql.functions.udf()函数创建 UDF 的可能性。输入的是一个普通的 Python 函数，输出的是一个可以在 PySpark 列上运行的函数。

为了说明这一点，将模拟 PySpark 中没有的数据类型：分数(Fraction)。分数由分子和分母组成。在 PySpark 中，将其表示为两个整数的数组。在代码清单 8-7 中，创建了一个数据帧，其中包含两列，分别代表分子和分母。使用 array()函数结合数组列中的两列。

代码清单 8-7 创建包含单个数组列的数据帧

```
import pyspark.sql.functions as F
import pyspark.sql.types as T

fractions = [[x, y] for x in range(100) for y in range(1, 100)]

frac_df = spark.createDataFrame(fractions, ["numerator", "denominator"])

frac_df = frac_df.select(
    F.array(F.col("numerator"), F.col("denominator")).alias(
        "fraction"
    ),
)

frac_df.show(5, False)
# +--------+
# |fraction|
# +--------+
# |[0, 1]  |
# |[0, 2]  |
# |[0, 3]  |
# |[0, 4]  |
# |[0, 5]  |
# +--------+
# only showing top 5 rows
```

分母的值域从 1 开始，因为分母为 0 的分数不正确

array()函数接收两个或多个相同类型的列，并将作为参数传入的列组成一个数组

为了支持新的临时分数类型，我们创建了一些提供基本功能的函数。对于 Python UDF 来说，这将很有帮助，我借此机会介绍 PySpark 创建 UDF 的两种方式。

8.2.1 这一切都从简单的 Python 开始：使用类型化的 Python 函数

本节将介绍如何创建一个与 PySpark 数据帧无缝对接的 Python 函数。虽然 Python 和 Spark 通常可以无缝地协同工作，但创建和使用 UDF 需要一些注意事项。我将介绍如何使用 Python 类型提示来确保代码与 PySpark 类型无缝配合。在本节的最后，我们将编写一个归约分数的函数和一个将分数转换为浮点数的函数。

创建一个作为 Python UDF 的函数，将由以下步骤组成：

(1) 创建并记录这个函数。

(2) 确保输入和输出类型兼容。

(3) 测试这个函数。

在本节中，我提供了两个断言，以确保函数的行为符合预期。

每个 UDF 背后都有一个 Python 函数，因此我们的两个函数如代码清单 8-8 所示。我

将在这段代码中介绍 Python 类型的注解。本节的其余部分将介绍如何在这种情况下使用它们，以及为什么与 Python UDF 结合使用时它们将是一个功能强大的工具。

代码清单 8-8　创建 3 个 Python 函数

```
from fractions import Fraction
from typing import Tuple, Optional

Frac = Tuple[int, int]

def py_reduce_fraction(frac: Frac) -> Optional[Frac]:
    """Reduce a fraction represented as a 2-tuple of integers."""
    num, denom = frac
    if denom:
        answer = Fraction(num, denom)
        return answer.numerator, answer.denominator
    return None

assert py_reduce_fraction((3, 6)) == (1, 2)
assert py_reduce_fraction((1, 0)) is None

def py_fraction_to_float(frac: Frac) -> Optional[float]:
    """Transforms a fraction represented as a 2-tuple of integers into a
     float."""
    num, denom = frac
    if denom:
        return num / denom
    return None

assert py_fraction_to_float((2, 8)) == 0.25
asser t py_fraction_to_float((10, 0)) is None
```

为了“避免重复造轮子”，我们使用了 fractions 模块中的 Fraction 数据类型

一些特定的类型需要导入才能使用：标准库包含标量值的类型，但像 Option 和 Tuple 这样的容器需要显式导入

我们创建了一个类型同义词：Frac。这相当于告诉 Python/mypy：“当你看到 Frac 时，假设它是一个 Tuple[int, int]”(一个包含两个整数的元组)。这使得类型注释更易于阅读

我们的函数接收一个 Frac 作为参数，并返回一个 Optional[Frac]，即“要么是 Frac，要么是 None”

创建了一些断言来检查代码，并确保我得到了预期的行为

这两个函数类似，因此将使用 py_reduce_fraction 并逐行分析它。

函数定义中有一些新元素。frac 参数有一个 : Frac，在冒号前有一个 -> Optional[Frac]。这些添加的内容是类型注释，是确保函数接收和返回我们期望的内容的强大工具。Python 是一种动态语言；这意味着对象的类型在运行时是已知的。在使用 PySpark 的数据帧时，每列只有一种类型，需要确保 UDF 返回的类型一致。可以使用类型提示确保这一点。

Python 的类型检查可以通过多个库来实现，mypy 就是其中之一。可以通过 pip install mypy 来安装它。安装完成后，可以使用 mypy MY_FILE.py 对文件运行 mypy。附录 C 更深入地介绍了 typing 模块和 mypy，以及在 UDF 之外如何应用(以及为什么要应用)它。我将在必要时添加类型注释，因为它可以成为有用的文档，并使代码更健壮。(我的函数期望什么？它返回什么？)

在我的函数定义中，声明 frac 函数参数的类型为 frac，它等价于 Tuple[int, int]或包含两个整数的二元元组。如果我要与他人分享我的代码，这个类型注释会发送一个关于函

数输入类型的信号。此外，如果我试图将不兼容的参数传递给函数，mypy 将发出警告。如果我尝试执行 py_reduce_fraction("one half")，mypy 会告诉我以下信息：

```
error: Argument 1 to "py_reduce_fraction" has incompatible type "str";
expected "Tuple[int, int]"
```

我看到类型错误已经消失了。

第二个类型标注位于函数参数之后，以箭头为前缀，表示函数的返回类型。我们认出了 Frac，但这一次，我将它包装成 Optional 类型。

在 8.1 节中，创建分布在 RDD 上的函数时，需要确保它们不会触发错误而返回 None。我在这里应用同样的概念。检查 denom 是否为真值：如果它等于 0，就返回 None；这种情况非常常见，因此 Python 提供了 Optional[...]类型，即括号内的类型或 None。PySpark 将 None 接受为 null。

类型注释：使用额外的代码来减少错误

类型注释非常有用，而且在与 Python UDF 一起使用时特别好用。由于 PySpark 的执行模型是惰性的，你经常会在操作时得到错误堆栈跟踪。UDF 的栈跟踪信息并不比 PySpark 中的其他栈跟踪信息更难阅读——这就不多说了，但绝大多数 bug 都是由于错误的输入或返回值造成的。类型注释不是万能药，但它是避免和诊断类型错误的好工具。

函数的其余部分相对简单：获取一个 Fraction 对象中的分子和分母，用于约减分数。然后，从 Fraction 中提取分子和分母，并将它们作为两个整数的元组返回，正如我在返回类型注释中所承诺的那样。

我们有两个定义了输入和输出类型的函数。在下一节中，将展示如何将常规 Python 函数转换为 UDF，并将其应用于数据帧。

8.2.2　使用 udf()将 Python 函数转换为 UDF

创建好 Python 函数后，PySpark 提供了一种将其转换为 UDF 的简单机制。本节将介绍 udf()函数，以及如何直接使用它创建 UDF，以及如何使用装饰器简化 UDF 的创建。

PySpark 在 pyspark.sql.functions 模块中提供了 udf()函数，可以将 Python 函数转换为 UDF 等效函数。这个函数接收两个参数：

- 要被转换的函数
- 生成的 UDF 的返回类型

表 8-1 总结了 Python 和 PySpark 的类型等价关系。如果你提供了返回类型，它必须与 UDF 的返回值兼容。

表 8-1　PySpark 中的类型总结。Python 等效列旁边的星号表示 Python 类型更精确或可以包含更大的值，因此需要谨慎对待返回的值

类型构造函数	字符串表示	Python 等效类型
NullType()	null	None
StringType()	string	Python 的常规字符串
BinaryType()	binary	字节数组
BooleanType()	boolean	bool
DateType()	date	datetime.date(来自 datetime 库)
TimestampType()	timestamp	datetime.datetime(来自 datetime 库)
DecimalType(p,s)	decimal	decimal.Decimal(来自 decimal 库)*
DoubleType()	double	float
FloatType()	float	float*
ByteType()	byte 或 tinyint	int*
IntegerType()	int	int*
LongType()	long 或 bigint	int*
ShortType()	short 或 smallint	int*
ArrayType(T)	N/A	列表、元组或 Numpy 数组(来自 numpy 库)
MapType(K, V)	N/A	dict
StructType([...])	N/A	列表或元组

在代码清单 8-9 中，通过 udf()函数将 py_reduce_fraction()转换为 UDF。就像我在 Python 中做的一样，我为 UDF 提供了一个返回类型(这次是一个 Long 型的 Array，因为 Array 是元组的伴生类型，而 Long 是 Python 整数的类型)。一旦 UDF 创建完成，我们就可以像使用其他 PySpark 函数一样使用它。我选择创建一个新的列来展示前后对比；在所示的样本中，分数得到了应有的约减。

代码清单 8-9　使用 udf()函数显式创建 UDF

```
SparkFrac = T.ArrayType(T.LongType())

reduce_fraction = F.udf(py_reduce_fraction, SparkFrac)

frac_df = frac_df.withColumn(
    "reduced_fraction", reduce_fraction(F.col("fraction"))
)

frac_df.show(5, False)
# +--------+----------------+
# |fraction|reduced_fraction|
# +--------+----------------+
# |[0, 1]  |[0, 1]          |
# |[0, 2]  |[0, 1]          |
```

将 long PySpark 类型的数组命名为 SparkFrac 变量

使用 udf()函数转换了我的 Python 函数，并将 SparkFrac -type 作为返回类型

UDF 可以像其他 PySpark 列函数一样使用

```
# |[0, 3]  |[0, 1]         |
# |[0, 4]  |[0, 1]         |
# |[0, 5]  |[0, 1]         |
# +--------+---------------+
# only showing top 5 rows
```

还可以创建自己的Python函数，并使用udf函数作为装饰器将其提升为UDF。装饰器是通过函数定义上方的@符号将函数应用到其他函数上的函数(我们称该函数为装饰函数)。这允许用最少的样板代码(更多信息请参见附录C)改变函数的行为(这里使用常规的Python函数定义创建UDF)。在代码清单8-10中，使用@F.udf([return_type])在函数定义之前直接将py_fraction_to_float()(现在简称为fraction_to_float())定义为UDF。在这两种情况下，都可以通过调用frac属性从UDF中访问底层函数。

代码清单 8-10 使用 udf()装饰器直接创建 UDF

```
@F.udf(T.DoubleType())
def fraction_to_float(frac: Frac) -> Optional[float]:
    """Transforms a fraction represented as a 2-tuple of integers into a float."""
    num, denom = frac
    if denom:
        return num / denom
    return None


frac_df = frac_df.withColumn(
    "fraction_float", fraction_to_float(F.col("reduced_fraction"))
)

frac_df.select("reduced_fraction", "fraction_float").distinct().show(
    5, False
)
# +----------------+-------------------+
# |reduced_fraction|fraction_float     |
# +----------------+-------------------+
# |[3, 50]         |0.06               |
# |[3, 67]         |0.04477611940298507|
# |[7, 76]         |0.09210526315789473|
# |[9, 23]         |0.391304347826087  |
# |[9, 25]         |0.36               |
# +----------------+-------------------+
# only showing top 5 rows
assert fraction_to_float.func((1, 2)) == 0.5
```

这个装饰器执行与udf()函数相同的功能，但返回一个名称为其下方定义的函数的UDF

为了执行断言，使用UDF的func属性，它返回一个可以被调用的函数

在本章中，我们以最紧密的方式有效地结合了Python和Spark。使用RDD，你对容器内数据拥有全面的控制权，但也要负起创建函数和使用高阶函数(如map()、filter()和reduce())处理容器内数据对象的责任。对于数据帧，UDF是最佳工具：你可以将Python函数转换为使用列作为输入和输出的UDF，但以牺牲Spark与Python数据之间结合的性能为代价。

下一章将会把这一层次提升到更高水平：我们将深入探讨PySpark和pandas之间通过特殊类型的UDF的交互。PySpark和pandas是一个有吸引力的组合，通过Spark框架

扩展 pandas 的能力提高了这两个库的水平。有趣且强大的功能正等待我们去探索！

8.3　本章小结

- 弹性分布式数据集相比数据帧的记录和列方法，更具灵活性。
- 要在分布式的 Spark 环境中运行 Python 代码，最底层、最灵活的方式就是使用 RDD。使用 RDD 时，你的数据没有任何结构限制，需要在程序中管理类型信息，并对潜在的异常进行防御。
- RDD 上用于数据处理的 API 很大程度上受到了 MapReduce 框架的启发。可以在 RDD 的对象上使用高阶函数，如 map()、filter()和 reduce()。
- 数据帧最基本的 Python 代码转换功能叫作(PySpark) UDF，它模拟了 RDD 中的"map"部分。你可以将它用作标量函数，接收列对象作为参数并返回单个列。

8.4　扩展练习

练习 8-3

使用以下定义，创建一个 temp_to_temp(value, from, to)函数，进行温度转换。

- C = (F − 32) * 5 / 9 (摄氏温标)
- K = C + 273.15 (绝对温标)
- R = F + 459.67 (绝对华氏温标)

练习 8-4

请改正下面的 UDF，使其不再产生错误。

```
@F.udf(T.IntegerType())
def naive_udf(t: str) -> str:
    return answer * 3.14159
```

练习 8-5

创建一个将两个分数相加的 UDF，并在 test_frac 数据帧中将 reduced_fraction 与自身相加进行测试。

练习 8-6

由于有 LongType()，如果分子或分母大于 pow(2, 63)−1 或小于−pow(2, 63)，py_reduce_fraction(参见前一个练习)将不起作用。如果是这种情况，请修改 py_reduce_fraction，使其返回 None。

另外，这会改变注解提供的类型吗?为什么?

第 9 章

大数据就是大量的小数据：使用 pandas UDF

本章主要内容

- 与 Python UDF 相比，使用 pandas Series UDF 加速列转换
- 使用 Series UDF 的迭代器解决一些 UDF 的冷启动问题
- 在拆分应用组合编程模式中控制批量组合
- pandas UDF 最佳实现

本章对 PySpark 分布式特性的处理略有不同。如果我们花几秒钟考虑一下，将数据读入一个数据帧，然后 Spark 在节点上跨分区分发数据。如果可以直接操作这些分区，就像它们是单节点数据帧，会怎么样呢？更有趣的是，如果使用已知的工具来控制如何创建和使用这些单节点分区，情况会如何呢？使用 pandas 会怎样？

在大规模进行数据分析时，PySpark 与 pandas(也通俗地称为 pandas UDF)的互操作性是一个巨大的卖点。pandas 是主要的内存 Python 数据操作库，而 PySpark 是主要的分布式库。将两者结合起来就可以创造更多的可能性。

在本章中，我们将从扩展一些基本的 pandas 数据操作功能开始。然后，研究在 GroupedData 上操作，以及 PySpark 与 pandas 如何实现数据分析常用的拆分—应用—组合模式。我们以 pandas 和 PySpark 之间的最终交互结束本章：把一个 PySpark 数据帧当作一个 pandas DataFrames 的小集合。

本章显然充分利用了 pandas (http://pandas.pydata.org)库。如果你对 pandas 有充分的了解，那将对后面的学习很有帮助，但这不是必需的。这一章将涵盖必要的 pandas 技术，告诉你如何使用 pandas 的 UDF。如果你希望提升你的 pandas 技能，成为一名 pandas UDF 专家，请阅读 *Pandas in Action*(Manning，2021)。此书已于 2022 年由清华大学出版社引进并出版，中文书名是《Pandas 数据分析与实践》。

两个不同版本

PySpark 3.0 完全改变了我们与 pandas UDF API 的交互方式，并增加了很多功能，也改进了性能。正因为如此，我在构建本章时使用了 PySpark 3.0。对于那些使用 PySpark 2.3 或 PySpark 2.4 的用户，为了方便起见，我添加了一些使用相关语法的说明。

pandas UDF 是在 PySpark 2.3 中引入的。如果你正在使用 Spark 2.2 或之前的版本，那么你就无法使用它了！

对于本章中的示例，你需要 3 个以前未使用过的库：pandas、scikit-learn 和 PyArrow。如果你已经安装了 Anaconda(参见附录 B)，则可以使用 conda 安装库；否则，可以使用 pip[1]。

如果使用的是 Spark 2.3 或 Spark 2.4，还需要在 Spark 根目录的 conf/sparkenv.sh 文件中设置一个标志，以适应 Arrow 序列化格式的变化。Spark 根目录是在安装 Spark 时用 SPARK_HOME 环境变量设置的目录，参见附录 B。在 conf/目录中，应该可以找到一个 spark-env.sh.template 文件。创建一个副本，命名为 spark-env.sh，并在文件中添加这一行：

```
ARROW_PRE_0_15_IPC_FORMAT=1
```

这将告诉 PyArrow 使用与大于 2.0 的 Spark 版本兼容的序列化格式，而不是只与 Spark 3.0 兼容的新版本。Spark JIRA ticket 包含更多相关信息(https://issues.apache.org/jira/browse/SPARK-29367)。也可以使用 PyArrow 0.14 版本来完全避免这个问题：

```
# Conda installation
conda install pandas scikit-learn pyarrow

# Pip installation
pip install pandas scikit-learn pyarrow
```

9.1 通过 pandas 进行列转换：使用 Series UDF

在本节中，我们将介绍最简单的 pandas UDF 家族：Series UDF。这个 Series 与常规的 PySpark 数据转换函数具有共同的列优先的特点。本节中的所有 UDF 都将接受一个(或多个)Column 对象作为输入，并返回一个 Column 对象作为输出。在实践中，它们是最常见的 UDF 类型。当你希望引入 panda 中已经实现的功能——或者可以很好地使用 panda 的库——并将其推广到 PySpark 的分布式环境时，它们可以发挥作用。

PySpark 提供了 3 种类型的 Series UDF。以下是它们的概要；我们将在本节的其余部分进一步探讨它们。

- Series 到 Series(Series to Series)是最简单的。它接受 Columns 对象作为输入，将它们转换为 pandas Series 对象(赋予其名称)，并返回一个 Series 对象，该对象被转换回 PySpark Column 对象。

1 在 Windows 系统中，有时你可能会遇到 pip wheels 的问题。如果发生这种情况，请参考 PyArrow 文档来安装：https://arrow.apache.org/docs/python/install.html。

- 对于 Series 迭代器到 Series 迭代器(Iterator of Series to Iterator of Series)来说，Column 对象被分批处理，然后作为迭代器对象提供。它接受单个 Column 对象作为输入并返回单个 Column。它提供了性能改进，特别是当 UDF 需要在处理数据之前初始化一个昂贵的状态时(例如，在 scikit-learn 中创建的本地 ML 模型)。
- 多 Series 迭代器到 Series 迭代器(Iterator of multiple Series to Iterator of Series)，是以前 SeriesUDF 的组合，可以接受多个 Column 作为输入，就像 Series 到 SeriesUDF 一样，但保留了“Series 迭代器到 Series 迭代器”的迭代器模式。

注意

还有一个“Series to Scalar UDF”，它是 Group Aggregate UDF 系列的一部分。有关详细信息，请参阅 9.2.1 节。虽然它看起来与前面提到的 3 个相似，但它们的用途不同。

在开始研究 Series UDF 之前，让我们获取一个数据集以进行实验。下一节会介绍如何将 PySpark 连接到谷歌的 BigQuery 的数据集，从而有效地从数据仓库读取数据。

9.1.1 将 Spark 连接到谷歌的 BigQuery

本节提供了将 PySpark 连接到谷歌的 BigQuery 的说明。在 BigQuery 中，我们将使用美国国家海洋和大气管理局(NOAA)的全球地表日摘要(GSOD)数据集。同样，这为将 PySpark 连接到其他数据仓库(如 SQL 或 NoSQL 数据库)提供了蓝图。Spark 有一个不断增长的连接器列表，用于流行的数据存储和处理解决方案——虽然我们无法介绍所有的连接器！但它通常会遵循与 BigQuery 相同的步骤：

(1) 安装和配置连接器(如果需要)，遵循供应商的文档。

(2) 自定义 SparkReader 对象以适应新的数据源类型。

(3) 读取数据，根据需要进行身份验证。

你不需要使用 BigQuery

我理解使用 GCP 账户只是为了访问一些数据可能会有点麻烦。建议你尝试一下，这是连接 Spark 与外部数据源的典型方法。但如果你只是想熟悉本章的内容，请跳过本节的其余部分，并使用存储库中的(Parquet)数据。

```
gsod = (
    reduce(
        lambda x, y: x.unionByName(y, allowMissingColumns=True),
        [
            spark.read.parquet(f"./data/gsod_noaa/gsod{year}.parquet")
            for year in range(2010, 2021)
        ],
    )
    .dropna(subset=["year", "mo", "da", "temp"])
    .where(F.col("temp") != 9999.9)
    .drop("date")
)
```

安装和配置连接器

谷歌的 BigQuery 是一个无服务器的数据仓库引擎，它使用 SQL 快速处理数据。谷歌提供了许多用于实验的公共数据集。在本节中，我们安装并配置谷歌 Spark BigQuery 连接器，以直接访问通过 BigQuery 提供的数据。

首先，你需要一个 GCP 账户。创建账户后，你需要创建一个服务账户和一个服务账户密钥，以告诉 BigQuery 让你以编程方式访问公共数据。选择“Service Account”(在 IAM & Admin 下)，单击“+Create Service Account”。给你的服务账户起一个有意义的名字。在“service account permissions”菜单中选择“BigQuery→BigQuery admin”，单击 Continue 按钮。在最后一步中，单击“+ CREATE KEY”并选择 JSON。下载密钥并存储在安全的地方(如图 9-1 所示)。

警告

像对待其他密码一样对待这个密钥。如果密钥被盗，回到“Service Accounts”菜单，删除此密钥，并创建一个新的密钥。

创建账户并下载密钥后，现在就可以获取连接器了。该连接器托管在 GitHub (http://mng.bz/aDZz)上。因为它正在积极开发中，安装和使用说明可能会随着时间的推移而改变。

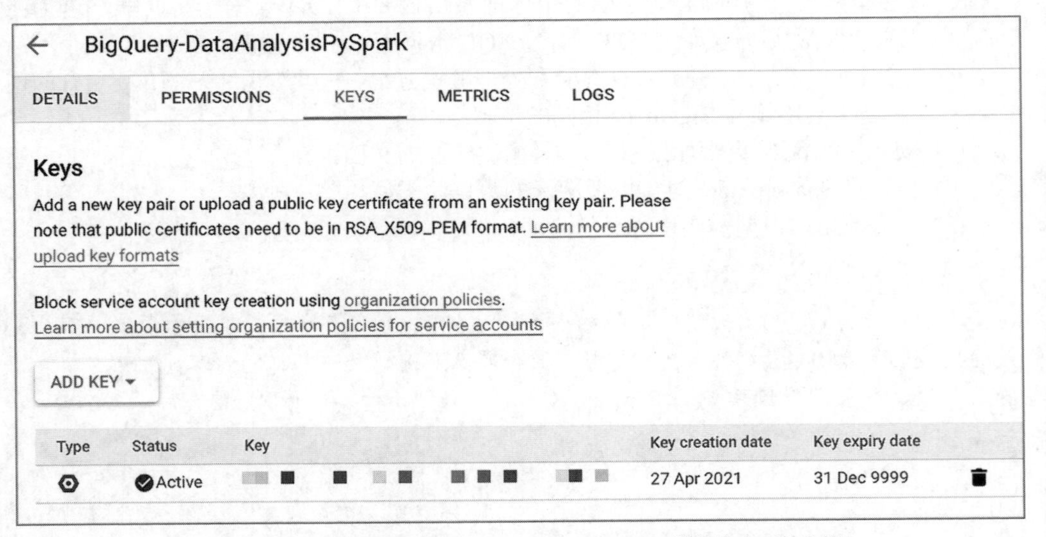

图 9-1 我创建的在 BigQuery-DataAnalysisPySpark 服务账户下的密钥

我鼓励你阅读它的 README 文件。现在不需要下载连接器，让 Spark 在下一步中处理它。

通过连接器在 PySpark 和 BigQuery 之间建立连接

现在，使用上一节创建的连接器和密钥在 BigQuery 和 PySpark 环境之间建立连接。这将是闭环操作，并将 PySpark shell 直接连接到 BigQuery，高效地将其用作外部数据存储。

如果你通过普通的 Python shell 使用 PySpark 并让它运行起来(如附录 B 所示)，则需要重启 Python shell。在这种情况下，简单地使用 spark .stop()并启动一个新的 SparkSession 是不起作用的，因为我们要向 Spark 安装中添加一个新的依赖。使用 Python REPL，如代码清单 9-1 所示，添加一个 config 标志：spark.jars.packages。这指示 Spark 获取并安装外部依赖，在我们的例子中就是 com.google.cloud.spark:spark-bigquery 连接器。由于这是一个 Java/Scala 依赖，因此需要匹配正确的 Spark 和 Scala 版本(写作本书时，使用的是 Spark 3.2, Scala 2.12)；有关最新信息，请参阅连接器的 README 文件。

实例化 SparkSession 时打印的日志消息不言自明：Spark 从 Maven Central 获取连接器。Maven Central 是 Java 和 JVM 语言包的中央存储库，作用类似于对你的 Spark 实例应用 Python 的 PyPI，使用 pip 对包进行安装并配置。不需要手动下载！

代码清单 9-1　在 Python shell 中使用 BigQuery 连接器初始化 PySpark

```
from pyspark.sql import SparkSession

spark = SparkSession.builder.config(
    "spark.jars.packages",
    "com.google.cloud.spark:spark-bigquery-with-dependencies_2.12:0.19.1",
).getOrCreate()

# [...]
# com.google.cloud.spark#spark-bigquery-with-dependencies_2.12 added as a
    dependency
# :: resolving dependencies :: org.apache.spark#spark-submit-parent-77d4bbf3-
    1fa4-4d43-b5f7-59944801d46c;1.0
#    confs: [default]
#    found com.google.cloud.spark#spark-bigquery-withdependencies_
    2.12;0.19.1 in central
# downloading https:/ /repo1.maven.org/maven2/com/google/cloud/spark/sparkbigquery-
    with-dependencies_2.12/0.19.1/spark-bigquery-withdependencies_
    2.12-0.19.1.jar ...
# [SUCCESSFUL ] com.google.cloud.spark#spark-bigquery-withdependencies_
    2.12;0.19.1!spark-bigquery-with-dependencies_2.12.jar
    (888ms)
# :: resolution report :: resolve 633ms :: artifacts dl 889ms
#   :: modules in use:
#   com.google.cloud.spark#spark-bigquery-with-dependencies_2.12;0.19.1
    from central in [default]
#   ---------------------------------------------------------------------
#   |                  |            modules            ||   artifacts   |
#   |       conf       | number | search |dwnlded|evicted|| number|dwnlded|
#   ---------------------------------------------------------------------
#   |     default      |   1    |   1    |   1   |   0   ||   1   |   1   |
#   ---------------------------------------------------------------------
# :: retrieving :: org.apache.spark#spark-submit-parent-77d4bbf3-1fa4-4d43-
    b5f7-59944801d46c
#   confs: [default]
#   1 artifacts copied, 0 already retrieved (33158kB/23ms)
```

我在自己的计算机上使用了 Spark/Scala 的推荐版本(3.2/2.12)。检查连接器的存储库以获取最新版本现在，PySpark 连接到 BigQuery，只需要通过 GCP 使用我们的身份验证密钥就可以读取数据。

直接调用 PySpark 时使用连接器

如果你的环境无法动态下载依赖(比如在公司防火墙后面)，可以手动下载 jar 包，并在实例化 SparkSession 时，通过 spark.jars 标志指定 jar 包的位置。另一种方法是，当使用 pyspark 或 spark-submit 启动 REPL 或 PySpark 作业时，使用--jars 配置参数。

```
pyspark --jars spark-bigquery-latest.jar
spark-submit --jars spark-bigquery-latest.jar my_job_file.py
```

如果你在云端使用 PySpark，请参阅 PySpark 的提供商文档。每个云提供商都用不同的方式管理 Spark 依赖和库。

如果在 Python/IPython shell 中使用 PySpark，则可以在创建 SparkSession 时直接从 Maven (相当于 Java/Scala 中的 PyPI)加载 PySpark 库。

通过密钥从 BigQuery 读取数据

现在是创建 pandas UDF 的最后阶段：配置好环境后，我们只需要读取数据。在本节中，我们收集了 BigQuery 中 10 年的天气数据，总计超过 4000 万条记录。

从 BigQuery 读取数据很简单。在代码清单 9-2 中，使用了 BigQuery 专用的 SparkReader——由嵌入 PySpark shell 中的 connector 库提供——它提供了以下两个选项。

- table 参数用来设定要采集的表。格式为 project.dataset.table。bigquery-public-data 是一个所有人都可以使用的项目。
- credentialsFile 是 9.1.1 节下载的 JSON 密钥。需要根据文件的位置调整路径和文件名。

代码清单 9-2　读取 2010—2020 年 stations 和 gsod 表的数据

在 BigQuery 中，可以通过 bigquery-public-data.noaa_gsod.gsodXXXX 获得 stations 表数据，其中 XXXX 为四位数年份

```
from functools import reduce
import pyspark.sql.functions as F


def read_df_from_bq(year):
    return (
        spark.read.format("bigquery").option(
          "table", f"bigquery-public-data.noaa_gsod.gsod{year}"
        )
        # .option("credentialsFile", "bq-key.json")
        .load()
    )


gsod = (
    reduce(
```

由于读取所有表的方式相同，我将读取例程抽象到一个可重用的函数中，返回结果数据帧

通过 format()方法使用 bigquery 专用读取器

将我的 JSON 服务账户密钥传递给 credentialsFile 选项，以告诉谷歌允许我使用 BigQuery 服务

```
        lambda x, y: x.unionByName(y, allowMissingColumns=True),
        [read_df_from_bq(year) for year in range(2010, 2021)],
    )
    .dropna(subset=["year", "mo", "da", "temp"])
    .where(F.col("temp") != 9999.9)
    .drop("date")
)
```

在数据帧的列表推导式上创建了一个 lambda 函数以整合它们

在这里，我不使用循环结构，而是提出一种方便的模式，使用 reduce 在 PySpark 中合并多张表，reduce 在第 7 章也用过。如果我们把 reduce 操作分解成离散的步骤，就更容易理解。

我从年份范围开始(在我的例子中，从 2010 年至 2020 年，包括 2010 年但不包括 2020 年)。为此，使用 range()函数。

我将辅助函数 read_df_from_bq()通过列表推导式应用于每年，得到一个数据帧列表。我不必担心内存消耗，因为列表只包含对数据帧的引用(DataFrame[...])。

作为归约函数，我使用了一个 lambda 函数(在第 8 章创建单用途函数时使用过)，该函数根据列名(用 unionByName)合并两个数据帧。reduce 将获取列表中的第一个数据帧，并将其与第二个数据帧合并。然后，它将获取上一个 union 的结果，并对下一个数据帧使用该结果。最终结果是一个包含从 2010 年至 2020 年的所有记录的数据帧。

可以使用 for 循环迭代地完成此操作。代码清单 9-3 展示了如何在不使用 reduce()的情况下实现同样的目标。因为高阶函数通常会生成更简洁的代码，所以我更喜欢使用高阶函数，而不是循环结构。

代码清单 9-3　通过循环读取 2010 年至 2020 年的 gsod 数据

```
gsod_alt = read_df_from_bq(2010)
for year in range(2011, 2020):
    gsod_alt = gsod_alt.unionByName(
        read_df_from_bq(year), allowMissingColumns=True
    )
gsod_alt = gsod_alt.drop("date")
```

当使用循环的方式创建联合表时，需要一个显式的起始“种子”。我用的是 2010 年的表格

由于 gsod2020 有一个前几年没有的额外的日期列，unionByName 将用 null 填充值，因此我们将 True 传递给 allowMissingColumns 属性。相反，日期在数据集中用 3 个整数列表示：year、mo(月)和 da(日)。

提示：

如果你使用的是本地 Spark，2010—2019 年的加载会让本章的示例变得非常慢。我在本地运行程序时，只使用 2018 年的数据，因此代码不会执行很久。但如果你使用更强大的环境，则可以将范围延长几年。gsod 表可以追溯到 1929 年。

在本节中，我们从一个数据仓库中读取了大量数据，并组装了一个数据帧，表示 10 年来全球的天气信息。在接下来的几节中，将介绍 3 种 Series UDF，从最常见的 UDF 开始：Series to Series UDF。

9.1.2 Series to Series UDF：使用 pandas 的列函数

本节介绍 pandas 中最常见的 UDF 类型：Series to Series UDF，也称为标量 UDF。Series to Series UDF 类似于 pyspark.sql 模型中的大多数函数。在大多数情况下，它们的工作方式与 Python UDF(见第 8 章)类似，但有一个关键区别：Python UDF 一次处理一条记录，可以通过常规的 Python 代码表达逻辑。标量 UDF 每次处理一个 Series，通过 pandas 代码表达逻辑。两者的区别很微妙，但更容易用视觉上的方式进行解释。

在 Python UDF 中，当将列对象传递给 UDF 时，PySpark 将解包每个值，执行计算，然后返回列对象中每条记录的值。在图 9-2 所示的标量 UDF 中，PySpark 会(通过本章开始安装的 PyArrow 库)将每一列分区后的数据序列化为一个 pandas Series 对象(http://mng.bz/g41l)，然后直接在 Series 对象上执行操作，从 UDF 返回相同维度的 Series。从最终用户的角度来看，它们在功能上是相同的。由于 pandas 针对快速数据操作进行了优化，因此最好使用 Series to Series UDF，而不是使用常规的 Python UDF，因为它执行的速度更快。

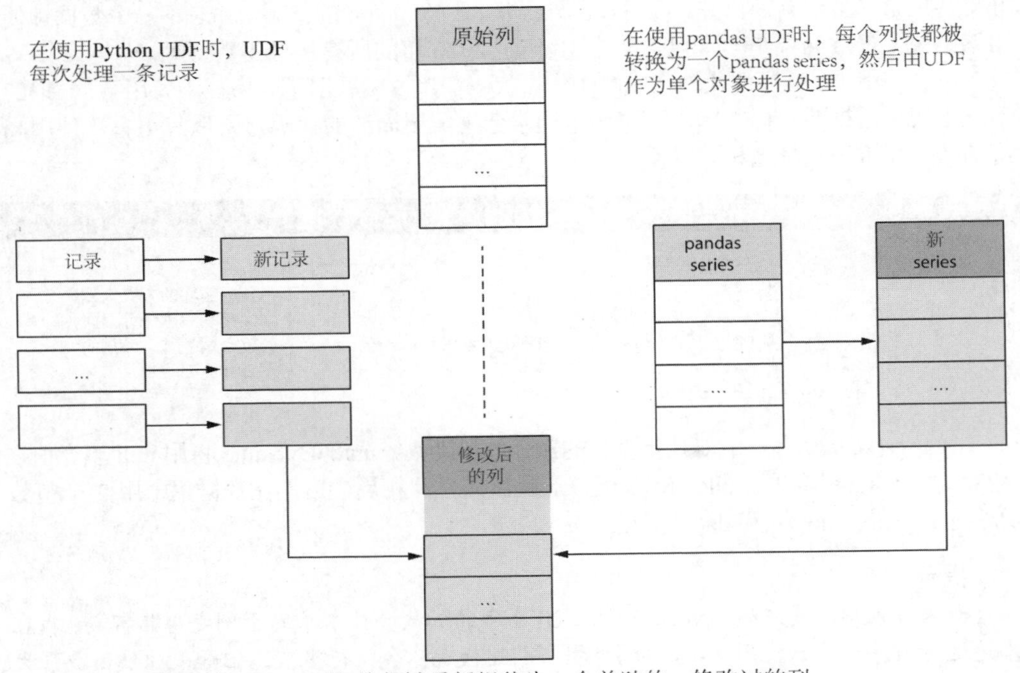

图 9-2 比较 Python UDF 和 pandas 标量 UDF。前者将一列拆分为单个记录，而后者将它们拆分为一个 Series

了解了 Series to Series UDF 的工作原理后，让我们自己创建一个 UDF。我选择创建一个将华氏度转换为摄氏度的简单函数。在加拿大，根据使用情况，我们使用两种温标：做饭时使用℉，对于身体或外部温度使用℃。作为一个真正的加拿大人，我在 350℉ 下做饭，但知道 10℃就要穿毛衣。这个函数如代码清单 9-4 所示。它们的构建模块出奇地相似，但我们可以从中找出两个主要的区别。

- 我使用 pyspark.sql.functions 模块中的 pandas_udf()，而不是 udf()。可以选择(但推荐)将 UDF 的返回类型作为参数传递给 pandas_udf()装饰器。
- 我们的函数签名也不同：UDF 没有使用标量值(如 int 或 str)，而是使用 pd.Series 作为参数，并返回一个 pd.Series。

函数中的代码可以像普通的 Python UDF 一样使用。我(可以)使用的是通过 pandas Series 进行算术运算的事实。

代码清单 9-4　创建一个将华氏温度转换为摄氏温度的 pandas 标量 UDF

```
import pandas as pd
import pyspark.sql.types as T


@F.pandas_udf(T.DoubleType())
def f_to_c(degrees: pd.Series) -> pd.Series:
    """Transforms Farhenheit to Celcius."""
    return (degrees - 32) * 5 / 9
```

对于标量 UDF，最大的变化发生在使用的装饰器上。也可以直接使用 pandas_udf 函数

Series to Series UDF 的签名是一个接收一个或多个 pandas.Series 参数的函数

提示

如果你使用的是 Spark 2 版本，则需要在这里的装饰器中添加另一个参数，因为只有 Spark 3.0 及更高版本能识别 pandas UDF 的函数签名。代码清单 9-4 中的代码会读取 @F.pandas_udf(T.DoubleType (), PandasUDFType.SCALAR)。请参阅 PySpark 的官方文档：http://mng.bz/5KZz。

在代码清单 9-5 中，我们将新创建的 Series to Series UDF 应用到 gsod 数据帧的 temp 列上，该列包含每个 stationday 组合的温度(华氏度)。与普通的 Python UDF 一样，Series to Series UDF(以及所有标量 UDF)的使用方式与任何数据处理函数一样。在这里，使用 withColumn()创建了一列 temp_c，并在 temp 列上应用了 f_to_c 温度转换。

代码清单 9-5　像其他列操作函数一样使用 Series to Series UDF

```
gsod = gsod.withColumn("temp_c", f_to_c(F.col("temp")))
gsod.select("temp", "temp_c").distinct().show(5)

# +-----+-------------------+
# | temp|             temp_c|
# +-----+-------------------+
# | 37.2| 2.8888888888888906|
# | 85.9| 29.944444444444443|
# | 53.5| 11.944444444444445|
# | 71.6| 21.999999999999996|
# |-27.6|-33.111111111111114|
# +-----+-------------------+
```

```
# only showing top 5 rows
```

Series to Series UDF，就像常规 Python UDF 一样，如果 PySpark 的函数(pyspark .sql.functions)没有提供以记录为维度的转换(或映射)，使用 Series to Series UDF 将非常方便。创建一个华氏温度到摄氏温度的转换器作为核心 Spark 的一部分会有点麻烦，因此，可以使用 Python 或 pandas 的 Series to Series UDF 来扩展核心功能。接下来，会看到如何在 PySpark 中更好地控制拆分，以及如何使用拆分－应用－合并模式。

在 pandas UDF 中处理复杂类型

PySpark 拥有比 pandas 更丰富的数据类型系统，它将字符串和复杂类型组合成一个通用的对象类型。由于在 UDF 执行期间，你将从 PySpark 转到 pandas 中，因此你只负责相应的调整类型即可。这就是 pandas_udf 装饰器的返回类型属性派上用场的地方，因为它有助于及早诊断错误。

如果你想接受或返回复杂类型，例如结构体的数组，该怎么办？pandas 将接受一系列项目列表作为值，这些项目将被转换为 ArrayType 列。对于 StructType 列，需要将相关的 pd.Series 替换为 pd.DataFrame。在第 6 章中，我们看到结构列就像迷你数据帧，在这里它们依旧等价！

9.1.3 标量 UDF+冷启动=Series UDF 的迭代器

提示

这仅适用于 PySpark 3.0+。

本节结合了另外两种类型的标量 UDF: Series 迭代器到 Series 迭代器 UDF 和多 Series 迭代器到 Series 迭代器 UDF。因为它们在应用程序中与 Series to Series UDF 非常相似，所以我将重点介绍赋予它们强大功能的 Iterator 部分。当你需要执行代价高昂的冷启动操作时，Series UDF 的迭代器非常有用。所谓冷启动，是指在处理步骤开始之前，在处理数据之前需要执行一次的操作。反序列化本地 ML 模型(使用 scikit-learn 或其他 Python 建模库)就是一个例子：需要为整个数据帧解包并读取一次模型，然后它就可以用于处理所有记录。在这里，将重用 f_to_c 函数，但将添加一个冷启动来演示其用法。

代码清单 9-6 中的 UDF 类似于 9.1.2 节中的 Series to Series UDF。应注意以下几点差异：

- 签名从(pd.Series) -> pd.Series 到(Iterator[pd.Series]) ->Iterator[pd.Series]。这是使用 Series UDF 迭代器的结果。
- 当使用 Series to Series UDF 时，假设 PySpark 每次提供一批数据。在这里，由于使用的是 Series 迭代器，因此显式地逐一迭代每个批处理。PySpark 会为我们分发工作。
- 我们不使用 return 值，而是使用 yield，以便函数返回一个迭代器。

代码清单 9-6　使用 Series 迭代器到 Series UDF 迭代器

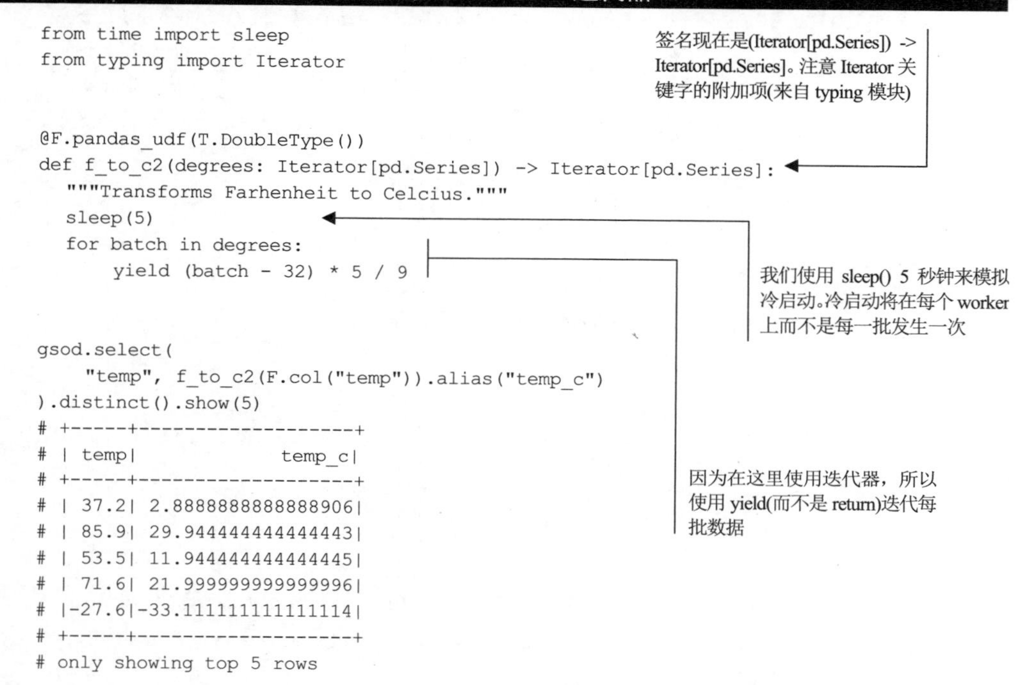

```
from time import sleep
from typing import Iterator


@F.pandas_udf(T.DoubleType())
def f_to_c2(degrees: Iterator[pd.Series]) -> Iterator[pd.Series]:
   """Transforms Farhenheit to Celcius."""
   sleep(5)
   for batch in degrees:
       yield (batch - 32) * 5 / 9


gsod.select(
    "temp", f_to_c2(F.col("temp")).alias("temp_c")
).distinct().show(5)
# +-----+-------------------+
# | temp|             temp_c|
# +-----+-------------------+
# | 37.2| 2.8888888888888906|
# | 85.9| 29.944444444444443|
# | 53.5| 11.944444444444445|
# | 71.6| 21.999999999999996|
# |-27.6|-33.111111111111114|
# +-----+-------------------+
# only showing top 5 rows
```


我们已经讨论了 Series 迭代器到 Series 迭代器的情况。对于多个 Series 迭代器到 Series 迭代器呢？这种特殊情况是在一个迭代器中包装多列。对于本例，将把 year、mo 和 da 列(表示年、月和日)组合到一列中。这个例子需要比使用单一 Series 迭代器更多的数据转换；图 9-3 说明了数据转换的过程。

我们的日期合成 UDF(见代码清单 9-7)的工作方式如下：

(1) year_mo_da 是 Series 元组的迭代器，表示 year、mo 和 da 列中包含的所有批次值。

(2) 为了访问每个批处理，我们在迭代器上使用 for 循环，原理与 Series UDF 迭代器相同(见 9.1.3 节)。

(3) 为了从元组中提取每个 Series，我们使用多次赋值。在本例中，year 将映射到元组的第一个 Series, mo 映射到第二个 Series, da 映射到第三个 Series。

(4) 因为 pd.to_datetime 请求一个包含年、月和日列的数据帧，我们通过字典创建数据帧，并给键提供相关的列名。pd.to_datetime 返回一个 Series。

(5) 最后，通过 yield 得到了构建 Series 迭代器的结果。

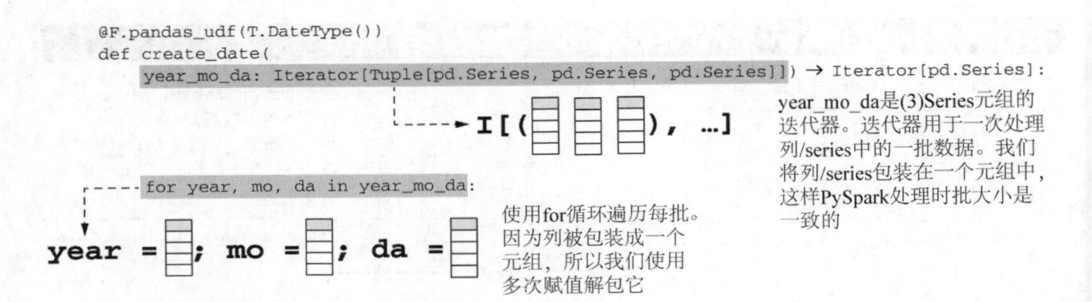

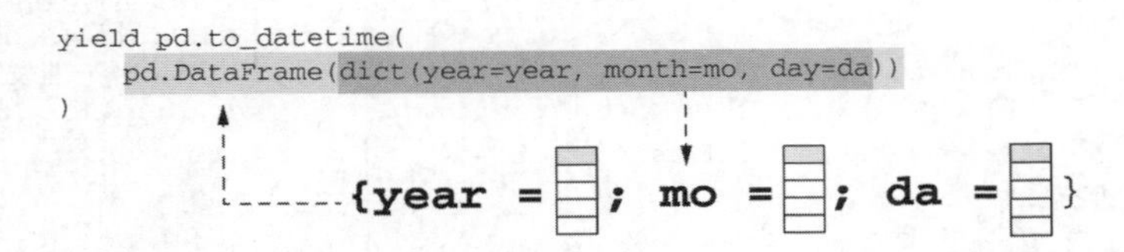

pd_to_datetime需要一个包含该列的年、月和日的数据帧。我们将Series包装成一个字典，以提供相关的列名，并在返回日期Series之前将结果传递给pd. DataFrame

图 9-3 将 3 个 Series 的值转换为单个日期列。我们使用 for 循环遍历每批，使用多重赋值从元组中获取单列，并将它们打包到一个字典中，该字典将发送到一个数据帧中，在该数据帧中可以应用 to_datetime()函数

代码清单 9-7 使用多 Series UDF 的迭代器从 3 列中合成日期

```
from typing import Tuple


@F.pandas_udf(T.DateType())
def create_date(
    year_mo_da: Iterator[Tuple[pd.Series, pd.Series, pd.Series]]
) -> Iterator[pd.Series]:
    """Merges three cols (representing Y-M-D of a date) into a Date col."""
    for year, mo, da in year_mo_da:
        yield pd.to_datetime(
            pd.DataFrame(dict(year=year, month=mo, day=da))
        )


gsod.select(
    "year", "mo", "da",
    create_date(F.col("year"), F.col("mo"), F.col("da")).alias("date"),
).distinct().show(5)
```

关于如何使用标量 UDF 的概述到此结束。在进行列级转换时，标量 UDF 非常有用，就像 pyspark.sql.functions 中的函数一样。当使用任何标量用户定义函数时，需要记住，PySpark 在应用它时不会保证批的顺序。如果你遵循在使用 PySpark 列函数时使用的“列进列出”的原则，将不会出错。

提示

默认情况下，Spark 的目标是每批处理 10 000 条记录。当创建 SparkSession 对象时，可以使用 spark.sql. execution .arrow .maxRecordsPerBatch 配置自定义每批的最大条数；对于大多数工作来说，10 000 条记录是一个很好的选择。如果你正在使用较小的内存执行程序，则可能希望减少内存占用。

如果你需要考虑基于一列或多列的批处理组合，则需要学习如何在 GroupedData 对象上应用 UDF(见第 5 章)，以便在下一节中对记录进行更精细的控制。我们不仅将创建聚合函数(如 sum())，还将在控制批的组合时应用函数。

练习 9-1

在下面的代码块中，WHICH_TYPE 和 WHICH_SIGNATURE 的值是什么？

```
exo9_1 = pd.Series(["red", "blue", "blue", "yellow"])


def color_to_num(colors: WHICH_SIGNATURE) -> WHICH_SIGNATURE:
    return colors.apply(
        lambda x: {"red": 1, "blue": 2, "yellow": 3}.get(x)
    )


color_to_num(exo9_1)

# 0    1
# 1    2
# 2    2
# 3    3

color_to_num_udf = F.pandas_udf(color_to_num, WHICH_TYPE)
```

9.2　分组数据上的 UDF：聚合与应用

本节将介绍需要关注批次组成的 UDF。这在两种情况下很有用。作为补充，我提供了 Spark 3 版本中用到的常用名称。

- 分组聚合 UDF：你需要使用第 5 章中介绍的聚合函数，如 count()或 sum()。
- 分组映射 UDF：你的数据帧可以根据某些列的值分成多个批次；然后，就像处理 pandas 的 DataFrame 一样，对每一批数据执行一个函数，然后再将每一批数据组合成一个 Spark 数据帧。例如，我们可以按气象站月份对 gsod 数据进行批量处理，并对结果数据帧执行操作。

组聚合 UDF 和组映射 UDF 都是 PySpark 对拆分－应用－合并模式的解决方案。从本质上讲，拆分－应用－合并只是数据分析中经常用到的 3 个步骤。

(1) 将数据集拆分为逻辑批次(使用 groupby())。

(2) 对每个批次独立地应用一个函数。

(3) 将多个批次合并为一个统一的数据集。

坦白地说，直到有一天有人指着我的代码说：“你在拆分－应用－合并方面做得很好。”我才知道这个模式的名字。你可能也会凭直觉使用它。在 PySpark 的世界里，我更多地将其视为一种分而治之的做法，如图 9-4 所示。

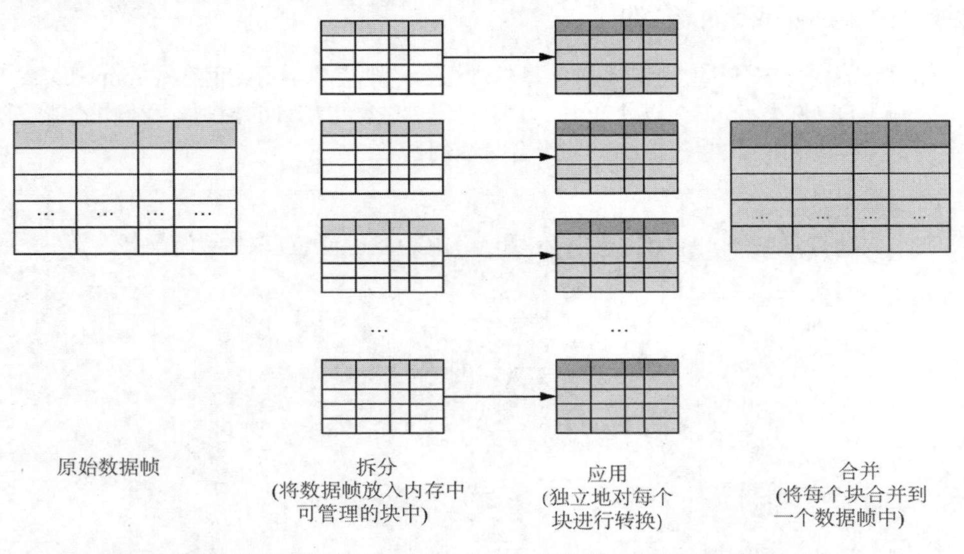

图 9-4 通过图形描述了拆分－应用－合并。对数据帧进行批处理/分组，并使用 pandas 处理每个数据帧，然后再将它们合并为一个(Spark)数据帧

这里，我们将介绍每种 UDF 类型，并说明每种 UDF 与拆分－应用－合并模式的关系。虽然组映射和组聚合 UDF 属于同一族，都处理 GroupedData 对象(第 5 章讨论 groupby()方法时已经看到)，但它们的语法和用法完全不同。

警告

能力越大，责任越大：在对数据帧进行分组时，请确保每个批次/组都是“pandas-size”(即，它可以轻松地加载到内存中)。如果一个或多个批次太大，你将看到内存不足的异常。

9.2.1 分组聚合 UDF

注意

仅在 Spark 2.4 之后可用。Spark 2.4 提供了一个名为 PandasUDFType.GROUPED_AGG 的 functionType(来自 pyspark.sql.functions；参见 http://mng.bz/6Zmy)。

本节介绍分组聚合 UDF，也称为序列到标量 UDF。有了这样的名字，我们已经可以想象它与 9.1.2 节中看到的 Series UDF 有一些相似之处。与 Series 到 Series 不同，分组聚合 UDF 将作为输入接收的 Series 提取为单个值。在拆分－应用－合并模式中，“应用”

阶段根据批处理的列值将批处理结果合并为一条记录。

PySpark 通过第 5 章介绍的 groupby().agg()模式提供了分组聚合功能。分组聚合 UDF 只是一个自定义的聚合函数，我们将其作为参数传递给 agg()。在本节的例子中，我想做一些比重现常见的聚合函数(count, min, max, average)更复杂的事情。在代码清单 9-8 中，使用 scikit-learn 的 LinearRegression 对象计算了一段时间内温度的线性斜率。你不需要了解 scikit-learn 或机器学习；我使用了基本的功能并解释了每个步骤。

注意

这不是一个机器学习练习：我只是使用 scikit-learn 的管道创建一个特征。本书第 III 部分将介绍 Spark 中的机器学习。不要将此代码作为健壮的模型训练示例！

要在 scikit-learn 中训练模型，首先要初始化模型对象。在本例中，使用了 LinearRegression()而没有任何其他参数。然后拟合模型，提供特征矩阵 X 和预测向量 y。在这种情况下，由于只有一个特征，需要“重塑”X 矩阵，否则 scikit-learn 会抱怨矩阵尺寸不匹配。它不会改变矩阵的值。

提示

fit()是训练机器学习模型的常用方法。事实上，Spark ML 库在训练分布式机器学习模型时也使用了相同的方法。更多信息请参见第 13 章。

在 fit 方法的最后，LinearRegression 对象已经训练了一个模型，对于线性回归来说，它将其系数保存在 coef_向量中。因为我只关心系数，所以简单地提取并返回它。

代码清单 9-8　创建分组聚合 UDF

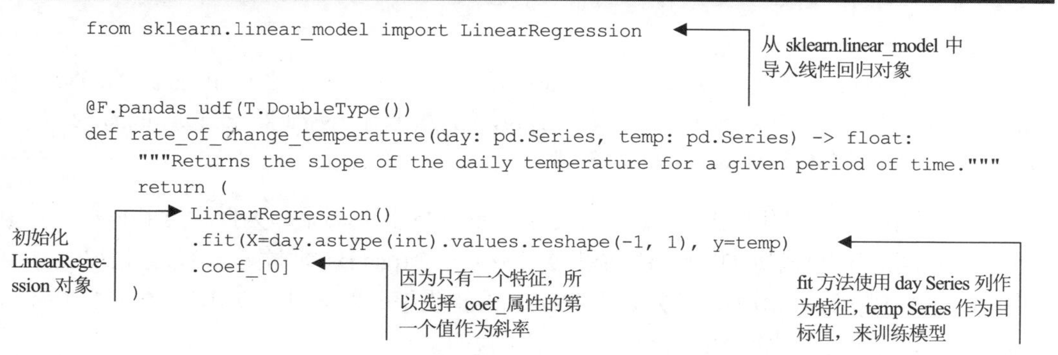

```
from sklearn.linear_model import LinearRegression


@F.pandas_udf(T.DoubleType())
def rate_of_change_temperature(day: pd.Series, temp: pd.Series) -> float:
    """Returns the slope of the daily temperature for a given period of time."""
    return (
        LinearRegression()
        .fit(X=day.astype(int).values.reshape(-1, 1), y=temp)
        .coef_[0]
    )
```


在我们的数据帧上应用分组聚合 UDF 很容易。在代码清单 9-9 中，使用 groupby()方法对气象站编码、名称、国家以及年份和月份进行了分组。我将新创建的分组聚合函数作为参数传递给 agg()，将 Column 对象作为参数传递给 UDF。

代码清单 9-9　使用 agg()应用分组聚合的 UDF

```
result = gsod.groupby("stn", "year", "mo").agg(
    rate_of_change_temperature(gsod["da"], gsod["temp"]).alias(
        "rt_chg_temp"
    )
)

result.show(5, False)
# +------+----+---+--------------------+
# |stn   |year|mo |rt_chg_temp         |
# +------+----+---+--------------------+
# |010250|2018|12 |-0.01014397905759162 |
# |011120|2018|11 |-0.01704736746691528 |
# |011150|2018|10 |-0.013510329829648423|
# |011510|2018|03 |0.020159116598556657 |
# |011800|2018|06 |0.012645501680677372 |
# +------+----+---+--------------------+
# only showing top 5 rows
```

应用分组聚合 UDF 和使用 Spark 的聚合函数是一样的：把它作为参数添加到 GroupedData 对象的 agg()方法中

在本节中，创建了一个自定义的聚合函数，对标量 UDF 使用 Series，也称为分组聚合 UDF。遵循拆分—应用—合并的模式，顺利地使用分组聚合 UDF，将依赖于 groupby()方法，并将标量 UDF 的 Series 作为 agg()的参数。“应用”阶段的返回值是一个奇异值，因此每个批次都会成为一条记录，并组合成一个分组数据帧。在下一节中，将探索聚合模式的另一种选择，其中“应用”阶段的返回值是一个数据帧。

9.2.2　分组映射 UDF

注意

仅在 Spark 2.3 及更高版本可用。Spark 2.3/2.4 提供了一个名为 PandasUDFType.GROUPED_MAP 的 functionType 并使用 apply()方法(来自 pyspark .sql.functions；参见 http://mng.bz/oa8M)和@pandas_udf()装饰器。

第二种用于数据分组的 UDF 是分组映射 UDF。与返回标量值作为批次结果的分组聚合 UDF 不同，分组映射 UDF 映射每个批次并返回一个(pandas)数据帧，该数据帧被组合回单个(Spark)数据帧。由于这种灵活性，PySpark 提供了一种不同的使用模式(Spark 2 和 Spark 3 之间的语法变化很大；参见本节顶部的说明)。

在了解 PySpark 的功能之前，我们先来看看 pandas。标量 UDF 依赖于 pandas Series，而分组映射 UDF 使用 pandas DataFrame。图 9-4 中步骤(1)的每个逻辑批处理都变成了一个可以执行的 pandas DataFrame。我们的函数必须返回一个完整的 DataFrame，这意味着我们想要显示的所有列都需要返回，包括我们分组的那一列。

代码清单 9-10 中的 scale_temperature 函数看起来很像 pandas 函数——在使用 Spark 3 时根本不需要 pandas_udf()装饰器。当作为分组映射 UDF 时，pandas 函数不需要任何特殊的定义。返回值数据帧包含 6 列：stn、year、mo、da、temp 和 temp_norm。假定除 temp_norm 之外的所有列都在输入的数据帧中。我们创建 temp_norm 列，该列值的计算方法请参见代码清单 9-10。由于在 UDF 中有一个除法，因此如果批次中的最低温度等于最高温度，将给出一个合理的值 0.5。默认情况下，pandas 中除数为 0 的结果是无限大；PySpark 将其解释为 null。

代码清单 9-10　用于缩放温度值的分组映射 UDF

```
def scale_temperature(temp_by_day: pd.DataFrame) -> pd.DataFrame:
    """Returns a simple normalization of the temperature for a site.

    If the temperature is constant for the whole window, defaults to 0.5."""
    temp = temp_by_day.temp
    answer = temp_by_day[["stn", "year", "mo", "da", "temp"]]
    if temp.min() == temp.max():
        return answer.assign(temp_norm=0.5)
    return answer.assign(
        temp_norm=(temp - temp.min()) / (temp.max() - temp.min())
    )
```

现在“应用”步骤完成了，剩下的内容可以轻松完成。就像分组聚合 UDF，我们使用 groupby()将数据帧拆分成可管理的批次，然后将函数传递给 applyInPandas()方法。该方法的第一个参数是函数，第二个参数是模式(schema)。这里使用的是第 7 章介绍的简化 DDL 语法；如果你对第 6 章介绍的 StructType 语法比较熟悉，这里可以互换使用。

提示：

Spark 2 使用 pandas_udf()装饰器并将返回模式(schema)作为参数传递，因此如果你使用此版本，则应在此处使用 apply()方法。

在代码清单 9-11 中，使用 3 列对数据帧进行分组：stn、year 和 mo。每个批次代表一个气象站每月的观测值。我的 UDF 的返回值有 6 列；应用 applyInPandas()函数之后的数据帧也有同样的 6 列。

代码清单 9-11　PySpark 中的“拆分—应用—合并”

```
gsod_map = gsod.groupby("stn", "year", "mo").applyInPandas(
    scale_temperature,
    schema=(
        "stn string, year string, mo string, "
        "da string, temp double, temp_norm double"
    ),
)
```

```
gsod_map.show(5, False)
# +------+----+---+---+----+-------------------+
# |stn   |year|mo |da |temp|temp_norm          |
# +------+----+---+---+----+-------------------+
# |010250|2018|12 |08 |21.8|0.06282722513089001|
# |010250|2018|12 |27 |28.3|0.40314136125654443|
# |010250|2018|12 |31 |29.1|0.4450261780104712 |
# |010250|2018|12 |19 |27.6|0.36649214659685864|
# |010250|2018|12 |04 |36.6|0.8376963350785339 |
# +------+----+---+---+----+-------------------+
```

分组映射 UDF 是一种高度灵活的结构：只要你遵守提供给 applyInPandas()的模式，Spark 就不会要求你保留相同(或任意)数量的记录。这是我们将 Spark 数据帧视为 pandas DataFrame 的预定集合(通过 groupby())的最接近方式。如果你不关心分块的组合，但需要“pandas DataFrame in, pandas DataFrame out”的灵活性，请参阅 PySpark DataFrame 对象的 mapInPandas()方法：它重用了 9.1.3 节中看到的迭代器模式，但将其应用于一个完整的数据帧而不是一些 Series。

由于这种灵活性，我发现开发人员通常很难掌握分组映射 UDF。你需要将它们在纸上画出来：映射你的输入和输出，花时间确保数据帧的结构保持一致。

9.3 节将总结如何选择丰富的 pandas UDF。利用几个问题，你就会知道如何使用它们。

9.3 何时用，怎么用

最后一小部分是关于如何正确选择 pandas UDF 的。因为它们都有自己的应用场景，我认为最好的方法是充分利用它们的特点，并问自己一些关于我们的用例的问题。这样，就没有什么好犹豫的了！

在图 9-5 中提供了一个小的决策树，供你选择使用哪个 pandas UDF 时进行参考。总结如下。

- 如果需要控制批量的生成方式，就需要使用分组数据 UDF。如果返回值是标量、分组聚合或其他类型，则使用分组映射并返回转换后的(完整的)数据帧。
- 如果你只想分批，你有更多的选择。最灵活的是 mapInPandas()，其中传入 pandas DataFrame 的迭代器，并输出转换后的迭代器。当你想要在整个数据帧上进行 pandas/local 数据转换时，例如使用本地 ML 模型的推理时，这非常有用。如果需要处理数据帧中的大部分列，就使用它；如果只需要处理少数列，就使用 Series to Series UDF。
- 如果你有冷启动过程，请使用 Series/多 Series UDF 的迭代器，具体取决于你的 UDF 中所需的列数。
- 最后，如果你只需要使用 pandas 转换一些列，那么只需要使用 Series to Series UDF 即可。

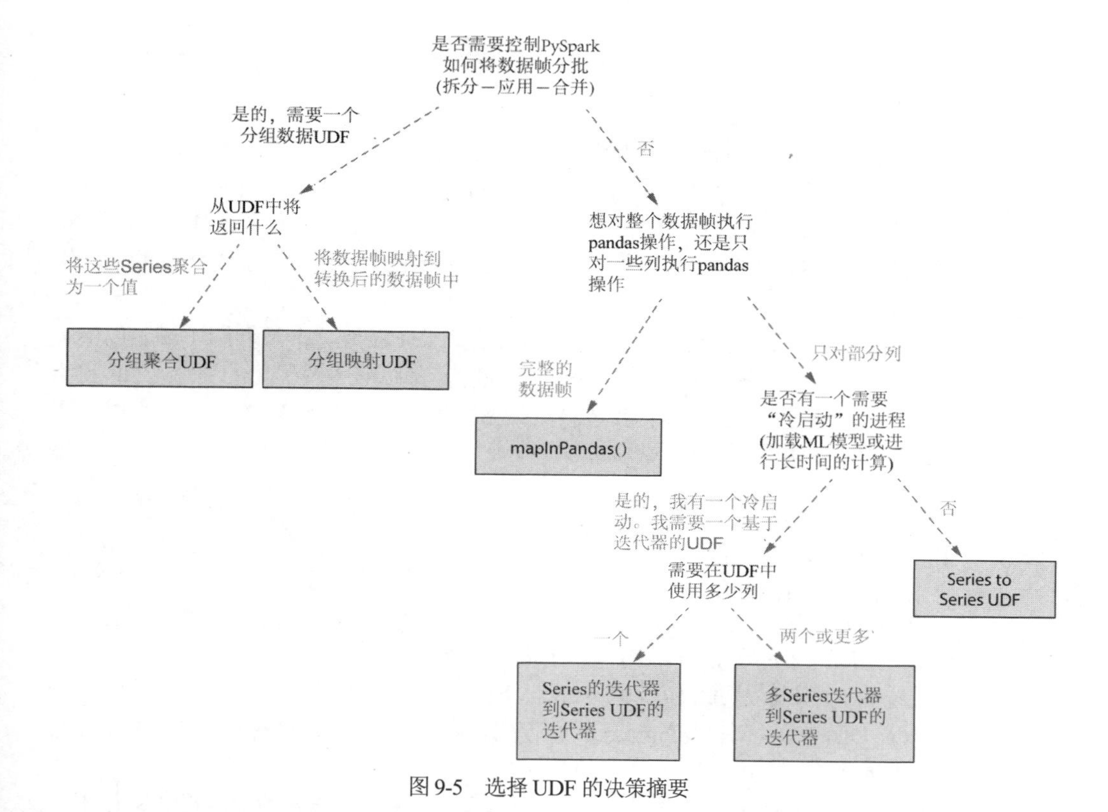

图 9-5　选择 UDF 的决策摘要

pandas UDF 对于扩展 PySpark 非常有用，可以使用 pyspark.sql 模块中没有包含的转换功能。我发现它们也很容易理解，但完全正确理解也不是容易的事。在本章的最后，将介绍如何测试和调试 pandas UDF。

pandas UDF(以及任何 UDF)的最重要的方面是，它需要处理数据的非分布式版本。对于常规 UDF，这意味着传递任何你期望类型的值的参数都应该产生一个答案。例如，如果将数组中的值除以另一个数组，就需要考虑除以 0 的情况。对于任何 pandas UDF 都是如此：你需要对你接受的输入宽容一些，对你提供的输出严格一些。

为了测试 pandas UDF，我最喜欢的策略是使用 UDF 的 func()方法来获取数据样本。这样，就可以在 REPL 中反复尝试，直到找到合适的版本，然后推广到我的脚本中。在代码清单 9-12 中，展示了一个本地应用 rate_of_change_temperature() UDF 的例子。

代码清单 9-12　将一个气象站每月的数据移动到本地 pandas DataFrame

```
gsod_local = gsod.where(
    "year = '2018' and mo = '08' and stn = '710920'"
).toPandas()


print(
    rate_of_change_temperature.func(
        gsod_local["da"], gsod_local["temp_norm"]
```

使用 func()访问 UDF 的底层 pandas 函数

```
    )
)
# -0.007830974115511494
```

当将数据帧的样本导入 pandas DataFrame 以进行分组映射或分组聚合 UDF 时，你需要确保得到的是一个完整的批次来重现结果。在我们的具体案例中，因为按“气象站”“年”“月”分组，所以我有一个气象站每个月(准确地说，是一个具体的年/月)的数据。由于数据分组是在 PySpark 的层面上进行的(通过 groupby())，因此你需要以同样的方式考虑样本数据的筛选器。

pandas UDF 可能是 PySpark 提供的最强大的数据操作功能。本章介绍了最常用的类型。随着 Python 编程语言在 Spark 生态系统中的流行，我相信经过优化的新型 UDF 将会出现。pandas、PySpark——你不再需要选择。为数据和任务使用正确的工具，可以利用强大的 pandas UDF 在需要时扩展代码。

9.4 本章小结

- pandas UDF 允许将运行在 pandas DataFrame 上的代码扩展到 Spark 数据帧结构。PyArrow 确保了两种数据结构之间的高效序列化。
- 根据对批次的控制程度，可以将 pandas UDF 分为两大类。Series 和 Series 的迭代器(以及 DataFrame/mapInPandas 的迭代器)将高效地进行批处理，而用户无法控制批处理的组合。
- 如果需要控制每批数据的内容，可以使用拆分—应用—合并的编程模式来使用分组数据 UDF。PySpark 提供了对 GroupedData 对象的每个批次中的值的访问，可以是一个 Series(分组聚合 UDF)，也可以是一个数据帧(分组映射 UDF)。

9.5 扩展练习

练习 9-2

使用下列定义创建一个 temp_to_temp(value, from_temp, to_temp)，它接收 from_temp 中的一个 value 温度值，并将其转换为目标温度。这次使用 pandas UDF(我们在第 8 章做过同样的练习)。

- C = (F − 32) * 5 / 9(摄氏度)
- K = C + 273.15(开尔文)
- R = F + 459.67(绝对华氏温标)

练习 9-3

修改下面的代码块，将华氏温度改为摄氏温度。如果应用于同一个数据帧，UDF 的结果有什么不同？

```
def scale_temperature(temp_by_day: pd.DataFrame) -> pd.DataFrame:
```

```
    """Returns a simple normalization of the temperature for a site.

    If the temperature is constant for the whole window, defaults to 0.5."""
    temp = temp_by_day.temp
    answer = temp_by_day[["stn", "year", "mo", "da", "temp"]]
    if temp.min() == temp.max():
        return answer.assign(temp_norm=0.5)
    return answer.assign(
        temp_norm=(temp - temp.min()) / (temp.max() - temp.min())
    )
```

练习 9-4

使用前一个练习中的 scale_temperature_C 完成下面代码块的结构。如果我们像这样应用分组映射 UDF，会发生什么？

```
gsod_exo = gsod.groupby("year", "mo").applyInPandas(scale_temperature, schema=???)
```

练习 9-5

修改下面的代码块，在 ArrayType 中同时返回线性回归的截距和斜率。(提示：截距值在拟合模型的 intercept_属性中。)

```
from sklearn.linear_model import LinearRegression


@F.pandas_udf(T.DoubleType())
def rate_of_change_temperature(day: pd.Series, temp: pd.Series) -> float:
    """Returns the slope of the daily temperature for a given period of
    time."""
    return (
        LinearRegression()
        .fit(X=day.astype("int").values.reshape(-1, 1), y=temp)
        .coef_[0]
    )
```

第 10 章

不同视角下的数据：窗口函数

本章主要内容

- 窗口函数及其支持的数据转换类型
- 使用不同类别的窗口函数对数据进行汇总、排序和分析
- 为你的函数构建静态的、不断增长的、无边界的窗口
- 将 UDF 作为自定义窗口函数应用到窗口

在执行数据分析或特征工程时(这是机器学习中我最喜欢的部分，见第 13 章)，没有什么比窗口函数更让我满意了。乍一看，它们看起来像是第 9 章中介绍的拆分－应用－合并模式的简化版。然后在一个简短的、富有表现力的代码体中打开窗口，发挥强大的功能。

那些不知道窗口函数的人一定会费力地重新实现它的功能。这是我指导数据分析师、数据科学家和数据工程师的经验。如果你发现自己在努力完成以下工作：

- 对记录进行排名
- 根据一组条件确定顶部/底部记录
- 从表中之前的观测值中获得一个值(例如，使用我们在第 9 章中的温度数据帧，并询问“昨天的温度是多少？”)
- 构建趋势特征(即总结过去观察结果的特征，例如前一周观察结果的平均值)

你将发现窗口函数将提高你的工作效率并简化你的代码。

窗口函数填补了分组聚合(groupBy().agg())和分组映射(groupBy().apply())UDF 转换之间的缝隙，这两个转换在第 9 章中都有介绍。两者都依赖于基于谓词的分区来分割数据帧。分组聚合 UDF 将为每个分组生成一条记录，而分组映射 UDF 允许生成任何形状的数据帧；窗口函数总是保持数据帧的尺寸不变。在我们定义在分区中的窗口帧(window frame)中，窗口函数有一个秘密武器：它可以决定哪些记录包含在函数的应用中。

窗口函数主要用于创建新列，因此它们利用了一些熟悉的方法，如 select()和 withColumn()。因为我们已经熟悉了添加列的语法，所以我以不同的方式处理这一章。首先，我们看看如何通过依赖我们已经知道的概念(例如 groupby 和 join 方法)来模拟一个简

单的窗口函数。我们必须熟悉窗口函数的两个组成部分：窗口规范和函数本身。然后，我将应用并分析3种主要类型的窗口函数(汇总、排序和分析)。一旦你具备了这些窗口函数应用程序的构建块，则可通过引入有序和有界的窗口和窗口帧(window frame)来打破窗口规范。最后，我们将实现完整的流程，并引入UDF作为窗口函数。

本章主要以第5章和第9章的内容为基础。同样，每一节都建立在前一节的基础上。窗口函数本身并不复杂，但是有很多新的术语，函数的行为可能一开始并不直观。如果你迷路了，请确保仔细地阅读这些示例。因为最好的学习方法是通过实践，所以在整个章节和章节末都要尝试练习。与往常一样，答案在附录A中。

10.1 学习并使用简单的窗口函数

当我学习一个新概念的时候，我发现当我能够使用我已经了解的东西，从基本原理构建它的时候，我的心情会轻松许多。这正是我学习窗口函数时所发生的事情：我开始使用一堆SQL指令重现它们的行为。在我完成之后，窗口函数展现出它应有的价值。想象一下，当我发现它们被应用到PySpark中，并有一个完美的Python API可以启动时，我有多高兴。

在本节中，我们遵循同样的路线图：首先使用过去章节中的技术重新生成一个简单的窗口函数。然后介绍窗口函数的语法以及它们如何简化数据转换逻辑。我希望当窗口函数终于可以“运行”时，你会像我一样兴奋。

在本节中，我们重用第8章中的温度数据集；该数据集包括一系列气象站的天气观测数据，按天汇总。窗口函数在处理类似于时间序列的数据(例如，温度的每日观测)时特别有用，因为你可以按日、月或年对数据进行切片，并获得有用的统计信息。如果你想使用BigQuery中的数据，请使用第9章中的代码，保留你想要的特定数据。对于那些喜欢本地优先方法的人，本书的存储库包含Parquet格式的3年数据(参见代码清单10-1)。

代码清单10-1 阅读必要的数据：GSOD NOAA气象数据

```
gsod = spark.read.parquet("./data/window/gsod.parquet")
```

现在我们有了数据，让我们开始提问吧！在深入了解术语和语法之前，10.1.1节将说明窗口函数背后的思考过程。

10.1.1 确定每年最冷的一天

本节将使用前几章学习过的功能模拟一个简单的窗口函数，其中最引人注目的是第5章中的join()方法。我们的想法是为窗口函数提供一种直观的感觉，并消除围绕它们的那些晦涩难懂的内容。为了说明这一点，我们从问数据帧一些简单的问题开始：每年记录的最低温度在何时何地发生？换句话说，我们想要一个包含3条记录的数据帧，每一年一条记录，并显示该年最冷一天的气象站、日期(年、月、日)和测得温度。

让我们描绘一下思维过程。首先，我们将得到一个包含每年最冷温度的数据帧。这将给我们两列(year 和 temp)及其值。在代码清单 10-2 中，我们创建了 coldest_temp 数据帧，它接收历史数据并按年份分组，然后通过 agg()应用的 min()聚合函数找出最小 temp 值。如果语法有点难懂，请阅读第 5 章重新复习分组数据。

代码清单 10-2　使用 groupBy()计算每年的最低气温

```
coldest_temp = gsod.groupby("year").agg(F.min("temp").alias("temp"))
coldest_temp.orderBy("temp").show()

# +----+------+
# |year| temp |
# +----+------+
# |2017|-114.7|
# |2018|-113.5|
# |2019|-114.7|
# +----+------+
```

我的天呀，地球真冷！

这提供了年份和温度，大约是原来要求的 40%。为了得到其他 3 列(mo、da、stn)，我们可以在原始表上使用 left-semi 连接，使用 coldest_temp 的结果解析连接。在代码清单 10-3 中，对 year 和 temp 列使用 left-semi 等值连接，将 gsod 和 coldest_temp 连接起来(有关 left-semi 和等值连接的更多信息，请参见第 5 章)。因为 coldest_temp 只包含每年最冷的温度，所以左半连接(left-semi join)只保存 gsod 中与“年份—温度对”对应的记录；这相当于只保存每年温度最低的记录。

代码清单 10-3　使用左半连接计算每年最冷的气象站和日期

```
coldest_when = gsod.join(
    coldest_temp, how="left_semi", on=["year", "temp"]
).select("stn", "year", "mo", "da", "temp")

coldest_when.orderBy("year", "mo", "da").show()

# +------+----+---+---+------+
# |   stn|year| mo| da|  temp|
# +------+----+---+---+------+
# |896250|2017| 06| 20|-114.7|
# |896060|2018| 08| 27|-113.5|
# |895770|2019| 06| 15|-114.7|
# +------+----+---+---+------+
```

在代码清单 10-2 和代码清单 10-3 中，我们在 gsod 表和来自 gsod 表的数据之间执行了一个连接操作。自连接(self-join)通常被认为是数据操作的反模式。虽然这在技术上没有错，但它可能会很慢，并使代码看起来更加复杂并且有些奇怪。当需要将包含在两个或多个表中的数据连接起来时，连接表是有意义的。表与表之间的关联看起来是多余的，如图 10-1 所示：数据已经在(一个)表中了！

幸运的是，窗口函数可以更快地得到相同的结果，而且代码更简洁。在下一节中，我们将使用窗口函数重现相同的数据转换，并简化我们的数据转换代码。

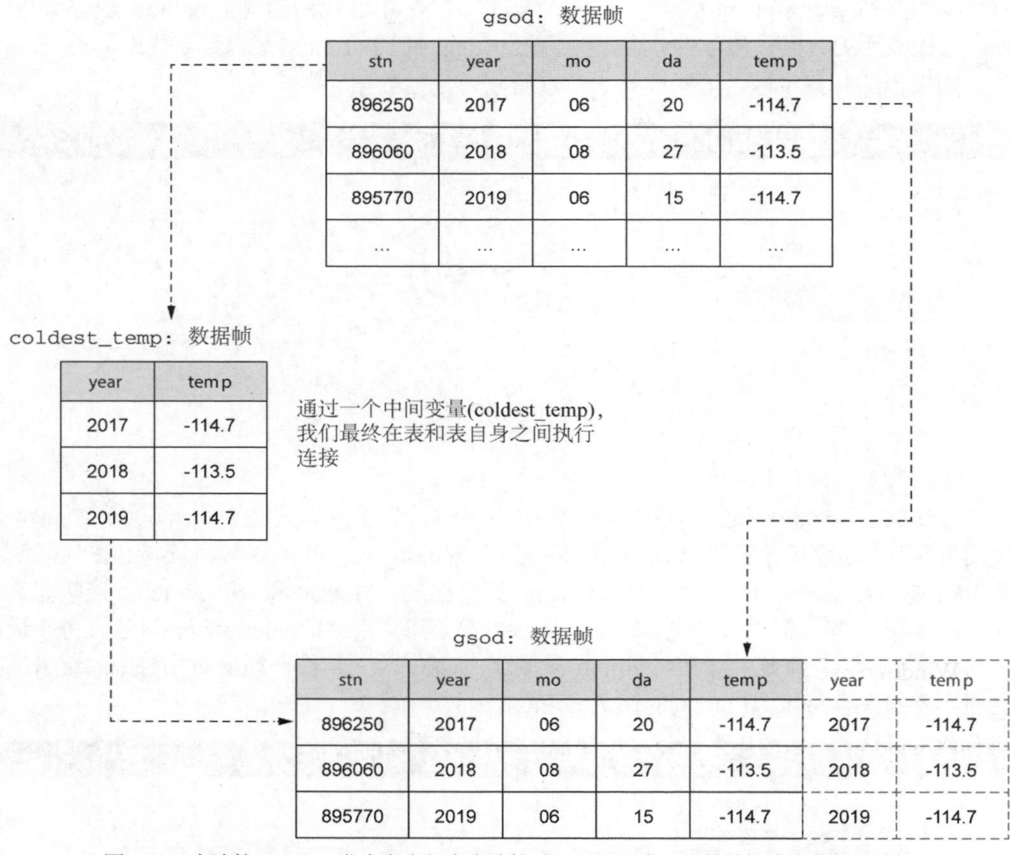

图 10-1　自连接(self-join)发生在表与自身连接时。可以用窗口函数替换大多数的自连接

10.1.2　创建并使用一个简单的窗口函数来获取最冷的日子

本节通过替换上一节的自连接示例来介绍窗口函数。我引入了 Window 对象并对其进行参数化，以便根据列值分割数据帧。然后，使用传统的 selector 方法将 window 对象应用到数据帧上。

本章开始时，我在介绍 pandas 分组映射 UDF(第 8 章)时，将窗口函数与“拆分—应用—合并”模式进行了比较。为了与来自 SQL 的窗口函数术语保持一致(参见第 7 章)，我使用了不同的词汇来描述“拆分—应用—合并”模式的 3 个阶段。

- 我们将对数据帧进行分区，而不是拆分。
- 我们将在窗口上选择值，而不是“应用”值。
- 在窗口函数中，combine/union 操作是隐式的(即没有显式编码)。

注意

为什么这里要使用不同的词汇呢？窗口函数的概念来自 SQL，而“拆分－应用－合并”模式来自数据分析。不同的环境，不同的术语！

窗口函数适用于根据列上的值划分的数据窗口。每次划分称为分区(partition)，将窗口函数应用到每条记录上，就像它们是独立的数据帧一样。然后将结果合并回单个数据帧。在代码清单 10-4 中，创建了一个窗口，并根据 year 列的值进行了分区。和 SparkSession.builder 一样，Window 类也是一个构建器类。就像 SparkSession.builder 一样：我们通过在 Window 类标识符后面添加方法并设定参数(实现参数化)。结果是一个包含参数化信息的 WindowSpec 对象。

代码清单 10-4　使用 Window builder 类创建一个 WindowSpec 对象

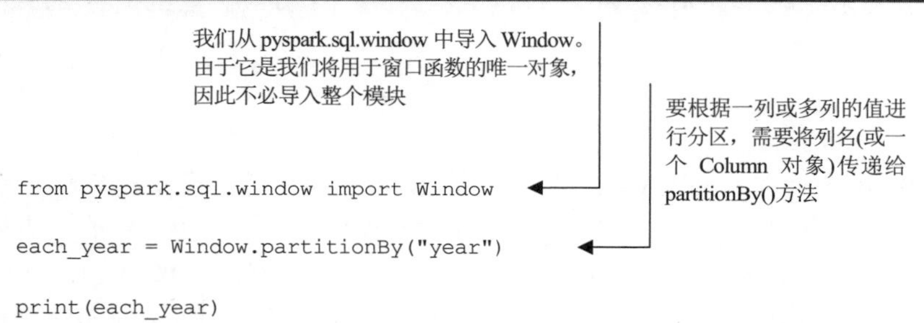


```
from pyspark.sql.window import Window

each_year = Window.partitionBy("year")

print(each_year)
# <pyspark.sql.window.WindowSpec object at 0x7f978fc8e6a0>
```

WindowSpec 对象不过是一个最终 window 函数的蓝图。在代码清单 10-4 中，我们创建了一个名为 each_year 的窗口规范，它指示窗口应用程序根据 year 列的值分割数据帧。当你将 window 函数应用于数据帧时，我们得到了预期的结果。在我们的第一个窗口函数应用程序中，我列出了整个代码，再现了 10.1.1 节中的自连接方法，然后逐行遍历。看看 window 应用程序(代码清单 10-6)和左半连接(代码清单 10-5)的区别。

代码清单 10-5　使用左半连接计算每年最冷的日期和观测气象站

```
coldest_when = gsod.join(
    coldest_temp, how="left_semi", on=["year", "temp"]
).select("stn", "year", "mo", "da", "temp")

coldest_when.orderBy("year", "mo", "da").show()

# +------+----+---+---+------+
# |   stn|year| mo| da|  temp|
# +------+----+---+---+------+
# |896250|2017| 06| 20|-114.7|
# |896060|2018| 08| 27|-113.5|

# |895770|2019| 06| 15|-114.7|
# +------+----+---+---+------+
```

代码清单 10-6 使用 window 函数选择每年的最低温度

```
(gsod
 .withColumn("min_temp", F.min("temp").over(each_year))
 .where("temp = min_temp")
 .select("year", "mo", "da", "stn", "temp")
 .orderBy("year", "mo", "da")
 .show())
# +----+---+---+------+------+
# |year| mo| da|   stn|  temp|
# +----+---+---+------+------+
# |2017| 06| 20|896250|-114.7|
# |2018| 08| 27|896060|-113.5|
# |2019| 06| 15|895770|-114.7|
# +----+---+---+------+------+
```

我们在定义的窗口上选择每年的最低温度

现在是时候解释代码了。通过 withColumn()方法，我们定义了一列 min_temp，它收集 temp 列的最小值。现在，不是选择整个数据帧的最低温度，而是使用 over()方法在我们定义的窗口规范上应用 min()。对于每个窗口分区，Spark 都会计算出最小值，然后将其广播到每条记录上。与聚合函数或 UDF 相比，这是一个重要的区别：对于窗口函数，数据帧中记录的数量不会改变。虽然 min()是一个聚合函数，但由于它使用了 over()方法，因此窗口中的每条记录都附加了最小值。这同样适用于 pyspark.sql.functions 中的任何其他聚合函数，例如 sum()、avg()、min()、max()和 count()。

窗口函数(几乎)只是应用在列上的方法

由于 window 函数是通过 Column 对象的方法应用的，因此也可以在 select()方法中使用。还可以在同一个 select()中应用多个窗口(或不同的窗口)。Spark 不允许你在 groupby()或 where()方法中直接使用窗口，否则会抛出 AnalysisException 异常。如果你想根据窗口函数的结果进行分组或筛选，在使用所需操作之前，先使用 select()或 withColumn()来“物化”列。

举个例子，我们可以重写代码清单 10-6，把窗口定义放在 select 中。因为窗口是逐列应用的，所以在一个 select 语句中可以应用多个窗口(见代码清单 10-7)。

代码清单 10-7 在 select()方法中使用窗口函数

```
gsod.select(
    "year",
    "mo",

    "da",
    "stn",
    "temp",
    F.min("temp").over(each_year).alias("min_temp"),
).where(
```

```
    "temp = min_temp"
).drop(
    "min_temp"
).orderBy(
    "year", "mo", "da"
).show()
```

删除 min_temp，因为它在 where 子句中已经发挥了它的作用，不再需要它了(它在结果数据帧中始终等于 temp)

查看本章末尾的练习，尝试使用多个窗口应用。

在底层，PySpark 实现了将 window 应用到列上的规范。我在这里定义了一个相当简单的窗口规范：根据 year 列的值对数据帧进行分区。就像“拆分－应用－合并”模式一样，我们根据 year 列值对数据帧进行分区。

提示

可以用 partitionBy()对多列进行分区！只需要向 partitionBy()方法添加更多列名即可。

对于每个窗口分区(参见下面的“但是数据帧已经被分区”)，在广播每条记录的结果之前，我们使用了聚合函数(这里是 min())。简单地说，我们计算每年的最低温度，并将它作为这一年的每个记录的一列附加到后面。将新列命名为 min_temp。

接下来，只需要保存一年中最低温度的记录。为此，只需要使用 filter()(或 where())只保留 temp = min_temp 的记录。因为窗口函数应用程序为每条记录提供了一个 min_temp 字段，对应当年的最低温度，所以可以使用常规数据操作技术来处理它们。

以上就是我们的第一个窗口函数的全部内容。这是一个简单的例子，旨在介绍窗口规范、窗口函数和窗口分区的概念。在下一节中，将比较这两种方法的应用和效率，并解释为什么窗口函数更容易、更友好、更快速。

但是数据帧已经被分区

我们又遇到了术语问题。在本书的开始部分，partition 指的是对每个执行器节点上的数据进行物理划分。现在使用 window 函数对数据进行逻辑划分，这可能与 Spark 的物理分区相等，也可能不相等。如图 10-2 所示。

但是，网上的大多数文献都不会告诉你它们指的是哪个分区。不过，一旦你了解了 Spark 和窗口函数的概念，就很容易分清它们的区别了。在本章中，将使用窗口分区讨论应用窗口规范所产生的逻辑分区。

gsod：数据帧

stn	year	mo	da	temp
896250	2017	06	20	-114.7
896060	2018	08	27	-113.5
895770	2019	06	15	-114.7
719200	2017	10	09	60.5
917350	2018	04	21	82.6
076470	2018	06	07	65.0
041680	2019	02	19	16.1
949110	2019	11	23	54.9

根据列对数据集进行了分区

stn	year	mo	da	temp
896250	2017	06	20	-114.7
719200	2017	10	09	60.5
896060	2018	08	27	-113.5
917350	2018	04	21	82.6
076470	2018	06	07	65.0
041680	2019	02	19	16.1
949110	2019	11	23	54.9
895770	2019	06	15	-114.7

图 10-2 根据 year 列对 gsod 数据帧进行分区，并计算每个分区的最低温度。属于分区的每条记录都附加了最低温度。结果数据帧包含相同数量的记录，但有一个新列 min_temp，其中包含一年中最冷的温度

10.1.3 比较两种方法

在本节中，将从代码可读性的角度比较自连接和窗口函数。我们还会讨论窗口函数与 join 对性能的影响。在执行数据转换和分析时，代码的清晰度和性能是代码最重要的两个考虑因素；由于我们有两种方法执行相同的工作，因此从清晰度和性能的角度对它们进行比较是有意义的。

与自连接方法相比，使用窗口函数可以让你的意图更加清晰。对于名为 each_year 的窗口，代码片段 F.min("temp") .over(each_year)读起来几乎就像一个英语句子。自连接方法完成了同样的事情，但代价是一段更晦涩的代码：为什么要将这个表连接到它自身？

在性能方面，窗口函数避免了潜在的昂贵的自连接。在处理大数据集时，只需要将数据帧拆分成窗口分区，然后在(较小的)分区上执行函数。当你考虑到 Spark 的运行模式是将大型数据集拆分到多个节点上时，这将提供很大的性能提升。

哪种方法更快取决于数据的大小、可用内存(有关 Spark 如何使用内存的概述，请参见第 11 章)以及 join/window 操作的复杂程度。我更倾向于使用窗口函数，因为它们更清晰，也能更清楚地表达我的意图。就像我在编码时对自己重复的那样，让它可以运行，让它更加清晰，然后让它运行得更快！

最后，这也是下一节的内容，窗口函数比仅仅计算给定窗口上的累计测量要灵活得多。接下来，我将介绍排序和分析函数，它们为你的数据提供了一个新的窗口。很快就不必再去使用汇总和连接方法了。

练习 10-1

使用 gsod 数据帧，哪个窗口一旦应用，就可以生成每天出现最高温度的气象站？

a `Window.partitionBy("da")`

b `Window.partitionBy("stn", "da")`

c `Window.partitionBy("year", "mo", "da")`

d `Window.partitionBy("stn", "year", "mo", "da")`

e None of the above

10.2 除了汇总：使用排名和分析功能

在本节中，将介绍另外两个可应用于窗口的函数集合。这两个函数集合都为这个简陋的窗口提供了额外的功能。与 count()、sum()或 min()等聚合函数相比，这些函数集合提供了更广泛的数据处理方法。

- 排序函数集合(ranking family)，提供了关于排序(第一、第二、一直到最后)、n-tiles 和非常有用的行号信息。
- 分析函数集合(analytical family)，涵盖了各种与汇总或排名无关的行为。

它们都提供了通过其他 SQL 样式的函数不容易获得的窗口信息(如果你真的陷入了无用的编码难题，那么尝试使用 SQL 语言来重现窗口函数的行为也是一种选择)。因为它们为窗口添加了新功能，所以我还将介绍如何对数据帧中的值进行排序(当你想对记录进行排名时，这非常有用)。

在本节中，我使用了一个小得多的数据帧——保留 10 条记录，只保留 stn、year、mo、da、temp 和 count_temp 列——以便在 show()时可以完整地看到它。我发现这对理解正在发生的事情有很大帮助。这个新的数据帧称为 gsod_light，并且在本书的存储库中可用(Parquet 格式，一种为快速检索列数据而优化的数据格式；请参阅 https://databricks.com/glossary/what-is-parquet)。所有的例子都可以使用原始的 gsod 数据帧作为数据源，但这将需要更大的计算资源。如代码清单 10-8 所示。

代码清单 10-8　从本书的代码库中读取 gsod_light

```
gsod_light = spark.read.parquet("./data/window/gsod_light.parquet")

gsod_light.show()
# +------+----+---+---+----+----------+
# |   stn|year| mo| da|temp|count_temp|
# +------+----+---+---+----+----------+
# |994979|2017| 12| 11|21.3|        21|
# |998012|2017| 03| 02|31.4|        24|
# |719200|2017| 10| 09|60.5|        11|
# |917350|2018| 04| 21|82.6|         9|
# |076470|2018| 06| 07|65.0|        24|
# |996470|2018| 03| 12|55.6|        12|
# |041680|2019| 02| 19|16.1|        15|
# |949110|2019| 11| 23|54.9|        14|
# |998252|2019| 04| 18|44.7|        11|
# |998166|2019| 03| 20|34.8|        12|
# +------+----+---+---+----+----------+
```

现在我们有了一个较小的、但易于推理的数据帧，让我们探索一下排名函数。

10.2.1 排名函数：看看谁是第一

本节介绍排名函数：使用 rank()实现非连续排名，使用 dense_rank()实现连续排名，使用 percent_rank()实现百分位数排名，使用 ntile()实现平铺操作，最后使用 row_number()实现裸行号。排名函数用于获取每个窗口分区的顶部(或底部)记录，或者更通俗地说，根据某个列的值进行排序。例如，如果你想获得每个气象站中每个月最热的 3 天记录，排名函数会让这变得很容易。由于排名函数的行为非常相似，因此最好一起介绍它们。我会尽可能使用通俗易懂的语言介绍。

排名函数在实际中只有一个目的：根据字段的值对记录进行排名。因此，我们需要对窗口中的值进行排序。对窗口对象使用 orderBy()方法。在代码清单 10-9 中，我创建了一个新窗口 temp_per_month_asc，它根据 mo 列对数据帧进行分区，并根据 count_temp 列对分区中的每个记录进行排序。与给数据帧排序一样，orderBy()也会对值进行升序排序。

提示

当对窗口对象命名时，我喜欢给出有意义的名称，这样在阅读代码时可以更好地理解它们所代表的内容。在本例中，通过窗口对象的名称，我知道它是根据每个月记录的温度进行升序排序。一般情况下，不需要添加_window 作为后缀。

代码清单 10-9 使用按月分区并进行排序

```
temp_per_month_asc = Window.partitionBy("mo").orderBy("count_temp")
```

窗口分区是按照 mo 列中的值排序的

在每个窗口中，记录将根据 count_temp 列中的值进行排序

黄金、白银、青铜：使用 rank()进行简单排名

本节使用函数 rank()，介绍最简单、最直观的排名形式。通过使用 rank()方法，每条记录将根据一列(或多列)中包含的值得到一个位置。相同的值具有相同的排名——就像奥运会上的奖牌获得者一样，相同的分数/时间产生相同的排名。

rank()不需要任何参数，因为它根据 window 规范中的 orderBy()方法进行排序。根据一列排序，但根据另一列进行排名是没有意义的。

函数 rank()根据有序值的值或我们调用的 window 规范中的 orderBy()方法中提供的列，为每条记录提供非连续的排名。在代码清单 10-10 中，对于每个窗口，count_temp 越小，排名越低。当两条记录的有序值相同时，它们的排名也相同。我们说排名是非连续的，是因为当有多条记录的排序值相同时，下一条记录会被相同的排名抵消。例如，

对于 mo = 03，我们有两条 count_temp = 12 的记录：它们的排名都是 1。下一个记录(count_temp = 24)的排名是 3 而不是 2，因为有两条记录并列第一。

代码清单 10-10　根据 count_temp 列的值调用 rank()方法

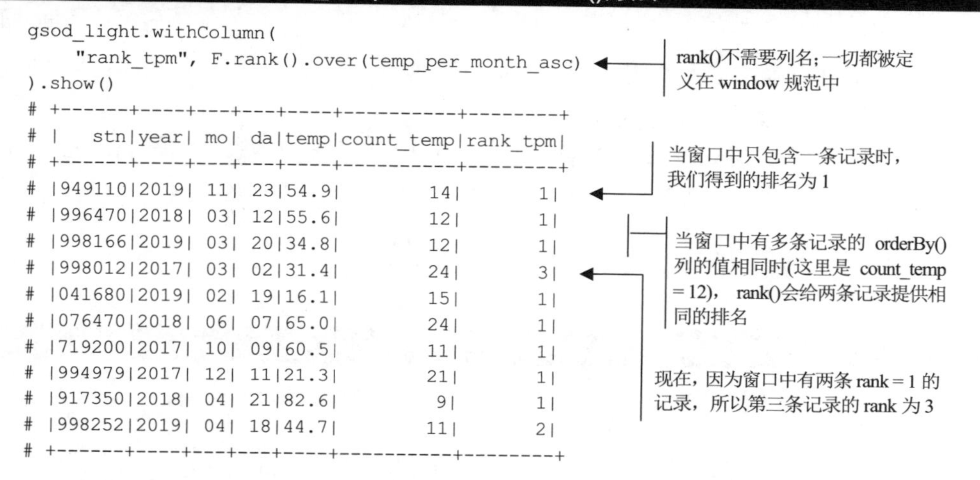

```
gsod_light.withColumn(
    "rank_tpm", F.rank().over(temp_per_month_asc)
).show()
# +------+----+---+---+----+----------+--------+
# |   stn|year| mo| da|temp|count_temp|rank_tpm|
# +------+----+---+---+----+----------+--------+
# |949110|2019| 11| 23|54.9|        14|       1|
# |996470|2018| 03| 12|55.6|        12|       1|
# |998166|2019| 03| 20|34.8|        12|       1|
# |998012|2017| 03| 02|31.4|        24|       3|
# |041680|2019| 02| 19|16.1|        15|       1|
# |076470|2018| 06| 07|65.0|        24|       1|
# |719200|2017| 10| 09|60.5|        11|       1|
# |994979|2017| 12| 11|21.3|        21|       1|
# |917350|2018| 04| 21|82.6|         9|       1|
# |998252|2019| 04| 18|44.7|        11|       2|
# +------+----+---+---+----+----------+--------+
```


排名时不要并列：使用 dense rank ()

比如说，如果我们想要一个更密集的排名，为记录分配连续的排名值，该怎么办？使用 dense_rank()(见代码清单 10-11)。它使用与 rank()相同的原则，即当并列时，将拥有相同的排名值，但排名值之间不会有任何差值：1、2、3 等。当你想在一个窗口上使用排在第二位(或第三位，或任何顺序位置)的值时，这是很实用的。

代码清单 10-11　使用 dense_ rank()避免排名值出现间隔

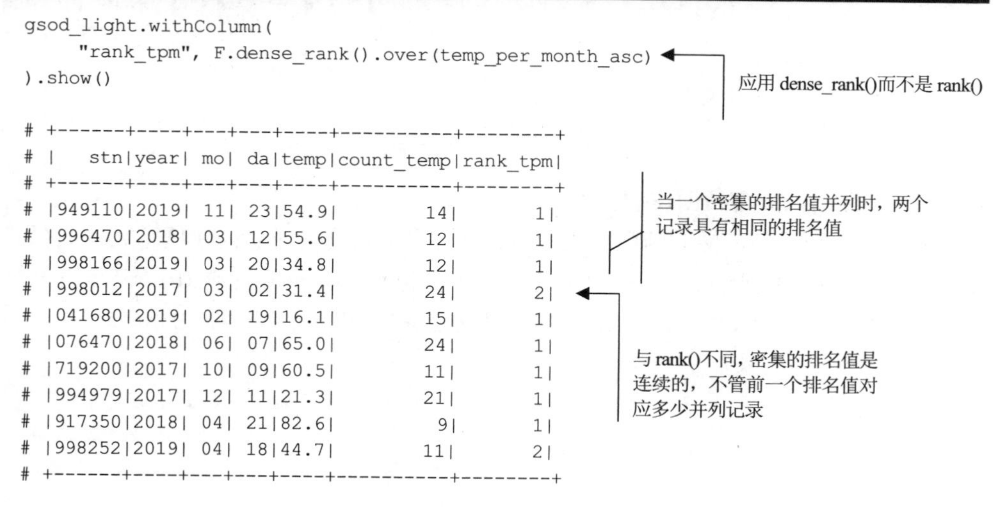

```
gsod_light.withColumn(
    "rank_tpm", F.dense_rank().over(temp_per_month_asc)
).show()

# +------+----+---+---+----+----------+--------+
# |   stn|year| mo| da|temp|count_temp|rank_tpm|
# +------+----+---+---+----+----------+--------+
# |949110|2019| 11| 23|54.9|        14|       1|
# |996470|2018| 03| 12|55.6|        12|       1|
# |998166|2019| 03| 20|34.8|        12|       1|
# |998012|2017| 03| 02|31.4|        24|       2|
# |041680|2019| 02| 19|16.1|        15|       1|
# |076470|2018| 06| 07|65.0|        24|       1|
# |719200|2017| 10| 09|60.5|        11|       1|
# |994979|2017| 12| 11|21.3|        21|       1|
# |917350|2018| 04| 21|82.6|         9|       1|
# |998252|2019| 04| 18|44.7|        11|       2|
# +------+----+---+---+----+----------+--------+
```

剩下的 3 个排名函数，percent_rank()、ntile()和 row_number()，虽然更小众，但仍然很有用。接下来就介绍如何使用它们。

计算排名？计算得分？percent_rank()可以同时计算

排序通常被认为是一个序数运算：第一，第二，第三，以此类推。如果你想要更接近于某个范围的数据，甚至可能是反映记录与其在同一窗口分区中的记录相比所处位置的百分比呢？可以使用 percent_rank()。

对于每个窗口，percent_rank()将根据排序值计算百分比排名(从 0 到 1)，如代码清单 10-12 所示。通过公式来解释，如下所示：

$$\frac{\text{比当前值低的记录数}}{\text{窗口中的记录数}-1}$$

代码清单 10-12　计算每年每个记录温度的百分比排名

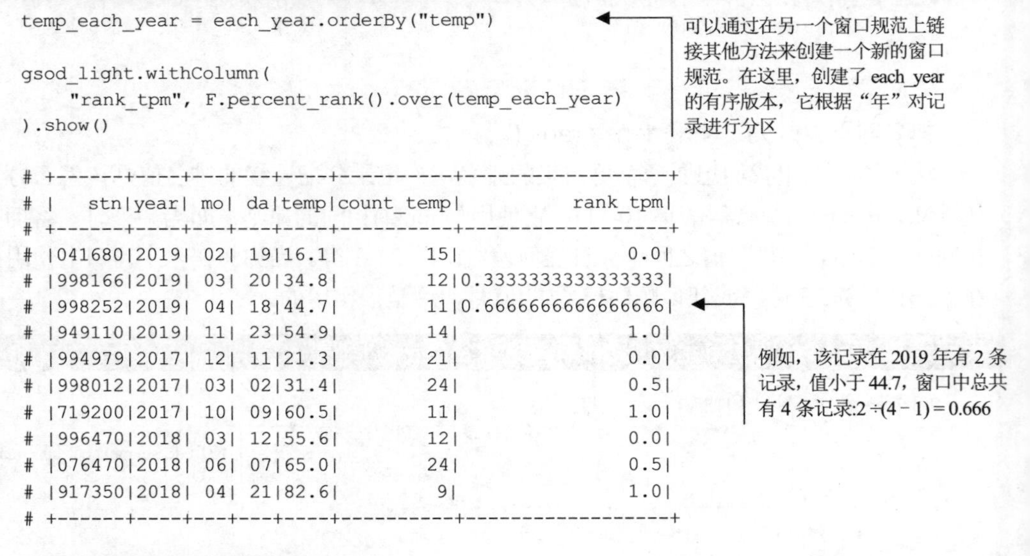

```
temp_each_year = each_year.orderBy("temp")

gsod_light.withColumn(
    "rank_tpm", F.percent_rank().over(temp_each_year)
).show()

# +------+----+---+---+----+----------+------------------+
# |   stn|year| mo| da|temp|count_temp|          rank_tpm|
# +------+----+---+---+----+----------+------------------+
# |041680|2019| 02| 19|16.1|        15|               0.0|
# |998166|2019| 03| 20|34.8|        12|0.3333333333333333|
# |998252|2019| 04| 18|44.7|        11|0.6666666666666666|
# |949110|2019| 11| 23|54.9|        14|               1.0|
# |994979|2017| 12| 11|21.3|        21|               0.0|
# |998012|2017| 03| 02|31.4|        24|               0.5|
# |719200|2017| 10| 09|60.5|        11|               1.0|
# |996470|2018| 03| 12|55.6|        12|               0.0|
# |076470|2018| 06| 07|65.0|        24|               0.5|
# |917350|2018| 04| 21|82.6|         9|               1.0|
# +------+----+---+---+----+----------+------------------+
```


使用 ntile()根据排名创建桶

本节将介绍一个方便的函数，该函数允许你根据数据的排名创建任意数量的存储桶(称为 tiles)。你可能听说过四分位数(4tiles)、五分位数(5)、十分位数(10)，甚至百分位数(100)。ntile()为给定的参数 n 计算 n-tile。图 10-3 是对代码清单 10-13 的解释。

代码清单 10-13　计算窗口中的 two-tile 值

```
gsod_light.withColumn("rank_tpm", F.ntile(2).over(temp_each_year)).show()

# +------+----+---+---+----+----------+--------+
# |   stn|year| mo| da|temp|count_temp|rank_tpm|
# +------+----+---+---+----+----------+--------+
# |041680|2019| 02| 19|16.1|        15|       1|
# |998166|2019| 03| 20|34.8|        12|       1|
# |998252|2019| 04| 18|44.7|        11|       2|
# |949110|2019| 11| 23|54.9|        14|       2|
# |994979|2017| 12| 11|21.3|        21|       1|
# |998012|2017| 03| 02|31.4|        24|       1|
# |719200|2017| 10| 09|60.5|        11|       2|
# |996470|2018| 03| 12|55.6|        12|       1|
# |076470|2018| 06| 07|65.0|        24|       1|
# |917350|2018| 04| 21|82.6|         9|       2|
# +------+----+---+---+----+----------+--------+
```

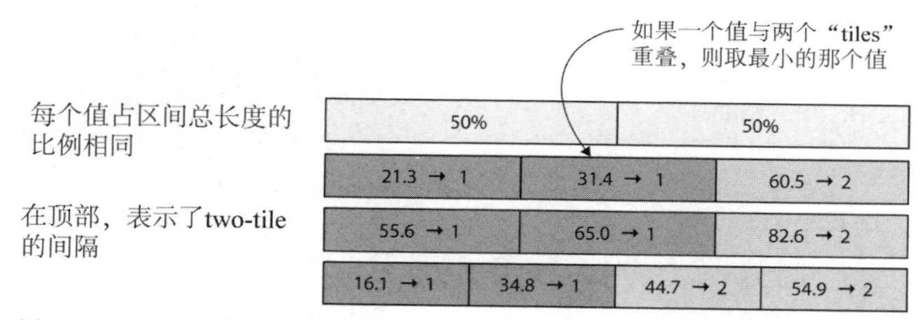

图 10-3　gsod_light 中的 3 个窗口分区的两个 tile。如果我们将每个窗口视为一个矩形，则每个值在该矩形内占用相同的空间。在 two-tile 中，低于 50%标记的值(包括重叠的值)在第一个 tile 中，而完全超过 50%标记的值在第二个 tile 中

使用 row_number()获取行号

本节介绍 row_number()，它的作用是：给定一个有序窗口，它会给出一个递增的排名(1、2、3，……)，而不管并列情况如何(并列记录的行数是不确定的，因此如果你需要可重现的结果，请确保对每个窗口进行排序，使它们没有并列记录的情况)。这等同于为每个窗口创建索引。如代码清单 10-14 所示。

代码清单 10-14　使用 row_number()对每个窗口分区中的记录进行编号

```
gsod_light.withColumn(
    "rank_tpm", F.row_number().over(temp_each_year)
).show()

# +------+----+---+---+----+----------+--------+
# |   stn|year| mo| da|temp|count_temp|rank_tpm|
# +------+----+---+---+----+----------+--------+
# |041680|2019| 02| 19|16.1|        15|       1|
# |998166|2019| 03| 20|34.8|        12|       2|
# |998252|2019| 04| 18|44.7|        11|       3|
# |949110|2019| 11| 23|54.9|        14|       4|
```

row_number()将严格递增窗口中每条记录的排名值

```
# |994979|2017| 12| 11|21.3|         21|        1|
# |998012|2017| 03| 02|31.4|         24|        2|
# |719200|2017| 10| 09|60.5|         11|        3|
# |996470|2018| 03| 12|55.6|         12|        1|
# |076470|2018| 06| 07|65.0|         24|        2|
# |917350|2018| 04| 21|82.6|          9|        3|
# +------+----+---+---+----+----------+--------+
```

失败者优先：使用 orderBy()排序你的窗口规范

最后，如果我们想颠倒窗口中结果的顺序呢?与数据帧上的 orderBy()方法不同，窗口上的 orderBy()方法没有可以使用的 ascending 参数(见代码清单 10-15)。我们需要直接调用 Column 对象的 desc()方法。这个问题很好解决。

代码清单 10-15 创建降序排序列的窗口

```
temp_per_month_desc = Window.partitionBy("mo").orderBy(
    F.col("count_temp").desc()
)

gsod_light.withColumn(
    "row_number", F.row_number().over(temp_per_month_desc)
).show()

# +------+----+---+---+----+----------+----------+
# |   stn|year| mo| da|temp|count_temp|row_number|
# +------+----+---+---+----+----------+----------+
# |949110|2019| 11| 23|54.9|         14|         1|
# |998012|2017| 03| 02|31.4|         24|         1|
# |996470|2018| 03| 12|55.6|         12|         2|
# |998166|2019| 03| 20|34.8|         12|         3|
# |041680|2019| 02| 19|16.1|         15|         1|
# |076470|2018| 06| 07|65.0|         24|         1|
# |719200|2017| 10| 09|60.5|         11|         1|
# |994979|2017| 12| 11|21.3|         21|         1|
# |998252|2019| 04| 18|44.7|         11|         1|
# |917350|2018| 04| 21|82.6|          9|         2|
# +------+----+---+---+----+----------+----------+
```

默认情况下，列将按照升序值进行排序。传递 desc()方法将反转该列的排序顺序

本节介绍了 PySpark 窗口函数 API 提供的不同类型的排名。通过非连续排名/olympic、连续排名/dense、百分比排名、tile 和严格排名/行号排名，你可以通过多种方式对记录进行排名。在下一节中，我将介绍分析函数，它包含窗口函数的一些最酷的功能：回顾和展望的能力。

10.2.2 分析函数：回顾过去和展望未来

本节将介绍一组非常有用的函数，这些函数使你能够查看现有记录周围的记录。在构建时间序列特征时，能够查看之前或之后的记录可以解锁更多功能。例如，在对时间序列数据进行建模时，最重要的特征之一是过去的观察，使用分析窗口函数是目前最简

单的方法。

使用 lag()和 lead()访问前面和后面的记录

分析函数家族中最重要的两个函数是 lag(col, n=1, default=None)和 lead(col, n=1, default=None)，它将给出 col 字段中特定记录之前或之后的第 n 个值。如果记录超出了窗口的边界，则 Spark 将返回指定的默认值(通过 default 参数设定)。要避免空值，可以将一个值传递给可选参数 default。在代码清单 10-16 中，创建了两列，一列用来显示当前温度的前一个值，一列用来显示当前温度的向前数第二个值。如果超出窗口范围，就会得到 null，因为没有提供 default 参数。

代码清单 10-16　使用 lag()获取前两次观测的温度

```
gsod_light.withColumn(
    "previous_temp", F.lag("temp").over(temp_each_year)
).withColumn(
      "previous_temp_2", F.lag("temp", 2).over(temp_each_year)
).show()

# +------+----+---+---+----+----------+-------------+---------------+
# |   stn|year| mo| da|temp|count_temp|previous_temp|previous_temp_2|
# +------+----+---+---+----+----------+-------------+---------------+
# |041680|2019| 02| 19|16.1|        15|         null|           null|
# |998166|2019| 03| 20|34.8|        12|         16.1|           null|
# |998252|2019| 04| 18|44.7|        11|         34.8|           16.1|
# |949110|2019| 11| 23|54.9|        14|         44.7|           34.8|
# |994979|2017| 12| 11|21.3|        21|         null|           null|
# |998012|2017| 03| 02|31.4|        24|         21.3|           null|
# |719200|2017| 10| 09|60.5|        11|         31.4|           21.3|
# |996470|2018| 03| 12|55.6|        12|         null|           null|
# |076470|2018| 06| 07|65.0|        24|         55.6|           null|
# |917350|2018| 04| 21|82.6|         9|         65.0|           55.6|
# +------+----+---+---+----+----------+-------------+---------------+
```

previous_temp_2 的值是当前记录向前数两次对应的观测值

使用 cume_dist()记录的累积分布

我们讨论的最后一个分析函数是 cume_dist()，它类似于 percent_rank()(见代码清单 10-17)。顾名思义，cume_dist()提供了一个累积分布(在统计意义上)，而不是一个排名(使用 percent_rank())。

就像使用 percent_rank()一样，通过公式更容易解释：

$$\frac{\text{值小于或等于当前值的记录数}}{\text{窗口中的记录数}}$$

在实践中，在对某些变量的累积分布进行 EDA(探索性数据分析)时会使用它。

代码清单 10-17　在窗口中使用 percent_rank()和 cume_dist()

```
gsod_light.withColumn(
```

```
    "percent_rank", F.percent_rank().over(temp_each_year)
).withColumn("cume_dist", F.cume_dist().over(temp_each_year)).show()

# +------+----+---+---+----+----------+------------------+------------------+
# |   stn|year| mo| da|temp|count_temp|      percent_rank|         cume_dist|
# +------+----+---+---+----+----------+------------------+------------------+
# |041680|2019| 02| 19|16.1|        15|               0.0|              0.25|
# |998166|2019| 03| 20|34.8|        12|0.3333333333333333|               0.5|
# |998252|2019| 04| 18|44.7|        11|0.6666666666666666|              0.75|
# |949110|2019| 11| 23|54.9|        14|               1.0|               1.0|
# |994979|2017| 12| 11|21.3|        21|               0.0|0.3333333333333333|
# |998012|2017| 03| 02|31.4|        24|               0.5|0.6666666666666666|
# |719200|2017| 10| 09|60.5|        11|               1.0|               1.0|
# |996470|2018| 03| 12|55.6|        12|               0.0|0.3333333333333333|
# |076470|2018| 06| 07|65.0|        24|               0.5|0.6666666666666666|
# |917350|2018| 04| 21|82.6|         9|               1.0|               1.0|
# +------+----+---+---+----+----------+------------------+------------------+
```

cume_dist()是一个分析函数，而不是一个排名函数，因为它没有提供排名功能。但它为数据帧中的记录提供了累积密度函数 *F*(*x*)(统计学术语)。

本节介绍了窗口函数的丰富内容。虽然它读起来有点枯燥，但窗口函数只不过是在窗口上操作的函数，就像我们在第 4 章和第 5 章中看到的作用于整个数据帧的函数一样。一旦你看到它们在实际中的应用，就很容易掌握并使用它们。10.3 节将介绍窗口框架，它是一种强大的工具，可以更改在窗口函数计算中使用的记录。

练习 10-2

如果有一个窗口，其中所有有序值都是相同的，那么对窗口应用 ntile()会得到什么结果呢？

10.3 弹性窗口！使用行和范围的边界

本节内容不再局限在对每条记录使用统一窗口的场景。将介绍如何基于行数和范围构建静态的、递增的、无界的窗口。能够微调窗口的边界，通过灵活使用静态窗口分区的概念，增强代码的功能。在本节结束时，你将能够完全掌握 PySpark 中的窗口操作。

本节从一个看似普通的操作开始：对两个相同分区的窗口进行平均计算。这两个相同分区窗口的唯一的区别是第一个是不排序的，而第二个是排序的。窗口的顺序肯定不会影响平均值的计算，对吧？

看看代码清单 10-18——相同的窗口函数，几乎相同的窗口(除了顺序不同)，但结果却不相同。

代码清单 10-18 对窗口进行排序，并计算平均值

```
not_ordered = Window.partitionBy("year")
ordered = not_ordered.orderBy("temp")
gsod_light.withColumn(
    "avg_NO", F.avg("temp").over(not_ordered)
```

```
).withColumn("avg_O", F.avg("temp").over(ordered)).show()

# +------+----+---+---+----+----------+----------------+------------------+
# |   stn|year| mo| da|temp|count_temp|          avg_NO|             avg_O|
# +------+----+---+---+----+----------+----------------+------------------+
# |041680|2019| 02| 19|16.1|        15|          37.625|              16.1|
# |998166|2019| 03| 20|34.8|        12|          37.625|             25.45|
# |998252|2019| 04| 18|44.7|        11|          37.625|31.866666666666664|
# |949110|2019| 11| 23|54.9|        14|          37.625|            37.625|
# |994979|2017| 12| 11|21.3|        21|37.7333333333334|              21.3|
# |998012|2017| 03| 02|31.4|        24|37.7333333333334|             26.35|
# |719200|2017| 10| 09|60.5|        11|37.7333333333334|37.733333333333334|
# |996470|2018| 03| 12|55.6|        12| 67.733333333333|              55.6|
# |076470|2018| 06| 07|65.0|        24| 67.733333333333|              60.3|
# |917350|2018| 04| 21|82.6|         9| 67.733333333333| 67.73333333333333|
# +------+----+---+---+----+----------+----------------+------------------+
```

一切正常：每个窗口的平均值都是一致的，结果也符合逻辑

一些奇怪的事情正在发生。看起来窗口中的平均值在逐条增加，每条记录对应的平均值都在变化

这很有趣。窗口的顺序会打乱计算。根据 Spark API 官方文档，如果没有定义排序，则默认使用无界窗口框架(rowFrame、unboundedPreceding、unboundedFollowing)。在定义排序时，默认使用一个增长的窗口框架(rangeFrame, unboundedPreceding, currentRow)。

揭示新的神秘行为的秘诀在于了解我们可以构建的窗口框架的类型以及它们的用途。首先介绍不同的框架大小(静态、增长以及无边界)以及如何在添加第二个维度、帧类型(范围与行)之前对它们进行推理。在本节结束时，你将完全理解前面代码的含义，并能够随时利用窗口技术，不管遇到什么情况。

10.3.1　计数，窗口样式：静态、增长和无边界

本节介绍窗口的边界，我们称之为窗口框架(window frame)。我们打破了传统的全局窗口(一个窗口等于整个分区)，引入了基于记录的边界。当使用窗口函数时，这将提供令人难以置信的灵活性，因为它可以控制窗口内记录的可见范围。你将能够创建只查看过去的窗口函数，并在处理时间序列时避免特征泄漏。这只是灵活窗口框架的众多用例之一！

提示

当你在构建预测模型时，如果使用了未来的信息，就会发生特征泄漏。例如，使用明天的降雨量预测下一周的总降雨量。有关特征和特征泄漏的更多信息，请参见第 12 章和第 13 章。

在开始之前，让我们看一下窗口：当函数应用于它时，窗口规范根据一个或多个列值对数据帧进行分区，然后(可能)对它们进行排序。Spark 还提供了 rowsBetween()和rangeBetween()方法来创建窗口框架的边界(见图 10-4)。在本节中，将重点讨论行边界，因为它们更符合我们的期望。10.3.2 节解释了范围和行之间的区别。

year	mo	da	temp	
2019	02	19	16.1	← Window.unboundedPreceding
2019	04	21	82.6	...
2019	06	07	65.0	← -1(前一行)
2019	06	15	-114.7	← **Window.currentRow**
2019	06	20	-114.7	← 1 (紧随其后的行)
2019	08	27	-113.5	...
2019	10	09	60.5	
2019	11	23	54.9	← Window.unboundedFollowing

图 10-4　窗口内存在的不同边界情况。有些是数字；有些有保留的关键字。查看前面的记录时，我们向前计数(到 Window.unboundedFollowing)；查看后面的记录时，我们向后计数(到 Window.unboundedPreceding)

当使用无界/无序窗口时，我们不关心哪条记录是哪条。当使用排名函数或分析函数时，情况就不同了。例如，在排名时，向前或向后，Spark 会将正在处理的记录命名为 Window . currentRow。(我保留了类名。这使 currentRow 关键字可以让人明显了解你使用的是 window 函数)。前面记录对应-1，以此类推，直到第一条记录 Window. unboundedPreceding。当前行后面的记录对应 1，以此类推，直到最后一条记录 Window.unboundedFollowing。

警告

不要使用数值来表示窗口中的第一条或最后一条记录。这会使你的代码更难理解，而且你永远不知道窗口中的记录何时会超过这个设定值。在内部，Spark 会将 Window.unboundedPreceding 和 Window.unboundedFollowing 转换到适当的数值，所以你不需要自己设定开始值(第一条记录对应的位置值)和终止值(最后一条记录对应的位置值)。

下面回到代码清单 10-18。我们可以在窗口规范中“添加”边界。在代码清单 10-19 中，我们显式地添加了 Spark 在没有提供边界时所假定的边界。这意味着无论我们定义边界(代码清单 10-19)还是不定义边界(代码清单 10-18)，not_ordered 和 ordered 都会得到相同的结果。如果我想得到非常准确的结果，有序窗口规范受范围限制，而不是受行限制。但对于我们的数据帧，它的工作原理是一样的。现在我将以准确性换取易于理解性，但如果将其应用于 gsod 数据帧，结果会略有不同(请参阅 10.3.2 节)。

代码清单 10-19　用明确的窗口边界重写窗口规范

```
not_ordered = Window.partitionBy("year").rowsBetween(
    Window.unboundedPreceding, Window.unboundedFollowing
)
ordered = not_ordered.orderBy("temp").rangeBetween(
    Window.unboundedPreceding, Window.currentRow
)
```

这个窗口是无界的:从第一条到最后一条的每条记录都在窗口中

这是一个有界窗口，当中的记录范围是：窗口的第一条记录到当前记录因为 avg_NO 计算所用的窗口是无界的，这意味着它从窗口的第一个记录跨越到最后一个记录，因此整个窗口的平均值是一致的。计算 avg_O 时使用的记录是向左增长的，这意味着右边的记录绑定到 currentRow，而左边的记录设置在窗口的第一个值处。当你从一条记录移动到另一条记录时，平均值计算会覆盖越来越多的值。窗口的最后一条记录的平均值包含了所有值(因为 currentRow 是窗口的最后一条记录)。静态窗口框架只不过是一个窗口，其中两条记录都相对于当前行进行边界设定；例如，rowsBetween(-1, 1)表示一个窗口，其中包含当前行、紧挨着的前一行和后一行记录。

警告

如果你的窗口规范是无序的，那么使用边界是一种不确定的操作。Spark 不能保证你的窗口包含相同的值，因为我们在选择边界之前不会对窗口进行排序。或者你也可以在前一个操作中对数据帧进行排序。如果使用边界，请提供显式排序子句。

在实践中，很容易知道你需要什么样的窗口。排名和分析函数依赖于有序窗口，因为顺序在它们的应用中很重要。聚合函数不关心值的顺序，所以除非你想要部分聚合，否则不应将它们与有序窗口规范一起使用。

本节介绍了不同类型的窗口边界，并部分解释了使用有序窗口规范时平均值增长的行为。在下一节中，我将介绍最后一个核心窗口概念：范围与行。

10.3.2　范围和行

本节将介绍“行窗口”和“范围窗口”之间微妙而又极其重要的区别。这个概念让我们可以选择创建关注有序的列内容，而不仅仅是它的位置窗口。范围在处理日期和时间时很有用，因为你可能希望根据不同于主要指标的时间间隔来收集窗口。以 gsod 数据帧采集日气温信息为例。如果我们想将当前温度与前一个月的平均温度进行比较，会发生什么？月有 28、29、30 或 31 天。这就是“范围”发挥作用的地方。

首先，对代码清单 10-20 中的 gsod_light 数据帧做一些转换。使用 F.lit(2019)将 2019 年的所有日期转换为列值，这样我们在按年分解时就有一个单一的窗口；这将为我们在使用“范围”时提供更多数据。我还创建了一个 dt 列，其中包含观测值的日期，然后将其转换为 dt_num 列中的整数值。PySpark 中的范围窗口只能在数值列上运行；unix_timestamp()将日期转换为自 UTC (UNIX 纪元)1970-01-01 00:00:00 开始的秒数。这样就得到了一个可以代表日期的数字，可以在范围窗口中使用。

代码清单 10-20　创建要应用范围窗口的日期列

```
gsod_light_p = (
    gsod_light.withColumn("year", F.lit(2019))
    .withColumn(
        "dt",
        F.to_date(
            F.concat_ws("-", F.col("year"), F.col("mo"), F.col("da"))
        ),
    )
```

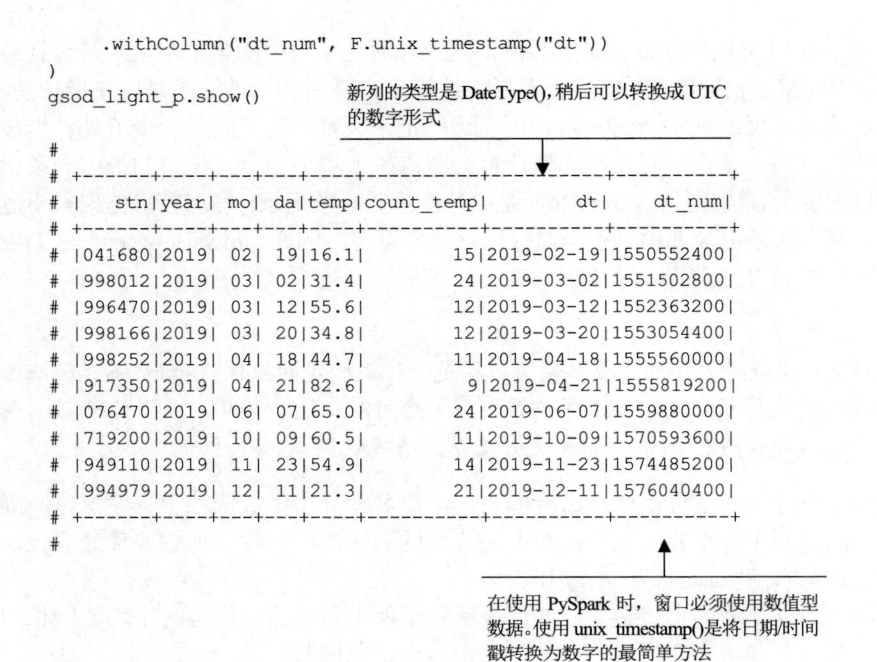

```
    .withColumn("dt_num", F.unix_timestamp("dt"))
)
gsod_light_p.show()

#
# +------+----+---+---+----+----------+----------+----------+
# |   stn|year| mo| da|temp|count_temp|        dt|    dt_num|
# +------+----+---+---+----+----------+----------+----------+
# |041680|2019| 02| 19|16.1|        15|2019-02-19|1550552400|
# |998012|2019| 03| 02|31.4|        24|2019-03-02|1551502800|
# |996470|2019| 03| 12|55.6|        12|2019-03-12|1552363200|
# |998166|2019| 03| 20|34.8|        12|2019-03-20|1553054400|
# |998252|2019| 04| 18|44.7|        11|2019-04-18|1555560000|
# |917350|2019| 04| 21|82.6|         9|2019-04-21|1555819200|
# |076470|2019| 06| 07|65.0|        24|2019-06-07|1559880000|
# |719200|2019| 10| 09|60.5|        11|2019-10-09|1570593600|
# |949110|2019| 11| 23|54.9|        14|2019-11-23|1574485200|
# |994979|2019| 12| 11|21.3|        21|2019-12-11|1576040400|
# +------+----+---+---+----+----------+----------+----------+
#
```


对于一个简单的范围窗口，让我们计算给定那天前后一个月记录的平均温度。因为我们的数字日期是以秒为单位的，为了简单起见，假设 1 个月= 30 天= 720 小时= 43 200 分钟= 2 592 000 秒[1]。从视觉上看，记录所在的窗口如图 10-5 所示：对于每条记录，Spark 都会计算出左右(或上下)窗口的边界，这些边界用来确定记录是否在窗口中。

year	mo	da	temp	dt_num
2019	02	19	16.1	1 550 552 400
2019	03	02	31.4	1 551 502 800
2019	03	12	55.6	1 552 363 200
2019	03	20	34.8	1 553 054 400
2019	04	18	44.7	1 555 560 000
2019	04	21	82.6	1 555 819 200
2019	06	07	65.0	1 559 880 000
2019	10	09	60.5	1 570 593 600
2019	11	23	54.9	1 574 485 200
2019	12	11	21.3	1 576 040 400

```
  1 553 054 400
-     2 592 000
---------------
  1 550 462 400 (左边界)

← Window.currentRow

  1 553 054 400
+     2 592 000
---------------
  1 555 646 400 (右边界)
```

图 10-5 显示范围为(−2_592_000，2_592_000)的窗口(±30 天，以秒为单位)

1 如果你想取得更精确的日期，而不是粗略估计，请查看后面的练习。

在代码清单 10-21 中，我们创建了一个 60 天(前 30 天，后 30 天)的范围窗口(range window)，按年进行分区；我们的窗口框架是按 dt_num 排序的，所以可以在秒数上使用 rangeBetween。

代码清单 10-21　计算 60 天滑动窗口内的平均温度

```
ONE_MONTH_ISH = 30 * 60 * 60 * 24 # or 2_592_000 seconds
one_month_ish_before_and_after = (
    Window.partitionBy("year")
    .orderBy("dt_num")
    .rangeBetween(-ONE_MONTH_ISH, ONE_MONTH_ISH)
)

gsod_light_p.withColumn(
    "avg_count", F.avg("count_temp").over(one_month_ish_before_and_after)
).show()

# +------+----+---+---+----+----------+----------+----------+-------------+
# |   stn|year| mo| da|temp|count_temp|        dt|    dt_num|    avg_count|
# +------+----+---+---+----+----------+----------+----------+-------------+
# |041680|2019| 02| 19|16.1|        15|2019-02-19|1550552400|        15.75|
# |998012|2019| 03| 02|31.4|        24|2019-03-02|1551502800|        15.75|
# |996470|2019| 03| 12|55.6|        12|2019-03-12|1552363200|        15.75|
# |998166|2019| 03| 20|34.8|        12|2019-03-20|1553054400|         14.8|
# |998252|2019| 04| 18|44.7|        11|2019-04-18|1555560000|10.6666666666|
# |917350|2019| 04| 21|82.6|         9|2019-04-21|1555819200|         10.0|
# |076470|2019| 06| 07|65.0|        24|2019-06-07|1559880000|         24.0|
# |719200|2019| 10| 09|60.5|        11|2019-10-09|1570593600|         11.0|
# |949110|2019| 11| 23|54.9|        14|2019-11-23|1574485200|         17.5|
# |994979|2019| 12| 11|21.3|        21|2019-12-11|1576040400|         17.5|
# +------+----+---+---+----+----------+----------+----------+-------------+
```

取值范围为(current_row_value −ONE_MONTH_ISH, current_row_value + ONE_MONTH_ISH)

对于窗口中的每条记录，Spark 根据当前行的值(dt_num 字段)计算范围的边界，并确定用于聚合计算的实际窗口。这使得计算滑动或增长的时间/日期窗口变得很容易：当使用行范围时，你只能说“前后 X 条记录”。当在范围窗口中使用 Window.currentRow/unboundedFollowing/unboundedPreceding 时，Spark 会使用记录的值作为范围边界。如果在给定时间内有多个观测值，那么基于行的窗口框架将不起作用。使用基于范围的窗口，并查看实际值，可以让窗口与应用它的上下文保持一致。

Spark 中可用的窗口类型矩阵如图 10-6 所示。

	窗口基于每行的位置。数值相对于当前行位置	窗口基于每行的值。数值相对于当前行的值
窗口的大小保持不变，并且随着我们从一个记录移动到另一个记录而移动	rows / bounded	range/ bounded
窗口是单向的。当我们移动记录时，它会在没有边界的方向上增长/收缩	rows/growing	range/ growing
窗口包含整个分区。对于分区中的每条记录，它都相同	rows / unbounded	range/ unbounded

图 10-6　Spark 中可用的窗口类型矩阵

本节解释了基于行窗口和基于范围窗口之间的区别，以及它们各自的最佳应用场景。以上就是窗口函数的“标准”部分。掌握本章的内容后，你将能熟练地将窗口函数应用于数据分析或特征工程操作中。在结束本章之前，我还额外增加了一节，介绍如何在窗口上应用 UDF。有了它，你将能够打破常规，编写自己的窗口函数。

练习 10-3

如果你有一个包含 1 000 001 行的数据帧，其中列 ord(该列已经被排序)由 F.lit(10)定义，下面的窗口函数会得到什么结果？

(1) F.count("ord").over(Window.partitionBy().orderBy("ord").rowsBetween(-2, 2))

(2) F.count("ord").over(Window.partitionBy().orderBy("ord").rangeBetween(-2, 2))

10.4　综合实践：在窗口中使用 UDF

本节介绍我认为 PySpark 最擅长的事情：在窗口中使用 UDF。它使用了两个非常有趣的东西：UDF 和第 9 章中学习的“拆分－应用－合并”范式。这也是 Python 特有的，因为它依赖于 pandas UDF。沿着 PySpark 的道路一直走下去！当你需要 pandas UDF 的灵活性时，窗口定义中的 pandas UDF 非常有用。例如，当你需要 PySpark 中可用的窗口函数集中未定义的功能时，只要定义 UDF 即可实现该功能！

这一节并不长，因为我们是在现有知识的基础上构建的。要完整地复习 pandas UDF，请参考第 9 章。应用 pandas UDF 的方法非常简单：

(1) 我们需要使用一个序列到标量的 UDF(或分组聚合 UDF)。PySpark 会将 UDF 应用到每个窗口(每条记录一次)，并将(标量)值作为结果。

(2) 无界窗口框架上的 UDF，需要使用 Spark 2.4 及更高版本。

(3) 只有 Spark 3.0 及更高版本支持边界窗口框架上的 UDF。

剩下的呢？一切照常。在代码清单 10-22 中，我们使用 Spark 3 类型的提示符号创建了一个 median UDF。如果你使用的是 Spark 2.4，请将装饰器改为@F.pandas_udf("double", PandasUDFType.GROUPED_AGG)，并删除类型提示。这个简单的 median 函数用于计算 pandas Series 的中位数。然后将它两次应用在 gsod_light 数据帧上。这里没有什么值得注意的地方；它就是这样。

警告

不要修改作为输入传递的 Series。这样做会在代码中引入难以发现的 bug，在第 9 章已经看到了 UDF bug 有多严重。

代码清单 10-22　在窗口间隔上使用 pandas UDF

```
import pandas as pd


# Spark 2.4, use the following
# @F.pandas_udf("double", PandasUDFType.GROUPED_AGG)
@F.pandas_udf("double")
def median(vals: pd.Series) -> float:
       return vals.median()

gsod_light.withColumn(
    "median_temp", median("temp").over(Window.partitionBy("year"))
).withColumn(
     "median_temp_g",
     median("temp").over(
        Window.partitionBy("year").orderBy("mo", "da")
     ),
).show()

#
# +------+----+---+---+----+----------+-----------+-------------+
# |   stn|year| mo| da|temp|count_temp|median_temp|median_temp_g|
# +------+----+---+---+----+----------+-----------+-------------+
# |041680|2019| 02| 19|16.1|        15|      39.75|         16.1|
# |998166|2019| 03| 20|34.8|        12|      39.75|        25.45|
# |998252|2019| 04| 18|44.7|        11|      39.75|         34.8|
# |949110|2019| 11| 23|54.9|        14|      39.75|        39.75|
# |998012|2017| 03| 02|31.4|        24|       31.4|         31.4|
# |719200|2017| 10| 09|60.5|        11|       31.4|        45.95|
# |994979|2017| 12| 11|21.3|        21|       31.4|         31.4|
# |996470|2018| 03| 12|55.6|        12|       65.0|         55.6|
# |917350|2018| 04| 21|82.6|         9|       65.0|         69.1|
# |076470|2018| 06| 07|65.0|        24|       65.0|         65.0|
# +------+----+---+---+----+----------+-----------+-------------+
#
```

UDF 适用于无界/无序的窗口框架

同样的 UDF 现在应用在有界/有序的窗口框架上

由于窗口是无界的，因此窗口内的每条记录都具有相同的中位数

由于窗口的边界是向右的，因此随着我们向窗口中添加更多的记录，中位数也会发生变化

10.5 查看窗口：成功的窗口函数的主要步骤

关于窗口函数的这一章到此结束。我鼓励你扩展你的数据操作、分析和特征工程库，以使用基于窗口函数的转换。如果你不知道如何执行某种转换，一定要记住使用窗口函数的基本参数。

(1) 我想执行什么样的操作？汇总、排序或向前看/向后看。

(2) 我需要如何构建窗口？它应该有界还是无界？我是否需要每条记录都具有相同的窗口值(无界)，或者答案是否取决于记录在窗口中的位置(有界)？当限制窗口框架时，通常也需要对其进行排序。

(3) 对于有界窗口，窗口框架是根据记录的位置(row based)还是记录的值(range based)来设置的？

(4) 最后，请记住，窗口函数不会让你的数据帧变得与众不同。在应用你的函数之后，你可以筛选、分组，甚至应用另一个完全不同的窗口。

窗口函数似乎是数据分析师和科学家面试时的最爱。在 PySpark 中使用窗口函数将成为你的第二天性！

10.6 本章小结

- 窗口函数是应用于被称为窗口框架的数据帧的一部分的函数。它们可以执行聚合、排名或分析操作。窗口函数将返回具有相同记录数量的数据帧，而不像它的类似操作 groupby-aggregate 和分组映射 UDF。
- 窗口框架是通过窗口规范定义的。窗口规范规定了数据帧如何分组(partitionBy())，如何排序(orderBy())，以及如何分割(rowsBetween()/rangeBetween())。
- 默认情况下，一个无序的窗口框架将是无界的，这意味着该窗口框架将等于每个记录的窗口分区。有序的窗口框架将向左增长，这意味着每条记录将对应一个窗口框架，范围从窗口分区中的第一个记录到当前记录。
- 窗口可以按行界定，这意味着窗口框架中包含的记录与作为参数传递的行边界相关联(范围边界添加到当前行的行号)；或者按范围界定，这意味着窗口框架中包含的记录依赖于当前行的值(范围边界添加到值)。

10.7 扩展练习

练习 10-4

使用下面的代码，首先确定每年最冷的日子，然后计算平均温度。当出现两次以上时，会发生什么？

```
each_year = Window.partitionBy("year")
```

```
(gsod
 .withColumn("min_temp", F.min("temp").over(each_year))
 .where("temp = min_temp")
 .select("year", "mo", "da", "stn", "temp")
 .orderBy("year", "mo", "da")
 .show())
```

练习 10-5

如何使用 gsod_light 数据帧创建一个全排名，这意味着 temp_per_month_asc 中的每条记录都有一个唯一的排名？对于具有相同 orderBy()值的记录，排名的顺序并不重要。

```
temp_per_month_asc = Window.partitionBy("mo").orderBy("count_temp")

gsod_light = spark.read.parquet("./data/window/gsod_light.parquet")
gsod_light.withColumn(
    "rank_tpm", F.rank().over(temp_per_month_asc)
).show()

# +------+----+---+---+----+----------+--------+
# |   stn|year| mo| da|temp|count_temp|rank_tpm|
# +------+----+---+---+----+----------+--------+
# |949110|2019| 11| 23|54.9|        14|       1|
# |996470|2018| 03| 12|55.6|        12|       1|
# |998166|2019| 03| 20|34.8|        12|       1|
# |998012|2017| 03| 02|31.4|        24|       3|
# |041680|2019| 02| 19|16.1|        15|       1|
# |076470|2018| 06| 07|65.0|        24|       1|
# |719200|2017| 10| 09|60.5|        11|       1|
# |994979|2017| 12| 11|21.3|        21|       1|
# |917350|2018| 04| 21|82.6|         9|       1|
# |998252|2019| 04| 18|44.7|        11|       2|
# +------+----+---+---+----+----------+--------+
```

这些记录应该是 1 和 2

练习 10-6

获取 gsod 数据帧(不是 gsod_light)并创建一个新列。如果给定气象站的温度在该站 7 天(之前和之后)的时间窗口内达到最大值，则该列为 True，否则为 False。

练习 10-7

在考虑每个月的天数不同的情况下，如何创建如下代码所示的窗口？例如，三月有 31 天，但四月只有 30 天，所以你不能制定固定天数的窗口规范。

(提示：我的解决方案没有使用 dt_num)

```
ONE_MONTH_ISH = 30 * 60 * 60 * 24 # or 2_592_000 seconds
one_month_ish_before_and_after = (
    Window.partitionBy("year")
    .orderBy("dt_num")
    .rangeBetween(-ONE_MONTH_ISH, ONE_MONTH_ISH)
)

gsod_light_p = (
    gsod_light.withColumn("year", F.lit(2019))
    .withColumn(
```

```
            "dt",
            F.to_date(
                F.concat_ws("-", F.col("year"), F.col("mo"), F.col("da"))
            ),
        )
        .withColumn("dt_num", F.unix_timestamp("dt"))
)

gsod_light_p.withColumn(
    "avg_count", F.avg("count_temp").over(one_month_ish_before_and_after)
).show()

# +------+----+---+---+----+----------+----------+----------+------------+
# |   stn|year| mo| da|temp|count_temp|        dt|    dt_num|   avg_count|
# +------+----+---+---+----+----------+----------+----------+------------+
# |041680|2019| 02| 19|16.1|        15|2019-02-19|1550552400|       15.75|
# |998012|2019| 03| 02|31.4|        24|2019-03-02|1551502800|       15.75|
# |996470|2019| 03| 12|55.6|        12|2019-03-12|1552363200|       15.75|
# |998166|2019| 03| 20|34.8|        12|2019-03-20|1553054400|        14.8|
# |998252|2019| 04| 18|44.7|        11|2019-04-18|1555560000|10.6666666666|
# |917350|2019| 04| 21|82.6|         9|2019-04-21|1555819200|        10.0|
# |076470|2019| 06| 07|65.0|        24|2019-06-07|1559880000|        24.0|
# |719200|2019| 10| 09|60.5|        11|2019-10-09|1570593600|        11.0|
# |949110|2019| 11| 23|54.9|        14|2019-11-23|1574485200|        17.5|
# |994979|2019| 12| 11|21.3|        21|2019-12-11|1576040400|        17.5|
# +------+----+---+---+----+----------+----------+----------+------------+
```

第 *11* 章

加速 PySpark：理解 Spark 的查询计划

本章主要内容

- Spark 如何使用 CPU、内存和硬盘资源
- 更好地利用内存资源来加速计算
- 使用 Spark UI 查看与 Spark 安装相关的有用信息
- Spark 如何将任务划分为多个阶段，如何分析和监控这些阶段
- 将转换分为狭义和广义操作，以及如何推理它们
- 优化缓存的使用，避免不恰当的缓存带来的性能下降

想象下面的场景：你写了一个格式良好的、经过深思熟虑的 PySpark 程序。当你把程序提交到 Spark 集群时，它就会运行，然后你等待它执行完成。

我们如何了解程序的内部运行情况呢？对哪一步的故障排除花费了大量时间？本章将介绍如何访问 Spark 实例的配置和部署(CPU、内存等)。我们还会跟踪程序的执行过程，从原始的 Python 代码到优化后的 Spark 指令。这些知识将让你更好地了解程序的运行情况；这样你就可以知道 PySpark 任务的每个阶段都发生了什么。如果你的程序耗时太长，本章将告诉你在哪里(以及如何)查找相关信息。

11.1 芝麻开门：通过 Spark UI 了解 Spark 环境

本节介绍 Spark 如何使用分配的计算资源和内存资源，以及如何配置分配给 Spark 的资源数量。有了这些内容，你就可以根据任务的复杂程度来配置使用更多或更少的资源。

从本地 Spark 升级

到目前为止，我一直在控制数据集的大小，以避免使用分布式的(付费的)Spark 实例。

当你学习一项新技术时(或者如果你正在阅读本书并完成代码示例)，拥有一个云端集群(即使它很小)意味着你正在为大部分时间闲置的资源付费。在学习、实验或开发小型 PoC 时，请在本地使用 Spark，并在分布式环境中进行测试，从而降低成本，同时确保代码能够健康地进行扩展。

另一方面，本章的有些内容需要 Spark 在多台机器上运行。因此，如果你在本地运行 Spark，结果会有所不同。

本章将使用第 2 章和第 3 章中单词出现次数统计的例子。使用的代码如代码清单 11-1 所示。我们的程序遵循一组非常简单的步骤：

(1) 创建一个 SparkSession 对象来访问 PySpark 的数据帧功能，并连接到我们的 Spark 实例。

(2) 创建一个包含所选目录中所有文本文件的数据帧(文件中的每行代表一条记录)，并计算每个单词的出现次数。

(3) 列出使用频率最高的 10 个单词。

代码清单 11-1 计算单词出现次数的端到端程序

```
from pyspark.sql import SparkSession
import pyspark.sql.functions as F

spark = SparkSession.builder.appName(
    "Counting word occurences from a book, one more time."
).getOrCreate()

results = (
    spark.read.text("./data/gutenberg_books/*.txt")
    .select(F.split(F.col("value"), " ").alias("line"))
    .select(F.explode(F.col("line")).alias("word"))
    .select(F.lower(F.col("word")).alias("word"))
    .select(F.regexp_extract(F.col("word"), "[a-z']+", 0).alias("word"))
    .where(F.col("word") != "")
    .groupby(F.col("word"))
    .count()
)

results.orderBy(F.col("count").desc()).show(10)
```

与任何现代 PySpark 程序一样，我们的程序从创建一个 SparkSession 并连接到我们的 Spark 实例开始

results 将数据源和一系列转换映射到一个数据帧中

通过 show()对结果进行处理，我们触发了一系列转换，并显示了前 10 个出现频率最高的单词

从 show()方法开始：因为它是一个 action，所以它触发了 results 变量的一系列转换。我没有把程序的运行结果打印出来。因为，首先我们知道它能正常工作；其次，我们关注的是 Spark 在底层做了什么。

启动 Spark 时，无论是在本地还是在集群上，程序都会为我们分配计算资源和内存资源。这些资源通过名为 Spark UI 的门户网站进行展示。为了使用这个 UI 控制台，我们需要创建并实例化一个 SparkSession，这在我们的 PySpark 程序开始时就已经完成。在本地运行时，请访问 localhost:4040 查看 Spark UI 的登录页面(见图 11-1)。如果 4040 端口正在被使用中，Spark 会发出警告消息 Utils: Service 'SparkUI' could not bind on port 4040。

Attempting port ABCD。将冒号后的 4040 替换为列表中的端口号。如果你在一个托管的 Spark 集群、云环境或其他环境中工作，要访问 SparkUI，请参阅提供商的文档。

Spark UI 的登录页面(即顶部菜单中的 Job 选项卡)包含大量信息，可以将它们分成几个部分：

- 顶部菜单提供了访问 Spark UI 主要部分的入口，本章会详细介绍。
- 时间轴通过可视化的方式概述了影响 SparkSession 的活动；在我们的例子中，看到集群分配资源(一个执行器 driver，因为我们在本地运行)并执行程序。
- 在本例中，任务由 show()操作(在 Spark UI 中用 showString 描述)触发，在页面底部列出。对于正在进行的任务，将显示为 in progress。

下面几节将全面介绍 Spark UI 的各个选项卡。在深入了解程序是如何执行的之前，会介绍 Spark 提供的有关自身配置、内存和资源使用情况的信息。

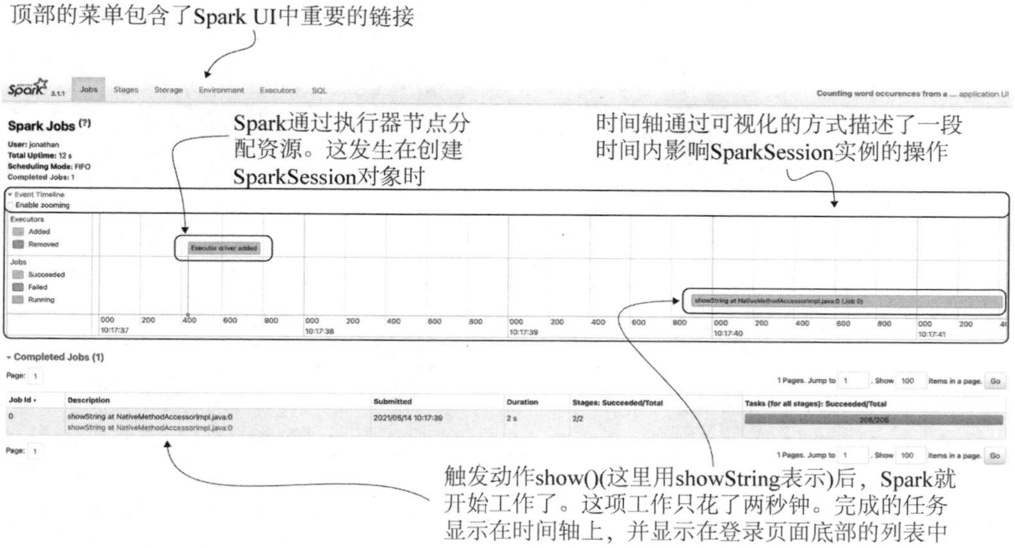

顶部的菜单包含了Spark UI中重要的链接
Spark通过执行器节点分配资源。这发生在创建SparkSession对象时
时间轴通过可视化的方式描述了一段时间内影响SparkSession实例的操作
触发动作show()(这里用showString表示)后，Spark就开始工作了。这项工作只花了两秒钟。完成的任务显示在时间轴上，并显示在登录页面底部的列表中

图 11-1　Spark UI 的登录页面(Jobs)。我们看到的时间轴是空的，因为唯一发生的事件是 PySpark shell 的启动

11.1.1　查看配置：Environment 选项卡

本节介绍 Spark UI 的环境(Environment)选项卡(见图 11-2)。此选项卡包含 Spark 实例所在环境的配置，因此该信息可用于解决软件库问题、在遇到奇怪行为(或 bug)时提供配置信息，或了解 Spark 实例的特定行为。

Environment 选项卡包含集群中所有机器的设置信息。它包含了 JVM 和 Scala 版本的信息(请记住，Spark 是一个 Scala 程序)，以及本次会话中 Spark 使用的选项。如果你想要每个字段的完整描述(包括未列出的字段)，Spark 配置页面(http://spark.apache.org/docs/latest/configuration.html)提供了一个相当友好的描述。

注意

如果你需要精确定位特定的Hadoop问题或软件库问题，或者提交bug，以及定位其他部分的问题(Hadoop属性和Classpath条目)也可以使用该选项卡中提供的信息，但出于本书的目的，可以跳过它们。

其中很多条目的含义不言自明，但在排除 PySpark 任务不按预期工作时，它们仍然很重要。除了一些标识符(如应用的ID和名称)，Spark会在UI中列出所有的配置选项和可选库。例如，在第9章中，BigQuery的Spark连接器会列在spark.jars和spark.repl.local.jars下面。

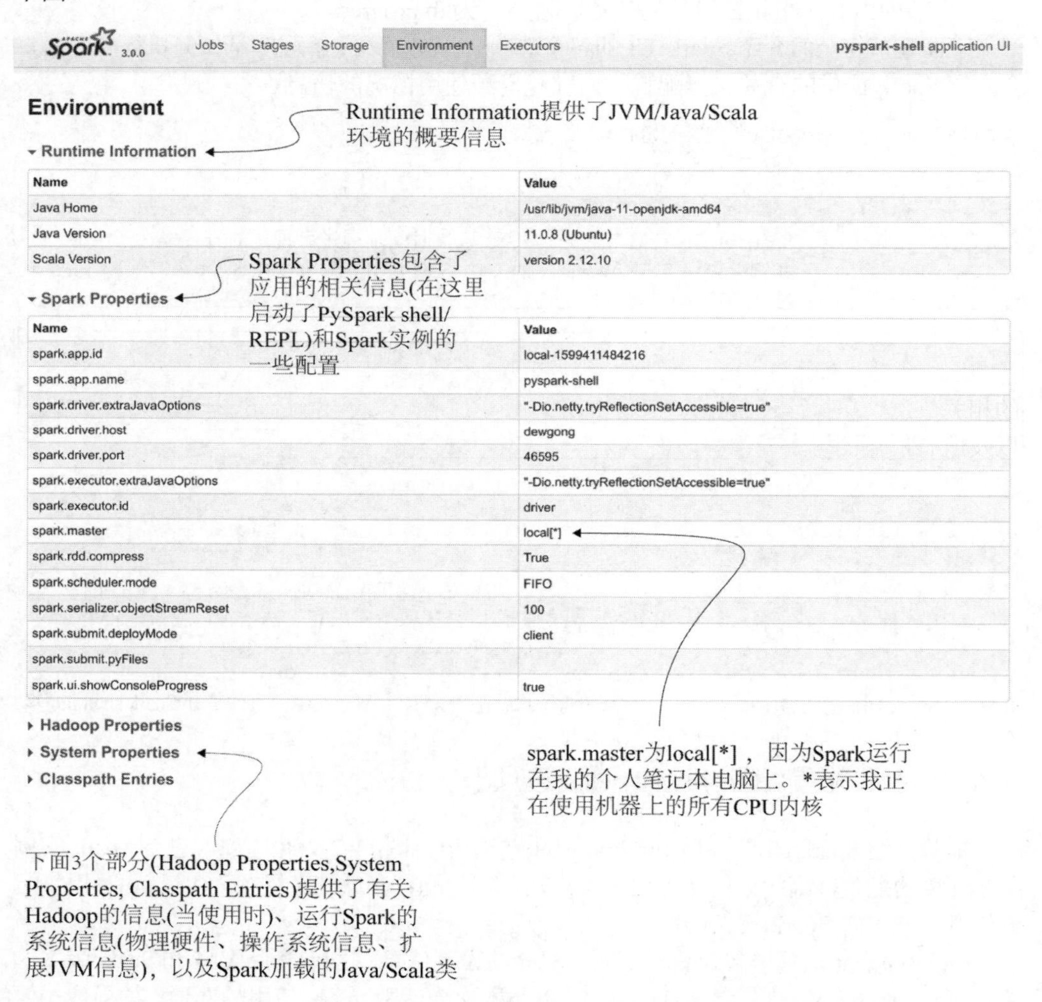

图11-2 Environment选项卡包含关于硬件、OS和库/软件版本Spark的信息

这里唯一值得提及的与Python相关的选项是spark.submit.pyFiles。由于是从REPL运行PySpark，因此没有文件被直接提交到Spark。但是，当使用spark-submit命令提交Python

文件或模块时，你的文件名将被显示在列表中。

注意

Spark UI 中没有列出集群上安装的 Python 库。在本地工作时，为 Spark 实例安装新库和在本地 Python 中安装它们一样简单。在托管集群上工作时，Spark 提供了一些策略来避免手动操作，因为这些操作严重依赖于服务提供商。(更多信息请参见 http://mng.bz/nYrK。)

本节更多的是了解你能找到什么，而不是对每个配置标志进行冗长(无聊)的描述。如果你认为问题是与操作系统、JVM 或(Java/Scala)库相关的，那么通过记住 Environment 选项卡中可用的信息，你就可以快速定位问题。如果重用第 9 章的例子，当遇到 BigQuery provider not found 错误时，你的第一个反应应该是检查 Environment 选项卡，看看 jar 是否被列为依赖项。在提交 bug 报告时，它也会提供很好的信息：你现在可以轻松地提供详细的信息。

下一节介绍在运行 PySpark 程序时通常最关心的资源：内存、CPU 和硬盘。更具体地说，我们会回顾 Spark 如何为执行器进程分配资源，以及如何修改默认值。

11.1.2　Executors 选项卡和 resource management 选项卡

在本节中，查看 Executors 选项卡，它包含了 Spark 实例可用的计算资源和内存资源的相关信息。在执行 Spark 任务的过程中，使用这个选项卡可以监控 Spark 安装的情况，以及所有节点的资源使用情况。

单击 Executors 后，可以看到集群中所有节点的概要和详细信息。由于我在本地运行，只能看到一个节点扮演 driver 的角色。

在考虑集群的处理能力时，我们考虑 CPU 和 RAM。在图 11-3 中，我的集群由 12 个 CPU 内核(local[*]提供对本地 CPU 所有内核的访问)和 434.4 MiB (mebibytes，即 2^{20}[1 048 576]字节，不要与兆字节(megabytes)混淆，兆字节是以 10[10^6或 1 000 000]为基数的)组成。默认情况下，Spark 会分配 1 GiB (gebibyte)内存给 driver 进程。(有关如何从 1GiB 获取到 434.4Mib 的公式，请参见本节末尾的说明)。

Spark 使用内存主要有 3 个目的，如图 11-4 所示。

- 内存中有一部分是为 Spark 内部处理预留的，比如用户数据结构、内部元数据，以及在处理大型记录时防止潜在的内存不足错误而预留的空间。
- 内存的第二部分用于操作(称为“操作内存”)。这是在数据转换期间使用的内存。
- 物理内存的最后一部分用于存储数据。内存访问比读写磁盘数据快得多，因此 Spark 会尽可能多地将数据放到内存中。如果操作内存的需求超出了可用容量，Spark 会将一些数据从内存转移到磁盘。

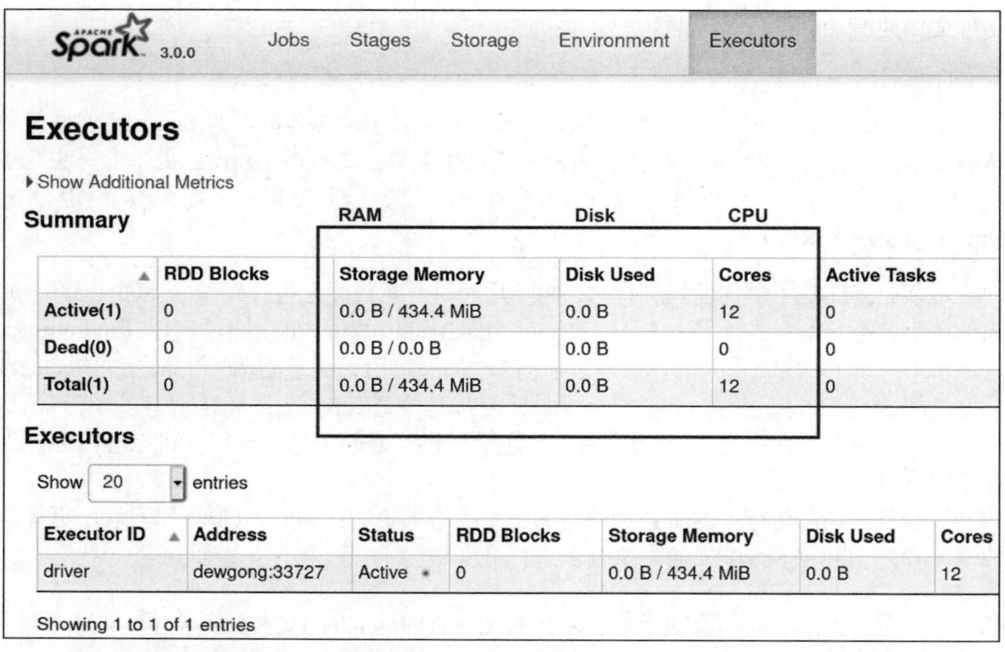

图 11-3　本地 Spark UI Executors 选项卡。我有 434.4 MiB 的存储内存和 12 个可用的 CPU 内核

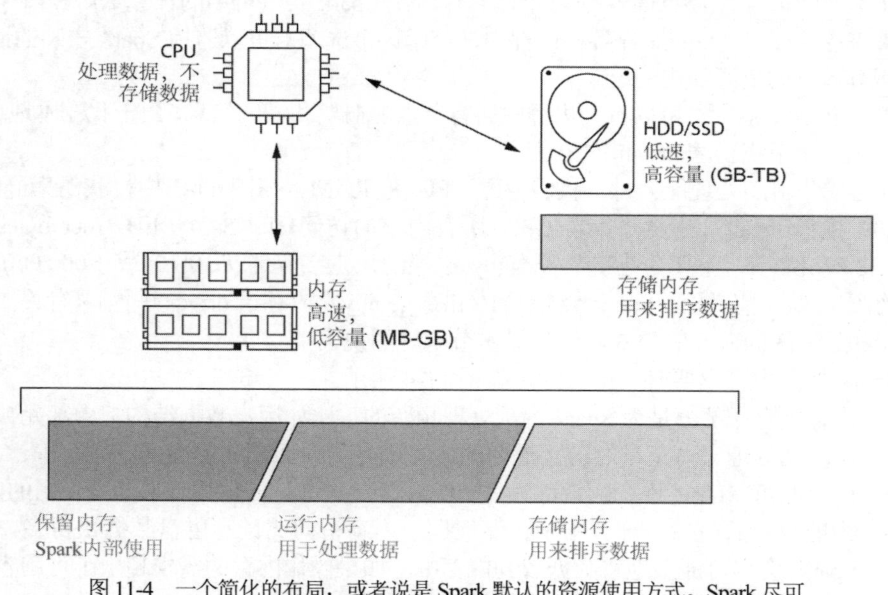

图 11-4　一个简化的布局，或者说是 Spark 默认的资源使用方式。Spark 尽可能多地使用内存，当内存不足时，通过“溢出”求助于磁盘

Spark 提供了一些配置标志来改变可用的内存和 CPU 核数。可以使用两组相同的参数来定义驱动器程序和执行器程序可以访问的资源。

当创建 SparkSession 时，可以设置 master()方法以连接到一个特定的集群管理器[1](在集群模式下)，并指定从你的计算机分配的资源/CPU 核心数量。在代码清单 11-2 中，通过在 SparkSession 构建器对象中传递 master("local[8]")，将内核数量从 12 个降低到 8 个。在本地运行时，我们的(单个)机器将托管 driver 并操作数据。在 Spark 集群中，有一个负责协调工作的 driver 节点、一个集群管理器，以及一系列运行执行器进程的工作节点(第 1 章详细介绍过)。

注意

那么 GPU 呢？到 Spark 3.0 时，GPU 的使用已经大大简化，但 Spark 实例中仍然不使用 GPU。与 CPU 一样，GPU 也将被用于数据处理。有关更多信息，请查看 Nvidia 网站(https://nvidia.github.io/spark-rapids/Getting-Started/)上的 RAPIDS+Spark 部分。大多数(如果不是全部的话)云提供商都可以为你的 Spark/Databricks 集群配备 GPU 节点。

内存分配是通过配置标志完成的。在本地工作时，最重要的是 spark.driver.memory。此标志将大小作为属性，通过 SparkSession 构建器对象的 config()方法设置。不同的标记在表 11-1 中列出：Spark 不接受小数，因此需要传入整数值。

表 11-1　Spark 接受的标记值。可以将 1 改为另一个整数值

缩写词	定义
1b	1 字节
1k 或 1kb	1 千字节=1024 字节
1m 或 1mb	1 兆字节=1024 千字节
1g 或 1gb	1G 字节=1024 兆字节
1t 或 1tb	1T 字节=1024G 字节
1p 或 1pb	1P 字节=1024T 字节

警告

Spark 使用 2 的幂数(1 kibibyte 有 1024 字节，而 1 kilobyte 只有 1000 字节)，而 RAM 内存通常以 10 的幂为单位。

在代码清单 11-2 中，我把这两个选项合并成一个新的 SparkSession 实例。如果你已经在运行 Spark 了，请务必关闭 Spark(退出启动 PySpark 的 shell)，然后重新启动 Spark，以确保 Spark 能够使用新的配置。在本地机器上运行时，除非你有充分的理由不这样做，否则将内存分配限制为总 RAM 的 50%，以供同时运行的其他程序或任务。对于集群模式下的 Spark，文档建议不要占用超过 75%的可用内存。

1　如果用户使用临时集群(即为特定作业启动一个集群，然后销毁它)，通常不需要担心集群管理器，因为它们已经为用户设置好了。

代码清单 11-2　重启 PySpark 以更改可用内核/内存的数量

```
from pyspark.sql import SparkSession

spark = (
    SparkSession.builder.appName("Launching PySpark with custom options")
    .master("local[8]")
    .config("spark.driver.memory", "16g")
).getOrCreate()

# [... Run the program here ...]
```

local[8]意味着我们只为 master 使用 8 个内核

driver 将使用 16g，而不是默认的 1g

如果使用 PySpark 命令启动 PySpark(例如，ssh 登录到托管的 Spark 云实例的主节点上)，或者使用 Spark -submit 启动 PySpark，则需要将配置作为命令行参数或在配置文件中传递(更多细节请参见附录 B)。在我们的例子中，Spark UI 通过命令行参数(--conf 语法)在 java.sun.command 字段中显示配置(参见 11.1.1 节)。图 11-5 展示了新 SparkSession 的运行结果。

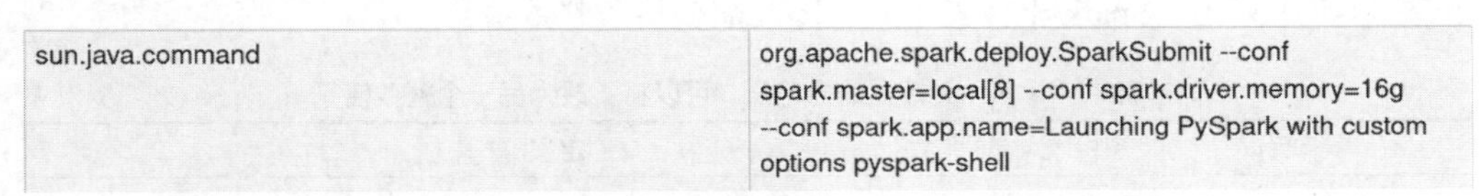

sun.java.command	org.apache.spark.deploy.SparkSubmit --conf spark.master=local[8] --conf spark.driver.memory=16g --conf spark.app.name=Launching PySpark with custom options pyspark-shell

图 11-5　在 Environment 选项卡中，sun.java. command 中有通过--conf 启动器语法传递的相同配置标志

数学时间！如何从 1GiB 到 434.4MiB

本章前面提到过，Spark 默认会为驱动器程序分配 1 GiB 内存。那么 434.4 MiB 的可用内存是怎么回事？我们如何从 1 GiB 已分配内存到 434.4 MiB 可用内存？

在图 11-4 中，解释过 Spark 将节点上的内存分为 3 个部分：预留内存、操作内存和存储内存。434.4 MiB 表示操作内存和存储内存。一些配置标志负责准确的内存划分。

- spark.{driver|executor}.memory 确定 Spark driver 或执行器可用的内存总量，称之为 M(默认为 1g)。driver 和执行器的内存需求可以不同，但我通常看到这两个值是相同的。
- spark.memory.fraction，称之为 F。设置 Spark 可用的内存比例(操作内存和存储内存；默认为 0.6)。
- spark.memory.storageFraction，称之为 S，是 Spark 可用内存的百分比(M × F)，主要用于存储(默认值为 0.5)。

在提供了 1 GiB 内存的情况下，Spark 会先保留 300 MiB 内存。剩余的内存将使用 spark.memory.fraction 的值在预留内存和可用内存之间进行分配(操作内存加存储内存)——(1 GiB − 300 MiB) × 0.6 = 434.4MiB。这是 Spark UI 中显示的值。在内部，Spark 会按照 spark .memory. storagefraction 的比率管理操作内存和存储内存。在我们的例子中，由于比率为 0.5，内存将在操作内存和存储内存之间平均分配。

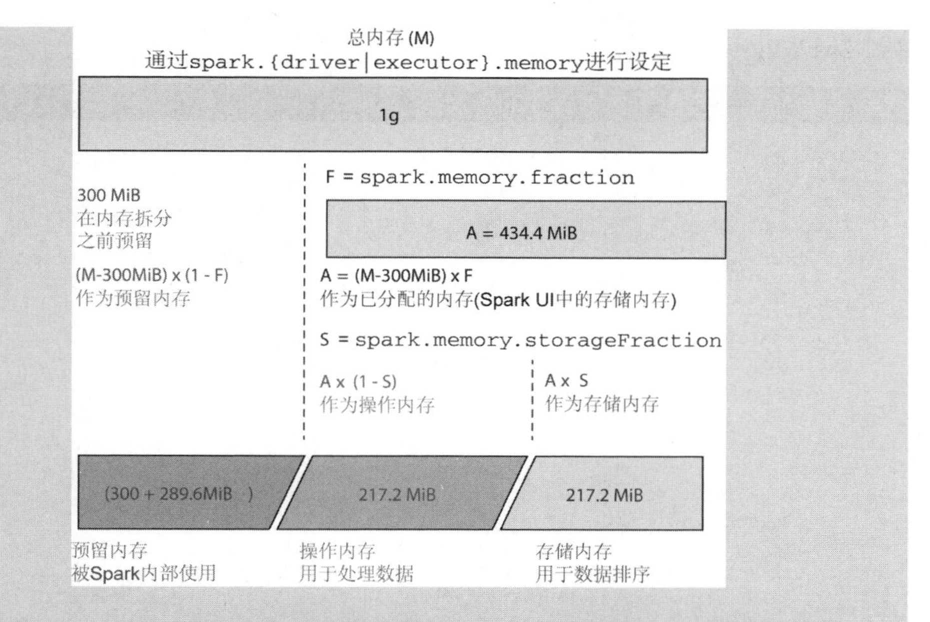

在实践中，存储空间可能超出其分配的空间：spark .memory. storagefraction 定义了 Spark 保护数据不被溢出到磁盘上的内存域(例如，在进行内存密集型计算时)。但如果数据量超过了内存容量，Spark 会从操作内存区借用空间。

对于大多数程序来说，不建议使用这些值。虽然使用过多的内存来存储数据看似有悖常理，但请记住，从内存读取数据比从硬盘读取数据要快得多。

在本节中，我们探索了配置标志和 Spark UI 的相关部分，以查看和设置 CPU 和内存资源。在下一节中，将运行一些小的任务，探索 Spark 通过 Spark UI 提供的运行时信息，并解释如何利用这些信息更好地进行配置和编码决策。

11.1.3　了解任务的运行：通过 Spark UI 判断任务是否完成

本节介绍了评估任务性能时最重要的指标。会介绍任务和阶段的概念，Spark 如何报告每个阶段的性能指标，以及如何根据 Spark UI 提供的信息优化任务。

注意

一些在云端运行的 Spark 任务(如谷歌 Dataproc)不提供对 Spark UI 的访问；但你有一个 Spark 历史服务器。外观是一样的，但只有运行的任务完成后才能在其中看到。对于 PySpark shell 来说，这意味着你必须退出会话才能看到结果。

我们提交到任务中的代码由 Spark 组织。作业只是一系列的转换操作(select()、groupBy()、where()等)，最后调用一个 action(count()、write()、show())。在第 1 章中，我解释过，只有提交一个 action，Spark 才会开始工作：每个 action 都会触发一个作业。例如，代码清单 11-3 中返回结果数据帧的代码中不包含任何 action。将上述代码提交到 REPL

后，Spark UI 不会显示任何任务(或者任何运行的迹象)。

代码清单 11-3 应用于文本文件的转换链

```
from pyspark.sql import SparkSession
import pyspark.sql.functions as F

spark = (
    SparkSession.builder.appName(
        "Counting word occurences from a book, one more time."
    )
    .master("local[4]")
    .config("spark.driver.memory", "8g")
    .getOrCreate()
)

results = (
    spark.read.text("./data/gutenberg_books/*.txt")
    .select(F.split(F.col("value"), " ").alias("line"))
    .select(F.explode(F.col("line")).alias("word"))
    .select(F.lower(F.col("word")).alias("word"))
    .select(F.regexp_extract(F.col("word"), "[a-z']+", 0).alias("word"))
    .where(F.col("word") != "")
    .groupby(F.col("word"))
     .count()
)

results.orderBy(F.col("count").desc()).show(10)
```

只有当我们提交一个 action 时，如代码清单 11-3 末尾的 show()方法，才能看到任务正在执行(一个非常快的进度条，后面是 REPL 窗口中的结果)。在 Spark UI 中，可以看到一个任务(因为只有一个 action)，详情见图 11-6。

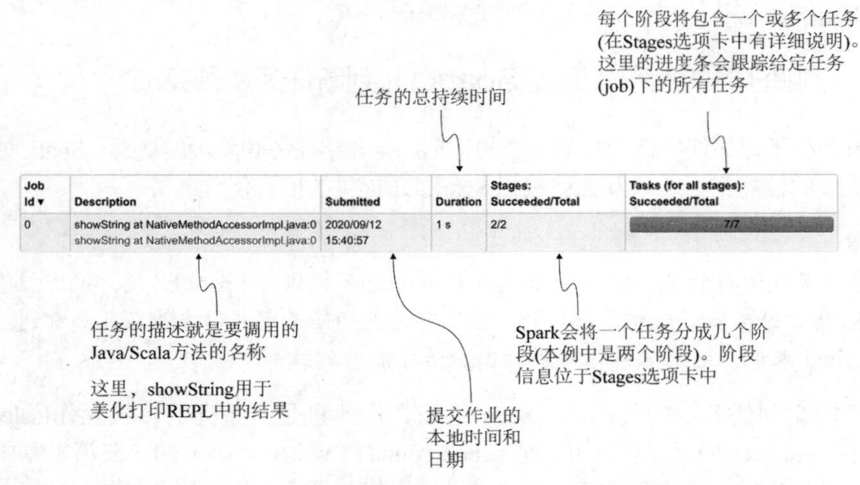

图 11-6 在 Spark UI 的 Jobs 选项卡中，有一个已完成作业的列表。我们的带有单个 aciton 的单词计数练习，将被显示为一个任务

每个任务在内部被分解为多个阶段，这些阶段是在数据上执行的任务单元。进入阶段的内容取决于查询优化器决定如何划分任务。11.1.4 节更详细地讨论了这些阶段是如何构建的，以及我们如何影响它们。这个简单的程序有如下 3 个步骤。

(1) 阶段 0，从目录中的所有文本文件(一共 6 个文件)中读取数据，并执行所有转换操作(划分、拆解、转换为小写、提取正则表达式、筛选)。然后，根据每个分区的词频进行分组并独立计数。

(2) 然后，Spark 在每个节点上交换(或混洗)数据，为下一阶段做准备。因为数据在分组后非常小(我们只需要显示 10 条记录)，所有数据都返回到单个分区中的一个节点。

(3) 最后，在阶段 1 中，计算 10 条选中记录的总字数，并以表格形式显示这些记录。

这种两阶段的分组/计数方法之所以有效，是因为记录的数量可交换，也可结合。第 8 章介绍了交换性和结合性，以及它们对 Spark 的重要性。

在 Completed Stages 表中(现在已经切换到 Spark UI 的 Stages 标签页)，Spark 提供了 4 个与内存消耗相关的主要指标。

- input 是从源读取的数据量。我们的程序读取 4.1 MiB 数据。这似乎是一个不可避免的成本：我们需要读取数据才能执行任务。如果你能够控制输入数据的格式和组织形式，则可以获得显著的性能提升。
- output 是 input 的对位：它表示程序作为操作结果输出的数据。因为我们打印到终端，所以在阶段 1 结束时没有值。
- shuffle read 和 shuffle write 是 shuffling(或交换；参见图 11-7)操作的一部分。shuffling 会在 Spark worker 上重新排列内存，为下一阶段做准备。在我们的例子中，需要在阶段 0 的末尾写入 965.6 KiB，从而为阶段 1 做准备。在阶段 1 中，只读取了 4.8 KiB，因为只请求了 10 条记录。由于 Spark 对整个任务进行了惰性优化，因此它从一开始就知道只需要对 10 个单词进行计数。在交换时(在阶段 0 和阶段 1 之间)，driver 仅为每个文件保留相关的 5 个单词，将响应我们的操作所需的数据删除 99.5%(从 965.6 KiB 到 4.8 KiB)。当处理大量文件和执行 show()操作显示内容(默认为 20 条记录)时，这会显著提高速度！

这些都是非常相关的信息。我们了解了任务(转换和 action)的内存消耗。了解了如何测量每个任务所花费的时间、垃圾收集所花费的时间、采集的数据量以及数据在每个阶段之间如何发送。下一节将关注用在数据上的实际操作，这些操作编码在一个计划中。我们终于接近 Spark 的秘密武器了！

练习 11-1

如果我们向单词计数程序添加 10 个文件，而不对代码进行任何更改，这会改变以下哪一个？为什么？

(a) 作业数量

(b) 阶段数量

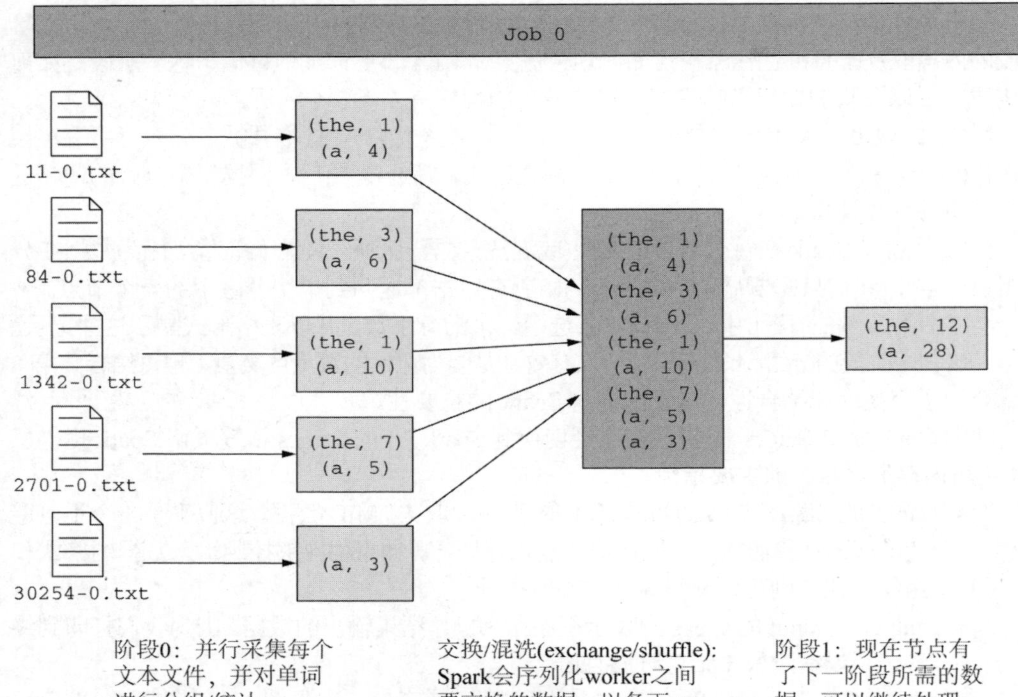

图 11-7　任务 0 的两个阶段，每个阶段的汇总统计。采集的数据大小显示在 input 中，输出的数据显示在 output 中，中间的数据移动称为 shuffle。可以使用这些值推断要处理的数据集有多大

11.1.4　通过 Spark 查询计划映射操作：SQL 选项卡

本节将介绍 Spark 从代码到实际处理数据所经历的不同计划。以本章开始就在用的单词数计算为例，我们把它分解为几个阶段，再把这些阶段分解为步骤。这是一个关键工具，可以帮助你从比代码更低的层面理解任务中发生了什么。当你觉得代码运行缓慢或没有达到预期时，这是你应该做的第一件事。

打开 Spark UI 的 SQL 选项卡，单击任务描述。你应该会看到代表不同阶段的长框链，如图 11-8 所示。

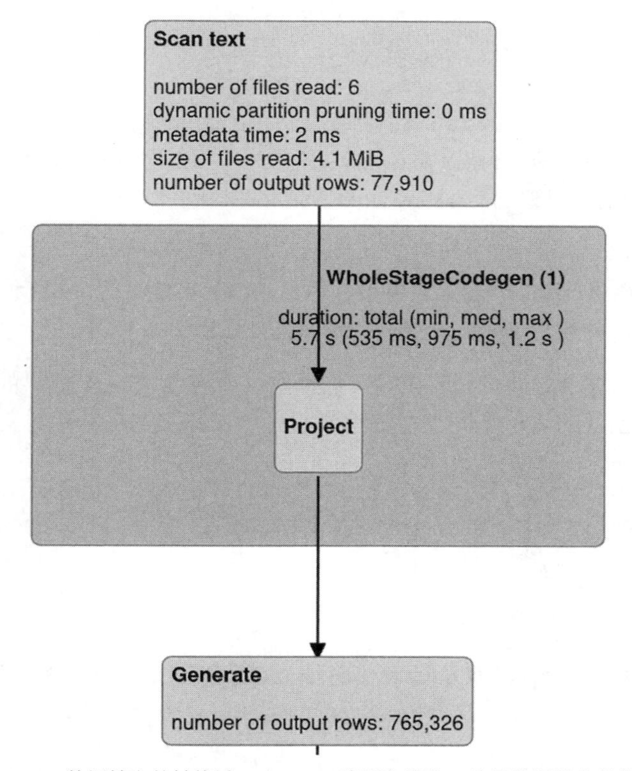

图 11-8　数据帧上的转换链，由 Spark 编码和优化。结果数据帧上的代码指令分阶段表示，当鼠标悬停在每个框上时，会进行说明和描述

如果将鼠标悬停在 Scan text、 Project 或 Generate 框上面(见图 11-9)，就会出现一个黑框，上面显示了该步骤中发生的事情。在第一个名为 Scan text 的框中，我们看到 Spark 对作为参数传递给 spark .read.text()的所有文件执行了 FileScan text 操作。

我们知道，Spark 会采集我们的代码(Python 代码，尽管这个过程适用于所有的宿主语言)，并将其翻译成 Spark 指令(参见第 1 章)。这些指令被编码成一个查询计划，然后发送给执行器进程进行处理。因此，在使用数据帧 API 时，PySpark 的性能与 Spark Scala API 非常相似。

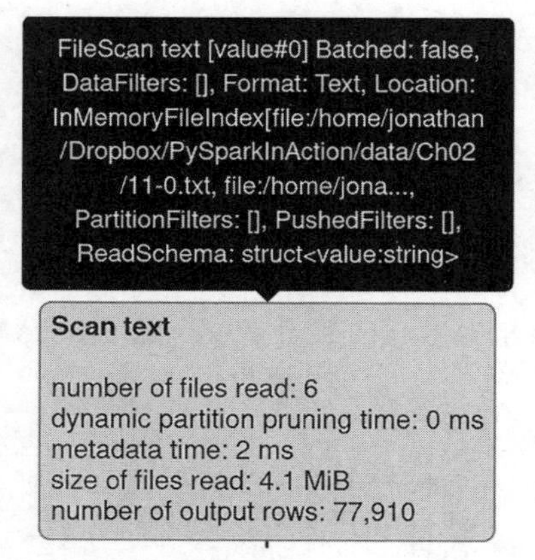

图 11-9 当鼠标悬停在 Scan text、Project 或 Generate 框中的一个上时，会出现一个黑色的覆盖层，其中包含该步骤中进行的转换(称为计划)的文本表示。由于空间的限制，大多数情况下只能看到计划的开始和结束

警告

如果你还记得第 8 章，就会记得有些操作对 RDD 不起作用。在这种情况下，PySpark 将对数据序列化，并应用 Python 代码，类似于应用 Python UDF。

我们如何访问这个查询计划？很高兴你提出这个问题！Spark 提供的不是单个查询计划，而是按顺序创建的 4 种不同类型的计划。可以在图 11-10 中看到它们的逻辑顺序。

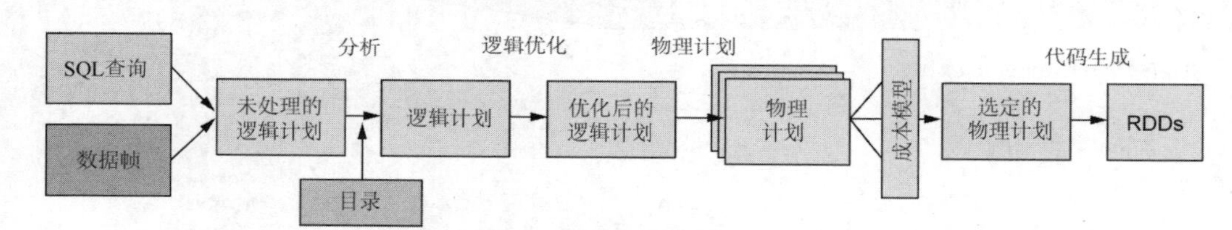

图 11-10 Spark 使用多层方式优化任务：未处理的逻辑计划、逻辑计划、优化后的逻辑计划，以及物理计划。(选定的)物理计划是应用于数据的计划

要查看 4 个(完整)计划的运行情况，而不将鼠标悬停在多个框上，有两个主要选项：

- 在 Spark UI 的 SQL 选项卡最底部，单击 Details，计划将以文本形式显示。
- 还可以在 REPL 中通过数据帧的 explain()方法打印它们。在这种情况下，我们的计划将不会有最终的操作，因为操作通常返回 python 值(数字、字符串或 None)，这些值都没有 explain 值。

以上就是 Spark UI 中 SQL 选项卡的高级概述。下一节会详细分析 Spark UI 和 explain()方法提供的计划，以及如何解释它们。

11.1.5 Spark 的核心：解析、分析、优化和物理计划

本节介绍 Spark 执行任务时的 4 种方案。理解这些计划中的关键概念和词汇，可以提供关于任务结构的大量信息，并让我们了解执行器处理数据时在集群中的数据流程。

注意

Spark 文档对计划的命名方式并不一致。因为我喜欢使用单一的形容词，所以将 Spark UI 提供的词汇表去掉了前三个方案名称中的“逻辑”两个字。我将使用解析的(parsed)、分析后的(analyzed)、优化后的(optimized)和物理(physical)来描述图 11-10 中的 4 个阶段。

在深入了解每项计划的要点之前，有必要了解为什么 Spark 要为一项任务进行整个计划过程。跨多台机器管理和处理大型数据源会带来一系列挑战。除了充分利用内存、CPU 和硬盘资源来优化每个节点以实现高速处理(见图 11-4)之外，Spark 还需要解决跨节点管理数据的复杂问题(详见 11.2.1 节)。

在 Spark UI 中，计划通过数据帧的 explain()方法以树的形式显示出来，其中包含了在数据中执行的步骤。无论计划的类型是什么，都是从嵌套最多的行到嵌套最少的行读取计划：对于大多数任务来说，这意味着从下到上读取计划。在代码清单 11-4 中，解析后的计划看起来很像将 Python 代码转换成 Spark 操作。我们在计划中识别出大多数操作(explode, regexp_extract, filter)。在计划中，分组数据称为聚合(Aggregate)，选择数据称为 Project(请注意“Project”在这种语境下，表示对数据的选择，而不是“项目”)。

提示

默认情况下，explain()只会打印物理计划。如果你想查看所有内容，请使用 explain(extended=True)。explain()方法的文档说明了进行格式化和统计的其他选项。

代码清单 11-4　为我们的任务解析逻辑计划

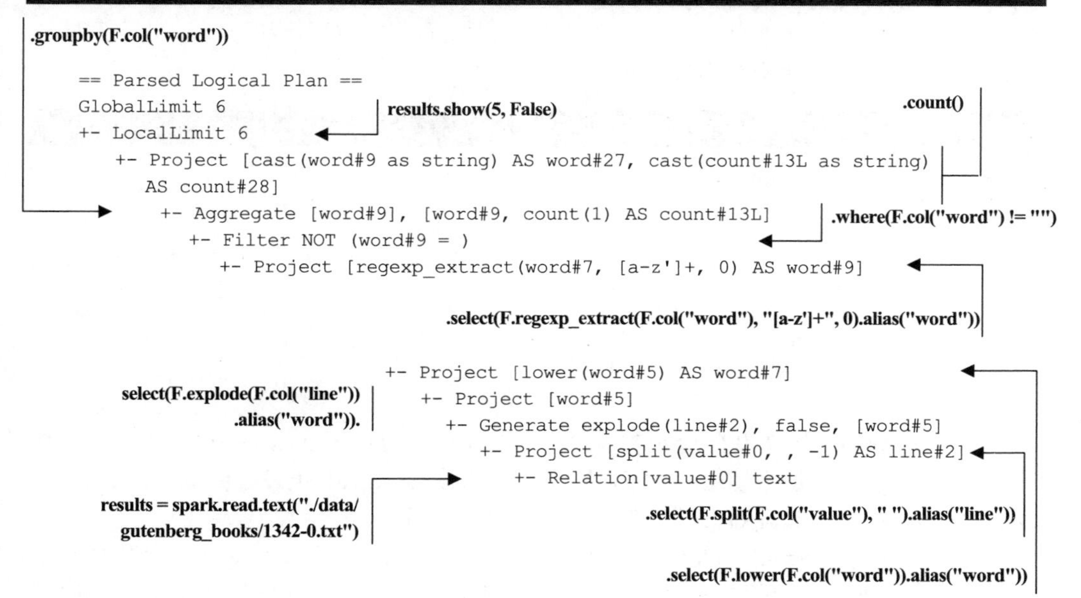

注意

Spark 在处理数据帧时需要有唯一的列名，这就是我们在计划中看到#X (X 是数字)的原因。例如，lower(word#5) AS word#7 仍然指向 word 列，但 Spark 在井号后面分配了一个递增的数字。

从解析后的逻辑计划移动到分析后的逻辑计划不会改变太多操作。另一方面，Spark 现在知道了结果数据帧的模式：word: string, count: string。见代码清单 11-5。

代码清单 11-5 单词统计任务的分析后的计划

```
== Analyzed Logical Plan ==
word: string, count: string
GlobalLimit 6
+- LocalLimit 6
   +- Project [cast(word#9 as string) AS word#27, cast(count#13L as string)
     AS count#28]
      +- Aggregate [word#9], [word#9, count(1) AS count#13L]
         +- Filter NOT (word#9 = )
            +- Project [regexp_extract(word#7, [a-z']+, 0) AS word#9]
               +- Project [lower(word#5) AS word#7]
                  +- Project [word#5]
                     +- Generate explode(line#2), false, [word#5]
                        +- Project [split(value#0, , -1) AS line#2]
                           +- Relation[value#0] text
```

得到的数据帧有两列：word(一个字符串列)和 count(也是一个字符串，因为我们用 show()将结果显示在终端上)

分析后的计划会根据 Spark 执行操作的方式，通过多种启发式方法和规则进行优化。在代码清单 11-6 中，我们识别出了与前两个计划相同的操作(解析和分析)，但不再是一一进行映射。让我们更详细地看看它们之间的差异。

代码清单 11-6 单词计数任务的优化后计划

```
== Optimized Logical Plan ==
GlobalLimit 6
+- LocalLimit 6
   +- Aggregate [word#9], [word#9, cast(count(1) as string) AS count#28]
      +- Project [regexp_extract(lower(word#5), [a-z']+, 0) AS word#9]
         +- Filter NOT (regexp_extract(lower(word#5), [a-z']+, 0) = )
            +- Generate explode(line#2), [0], false, [word#5]
               +- Project [split(value#0, , -1) AS line#2]
                  +- Relation[value#0] text
```

首先，explode()操作没有投影(参见分析后的计划中的 Project [word#5])。没什么好奇怪的：这列只在计算链中使用，不需要显式地选择/投影。Spark 也没有保留将 count 类型转换为 string 类型的 Project 步骤。转换发生在聚合过程中。

其次，regexp_extract()和 lower()操作被集中到一个步骤中。因为这两种转换操作都是在每条记录上独立进行的窄操作(见代码清单 11-7)，所以 Spark 可以在一次数据传递中完成这两种转换操作。

然后，Spark 复制了(regexp_extract(lower(word#5), [a-z']+, 0) =)这一步：它在 Filter 阶段执行，然后在 Project 阶段再次执行。因此，所分析的计划的 Filter 和 Project 步骤是

反向的。这乍一看可能有些难以理解：由于数据在内存中，Spark 认为提前执行筛选操作(即使这意味着放弃一些 CPU 周期)可以获得更好的性能。

最后，优化后的计划会被转换为执行器执行的实际步骤，这被称为物理计划(physical plan)，即 Spark 会在数据上执行这些工作。物理计划与其他计划存在很大差异。

代码清单 11-7　单词计数任务的物理计划(实际处理步骤)

```
== Physical Plan ==
CollectLimit 6
+- *(3) HashAggregate(keys=[word#9], functions=[count(1)], output=[word#9,
     count#28])
   +- Exchange hashpartitioning(word#9, 200), true, [id=#78]
      +- *(2) HashAggregate(keys=[word#9], functions=[partial_count(1)],
                             output=[word#9, count#17L])
         +- *(2) Project [regexp_extract(lower(word#5), [a-z']+, 0) AS word#9]
            +- *(2) Filter NOT (regexp_extract(lower(word#5), [a-z']+, 0) = )
               +- Generate explode(line#2), false, [word#5]
                  +- *(1) Project [split(value#0, , -1) AS line#2]
                     +- FileScan text [value#0] Batched: false, DataFilters: [],
                          Format: Text,
                          Location: InMemoryFileIndex[file:[...]/data/
gutenberg_books/1342-0.txt],
                          PartitionFilters: [], PushedFilters: [],
                          ReadSchema: struct<value:string>
```

Spark 用逻辑关系交换对文件的实际读取(FileScan text)。实际上，Spark 并不关心前面 3 个逻辑计划的实际数据。它只需要获取列名和列名类型，Spark 会协调数据的读取。如果有多个文件(就像我们的例子一样)，Spark 会在多个执行器进程之间拆分文件，以便每个执行器进程读取所需的内容。

还有一些以星号为前缀的数字——*(1)到*(3)——对应于图 11-8 中 Spark UI SQL 模式的 WholeStageCodegen。WholeStageCodegen 是这样一个阶段，其中每个操作都在数据的同一遍历过程中发生。在我们的例子中，有 3 个：

- 分割值。
- 筛选空词，提取单词，并预聚合单词数(就像 11.1.3 节中看到的那样)。
- 将数据聚合为最终的数据帧。

从 Python 指令到 Spark 物理计划的转换并不总是那么清晰，但即使是复杂的 PySpark 程序，我也会遵循相同的蓝图，查看解析后的计划，并跟随转换一直到物理计划。当你需要诊断底层发生了什么时，这些信息，加上 Spark 实例概述，是非常有用的。如果你是一名侦探，Spark UI 和它的多个标签页就是你的破案利器。

本节概述了 Spark UI。这个门户提供了很多宝贵的信息，包括 Spark 实例的配置、可用的资源，以及正在进行或已经完成的不同任务。在下一节中，我将介绍几个对理解 Spark 处理性能有用的重要概念，以及一些阻碍数据任务的陷阱。

练习 11-2

如果在 REPL 中使用 results.explain(extended=True)并查看分析后的计划，模式将读取 word: string, count: bigint，并且没有 GlobalLimit/LocalLimit 6。为什么这两种计划(explain()和 Spark UI)存在不同？

11.2 关于性能：操作和内存

本节将介绍一些使用 PySpark 进行分布式数据处理的基本概念。更具体地说，我给出了如何思考你的程序以简化逻辑和加快处理的基础。无论你是使用数据帧 API，还是依赖底层的 RDD 操作(参见第 8 章)，你都将学到有用的词汇来描述你的程序逻辑，以及对看似缓慢的程序进行故障诊断的提示。

在本节中，我将使用在前几章中遇到过的一些数据集。在设计、编码和分析数据管道时，会介绍两个重要的基本概念。

首先，介绍窄操作(narrow operation)和宽操作(wide operation)的概念。对数据帧(或RDD)执行的每个转换操作都可以归为这两种类型中的一种。平衡窄操作和宽操作是让数据管道运行得更快的一个棘手但重要的问题。

其次，将讨论缓存(caching)作为一种性能策略，何时使用缓存是正确的。缓存数据帧会改变 Spark 的思维方式，并优化数据转换的代码。通过理解其优缺点，你将知道什么时候应该使用它。

11.2.1 宽操作与窄操作

在本节中，将介绍窄转换和宽转换的概念。我会展示它们在 Spark UI 中的表现方式，以及转换的顺序对程序性能的影响。

在第 1 章中，我解释过 Spark 使用惰性模式，不会直接进行转换，而是等待 action 进行触发。一旦提交 action，查询优化器将审查计划的步骤，并以最高效的方式重新组织它们。我们在代码清单 11-6 的优化后计划中已经看到了这一点，不仅将 regexp_extract()和 lower()操作集中在一个步骤中，而且重复了该步骤(一次用于筛选，一次用于实际的转换)。

Spark 知道可以这样做，因为 regexp_extract()和 lower()都是窄转换。简言之，窄转换是对记录进行的转换，与实际的数据位置无关(见图 11-11)。换句话说，如果转换独立地应用于每个记录，那么它被认为是窄转换。显然，前面两个例子的范围很窄：提取正则表达式或改变列的大小写可以逐个记录地完成；记录的顺序及其在集群上的物理位置并不重要。

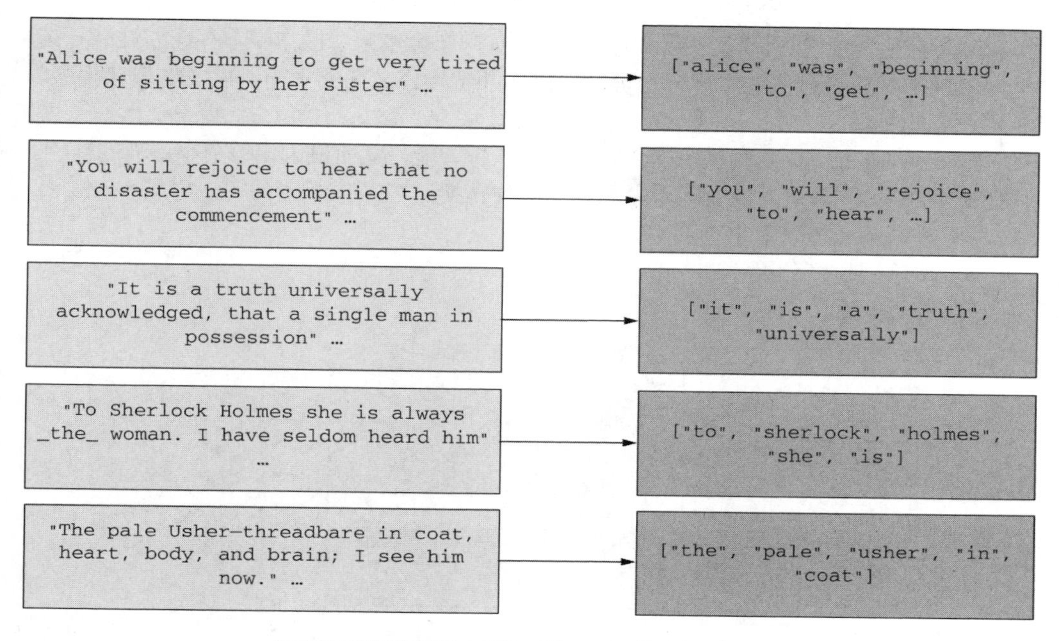

图 11-11　对于窄转换，不需要在节点之间移动记录。Spark 可以在各个节点上并行化这些操作

窄转换在分布式环境中非常方便：它们不需要任何记录交换(或打乱顺序)。因此，Spark 经常会将多个连续的窄转换合并到一个步骤中。由于数据存放在物理内存(或硬盘)上，只读取一次数据(对每个记录执行多个操作)通常比多次读取相同的数据，每次只执行一个操作带来更好的性能。PySpark(2.0 及以上版本)还可以利用专门的 CPU(从 Spark 3.0 开始是 GPU)指令来加速数据转换[1]。

关于窄转换的一个重要警告是，它们不能完成所有的事情。例如，根据某些记录的值对数据帧进行分组，获取某一列的最大值，并根据谓词连接两个数据帧，这些都需要对数据进行逻辑组织，从而完成相关操作。前面的 3 个例子称为宽转换(wide transformation)。与窄转换不同，宽转换需要在多个节点之间以某种方式放置数据。为此，Spark 使用一个交换步骤来移动数据以完成操作。

在单词计数示例中，group by/count 转换被分为两个阶段，由一个 exchange 进行分隔。在预交换阶段，Spark 以节点为单位对数据进行分组。在这一阶段结束时，每个分区都被分组(见图 11-12)。然后，Spark 在节点间交换数据。在我们的例子中，由于分区组大大减少了数据大小，所有数据都转移到一个 CPU 内核，因此 Spark 完成了分组。Spark 甚至可以意识到我们只需要 5 条记录，因此它只读取 shuffle read 操作中需要的数据(参见 11.1.3 节)。

1　一个例子是通过使用 SIMD(单指令，多数据)指令和循环展开。如果你有兴趣了解更多信息，请查看 Spark Tungsten 项目的发布说明。

由于我们需要通过网络交换或发送数据，宽操作会带来窄操作中不存在的性能开销。编写敏捷数据转换程序的一部分是理解窄操作和宽操作之间的平衡，以及如何在程序中利用两者的特性。

Spark 的查询优化器在重组操作时变得越来越智能，从而最大化每个小步骤的性能。代码清单 11-8 在单词计数的例子中添加了 3 种转换：

- 只保留 8 个以上字母的单词。
- 按单词长度分组。
- 计算频率的总和。

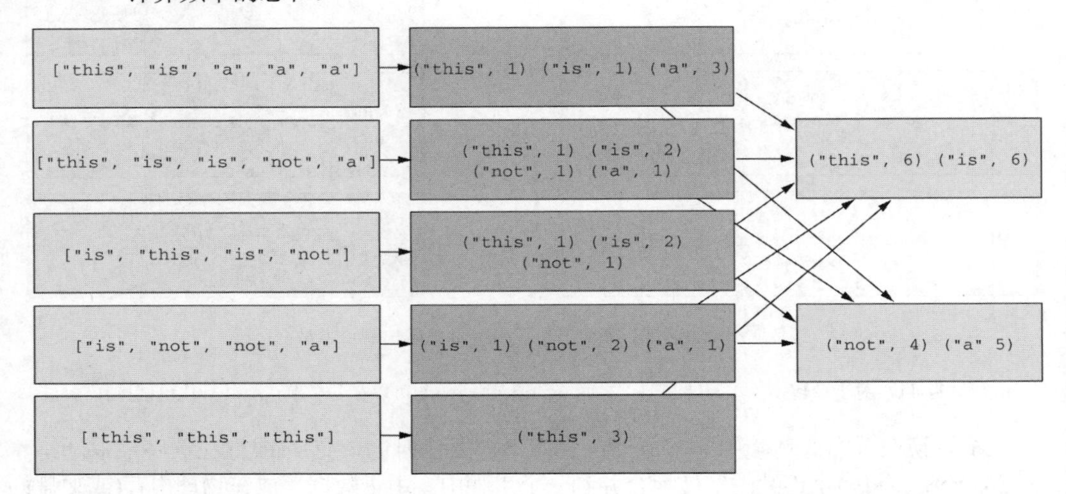

图 11-12 因为 Spark 需要在节点之间交换数据，所以宽转换可以分两个阶段进行。Spark 将这些必要的交换操作称为 shuffle

代码清单 11-8 一个更复杂的单词计数，用于说明宽操作与窄操作

```
results = (
    spark.read.text("./data/gutenberg_books/*.txt")
    .select(F.split(F.col("value"), " ").alias("line"))
    .select(F.explode(F.col("line")).alias("word"))
    .select(F.lower(F.col("word")).alias("word"))
    .select(F.regexp_extract(F.col("word"), "[a-z']+", 0).alias("word"))
    .where(F.col("word") != "")
    .groupby(F.col("word"))
    .count()
    .where(F.length(F.col("word")) > 8)
    .groupby(F.length(F.col("word")))
    .sum("count")
)

results.show(5, False)
```

```
# Output not shown for brievty.

results.explain("formatted")

# == Physical Plan ==
# * HashAggregate (12)
# +- Exchange (11)
#    +- * HashAggregate (10)
#       +- * HashAggregate (9)
#          +- Exchange (8)
#             +- * HashAggregate (7)
#                +- * Project (6)
#                   +- * Filter (5)
#                      +- Generate (4)
#                         +- * Project (3)
#                            +- * Filter (2)
#                               +- Scan text (1)

# (1) Scan text
# Output [1]: [value#16766]
# Batched: false
# Location: InMemoryFileIndex [file:/.../data/gutenberg_books/11-0.txt, ... 5
    entries]
# ReadSchema: struct<value:string>

# (2) Filter [codegen id : 1]
# Input [1]: [value#16766]
# Condition : ((size(split(value#16766, , -1), true) > 0) AND
    isnotnull(split(value#16766, , -1)))

# [...]

# (11) Exchange
# Input [2]: [length(word#16775)#16806, sum#16799L]
# Arguments: hashpartitioning(length(word#16775)#16806, 200),
    ENSURE_REQUIREMENTS, [id=#2416]

# (12) HashAggregate [codegen id : 4]
# Input [2]: [length(word#16775)#16806, sum#16799L]
# Keys [1]: [length(word#16775)#16806]
# Functions [1]: [sum(count#16779L)]
# Aggregate Attributes [1]: [sum(count#16779L)#16786L]
# Results [2]: [length(word#16775)#16806 AS length(word)#16787,
    sum(count#16779L)#16786L AS sum(count)#16788L]
```

这是一个写得很糟糕的程序示例：我们不需要按单词分组，然后再按词频分组。如果看一下物理计划，有两件事会出现。

首先，PySpark 可以智能地将.where(F.length(Fcol("word")) > 8)和前面提到的两个窄转换结合起来。其次，PySpark 还不够智能，无法理解第一个 groupby()是不必要的。我们还有一些潜在的改进空间。在代码清单 11-9 中，修改了最后几个指令，让程序用更少的指令完成同样的事情。通过删除(无用的)中间方法 groupby()，我们将步骤数减少到 3(通过查看 codegen ID)，从而减少了 PySpark 需要执行的工作量。

代码清单 11-9 重新组织扩展的单词计数程序，以避免重复计算

```
results_bis = (
    spark.read.text("./data/gutenberg_books/*.txt")
    .select(F.split(F.col("value"), " ").alias("line"))
    .select(F.explode(F.col("line")).alias("word"))
    .select(F.lower(F.col("word")).alias("word"))
    .select(F.regexp_extract(F.col("word"), "[a-z']+", 0).alias("word"))
    .where(F.col("word") != "")
    .where(F.length(F.col("word")) > 8)
    .groupby(F.length(F.col("word")))
    .count()
)

results_bis.show(5, False)
# 出于简洁起见，未显示输出

results_bis.explain("formatted")
# == Physical Plan ==
# * HashAggregate (9)
# +- Exchange (8)
#    +- * HashAggregate (7)
#       +- * Project (6)
#          +- * Filter (5)
#             +- Generate (4)
#                +- * Project (3)
#                   +- * Filter (2)
#                      +- Scan text (1)


# (1) Scan text
# Output [1]: [value#16935]
# Batched: false
# Location: InMemoryFileIndex [file:/Users/jonathan/Library/Mobile
    Documents/com~apple~CloudDocs/PySparkInAction/data/gutenberg_books/
    11-0.txt, ... 5 entries]
# ReadSchema: struct<value:string>

# (2) Filter [codegen id : 1]
# Input [1]: [value#16935]
# Condition : ((size(split(value#16935, , -1), true) > 0) AND
    isnotnull(split(value#16935, , -1)))

# [...]

# (5) Filter [codegen id : 2]
# Input [1]: [word#16940]
# Condition : ((isnotnull(word#16940) AND NOT
    (regexp_extract(lower(word#16940), [a-z']+, 0) = )) AND
    (length(regexp_extract(lower(word#16940), [a-z']+, 0)) > 8))

# [...]

# (9) HashAggregate [codegen id : 3]
# Input [2]: [length(word#16944)#16965, count#16960L]
```

```
# Keys [1]: [length(word#16944)#16965]
# Functions [1]: [count(1)]
# Aggregate Attributes [1]: [count(1)#16947L]
# Results [2]: [length(word#16944)#16965 AS length(word)#16949,
     count(1)#16947L AS count#16948L]
```

不进行真正的测试，快速调用 timeit(可以在 iPython shell/Jupyter notebook 上找到)可以发现，简化后的程序得到同样的结果，速度提高了约 54%。这并不奇怪，通过物理计划(也可以在 Spark UI 中看到)，我们知道简化版的工作量更少，代码更集中。

```
# Your results will vary.

%timeit results.show(5, False)
920 ms ± 46.7 ms per loop (mean ± std. dev. of 7 runs, 1 loop each)

%timeit results_bit.show(5, False)
427 ms ± 4.14 ms per loop (mean ± std. dev. of 7 runs, 1 loop each)
```

虽然这个例子看起来有点牵强，但数据管道倾向于使用这种"尾部添加"的代码模式，在这种模式中，你将更多的需求、更多的工作和更多的代码添加到转换链的末端。使用(逻辑和物理)计划提供的信息，可以分析代码正在经历的实际步骤，并更好地理解应用程序的性能。在读取复杂的数据管道时，这并不总是容易弄清楚；尝试通过多视角来分析，往往会有所帮助。

本节介绍了窄转换和宽转换的概念。我们学习了如何区分这两者，以及在程序中使用它们的含义。最后，我们通过示例学习了 Spark 在优化查询计划时如何对窄操作进行重组。在下一节中，将介绍 PySpark 最容易被误解的特性：缓存。

练习 11-3

对于以下操作，请确定它们是窄操作还是宽操作，以及原因。

a　df.select(…)

b　df.where(…)

c　df.join(…)

d　df.groupby(…)

e　df.select(F.max(…).over(…))

11.2.2　缓存数据帧：功能强大，但往往致命(对于性能而言)

本节介绍数据帧的缓存。我将介绍它是什么，它在 Spark 中的工作原理，最重要的是，为什么要谨慎使用它。学习如何缓存数据，尤其是何时缓存数据，这是提高程序性能的关键，也是缩短程序执行时间的关键。

如图 11-4 所示，Spark 将内存划分为 3 个内存域：预留内存域、操作内存域和存储内存域。默认情况下，每个 PySpark 任务(转换和 action)彼此独立。例如，如果我们将单词计数示例中的 results 数据帧调用 5 次 show()，Spark 将从源读取数据并对数据帧进行 5 次转换。虽然这似乎是一种非常低效的工作方式，但请记住，数据管道通常会将数据从一个转换“流动”到下一个转换(因此使用“管道”来比喻)。因为保持中间状态既无用又浪费。

缓存改变了这一点。缓存的数据帧将被序列化到存储内存中，这意味着在其中检索数据将非常快。这样做的代价是占用集群的内存空间。在数据帧非常大的情况下，这意味着一些数据可能会溢出到磁盘上(导致检索速度变慢)。如果你使用内存密集型操作，集群的运行速度可能会变慢。如图 11-13 所示。

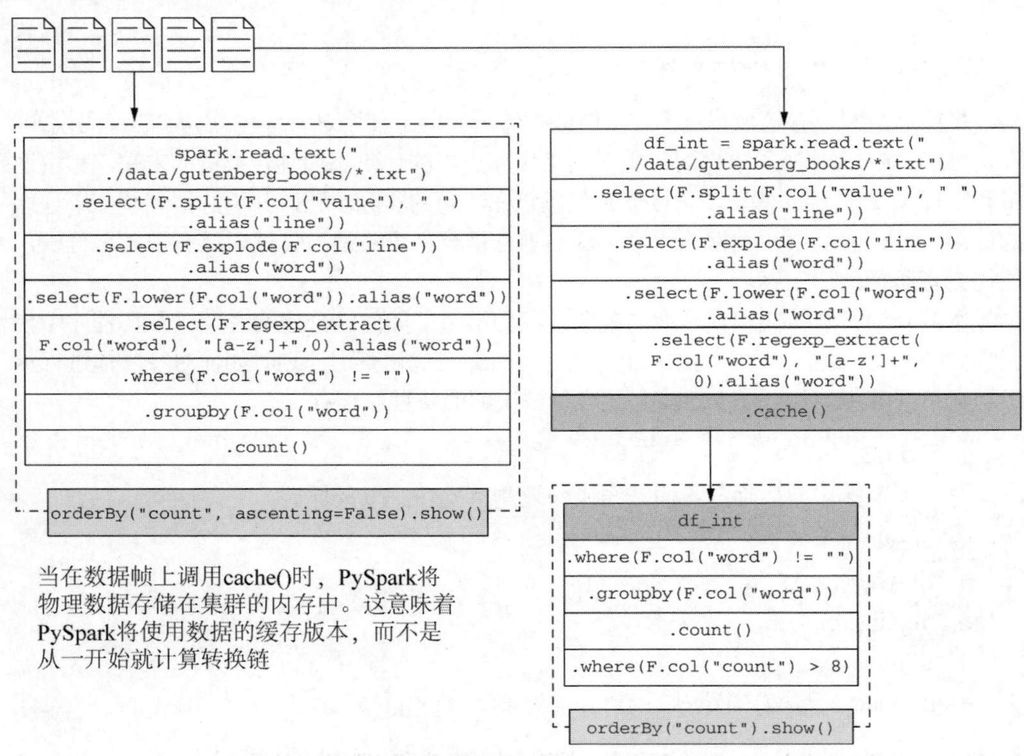

图 11-13 在单词计数程序中缓存数据帧。在这种情况下，第二个 action 不计算来自 spark.read 操作的转换链，而是利用缓存的 df_int 数据帧

要缓存数据帧，可以调用它的 cache()方法。因为它是一个转换，cache()不会立即做任何事情，而是等待一个 action 被调用。一旦你提交了一个 action，Spark 就会计算出整个数据帧并缓存到内存中，必要时还会使用磁盘空间。如图 11-14 所示。

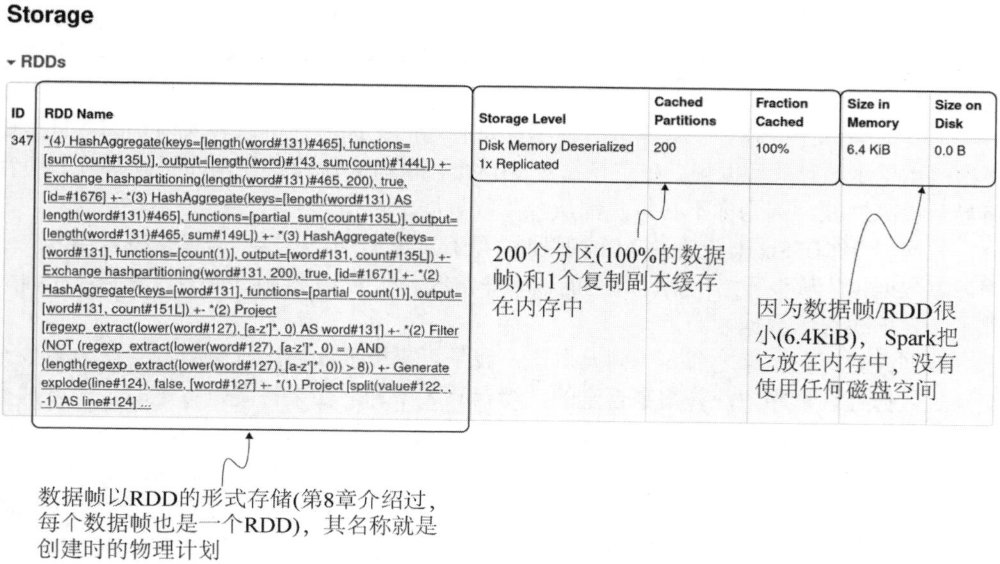

Storage

▾ **RDDs**

ID	RDD Name	Storage Level	Cached Partitions	Fraction Cached	Size in Memory	Size on Disk
347	*(4) HashAggregate(keys=[length(word#131)#465], functions=[sum(count#135L)], output=[length(word)#143, sum(count)#144L]) +- Exchange hashpartitioning(length(word#131)#465, 200), true, [id=#1676] +- *(3) HashAggregate(keys=[length(word#131) AS length(word#131)#465], functions=[partial_sum(count#135L)], output=[length(word#131)#465, sum#149L]) +- *(3) HashAggregate(keys=[word#131], functions=[count(1)], output=[word#131, count#135L]) +- Exchange hashpartitioning(word#131, 200), true, [id=#1671] +- *(2) HashAggregate(keys=[word#131], functions=[partial_count(1)], output=[word#131, count#151L]) +- *(2) Project [regexp_extract(lower(word#127), [a-z']*, 0) AS word#131] +- *(2) Filter (NOT (regexp_extract(lower(word#127), [a-z']*, 0) =) AND (length(regexp_extract(lower(word#127), [a-z']*, 0)) > 8)) +- Generate explode(line#124), false, [word#127] +- *(1) Project [split(value#122, , -1) AS line#124] ...	Disk Memory Deserialized 1x Replicated	200	100%	6.4 KiB	0.0 B

200个分区(100%的数据帧)和1个复制副本缓存在内存中

因为数据帧/RDD很小(6.4KiB)，Spark把它放在内存中，没有使用任何磁盘空间

数据帧以RDD的形式存储(第8章介绍过，每个数据帧也是一个RDD)，其名称就是创建时的物理计划

图 11-14　results 数据帧，缓存成功。根据数据帧的大小，整个数据帧都被放在内存中

在 Executors 选项卡中，还可以查看内存使用情况。未缓存的数据帧会占用一些空间(因为每个执行器进程都保存着重新计算数据帧的指令)，但没有缓存的数据帧将占用更多的空间。

持久化：缓存，但进行更多的控制

默认情况下，数据帧将使用 MEMORY_AND_DISK 策略缓存，这意味着存储内存将被优先使用，如果内存不足，则将数据发送到磁盘。RDD 使用 MEMORY_ONLY 策略，这意味着它根本不会使用磁盘存储。如果内存不够，Spark 会重新计算 RDD(抵消缓存的影响)。

如果你想更多地控制数据的缓存方式，可以使用 persist()方法，传入 level(作为一个字符串)作为参数。除了 MEMORY_ONLY 和 MEMORY_AND_DISK 之外，还可以选择 DISK_ONLY，它放弃使用内存，直接使用磁盘。也可以添加_2 后缀(如 MEMORY_ONLY_2)，这将使用相同的启发式方法，但在两个节点上复制每个分区。

如果你的内存足够大，我建议尽可能多地使用它。内存访问速度比磁盘快几个数量级。实际获得的性能提升决策取决于你的 Spark 实例配置。

缓存看起来是一个非常有用的功能：它提供了一种保障，如果你想回溯数据，就不必从头开始重新计算数据帧。在实践中，这种情况很少发生。

- 缓存占用的计算和内存资源无法用于一般处理。
- 计算数据帧有时比从缓存中检索数据帧要快。
- 在非交互式程序中，很少需要重复使用一个数据帧：如果不多次重复使用同一个数据帧，缓存就没有任何价值。

换句话说，滥用缓存通常会影响程序的性能。现在既然你已经了解过度使用缓存会对你造成怎样的伤害，那么在哪些情况下你需要缓存？以下是两个使用缓存的常见用例。

首先，当你在试验一个数据帧时，缓存是有用的。因为它可以载入内存，并且需要多次引用整个缓存的数据帧。在交互式开发中(使用 REPL 快速迭代相同的数据帧)，缓存将显著提高性能，因为你不必每次都从源读取数据。

其次，当你在 Spark 上训练 ML 模型时，缓存非常有用。机器学习模型拟合将多次使用训练数据集，从头开始重新计算它的效率非常低。在第 13 章中，你会注意到我在训练前不经意地缓存了数据帧。

根据经验，在缓存之前，先问问自己：我是否需要多次使用这段数据？在大多数非交互式数据处理程序中，答案是否定的，缓存弊大于利。如果答案是肯定的，请尝试不同级别的缓存(内存、磁盘或两者都有)，看看哪一种最适合你的程序/Spark 实例。

本节介绍了缓存的“黑科技”以及少即是多的原因。本章介绍了 Spark UI，揭示了 Spark 在运行时(以及运行后)提供的信息，这些信息可以帮助你对程序的性能做出更好的决策。在构建数据管道时使用它将提供关于代码行为的宝贵反馈，并帮助你做出更好的性能决策。

在本章结束之前，我想强调，从一开始就沉迷于性能对你没有任何好处。Spark 提供了许多开箱即用的优化方案——你可以在分析逻辑计划和物理计划时看到，它们可以提供良好的性能。在编写 PySpark 程序时，首先要让它能正常工作，然后让它足够简洁，最后要让它快速运行，并在整个过程中使用 Spark UI 帮助你实现目标。无论是用于 ETL 还是 ML，数据管道都很容易理解。如果你花了一天的时间让程序仅仅提速几分钟，那么这样做就是不值得的！

11.3　本章小结

- Spark 使用内存来存储数据(存储内存)，也用于处理数据(操作内存)。提供足够的内存对于 Spark 任务的快速处理至关重要，可以在 SparkSession 初始化时进行配置。
- Spark UI 提供了关于集群配置的有用信息。这包括内存、CPU、库和操作系统信息。
- 一个 Spark 任务由一系列转换操作(transformation)和一个 action 组成。任务的进度信息可以在 Spark UI 的 Job 选项卡中查看。
- 一个任务被划分为多个阶段，这些阶段是集群上工作的逻辑单元。当数据在工作节点之间移动时，交换操作将各个阶段分开。可以通过 Spark UI 中的 SQL 选项卡，以及结果数据帧上的 explain()方法查看各个阶段和步骤。

- 一个阶段由作为一个单元进行优化的窄操作组成。如果需要的数据不在某个节点的本地，宽操作可能需要进行数据混洗/交换。
- 缓存将数据从源移动到存储内存(如果没有足够的可用内存，可以选择溢出到磁盘)。缓存会影响 Spark 的优化能力，在类似流水线的程序中通常不需要缓存。它适用于多次重用数据帧，例如在 ML 训练期间。

第Ⅲ部分

使用 PySpark 进行机器学习

第Ⅰ部分和第Ⅱ部分都是关于数据转换的，但我们将在第Ⅲ部分通过解决可扩展的机器学习来超越这些。虽然这一部分本身并不是对机器学习的完整介绍，但它将为你以一种健壮且可重复的方式编写自己的机器学习程序奠定基础。

第 12 章为机器学习打下基础，为训练过程构建特征和信息。特征工程本身类似于有目的的数据转换。准备好使用在第Ⅰ部分和第Ⅱ部分学到的技能吧！

第 13 章介绍机器学习管道，这是 Spark 用一种健壮且可重复的方式封装机器学习工作流的方式。现在，比以往任何时候都重要的是，良好的代码结构决定了 ML 程序的成败，因此该工具将帮助你科学地构建你的模型。

最后，第 14 章通过创建我们自己的组件扩展了 ML 管道抽象。这样，你的 ML 工作流将无限灵活，而不会影响鲁棒性和可预测性。

在第Ⅲ部分的最后，你将准备好扩展你的 ML 程序。使用大量数据进行一些更大的洞察！

第 12 章

准备工作：为机器学习准备特征

本章主要内容

- 优化数据准备过程
- 用 PySpark 解决大数据质量问题
- 为 ML 模型创建自定义特征
- 为你的模型选择合适的特征
- 在特征工程中使用 transformer 和 estimator

我对机器学习感到兴奋，但不是像大多数人那样。我喜欢接触新的数据集并尝试解决问题。每个数据集都有自己的问题和特征，我们应该对数据集进行处理并为后续的步骤做好准备。建立模型之前需要对数据进行转换；你采集、清理、分析和处理数据是为了一个更高的目的：解决现实生活中的问题。本章重点介绍机器学习中最重要的阶段：探索、理解、准备和赋予数据生命。更具体地说，我们的重点是准备数据集：清理数据、创建新特征(第 13 章)，然后根据特征的内容选择特征集。在本章结束时，我们将得到一个干净的数据集，并且对其中的特征都有很好的理解，可以用于机器学习。

这不是机器学习的大师级课程

本章和第 13 章将假设你对机器学习有一定的了解。我会边写边解释这些概念，但我不能涵盖完整的建模过程，因为有很多书介绍相关的内容。此外，我们不可能在一章中学习如何磨砺对数据和建模的直觉。应该将本节视为获取模型的一种方法，我鼓励你用这个数据集(以及其他数据集)进行实验，以建立自己的直觉。

如果你有兴趣了解更多关于机器学习的知识，我强烈推荐 Gareth James、Daniela Witten、Trevor Hastie 和 Robert Tibshirani 合著的 *Introduction to Statistical Learning*(Springer, 2021)。它使用 R 语言进行描述，但其中介绍的概念更为重要。如果想了解更多内容(基于 Python 语言)，我推荐 Henrik Brink、Joseph W. Richards 和 Mark Fetherolf 合著的 *Real-World Machine Learning*(Manning, 2016)。

12.1　阅读、探索和准备机器学习数据集

本节介绍了机器学习数据集的采集和探索。更具体地说，我们将回顾数据帧的内容，查看不一致的地方，并为特征工程准备数据。

对于 ML 模型，我选择了一个包含 20 057 个菜名的数据集，其中包含 680 列，用于描述菜的成分列表、营养成分和类别。我们的目标是预测这道菜是否是甜点。这是一个简单的、几乎没有歧义的问题——你可能仅通过阅读名称就可以将一道菜分类为甜点或不是甜点——这使得它非常适合简单的 ML 模型。

从本质上讲，数据清理、探索和特征准备都是目的驱动的数据转换。因为数据是 CSV 文件，所以我们将重用第 4 章和第 5 章的内容。我们将使用模式信息确定每列包含的数据类型(第 6 章)，甚至会使用 UDF(第 8 章和第 9 章)进行一些特殊的列转换。到目前为止学到的所有技能都将派上用场！

数据集可以在 Kaggle(一个为 ML 爱好者举办建模比赛的在线社区)上在线获得。我还在本书的配套存储库(data/recipes/epi_r.csv)中包含了这些数据。通过设置 SparkSession 来启动程序(代码清单 12-1)：分配 8 gibibytes 的内存给 driver(有关 Spark 如何分配内存的更多信息，请参见第 11 章)。代码清单 12-2 中的代码用于读取数据帧(使用第 4 章介绍的 CSV 专用 SparkReader 对象)，并打印出数据帧的维度：20 057 行和 680 列。

在清理数据帧时，我们将跟踪这些维度，以查看有多少记录受到影响或被筛选。

代码清单 12-1　为机器学习程序启动 SparkSession

```
from pyspark.sql import SparkSession
import pyspark.sql.functions as F
import pyspark.sql.types as T

spark = (
    SparkSession.builder.appName("Recipes ML model - Are you a dessert?")
    .config("spark.driver.memory", "8g")
    .getOrCreate()
)
```

代码清单 12-2　采集数据集并打印维度和模式

```
food = spark.read.csv(
    "./data/recipes/epi_r.csv", inferSchema=True, header=True
)

print(food.count(), len(food.columns))    | 我们的数据集有 20 057 行
# 20057 680                               | 和 680 列

food.printSchema()
# root
#  |-- title: string (nullable = true)
#  |-- rating: string (nullable = true)
#  |-- calories: string (nullable = true)
#  |-- protein: double (nullable = true)
#  |-- fat: double (nullable = true)
```

```
#  |-- sodium: double (nullable = true)
#  |-- #cakeweek: double (nullable = true)
#  |-- #wasteless: double (nullable = true)         ◀── 有些列包含不必要的字符，例如#...
#  |-- 22-minute meals: double (nullable = true)    ◀── 或者是空格
#  |-- 3-ingredient recipes: double (nullable = true)
#  |-- 30 days of groceries: double (nullable = true)
#  ...
#  |-- créme de cacao: double (nullable = true)
#  |-- crêpe: double (nullable = true)
#  |-- cr??me de cacao: double (nullable = true)    ◀── 或者是一些无效的字符
# ... and many more columns
```

在查看数据之前，先对列的名称进行标准化。下一节将展示一个一举重命名整个数据帧中所有列名称的技巧。

12.1.1　使用 toDF()对列名进行标准化

在本节中，我们将处理所有列名，使它们看起来更加规范，便于后续使用。我们将删除除字母或数字以外的所有字符，将空格和其他分隔符标准化为下画线(_)字符，并将“与”符号(&)替换为英语中等效的“and”。虽然这不是强制的，但它可以帮助我们写出更清晰的程序，并通过减少拼写错误来提高列名的一致性。

通过查看 12.1 节的模式，我们已经看到了一些不太理想的列名。虽然#cakeweek 相对容易输入，但如果你没有法语键盘，输入 crêpe 会有点困难，而且不要让我使用 cr?? me de cacao 作为列名！在处理数据时，我喜欢所有的列名称都是小写的，并且在单词之间加上下画线。

代码清单 12-3 提供了一个简单的 Python 函数 sanitize_column_name()，它接受一个“脏”的列名，并返回一个“干净”的列名。然后使用第 4 章介绍的 toDF()方法，将函数一次性应用于数据帧中的所有列。toDF()用于重命名数据帧中的列，它接受 *N* 个字符串作为参数，其中 *N* 是数据帧中的列数。由于可以通过 food.columns 这种方式来访问数据帧中的列，因此一个快速的列表推导会处理重命名的所有内容。我还使用星号操作符将列表拆分成不同的属性(更多细节请参见附录 C)。具有一致的列名方案将使后续代码更容易编写、阅读和长期维护：我将列名视为常规程序中的变量。

代码清单 12-3　对列名进行统一处理

```
def sanitize_column_name(name):
    """Drops unwanted characters from the column name.

    We replace spaces, dashes and slashes with underscore,
    and only keep alphanumeric characters."""
    answer = name
    for i, j in ((" ", "_"), ("-", "_"), ("/", "_"), ("&", "and")):   ◀── 遍历想要删除的字符，用更一致的内容替换它们
        answer = answer.replace(i, j)
    return "".join(
        [
            char
            for char in answer
```

```
            if char.isalpha() or char.isdigit() or char == "_"
        ]
    )

food = food.toDF(*[sanitize_column_name(name) for name in food.columns])
```

我们只保留字母、数字和下画线

有了这些，现在可以开始探索数据了。在本节中，我们采集并清理了数据的列名，使数据帧更易于使用。在下一节中，将用不同的特征对列分类，评估数据的质量，并填补空白。

12.1.2　探索数据并获取第一个特征列

本节将深入研究数据并为我们的第一个机器学习特征进行编码。将介绍机器学习的主要特征，以及如何轻松地跟踪输入模型训练中的特征。当迭代地探索数据和创建 ML 特征时，记录我们认为有希望的特征是保持代码格式良好的最佳方式。在这个阶段，将你的代码视为实验笔记的集合：它们越整洁，就越容易审查你的工作，然后用于生成结果！

机器学习的数据探索类似于执行转换时的数据探索，因为我们通过操作数据来发现一些不一致、模式或差距。因此，前面各章的内容在这里都适用。另一方面，机器学习有一些特性，会影响我们推理和准备数据的方式。在代码清单 12-4 中，为 food 数据帧中的每列打印了一个汇总表。这需要一些时间，但为我们提供了每列中包含的数据的摘要。与单节点数据处理不同，PySpark 不能假设一列数据能够完全装入内存，因此我们不能盲目地使用图表和数据分析工具。

代码清单 12-4　创建所有列的汇总表

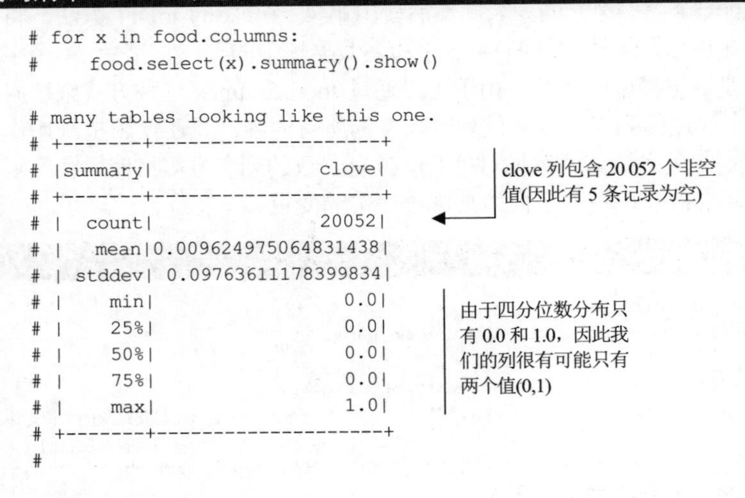

```
# for x in food.columns:
#     food.select(x).summary().show()

# many tables looking like this one.
# +-------+--------------------+
# |summary|               clove|
# +-------+--------------------+
# |  count|               20052|
# |   mean|0.009624975064831438|
# | stddev| 0.09763611178399834|
# |    min|                 0.0|
# |    25%|                 0.0|
# |    50%|                 0.0|
# |    75%|                 0.0|
# |    max|                 1.0|
# +-------+--------------------+
#
```


提示

在 PySpark 中处理数据时，最好的技巧之一是要意识到你的数据足够小，可以放入单个节点中。对于 pandas DataFrames，根据数据的大小，你可以使用优秀的 pandas-profiling

库(https://github.com/pandasprofiling/pandas-profiling)来自动化大量的数据分析。记住：在 PySpark 中，你之前学习的 Python 技能依旧有效。

在我们的汇总数据中，查看的是数值列。在机器学习中，将数值特征分为两类：类别型或连续型。类别特征(categorical feature)指的是列是一个离散的数字，如月份(1 到 12)。连续特征指的是列可以有无限种可能，比如商品的价格。可以把“类别型”再分为 3 种主要类型：

- 二分类，只有两个选择(0/1，真/假)。
- 有序值，当类别具有某种重要的顺序(如在比赛中的位置)时。
- 标称型(nominal)，指类别没有特定的顺序(如物品的颜色)。

将变量识别为类别型变量(有合适的子类型)还是连续型变量，将直接影响数据的准备工作，进而影响到机器学习模型的表现(图 12-1 中的决策树可作为辅助工具)。正确的标识取决于上下文(该列代表什么意思？)以及你希望如何对其含义进行编码。随着你开发更多的 ML 程序，你会有更强的直觉。如果你第一次做不好，也不要担心；你可以随时回来修改你的特征类型。在第 13 章中，将介绍 ML 管道，它为特征处理提供了很好的抽象，使你的 ML 代码可以随着时间的推移而改进。

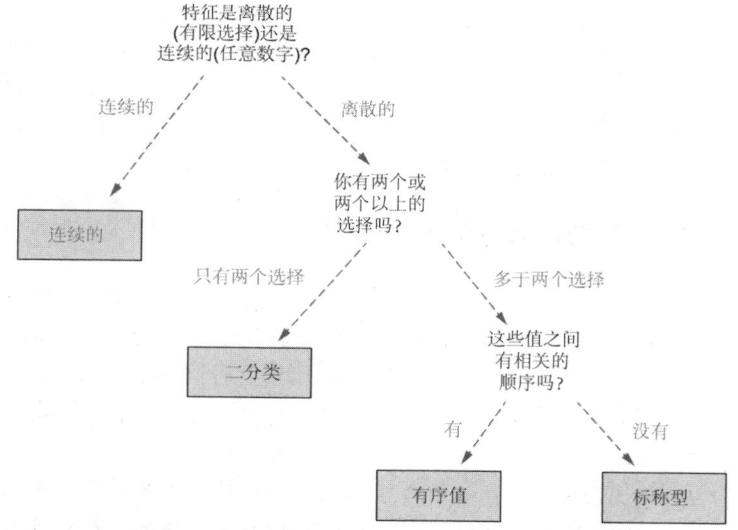

图 12-1　决策树中不同类型的数值特征。回答问题以获得正确的特征类型

看看我们的汇总数据，似乎有很多可能是二分类的列。对于 clove 列，最小值和 3 个四分位数都为 0。为了验证这一点，将对整个数据帧进行分组，并收集一组不同的值。如果一列只有两个值，那么它就是二分类的！在代码清单 12-5 中，创建了一个临时数据帧 is_binary 以标识二分类列。将结果收集到 pandas 的数据帧中(因为得到的数据帧只有一行)，并使用 pandas 提供的 unstack()方法对结果进行逆轴转换(PySpark 没有简单的方法进行逆轴转换)。大多数列是二分类的。我觉得 cakeweek 和 wasteless 这两列有点问题，让我们一探究竟。

代码清单 12-5　从数据帧中识别二分类列

```
import pandas as pd

pd.set_option("display.max_rows", 1000)

is_binary = food.agg(
    *[
        (F.size(F.collect_set(x)) == 2).alias(x)
        for x in food.columns
    ]
).toPandas()

is_binary.unstack()

# title                  0    False
# rating                 0    False
# calories               0    False
# protein                0    False
# fat                    0    False
# sodium                 0    False
# cakeweek               0    False
# wasteless              0    False
# 22_minute_meals        0    True
# 3_ingredient_recipes   0    True
# ... the rest are all = True
```

Pandas 一次只显示几行。通过此选项可以设定一次最多打印 1000 行，这对于浏览数据很有帮助

collect_set()将创建一个不同值的集合作为数组，size()返回数组的长度。具有两个不同的值意味着它可能是二分类的

对 pandas 的数据帧进行逆轴解包，使“宽”数据帧更容易在终端中进行分析

本节介绍了机器学习中遇到的主要数值特征类型，并确定了数据帧中的二分类特征。在下一节中，将对剩余的列进行一些分析，并建立基础特征集。

12.1.3　解决数据错误并构建第一个特征集

在本节中，我们研究一些看似不连贯的特征，并根据我们的发现，清理数据集。我们还确定了第一个特征集以及每个特征类型。本节是取证数据探索的一个例子，取证数据是数据分析师和科学家工作中非常重要的一部分。在这种情况下，一些列与其他相关(二分类)列相比是不一致的。我们探索可疑列的内容，解决漏洞，并继续探索。最后将得到一个更一致、更健壮的特征集，这将带来一个更好的 ML 模型。

在 12.1.2 节的最后得出结论，数据集中的绝大多数特征列都是二分类的。此外，有两列是可疑的：cakeweek 和 wasteless。在代码清单 12-6 中，将显示两列都可以接收的离散值，然后显示其中一列包含非二分类值的记录。

代码清单 12-6　识别两个可疑列中的唯一值

```
food.agg(*[F.collect_set(x) for x in ("cakeweek", "wasteless")]).show(
    1, False
)

# +-------------------------------+----------------------+
# |collect_set(cakeweek)  |collect_set(wasteless)|
# +-------------------------------+----------------------+
```

```
# |[0.0, 1.0, 1188.0, 24.0, 880.0]|[0.0, 1.0, 1439.0] |
# +-----------------------------+----------------------+

food.where("cakeweek > 1.0 or wasteless > 1.0").select(
    "title", "rating", "wasteless", "cakeweek", food.columns[-1]
).show()

# +--------------------+--------------------+---------+--------+------+
# |               title|              rating|wasteless|cakeweek|turkey|
# +--------------------+--------------------+---------+--------+------+
# |"Beet Ravioli wit...| Aged Balsamic Vi...|      0.0|   880.0|   0.0|
# |"Seafood ""Catapl...|            Vermouth|   1439.0|    24.0|   0.0|
# |"""Pot Roast"" of...| Aunt Gloria-Style "|      0.0|  1188.0|   0.0|
# +--------------------+--------------------+---------+--------+------+
```

打印前几条记录和最后几条记录，以查看潜在的数据对齐问题

对于 3 条记录，数据集似乎有一堆引号和一些逗号，这让 PySpark 强大的解析器感到困惑。在我们的例子中，因为只有少量记录受到影响，所以我没有费心调整数据并直接删除它们。我保留了 null 值。

如果有大量的记录没有对齐，即 CSV 记录的边界与你期望的不一致，则可以尝试通过文本方式读取数据，并使用 UDF 手动提取相关信息，然后再将结果保存为更好的数据格式，如 Parquet(参见第 6 章和第 10 章)。遗憾的是，对于有问题的 CSV 数据，没有什么更好的方法。

代码清单 12-7　只保留 cakeweek 和 wasteless 中合规的值

```
food = food.where(
    (
        F.col("cakeweek").isin([0.0, 1.0])
        | F.col("cakeweek").isNull()
    )
    & (
        F.col("wasteless").isin([0.0, 1.0])
        | F.col("wasteless").isNull()
    )
)

print(food.count(), len(food.columns))

# 20054 680
```

如果 cakeweek 和 wasteless 的值都是 0.0、1.0 或 null

正如预期的那样，我们删除了 3 条记录

在代码清单 12-7 中，通过打印数据帧的尺寸检查筛选效果。要知道我的代码是否存在 bug，这不是一个完美的方法，但它有助于验证我只删除了 3 条违规记录。如果数据方面出了问题，这些信息可以帮助定位代码中数据出问题的位置。例如，如果在筛选数据帧之后，我丢失了 10 000 条记录，而我本想只删除 3 条记录，这将告诉我，我的筛选程序可能存在问题。

现在已经确定了两个潜在的二分类特征列，可以确定我们的特征集和目标变量。目标(或标签)是包含我们想要预测的值的列。在我们的例子中，这个字段被恰如其分地命名为 dessert。在代码清单 12-8 中，创建了全大写的变量，其中包含了我们关心的 4 组主

要列。

- identifiers：包含每个记录唯一信息的列。
- targets：包含我们希望预测的值的列(通常是一列)。
- continuous：包含连续的特征。
- binary：包含二分类的特征。

数据集似乎不包含其他分类变量。

代码清单 12-8 创建 4 个顶级变量

```
IDENTIFIERS = ["title"]

CONTINUOUS_COLUMNS = [
    "rating",
    "calories",
    "protein",
    "fat",
    "sodium",
]

TARGET_COLUMN = ["dessert"]

BINARY_COLUMNS = [
    x
    for x in food.columns
    if x not in CONTINUOUS_COLUMNS
    and x not in TARGET_COLUMN
    and x not in IDENTIFIERS
]
```

虽然我只有一个 target(目标)，但我发现将它放入一个列表中，从而让它与其他变量格式保持一致很方便

我喜欢通过变量跟踪特征，而不是从数据帧中删除它们。当数据准备好用于模型训练时，它消除了一些猜测——哪些列是特征？下次阅读代码时，它可以作为轻量级文档使用。虽然这些操作很简单，但很好地满足了我们的要求。

在本节中，快速清理了数据。在实践中，在构建 ML 模型时，这个阶段将花费超过一半的时间。幸运的是，数据清理是有原则的数据操作，因此你可以利用目前为止构建的 PySpark 工具包中的所有内容。我们还确定了特征及其类型，并将它们分组到列表中，以便在下一节中引用。在下一节中，我们将删除无用的记录，并填充二分类特征中的空值。

12.1.4 删除无用记录并估算二分类特征

本节介绍删除无用记录，即那些没有为我们的 ML 模型提供信息的记录。在我们的例子中，这意味着要删除两种类型的记录：

- 所有特征都为 null 的记录
- target 列为 null 的记录

此外，还将进行估算，这意味着将为我们的二分类特征提供一个默认值。由于它们都是 0 或 1，其中 0 为 False, 1 为 True。我们将 null 等同于 False，并将 0 作为默认值。

考虑到模型的上下文，这是一个合理的假设。这些操作对每个 ML 模型都是通用的。我们总是面临这样一个问题，希望确保每条记录都将为我们的 ML 模型提供某种信息。我喜欢在过程的早期执行此操作，因为筛选完全为 null 的记录需要在执行任何插补之前进行。一旦你在某些列上对 null 值进行了填充，你就不知道哪条记录之前是完全为 null 的。

保留一些实验笔记！

在这一节和下一节中，我会尽最大努力对程序的数据清理部分进行相对排序。坦白地说，在构建本章的原始脚本时，我重新安排了许多内容，以便分析和检查数据。如果你自己尝试清理数据，肯定会得到一个完全不同的程序。

机器学习的数据准备工作，部分是艺术，部分是科学。直觉和经验都发挥了作用；你最终会识别出一些数据模式，并创建一个自己的策略库来处理它们。因此，记录你的步骤是至关重要的，这样将来回顾代码时，你(和你的同事)就会更轻松。在清理数据时，我在身边放了一个记事本，确保以易于分享的格式收集我的“实验”笔记。

代码清单 12-9 中的代码使用了第 5 章中处理两个子集的 dropna()方法。第一个是除“配方名”之外的所有列(存储在 IDENTIFIERS 变量中)。第二个是 TARGET_COLUMN。在这个过程中我们删除了 5 条记录。因为删除的记录数量很少，所以我不会费心去手动标记它们，或者根据我的最佳判断，手动输入每个记录的值。标记记录始终是一项劳动密集型的工作，但有时，当目标不连贯或数据很少时[1]，你必须对数据进行标记。Robert (Munro) Monarch 关于这个主题编写了一本书 *Human-in-the-Loop Machine Learning* (Manning, 2021)。

代码清单 12-9　删除只包含 null 值的记录

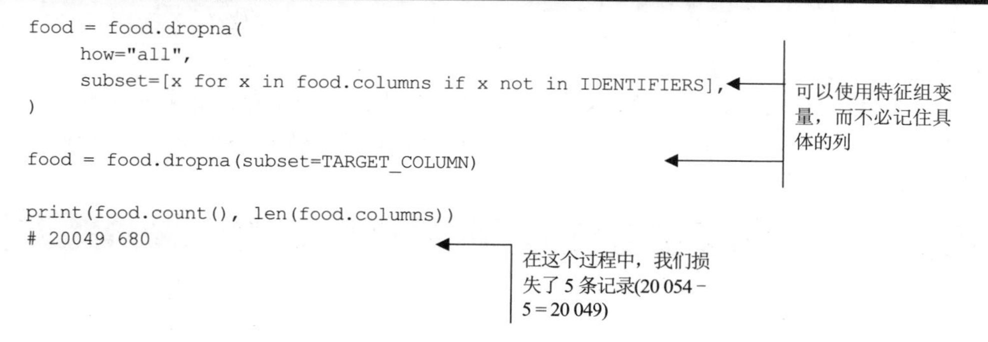

```
food = food.dropna(
    how="all",
    subset=[x for x in food.columns if x not in IDENTIFIERS],
)

food = food.dropna(subset=TARGET_COLUMN)

print(food.count(), len(food.columns))
# 20049 680
```


第二步，为所有二分类列估算一个默认值。根据经验，1 表示 True，0 表示 False。在我们的二分类变量的上下文中，对于决定菜品是否为甜点的情况下，一个值的缺失可以被认为在概念上更接近于 False 而不是 True，因此我们将每个二分类特征列默认值设定为 0.0(见代码清单 12-10)。

1　如果是这种情况，你可能不会使用 PySpark。

代码清单 12-10 为每个二分类特征列设置默认值 0.0

```
food = food.fillna(0.0, subset=BINARY_COLUMNS)

print(food.where(F.col(BINARY_COLUMNS[0]).isNull()).count()) # => 0
```

本节介绍了如何使用 dropna()函数筛选无用记录，以及如何根据标量值对二分类特征进行插补。在下一节中，将通过探索连续列的分布和检查值的范围来了解它们。

12.1.5 处理极值：清洗带有连续值的列

本节介绍在特征准备的背景下对连续值进行分析。更具体地说，我们查看了数字列的分布，以解释极端或不科学的值。许多机器学习模型不能很好地处理极值(参见第 13 章讨论特征规范化)。就像我们对二分类列所做的那样，花时间评估数值列的拟合将得到回报，因为我们不会向 ML 模型提供错误的信息。

警告

在本节中，我们将利用已有的数据知识处理极值数据。我们不会构建一个适用于任何情况的统一方法。粗心的数据转换可能会在数据中引入异常，所以一定要花时间了解当前的问题。

在开始探索连续特征的分布之前，需要确保它们的类型正确(请参阅第 6 章以重温有关类型的知识)。回顾代码清单 12-2 中的模式，由于数据不对齐，PySpark 推断出 rating 和 calories 列的类型为字符串，而它们本应是数值。在代码清单 12-11 中，一个简单的 UDF 接收一个 string 类型的列，如果该列的值是浮点数，则返回 True(或者 null，PySpark 允许 null 值出现在 Double 类型的列中)，否则返回 False。我这样做更多是作为一种探索，而不是真正的数据清理步骤；由于这两列中的任何一个字符串值都意味着数据不对齐，因此将删除该记录，而不是试图修复它。

UDF 看起来相当复杂，但如果我们慢慢看，它其实非常简单。如果值为 null，则立即返回 True。如果有一个非空值(非 null 值)，则尝试将其转换为 Python 浮点数(float)。如果失败，则返回 False。

代码清单 12-11 rating 和 calories 列中的非数值

```
from typing import Optional


@F.udf(T.BooleanType())
def is_a_number(value: Optional[str]) -> bool:
    if not value:
        return True
    try:
        _ = float(value)        # 下画线的意思是“执行任务，但我不在乎结果”
    except ValueError:
        return False
    return True
```

```
food.where(~is_a_number(F.col("rating"))).select(
    *CONTINUOUS_COLUMNS
).show()

# +---------+------------+-------+----+------+
# |   rating|    calories|protein| fat|sodium|
# +---------+------------+-------+----+------+
# | Cucumber| and Lemon "|   3.75|null|  null|    ◄── 我们还有最后一个脏记录
# +---------+------------+-------+----+------+
```

在明确地将列转换为double值之前，将在代码清单12-12中删除剩余的一条脏记录(那些讨厌的未对齐的CSV)。连续特征列现在都是数值型的(见代码清单12-13)。

代码清单 12-12　将 rating 和 calories 列转换为 double

```
for column in ["rating", "calories"]:
   food = food.where(is_a_number(F.col(column)))
   food = food.withColumn(column, F.col(column).cast(T.DoubleType()))

print(food.count(), len(food.columns))

# 20048 680                ◄── 一条记录被删除
```

就像处理二分类特征一样，我们需要根据自己的判断来选择解决数据质量问题的最佳方案。可以再次筛选记录，但这一次，会将值限制在第99个百分位，以避免极端(和可能错误的)值。

代码清单 12-13　查看连续特征列中的值

```
food.select(*CONTINUOUS_COLUMNS).summary(
     "mean",
     "stddev",
     "min",
     "1%",
     "5%",
     "50%",
     "95%",
     "99%",
     "max",
).show()

# +-------+------------------+------------------+------------------+
# |summary|            rating|          calories|           protein|
# +-------+------------------+------------------+------------------+
# |   mean| 3.714460295291301|6324.0634571930705|100.17385283565179|
# | stddev|1.3409187660508959|359079.83696340164|3840.6809971287403|
# |    min|               0.0|               0.0|               0.0|
# |     1%|               0.0|              18.0|               0.0|
# |     5%|               0.0|              62.0|               0.0|
# |    50%|             4.375|             331.0|               8.0|
# |    95%|               5.0|            1318.0|              75.0|
```

```
# |    99%|                5.0|            3203.0|             173.0|
# |    max|                5.0|      3.0111218E7|           236489.0|
# +-------+-------------------+------------------+------------------+

# +-------+-----------------+-----------------+
# |summary|              fat|           sodium|
# +-------+-----------------+-----------------+
# |   mean|346.9398083953107|6226.927244193346|
# | stddev|20458.04034412409|333349.5680370268|
# |    min|              0.0|              0.0|
# |     1%|              0.0|              1.0|
# |     5%|              0.0|              5.0|
# |    50%|             17.0|            294.0|
# |    95%|             85.0|           2050.0|
# |    99%|            207.0|           5661.0|
# |    max|        1722763.0|     2.767511E7|
# +-------+-----------------+-----------------+
```

在代码清单 12-14 中，对每一列的最大可接受值进行了硬编码，然后将这些最大值迭代应用到 food 数据帧中。

代码清单 12-14　为 4 个连续型的列进行平均值估算

```
maximum = {
    "calories": 3203.0,
    "protein": 173.0,
    "fat": 207.0,
    "sodium": 5661.0,
}

for k, v in maximum.items():
    food = food.withColumn(
        k,
        F.when(F.isnull(F.col(k)), F.col(k)).otherwise(
            F.least(F.col(k), F.lit(v))
        ),
    )
```

在这里对值进行硬编码，以确保我的分析在不同的运行中可以得到一致的结果。如果数据发生了变化，则可能想在自动估算之前重新检查第 99 百分位是否仍然是一个好的指标，但目前对这些精确值感到满意

因为想保留 null 值，所以在 when 子句中保留它们。least 函数将只应用于非空记录

没有一种绝对可靠的方法完全处理或识别异常值；5661 毫克的钠仍然是出奇的高，但考虑到一些配料让人震惊的食谱，也许实际情况就是那样。在本章中，不会再讨论它，这是我在完成一个完整的数据处理过程后留下一些改进的空间，为在未来对我的代码进行进一步的优化埋下伏笔。

注意

那么这里的 null 插补呢，就像我们对二分类特征做的那样？PySpark 通过估算器提供了一种方便的机制。我们会在 12.3.1 节看到更多信息。

在本节中，对数据集进行了全局 null 值插补。还使用一个小的 UDF 来清理分类特征列。在下一节中，回到二分类列，删除低出现率的特征。

12.1.6　删除不常见的二分类列

在本节中，将删除那些在数据集中没有足够多值的列，这些列不足以被认为是可靠的预测变量。它们可能只有几个 0 或 1 的二分类特征值，这对于将菜谱判断为甜点没有帮助：如果每个菜谱都共同存在一些特征，这些特征的值都为 True，那么这些特征不能用于区分该菜谱是否为甜点，这意味着它们对我们的模型没有用处。

在构建模型时，很少出现的特征是一个烦恼，因为计算机可能会偶然接收到一个信号。例如，如果你正在抛一枚均匀硬币，得到的结果是正面朝上，并将其作为预测下一次投掷的特征，则可能会得到一个预测 100%正面朝上的假模型。在得到“反面”之前，它会工作得很好。同样，你希望模型中的每个特征都有足够的表示。

对于这个模型，选择 10 作为阈值。不希望在我的模型中二分类特征的 0.0 或 1.0 的个数小于 10。在代码清单 12-15 中，计算了每个二分类列的和；这将得到 1.0 的个数，因为 1 的和等于它们的个数。如果某列中 1 的个数或者该列的 sum 值小于 10 或大于记录数减 10，则收集该列的名称，从而删除它。

代码清单 12-15　删除出现过少或过频繁的二分类特征

```
inst_sum_of_binary_columns = [
    F.sum(F.col(x)).alias(x) for x in BINARY_COLUMNS
]

sum_of_binary_columns = (
    food.select(*inst_sum_of_binary_columns).head().asDict()
)

num_rows = food.count()
too_rare_features = [
    k
    for k, v in sum_of_binary_columns.items()
    if v < 10 or v > (num_rows - 10)
]

len(too_rare_features) # => 167

print(too_rare_features)
# ['cakeweek', 'wasteless', '30_days_of_groceries',
# [...]
# 'yuca', 'cookbooks', 'leftovers']

BINARY_COLUMNS = list(set(BINARY_COLUMNS) - set(too_rare_features))
```

由于一行就像一个 Python 字典，因此可以将该行返回给 driver 并在本地处理它

只是从 BINARY_COLUMNS 列表中删除它们，而不是从数据帧中删除列

我们删除了 167 个过于罕见或出现过于频繁的特征。虽然这个数字看起来很高，但对于包含几千个食谱的数据集来说，有些特征非常精确。在创建自己的模型时，你肯定想尝试不同的值，看看是否有些特征仍然太罕见，无法提供可靠的预测。

在本节中，删除了罕见(或出现过于频繁)的二分类特征，将特征空间减少了 167 个元素。在下一节中，将介绍如何创建自定义特征，以提高模型的预测能力。我们还使用那

些已经存在的特征的组合来生成和改进新特征。

12.2 特征创建和细化

本节将介绍模型构建的两个重要步骤：特征创建(也称为特征工程)和细化。特征的创建和细化是数据科学家表达他们的判断和创造力的地方。我们为识别数据模式而编码的能力越强，意味着我们的模型可以更容易地接收信号。我们可能会花很多时间来设计越来越复杂的特征。由于我的目标是使用 PySpark 提供一个端到端的模型，因此看一下以下内容：

- 使用连续特征列创建一些自定义特征
- 原始特征和生成的连续特征的相关性指标

这些绝不是我们实现这一点的唯一方法，但这些步骤很好地概述了在 PySpark 中可以做些什么。

12.2.1 创建自定义特征

在本节中，将介绍如何从手头的数据创建新特征。这样做可以提高模型的可解释性和预测能力。我展示了一个特征准备的例子，它将一些连续的特征放在与二分类特征相同的尺度上。

从根本上说，在 PySpark 中创建一个自定义特征只不过是创建一个新的列，并附带一些思考和注意事项。手动创建特征是数据科学家的秘密武器之一：可以将业务知识嵌入高度定制的特征中，从而提高模型的准确性和可解释性。比如，将使用 protein 和 fat 列分别表示食谱中蛋白质和脂肪的数量(以克为单位)。通过这两列中的信息，我创建了两个特征，表示每种营养素所占的卡路里的百分比(见代码清单 12-16)。

代码清单 12-16 创造新的特征以计算蛋白质和脂肪的热量

```
food = food.withColumn(
    "protein_ratio", F.col("protein") * 4 / F.col("calories")
).withColumn(
    "fat_ratio", F.col("fat") * 9 / F.col("calories")
)

food = food.fillna(0.0, subset=["protein_ratio", "fat_ratio"])

CONTINUOUS_COLUMNS += ["protein_ratio", "fat_ratio"]
```

每克蛋白质含 4 千卡热量，脂肪含 9 千卡热量

在连续特征集合中添加了两列

通过创建这两列，我将新的知识集成到数据中。如果不添加每克脂肪和蛋白质对应的热量，数据集中没有任何东西可以提供这些信息。该模型本可以独立地绘制脂肪/蛋白质的实际数量和总卡路里计数之间的关系，但我们允许该模型直接获得蛋白质与卡路里的比例和脂肪的卡路里的比例(以及碳水化合物。请直接参阅本节末尾的说明)。

在开始建模之前，想要去除连续变量之间的相关性，并将所有特征组装到一个单一

的、干净的实体中。这一节非常短，但是在构建模型时要记住这一课：可以通过创建自定义特性将新的知识嵌入数据集中。在 PySpark 中，创建新特征只需要创建包含所需信息的列；这意味着你可以创建简单或高度复杂的特征。

为什么不对碳水化合物做同样的事情呢？避免多重共线性

没有深入研究食物是如何转化的，我没有计算碳水化合物的比例作为自定义特征。除了没有提供碳水化合物的总量(碳水化合物的吸收有点复杂)这一事实之外，在使用某些类型的模型时，我们必须考虑变量的线性依赖性(或多重共线性)。

变量之间的线性依赖发生在当你有一列可以被表示成其他列的线性组合时。你可能会忍不住用这个公式估算碳水化合物的热量比例：

总卡路里=4 × (碳水化合物的克数)+4 × (蛋白质的克数)+9(脂肪的克数)

或者使用基于比率的方法：

1=(来自碳水化合物的卡路里百分比)+(来自蛋白质的卡路里百分比)+(来自脂肪的卡路里百分比)

在这两种情况下，我们引入了线性依赖性：我们(和计算机)可以只使用其他列的值计算一列的值。当使用具有线性成分的模型时，例如线性回归和逻辑回归，这会导致模型的准确性出现问题(欠拟合或过拟合)。

即使你注意你的变量选择，多重共线性也可能发生。有关更多信息，我建议参考书籍 *Introduction to Statistical Learning*(Springer，2021)，第 3.3.3 节。

12.2.2　去除高度相关的特征

在本节中，将使用连续变量集并查看它们之间的相关性，以提高模型的准确性和可解释性。将解释 PySpark 如何构建相关矩阵、Vector 和 DenseMatrix 对象，以及如何从这些对象中提取数据用于决策制定。

线性模型中的相关性并不总是不好的；事实上，你希望你的特征与目标相关(这提供了预测能力)。另一方面，我们希望避免特征之间的相关性，原因有以下两个：

- 如果两个特征高度相关，则意味着它们提供了几乎相同的信息。在机器学习的背景下，这可能会混淆拟合算法，并造成模型或数值不稳定。
- 模型越复杂，维护就越复杂。高度相关的特征很少提供更高的精度，但会使模型复杂化。我们应该本着从简的原则对待特征。

为了计算变量之间的相关性，PySpark 提供了 Correlation 对象。Correlation 只有一种方法 corr，用于计算向量中特征之间的相关性。向量类似于 PySpark 数组，但具有针对 ML 工作优化的特殊表示形式(详见第 13 章)。在代码清单 12-17 中，使用 VectorAssembler 转换器对 food 数据帧创建了一个新列 continuous_features，它包含了所有连续型特征的向量。

转换器是一个预配置的对象，顾名思义，它用于转换数据帧。乍一看，它有点过于复杂，但当将它应用于管道中时，它会发挥重要的作用。第 13 章会更详细地介绍转换器。

代码清单 12-17 将特征列组合为单个向量列

```
from pyspark.ml.feature import VectorAssembler

continuous_features = VectorAssembler(
    inputCols=CONTINUOUS_COLUMNS, outputCol="continuous_features"
)

vector_food = food.select(CONTINUOUS_COLUMNS)
for x in CONTINUOUS_COLUMNS:
    vector_food = vector_food.where(~F.isnull(F.col(x)))

vector_variable = continuous_features.transform(vector_food)

vector_variable.select("continuous_features").show(3, False)

# +---------------------------------------------------------------------+
# |continuous_features                                                  |
# +---------------------------------------------------------------------+
# |[2.5,426.0,30.0,7.0,559.0,0.28169014084507044,0.14788732394366197]   |
# |[4.375,403.0,18.0,23.0,1439.0,0.17866004962779156,0.5136476426799007]|
# |[3.75,165.0,6.0,7.0,165.0,0.14545454545454545,0.38181818181818183]   |
# +---------------------------------------------------------------------+
# only showing top 3 rows

vector_variable.select("continuous_features").printSchema()

# root
#  |-- continuous_features: vector (nullable = true)
```

向量列不能有 null 值(在计算相关性时没有意义)，因此我们通过一系列 where()方法删除它们(参见第 4 章)

注意

如果将类别型特征和二分类特征混合在一起，将影响相关性的结果。选择合适的依赖指标取决于你的模型、可解释性需求和数据。例如，我们可以参考非连续数据的杰卡德距离(Jaccard distance)。

在代码清单 12-18 中，我们对连续特征向量应用了 Correlation .corr()函数，并将相关系数矩阵导出为一个易于解释的 pandas DataFrame。PySpark 以 DenseMatrix 列类型返回相关矩阵，类似于二维向量。为了把值提取成易于阅读的格式，需要使用一些技巧。

(1) 使用 head()提取一条记录作为行的列表。

(2) 一行就像一个有序的字典，因此可以使用列表切片访问包含相关矩阵的第一个(也是唯一一个)字段。

(3) DenseMatrix 可以通过 toArray()方法转换为 pandas 兼容的数组。

(4) 我们可以直接从 Numpy 数组中创建一个 pandas DataFrame。输入我们的列名作为索引(在本例中，它们将扮演“行名称”的角色)，使我们的相关矩阵更好理解。

代码清单 12-18 在 PySpark 中创建相关系数矩阵

```
from pyspark.ml.stat import Correlation
```

```
correlation = Correlation.corr(
    vector_variable, "continuous_features"
)

correlation.printSchema()

# root
# |-- pearson(binary_features): matrix (nullable = false)

correlation_array = correlation.head()[0].toArray()

correlation_pd = pd.DataFrame(
    correlation_array,
    index=CONTINUOUS_COLUMNS,
    columns=CONTINUOUS_COLUMNS,
)

print(correlation_pd.iloc[:, :4])

#                  rating   calories   protein        fat
# rating         1.000000  -0.019631  -0.020484  -0.027028
# calories      -0.019631   1.000000   0.958442   0.978012
# protein       -0.020484   0.958442   1.000000   0.947768
# fat           -0.027028   0.978012   0.947768   1.000000
# sodium        -0.032499   0.938167   0.936153   0.914338
# protein_ratio -0.026485   0.029879   0.121392   0.086444
# fat_ratio     -0.010696  -0.007470   0.000260   0.029411

print(correlation_pd.iloc[:, 4:])

#                  sodium  protein_ratio  fat_ratio
# rating        -0.032499      -0.026485  -0.010696
# calories       0.938167       0.029879  -0.007470
# protein        0.936153       0.121392   0.000260
# fat            0.914338       0.086444   0.029411
# sodium         1.000000       0.049268  -0.005783
# protein_ratio  0.049268       1.000000   0.111694
# fat_ratio     -0.005783       0.111694   1.000000
```

corr 方法将一个数据帧和一个向量列引用作为参数，并生成一个包含相关矩阵的单行单列数据帧

结果 DenseMatrix(在模式中显示为matrix)本身并不容易访问

由于数据帧足够小，可以在本地读取，因此使用 head()方法提取第一条记录，通过索引切片提取第一列，并通过 toArray()将矩阵导出为 NumPy 数组

解释相关矩阵的最简单方法是创建一个 pandas DataFrame。为了便于解释，可以将列名同时作为索引和列进行传递

相关矩阵给出了向量中每个字段之间的相关性。对角线总是 1.0，因为每个变量都与自身完全相关

在处理摘要指标时，比如假设检验的相关性，PySpark 通常会将值的提取工作委托给简单的 NumPy 或 pandas 转换。我使用 REPL 和内联文档，而不是为每个场景使用不同的提取方法。

(1) 查看数据帧的模式和所用方法/函数的文档：矩阵还是向量？它们是 NumPy 数组的伪装。

(2) 由于你的数据帧总是能放入内存中，因此使用 head()、take()和 Row 对象上可用的方法获取所需的记录并提取结构。

(3) 最后，将数据包装在 pandas DataFrame、列表或你选择的结构中。

同样，CONTINUOUS_COLUMNS 变量避免了大量的输入和潜在的错误，这有助于在操作数据帧时对我们的特征进行跟踪。

相关性计算的最后一步是评估哪些变量需要保留，哪些变量需要删除。对于保留或删除相关性变量，没有绝对的阈值(也没有为哪个变量保留的规定)。从代码清单 12-18 的相关系数矩阵中，可以看到钠、卡路里、蛋白质和脂肪之间高度相关。令人惊讶的是，我们发现自定义特征与创建它们的列之间几乎没有相关性。在我的实验笔记中，我将收集以下信息：

- 探索卡路里数与宏观营养素比例(和钠)之间的关系。有规律吗？还是卡路里数(或分量大小)都是不同的？
- 卡路里/蛋白质/脂肪/钠含量是否与食谱中的“dessert-ness”有关？我无法想象甜点会很咸。
- 使用所有特征运行模型，然后去掉卡路里和蛋白质。对性能有什么影响？

相关性分析提出的问题比它能够回答的问题更多。这是一件非常好的事情：评估数据质量是一件复杂的事情。通过跟踪元素以进行更详细的探索，可以快速进行建模，并通过一个(原始的)基准来锚定下一个建模周期。可以重构 Python 程序以及 ML 模型。

在本节中，介绍了 PySpark 如何计算变量之间的相关性，并以矩阵的形式给出结果。我们学习了 Vector 和 Matrix 对象，以及如何从它们中提取值。最后，我们评估了连续型变量之间的相关性，并决定是否将它们纳入第一个模型。下一节，将使用转换器和估计器为机器学习准备特征。

12.3 基于转换器和估计器的特征准备

本节在特征准备的背景下概述转换器和估计器。转换器和估计器是机器学习建模中常见操作的抽象。我们将探讨转换器和估计器的两个相关示例：

- 空值插补，我们提供一个值来替换列中出现的空值(如平均值)。
- 缩放特征(scaling feature)，我们对一列的值进行标准化，使它们在更符合逻辑的范围内(例如，在 0 到 1 之间)。

转换器和估计器本身就很强大，并且与第 13 章介绍的 ML 管道尤其相关。

我们在 12.2.2 节通过 VectorAssembler 对象看到了一个转换器的例子。理解转换器的最佳方式是将其行为理解为函数。在图 12-2 中，比较了 VectorAssembler 和执行相同工作的函数 assemble_vector()，后者创建了一个以 outputCol 参数命名的向量，其中包含了传递给 inputCols 的所有列的值。这里不要关注具体工作，而是更多地关注应用程序的机制。

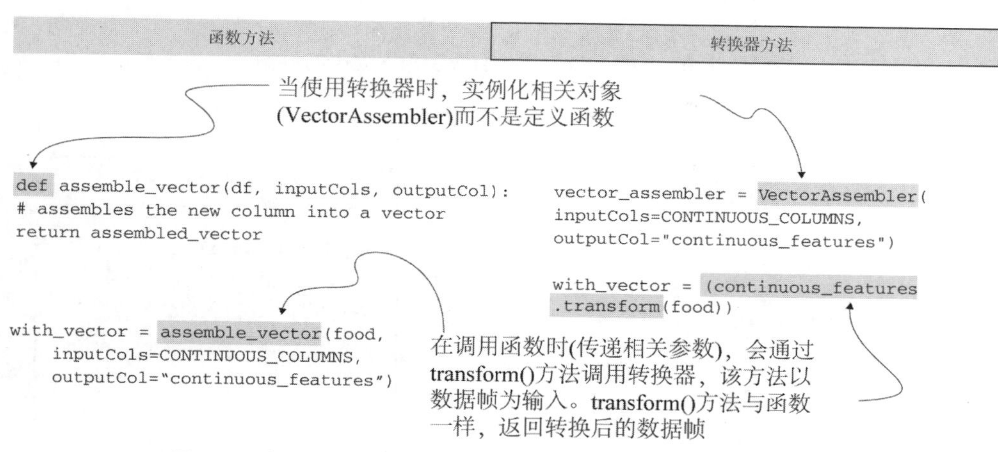

图 12-2　将应用于数据帧的函数与转换器进行比较。转换器对象将参数化(在实例化时)和对数据的应用(通过 transform()方法)分开

函数应用于数据帧和参数化，并返回转换后的数据帧。

转换器对象有两个阶段。首先，在实例化转换器时，我们提供应用所需的参数，但不提供应使用的数据帧。这与我们在第 1 章中看到的数据和指令分离类似。然后，我们在数据帧上使用转换器对象的 transform()方法来得到转换后的数据帧。

提示

可以使用 transform()方法和有转换功能的函数重现这个两阶段的过程。有关该主题的介绍，请参见附录 C。

这种指令和数据的分离是创建可序列化的 ML 管道的关键，这将带来更容易的 ML 实验和更好的模型可移植性。第 13 章在构建模型时将更详细地讨论这个主题。

估计器就像一个转换器工厂。接下来的两节将通过使用 Imputer 和 MinMaxScaler 介绍估计器。

12.3.1　使用 Imputer 估计器填充连续特征

在本节中，我们将介绍 Imputer 估计器并介绍估计器的概念。估计器是 Spark 用于任何数据依赖转换(包括 ML 模型)的主要抽象，因此在使用 PySpark 的任何 ML 代码中都可以普遍使用估计器。

估计器的核心是一个转换器生成的对象。通过向构造函数提供相关参数，我们可以像转换器一样实例化一个估计器对象。要应用估计器，需要调用 fit()方法，该方法返回一个模型对象，无论如何，这个模型对象和转换器是一样的。估计器允许自动创建依赖于数据的转换器。例如，Imputer 及其对应的模型 ImputerModel，如图 12-3 所示。

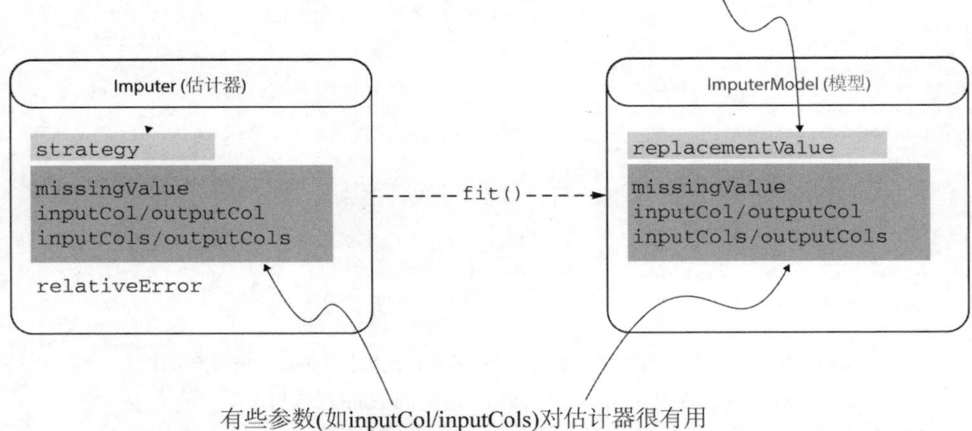

图 12-3　Imputer 和它的对应元素转换器/模型，ImputerModel。当对实例化的估计器调用 fit()时，将创建一个完全参数化的转换器(称为 Model)

例如，我们希望估计器在记录为空时，估算卡路里、蛋白质、脂肪和钠的值为记录的平均值。可以像代码清单 12-19 那样对 Imputer 对象进行参数化，并提供相关的参数，如图 12-3 所示(missingValue 和 relativeError 可以使用默认参数)。

代码清单 12-19　实例化并应用 Imputer 以创建 ImputerModel

```
from pyspark.ml.feature import Imputer

OLD_COLS = ["calories", "protein", "fat", "sodium"]
NEW_COLS = ["calories_i", "protein_i", "fat_i", "sodium_i"]

imputer = Imputer(
    strategy="mean",
    inputCols=OLD_COLS,
    outputCols=NEW_COLS,
)

imputer_model = imputer.fit(food)

CONTINUOUS_COLUMNS = (
    list(set(CONTINUOUS_COLUMNS) - set(OLD_COLS)) + NEW_COLS
)
```

使用每列的平均值来填充 null 值（指向 strategy="mean"）

因为我们有 4 列要进行插补，所以将它们的名称传递给 inputCols（指向 inputCols=OLD_COLS）

我为每个变量添加一个_i 后缀，给我一个关于它们是如何创建的提示（指向 outputCols=NEW_COLS）

在对 food 数据帧调用 fit()方法后，创建了 ImputerModel 对象

我调整了 CONTINUOUS_COLUMNS 变量，以适应新的列名

警告

如果转换器或估计器带有 inputCol/outputCol 和 inputCols/outputCols 参数，这意味着它们可以应用于一列或多列。你只能选择其中一个选项。如果有疑问，请查看对象的签名和文档。

我们使用 transform()方法，像使用任何转换器一样应用生成的 ImputerModel。在代码清单 12-20 中，我们看到 calories 被正确地估算为大约 475.52 卡路里。

代码清单 12-20　像转换器一样使用 ImputerModel 对象

```
food_imputed = imputer_model.transform(food)

food_imputed.where("calories is null").select("calories", "calories_i").show(
    5, False
)
# +--------+-----------------+
# |calories|calories_i       |
# +--------+-----------------+
# |null    |475.5222194325885|
# |null    |475.5222194325885|
# |null    |475.5222194325885|
# |null    |475.5222194325885|
# |null    |475.5222194325885|
# +--------+-----------------+
# only showing top 5 rows
```

Imputer 的结果符合预期：在 calories_i 中，原来为空的 calories 显示为 475.52

估计器和转换器将在第 13 章再次出现，因为它们是机器学习管道的组成部分。在本节中，我们通过 Imputer 回顾了估计器及其与转换器的关系。在下一节中，我们将看到另一个通过 MinMaxScaler 实现的例子。

Model 还是 model：取决于你看待它的角度

虽然我们会在第 13 章中更详细地讨论这个话题，但 model(例如机器学习模型)和 Model(拟合估计器的输出)之间的用词有冲突。

在 Spark 中，估计器是一种依赖于数据的结构，调用 fit()方法会得到一个 Model 对象。这意味着 PySpark 中可用的任何 ML model(小写"m")都是一个估计器，我们通过 fit()对数据进行训练，得到一个训练好的 Model 对象。

另一方面，尽管 ImputerModel 是一个 Model 对象(大写"M")，但它并不是真正的 ML model。在 PySpark 中，我们使用 fit()方法处理一些数据来生成一个 Model 对象，因此这个定义对 Spark 来说是成立的。

12.3.2　使用 MinMaxScaler 估计器对特征进行缩放

本节介绍使用 MinMaxScaler 转换器进行可变缩放。缩放变量是指对变量进行数学转换，使它们在同一个数值尺度上。使用线性模型时，特征缩放意味着模型系数(每个特征的权重)是可比较的。这极大地提高了模型的可解释性，这是评估模型性能时有用的指标。

对于某些类型的模型，如神经网络，缩放特征也有助于提高模型性能。

举个例子，如果有一个变量的值为 0.0 ~ 1.0，另一个变量的值为 1000.0 ~ 2500.0，如果它们的模型系数相同(假设为 0.48)，你可能会认为它们的影响力相同。但实际上，第二个变量的影响力要大得多，因为千分位数的 0.48 倍要比 0 到 1 之间的 0.48 倍大得多。

在代码清单 12-21 中，我们创建了一个 MinMaxScaler 估计器，并以字符串形式提供了向量列的输入和输出。这与 Imputer/ImputerModel 的步骤相同(见图 12-4)。

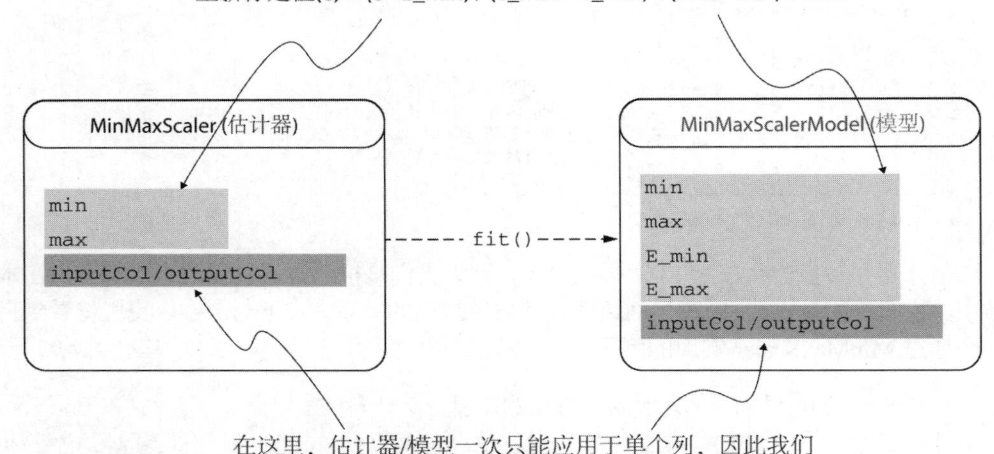

图 12-4 MinMaxScaler 和它的对应模型 MinMaxScalerModel——与 Imputer 估计器的操作模型相同

代码清单 12-21 缩放那些没被缩放的连续变量

```
from pyspark.ml.feature import MinMaxScaler

CONTINUOUS_NB = [x for x in CONTINUOUS_COLUMNS if "ratio" not in x]

continuous_assembler = VectorAssembler(
    inputCols=CONTINUOUS_NB, outputCol="continuous"
)

food_features = continuous_assembler.transform(food_imputed)

continuous_scaler = MinMaxScaler(
    inputCol="continuous",
    outputCol="continuous_scaled",
)
```

```
food_features = continuous_scaler.fit(food_features).transform(
    food_features
)

food_features.select("continuous_scaled").show(3, False)
# +-----------------------------------------------------...+
# |continuous_scaled                                    ...|
# +-----------------------------------------------------...+
# |[0.5,0.13300031220730565,0.17341040462427745,0.0338164...|
# |[0.875,0.12581954417733376,0.10404624277456646,0.11111...|
# |[0.75,0.051514205432407124,0.03468208092485549,0.03381...|
# +-----------------------------------------------------...+
# only showing top 3 rows
```

提示

对于你自己的模型，请查看 pyspark.ml.feature 模块中的其他缩放器。StandardScaler 通过减去均值再除以标准差来对变量进行标准化，它也是数据科学家的最爱。

continuous_scaled 向量中的所有变量现在都在 0 到 1 之间。连续变量已经准备好了；二分类变量也已经准备好了。我认为现在已经准备好为机器学习生成所需的数据集了！在本节中，回顾了 MinMaxScaler 估计器，以及如何缩放变量以使它们具有相同的幅度。

关于数据准备的介绍到此结束。对于原始数据集，我们先确定列名、探索数据、设定目标、将列编码为二分类特征和连续特征、创建自定义特征、对一些特征进行选择、估算和缩放。所有的数据准备工作只有这些？当然不是！

第 13 章将开始建模。同时，将通过 ML 管道抽象来重新审视我们的程序，这将提供所需的灵活性，从而将“科学”代入数据科学中，并使用多种场景进行实验。我们的准备工作已经完毕，现在让我们开始建模！

12.4　本章小结

- 创建机器学习模型的一个重要部分是数据操作。为此，可以利用我们在 pyspark.sql 中学到的一切。
- 创建机器学习模型的第一步是评估数据质量并解决潜在的数据问题。从 PySpark 中的大型数据集转移到 pandas 或 Python 中的小型摘要，可以加快数据发现和评估的速度。
- 特征的创建和选择可以使用 PySpark 数据操作 API 手动完成，也可以利用一些 pyspark.ml 特有的构造函数，如相关矩阵。
- PySpark 转换器和估计器提供了多种常见的特征工程方法，如估算和缩放特征。

第 13 章

通过机器学习管道增强机器学习

本章主要内容

- 使用转换器和估计器将数据转换为机器学习特征
- 通过机器学习管道将特征组装为向量
- 训练简单的机器学习模型
- 使用相关的性能指标评估模型
- 使用交叉验证优化模型
- 通过特征权重解释模型的决策过程

在第 12 章中，为机器学习做了铺垫：从原始数据集开始，通过对数据的探索和分析，驯服了数据并精心设计了特征。回顾第 12 章的数据转换步骤，我们执行了以下操作，并得到了一个名为 food_features 的数据帧。

(1) 读取一个包含菜品名称和多列的 CSV 文件作为候选特征。

(2) 清理列名(将字母转换为小写，并修复标点符号、空格和不可打印的字符)。

(3) 删除不符合逻辑和不相关的记录。

(4) 将二分类列中的 null 值填充为 0.0。

(5) 将卡路里(calories)、蛋白质(protein)、脂肪(fat)和钠(sodium)的摄入量限制在第 99 个百分位。

(6) 创建比率特征(宏观卡路里数与菜品卡路里数的比率)。

(7) 估算连续特征的均值。

(8) 在 0.0 到 1.0 之间缩放连续特征。

提示

如果想了解第 12 章的代码，我在本书的代码存储库中把实现 food_features 的代码放在了./code/Ch12/end_of_chapter.py 中。

本章将继续学习强大的机器学习训练程序。我们深入研究转换器和估计器，这次将介绍机器学习管道。使用这个新工具，首先训练和评估初始模型。然后，学习如何在运行时使用交叉验证(一种流行的机器学习优化技术)自定义机器学习管道，以优化模型参数。最后，通过从机器学习管道中提取模型系数(每个参数的权重)来简要讨论模型的可解释性。

机器学习管道是 PySpark 实现机器学习功能的方式。它们提供了更好的代码组织方式和灵活性，但代价是需要预先做一些准备。本章首先使用第 12 章创建的甜点预测数据集来解释什么是机器学习管道。我们回顾关于转换器、估计器和机器学习管道的必要理论，以继续学习。

13.1 转换器和估计器：Spark 中机器学习的构建块

本节介绍了机器学习管道的两个主要组件：转换器和估计器。我们在可重用和可参数化构建块的背景下了解转换器和估计器。宏观来看，机器学习管道是转换器和估计器的有序列表。本节将从高层级的概述转向更深入的理解。然而，最重要的是，我们不仅要了解如何创建构建块，还要了解如何修改这些构建块，从而通过最佳效率使用机器学习管道。

转换器和估计器是机器学习建模非常有用的类。训练一个机器学习模型时，会得到一个拟合的模型，这类似于没有明确编码的新程序。这个新的数据驱动的程序只有一个目的：获取一个格式正确的数据集，并通过添加预测列对其进行转换。在本节中，我们看到转换器和估计器不仅为机器学习建模提供了有用的抽象，而且通过序列化和反序列化提供了可移植性。这意味着可以训练和保存机器学习模型，并将其部署在另一个环境中。

为了说明转换器和估计器如何参数化，使用第 12 章定义和使用的转换器和估计器。

- continuous_assembler：一个 VectorAssembler 转换器，接收 5 列并创建一个用于模型训练的向量列。
- continuous_scaler：对向量列中包含的值进行缩放的 MinMaxScaler 估计器，为向量中的每个元素返回 0 到 1 之间的值。

为方便起见，将相关代码包含在代码清单 13-1 中。我们从转换器开始，然后在其基础上介绍估计器。

代码清单 13-1 VectorAssembler 和 MinMaxScaler 示例

```
CONTINUOUS_NB = ["rating", "calories_i", "protein_i", "fat_i", "sodium_i"]

continuous_assembler = VectorAssembler(
    inputCols=CONTINUOUS_NB, outputCol="continuous"
)

continuous_scaler = MinMaxScaler(
    inputCol="continuous",
    outputCol="continuous_scaled",
)
```

13.1.1　数据进出：转换器

本节正式介绍作为机器学习管道第一个构建块的转换器。介绍通用转换器使用方法，以及如何访问和修改其参数化。想要用机器学习代码运行实验或优化机器学习模型时，在转换器上添加的上下文起着至关重要的作用(参见 13.3.3 节)。

在图 13-1 中介绍的 VectorAssembler 转换器的示例中，给构造函数提供了两个参数：inputCols 和 outputCol。这些参数提供了创建功能完备的 VectorAssembler 转换器所需要的信息。这个转换器的唯一用途是：通过它的 transform()方法接收 inputCols 中的值(组合后的值)，并返回一个名为 outputCol 的列，其中包含所有组合后的值的向量。

转换器的参数化称为 Params。在实例化转换器类时，就像任何 Python 类一样，将想要的参数作为实参传递，确保显式指定每个关键字。转换器实例化后，PySpark 提供了一组提取和修改参数的方法。下面介绍在转换器实例化之后如何获取和修改参数。

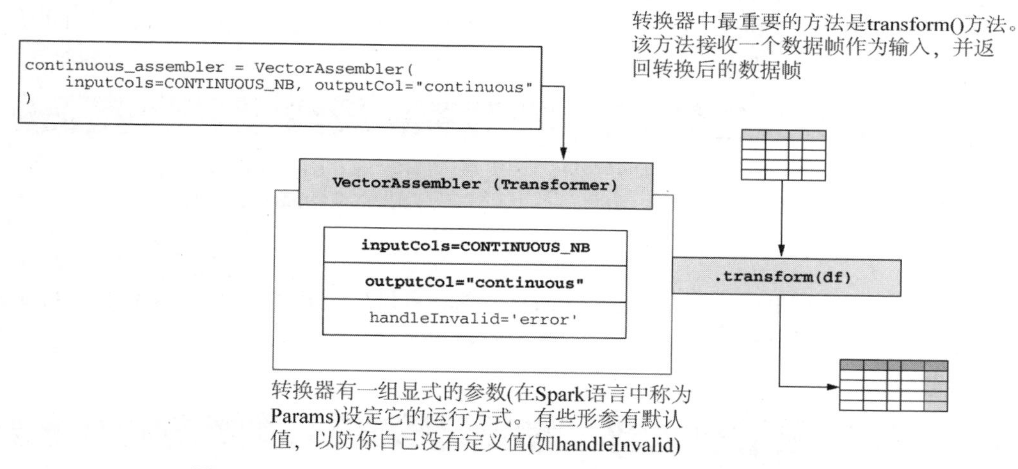

图 13-1　continuous_assembler 转换器及其参数。转换器使用 transform()方法对作为输入的数据帧应用预定义的转换

查看 VectorAssembler 的签名：仅限关键字(Keyword-only)的参数

如果查看 VectorAssembler 的签名(以及 pyspark.ml 模块中几乎所有的转换器和估算器)，会在参数列表的开头看到一个星号。

```
class pyspark.ml.feature.VectorAssembler(*, inputCols=None,
outputCol=None, handleInvalid='error')
```

在 Python 中，星号(*)之后的每个形参都被称为仅限关键字的实参，这意味着我们需要提到关键字。例如，不能执行 VectorAssembler("input_column", "output_column")。有关更多信息，请参阅 PEP (Python Enthancement Proposal，Python 增强建议)3102，网址是 http://mng.bz/4jKV。

作为一个有趣的扩展，Python 还支持使用斜杠(/)字符的仅限位置(positional-only)参数。参见 PEP 570 (http://mng.bz/QWqj)。

1. 窥探底层：获取并解释参数

回过头来看图 13-1，VectorAssembler 的实例接收了 3 个参数：inputCols、outputCol 和 handleInvalid。我们还暗示，转换器(和估计器，在相同的情况下)类实例的配置依赖于 Param，这些 Param 驱动转换器的行为。下面将探索 Param，突出它与常规类属性的相似性和差异性，并说明这些差异为何重要。你可能会想，“嗯，我知道如何从 Python 类中获取属性，而转换器就是 Python 类”。虽然这正确，但转换器(和估计器)遵循更类似于 Java/ Scala 的设计，建议大家认真阅读本节内容。它很简短，但非常有用，并允许你在使用机器学习管道时避免令人头痛的问题。

首先，完成任何 Python 开发人员都会做的事情，直接访问转换器的一个属性。在代码清单 13-2 中，访问 continuous_assembler 的 outputCol 属性不会返回 continuous，就像传递给构造函数时一样。相反，我们获得了一个名为 Param(pyspark.ml.param.Param 类)的对象引用，它包装了转换器的每个属性。

代码清单 13-2　访问转换器的参数以生成 Param

```
print(continuous_assembler.outputCol)
# VectorAssembler_e18a6589d2d5__outputCol
```

得到一个名为 Param 的对象，而不是返回作为参数传递给 outputCol 的连续值

要直接访问特定 Param 的值，使用 getter 方法，它只是简单地把单词 get 和参数名放在驼峰大小写格式后面。对于代码清单 13-3 中的 outputCol，getter 方法为 getOutputCol()(注意大写的 O)。

代码清单 13-3　通过 getOutputCol()获取 outputCol Param 的值

```
print(continuous_assembler.getOutputCol()) # => continuous
```

到目前为止，Param 似乎添加了样板文件却收效甚微。explainParam()改变了这一点。该方法提供了关于 Param 和值的文档。通过一个示例可以很好地解释这一点，可以在代码清单 13-4 中看到解释 outputCol Param 的输出。

提示

如果你想一次查看所有 Param，可以使用复数版本的 explainParams()。这个方法不接收任何参数，返回以换行符分隔的所有 Param 字符串。

字符串输出包含以下内容。

- Param 的名字：outputCol。
- Param 的简短描述：output column name。
- Param 的默认(default)值：VectorAssembler_e18a6589d2d5__output，如果不显式传递值，就使用这个值。

- Param 的当前值(current)：continuous。

代码清单 13-4　用 explainParam 解释 outputCol Param

这是 outputCol Param 的名称和简短描述

为 outputCol 定义了一个值

```
print(continuous_assembler.explainParam("outputCol"))
# outputCol: output column name.
# (default: VectorAssembler_e18a6589d2d5__output, current: continuous)
```

这里介绍了转换器 Param 的相关信息。本节的思想也适用于估计器(参见 13.1.2 节)。接下来，不再关注 Param，而是开始修改它们。转换器对我们来说不再有任何秘密！

试试简单的 getParam()方法？

转换器(和估计器)提供了简单的 getParam()方法。它只返回参数，就像在本节的开头访问 outputCol 一样。我相信这样做是为了让 PySpark 转换器与等价的 Java/Scala 转换器拥有一致的 API。

2. 使用 getter 和 setter 设置实例化转换器的 Param

本节将修改转换器的 Param。这主要应用于以下两种情况。

- 在 REPL 中构建转换器，想尝试不同的参数化设置。
- 正在优化机器学习管道参数，就像在 13.3.3 节中所做的那样。

提示

就像前面获取 Param 一样，对估计器设置 Param 的方法相同。

如何更改转换器的 Param？对于每个 getter，都有一个 setter，它只是简单地在单词 set 后面放 Param 名(用驼峰书写法表示)。与 getter 不同，setter 将新值作为唯一的参数。在代码清单 13-5 中，使用相关的 setter 方法将 outputCol Param 改为 more_continuous。该操作返回转换后的转换器，但也进行了原地修改，这意味着不必将 setter 的结果赋值给变量(更多信息和如何避免潜在陷阱，参阅本节末尾的说明)。

代码清单 13-5　将 outputCol Param 设置为 more_continuous

```
continuous_assembler.setOutputCol("more_continuous")

print(continuous_assembler.getOutputCol()) # => more_continuous
```

虽然 setOutputCol()方法返回一个新的转换器对象，但它也在原地进行了修改，因此不必将结果赋值给变量如果你需要一次性更改多个 Param(例如，希望在尝试不同场景一次性更改输入列和输出列)，可以使用 setParams()方法。setParams()方法与构造函数有相同的签名：只需要将新值作为关键字传递，如代码清单 13-6 所示。

代码清单 13-6 使用 setParams()方法一次性更改多个 Param

```
continuous_assembler.setParams(
    inputCols=["one", "two", "three"], handleInvalid="skip"
)
print(continuous_assembler.explainParams())
# handleInvalid: How to handle invalid data (NULL and NaN values). [...]
#     (default: error, current: skip)
# inputCols: input column names. (current: ['one', 'two', 'three'])
# outputCol: output column name.
#     (default: VectorAssembler_e18a6589d2d5__output, current: continuous)
```

没有传递给 setParams 的 Param 会保留它们之前的值(在代码清单 13-5 中设置)

最后，如果想将 Param 改回默认值，可以使用 clear()方法。这一次，需要传递 Param 对象。例如，在代码清单 13-7 中，使用 clear()重置了 handleInvalid Param。我们将实际的 Param 作为参数传递，通过在本节开头看到的属性槽(continuous_assembler.handleInvalid)访问。如果转换器的 Param 同时包含 inputCol/outputCol 和 inputCols/outputCols，将会很有用。PySpark 只允许一次激活一个集合，因此如果想在一列和多列之间移动，需要使用 clear()清除那些没有被使用的列。

代码清单 13-7 使用 clear()清除 handleInvalid Param 的当前值

```
continuous_assembler.clear(continuous_assembler.handleInvalid)

print(continuous_assembler.getHandleInvalid()) # => error
```

handleInvalid 恢复其原始值 error

这就是所有内容，在本节中，更详细地学习了如何和为什么使用转换器，以及如何获取、设置和清除其参数(Param)。13.1.2 节将应用这些有用的知识加速机器学习管道的第二个组成部分——估计器。

转换器和估计器通过引用进行传递：copy()方法

到目前为止，我们已经习惯了通过链式使用 API(参见第 1 章)，其中每个数据帧转换都会生成一个新的数据帧。这启用了方法链，使数据转换代码可读性更高。

在使用转换器(和估计器)时，记住它们是通过引用传递的，setter(设置器)会就地修改对象。如果给转换器分配了一个新的变量名，然后对这两个变量中的任何一个使用 setter，它都会修改这两个引用的 Param：

```
new_continuous_assembler = continuous_assembler

new_continuous_assembler.setOutputCol("new_output")

print(new_continuous_assembler.getOutputCol()) # => new_output
print(continuous_assembler.getOutputCol()) # => new_output
```

continuous_assembler 和 new_continuous_assembler 的 outputCol 都被 setter 修改了

解决方法是对转换器使用 copy()方法，然后将副本赋值给新变量：

```
copy_continuous_assembler = continuous_assembler.copy()

copy_continuous_assembler.setOutputCol("copy_output")

print(copy_continuous_assembler.getOutputCol()) # => copy_output
print(continuous_assembler.getOutputCol()) # => new_output
```

在使用 copy()方法后，对 copy_continuous_assembler 的 Param 的修改不会影响 continuous_assembler

13.1.2　估计器

本节介绍估计器，这是机器学习管道的第二部分。就像转换器一样，理解如何操作和配置估计器是创建高效的机器学习管道的必经之路。转换器将输入数据帧转换为输出数据帧，估计器在输入数据帧上拟合，并返回输出转换器。在本节中，转换器和估计器之间的这种关系意味着它们的参数化方式与 13.1.1 节中解释的方式相同。通过 fit()方法关注估计器的使用(而不是转换器的 transform()方法)，这对最终用户来说是唯一值得注意的区别。

转换器使用 transform()方法作用于数据帧，以返回转换后的数据帧；估计器使用 fit()方法作用于数据帧，以返回称为 Model 的全参数化转换器。这种区别使估计器能够根据输入数据配置转换器。

例如，图 13-2 中的 MinMaxScaler 估计器有 4 个参数，其中两个依赖于默认值。

- min 和 max，它们是缩放列需要的最小值和最大值。分别将它们保持为默认值 0.0 和 1.0。
- inputCols 和 outputCols，分别是输入列和输出列。它们遵循与转换器相同的约定。

为了缩放 min(最小值)和 max(最大值)之间的值，需要从输入列中提取最小值(E_min)和最大值(E_max)。E_min 被转换为 0.0，E_max 被转换为 1.0，两者之间的值被转换为 min 和 max 之间的值，使用下面的公式(如果 E_max 和 E_min 相等，参见本节末尾的练习，查看拐角或边缘的情况)。

$$\mathrm{MMS}(e_i)=\left(\frac{e_i-\mathrm{E}_{\min}}{\mathrm{E}_{\max}-\mathrm{E}_{\min}}\times(\max-\min)\right)+\min$$

因为转换依赖于来自数据的实际值，所以不能使用普通的转换器，因为它期望在应用 transform()方法之前“知道”一切(通过参数化)。以 MinMaxScaler 为例，可以将 E_min 和 E_max 转换为简单的操作(min()和 max()来自 pyspark .sql.functions)：

- E_min = min(inputCol)
- E_max = max(inputCol)

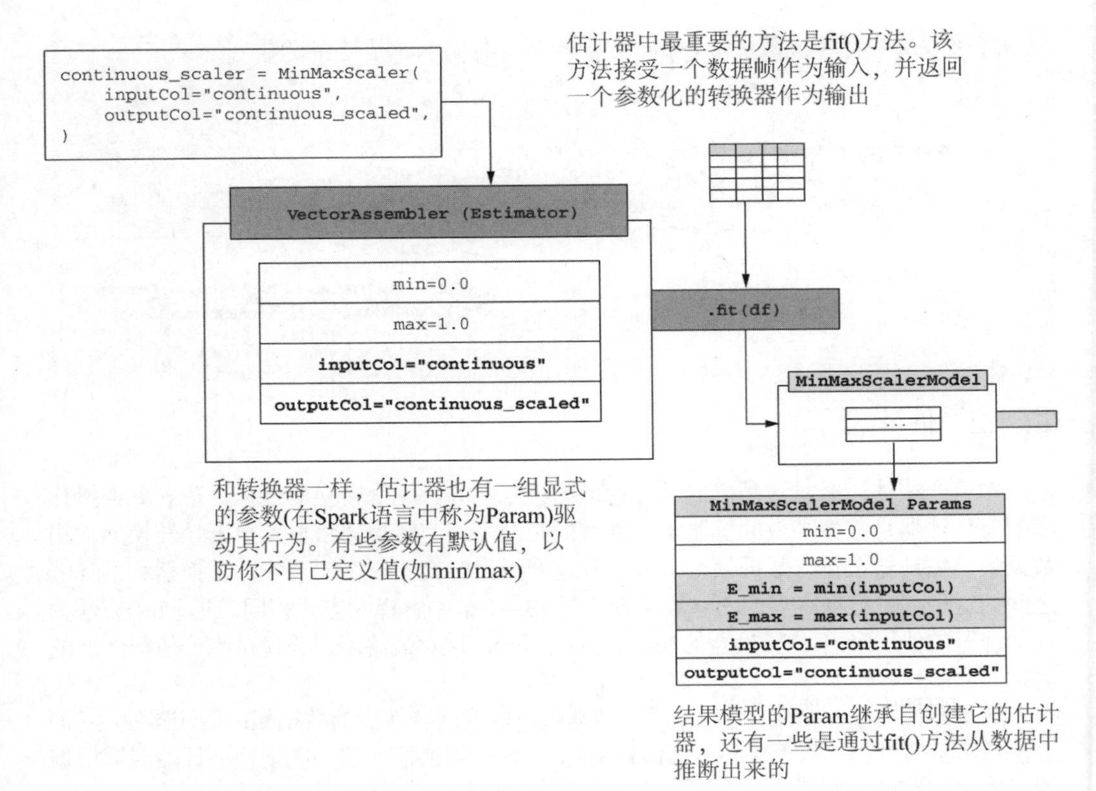

图 13-2　MinMaxScaler 估计器及其 Param。转换器使用 fit()方法创建 Model(转换器的一个子类型)，并将传入的数据帧作为参数，以参数化 Model

一旦这些值被计算出来(在 fit()方法中)，PySpark 就会创建、参数化并返回一个转换器/模型。

fit()/transform()方法适用于比 MinMaxScaler 更复杂的估计器。例如，机器学习模型在 Spark 中实际上是作为估计器实现的。13.2 节将转换器和估计器集合组装成一个内聚的机器学习管道，并完成机器学习。

练习 13-1

当 E_min == E_max 时，MinMaxScaler 会发生什么？

13.2　构建(完整的)机器学习管道

现在我们已经掌握了转换器和估计器的知识，可以创建、修改和操作它们，准备处理成功的机器学习管道的最后一个元素——管道本身。管道建立在转换器和估计器上，使训练、评估和优化机器学习模型更加清晰和明确。本节将使用用于甜点预测特征准备程序的估计器构建一个机器学习管道，并添加建模步骤。

“机器学习管道是估计器。下课。”

……

严格来说，机器学习管道是通过 Pipeline 类实现的，它是估计器的一个特殊版本。Pipeline 估计器只有一个 Param，称为 stage(阶段)，它接收一个转换器和估计器的列表。为了说明管道，创建一个管道怎么样？代码清单 13-8 以 code/Ch12/end_of_chapter.py 中的 food 数据帧为基础，创建了一个 food_pipeline，其中包含了之前的估计器和转换器，并将它们作为 stage。food 数据帧是应用 Imputer、VectorAssembler 和 minmaxscaler 之前的数据集。

代码清单 13-8　food_pipeline 管道，包含 3 个阶段

```
from pyspark.ml import Pipeline
import pyspark.ml.feature as MF

imputer = MF.Imputer(
    strategy="mean",
    inputCols=["calories", "protein", "fat", "sodium"],
    outputCols=["calories_i", "protein_i", "fat_i", "sodium_i"],
)

continuous_assembler = MF.VectorAssembler(
    inputCols=["rating", "calories_i", "protein_i", "fat_i", "sodium_i"],
    outputCol="continuous",
)

continuous_scaler = MF.MinMaxScaler(
    inputCol="continuous",
    outputCol="continuous_scaled",
)

food_pipeline = Pipeline(
    stages=[imputer, continuous_assembler, continuous_scaler]
)
```

为了方便，这里重复第 12 章中准备特征时用到的两个估计器和转换器

food_pipeline 管道包含 3 个 stage(stage)，在 stages 参数中设置

实际上，由于管道是估计器，因此它有一个 fit()方法来生成 PipelineModel。在底层，管道按顺序应用每个 stage，根据 stage 是转换器[transform()]还是估计器(fit()]调用相应的方法。通过将所有步骤包装到一个管道中，只需要调用一个方法 fit()，因为 PySpark 会正确地生成一个 PipelineModel(见图 13-3)。虽然 PySpark 将拟合管道的结果称为管道模型，但我们没有将机器学习模型作为 stage(这将在 13.2.2 节介绍)。不过，有了管道，代码变得更加模块化，也更容易维护。我们可以添加、删除和更改 stage，根据管道定义知道将会执行什么工作。我经常对转换器和估计器进行多次迭代，反复地尝试它们(这在 13.3.3 节讨论优化模型时也非常有用)，直到我对结果满意。我可以定义几十个转换器和估计器，并保留一些原始的定义以防万一。只要管道是清晰的，我就对如何处理数据充满信心。

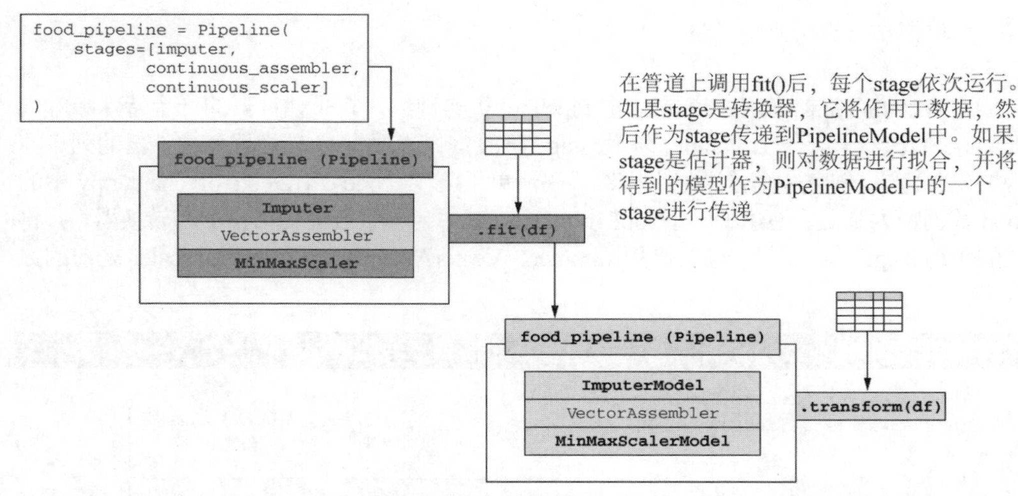

图 13-3　我们的 food_pipeline。使用数据帧调用 fit()时，该数据帧将作为参数传递给第一个 stage。每个估计器 stage 都会被评估(转换器将逐字传递)，得到的转换器/模型成为 PipelineModel 的 stage

使用管道时，记住数据帧将遍历每个 stage。例如，continuous_scaler stage 将使用 continuous_scaler 转换的数据帧结果。对于估计器 stage，数据帧保持不变，因为 fit()不转换数据帧，而是返回一个 Model。

本节将 Pipeline 对象作为一个有特殊用途的估计器介绍：运行其他转换器和估计器。13.2.1 节将在准备建模之前完成数据的组装。

13.2.1　使用向量列类型组装最终数据集

本节将在模型准备的背景下探讨向量列类型和 VectorAssembler。PySpark 要求输入到机器学习估计器以及 MinMaxScaler 等其他估计器的所有数据都位于一个向量列中。我们将回顾输入到模型的变量，以及如何使用 VectorAssembler 无缝地组装它们。最后，将介绍 PySpark 在组装列时估算的机器学习元数据，这样就可以很容易地记住它们所在的位置。

我们已经知道如何将数据组装成向量：使用 VectorAssembler。这里没有什么新内容。可以创建一个 VectorAssembler stage 组装想要提供给机器学习训练的所有列。在代码清单 13-9 中，组装了管道中所有的 BINARY_COLUMNS、第 12 章创建的_ratio 列以及 continuous_scaled 列向量。将向量列组装到另一个向量中时，PySpark 将自动完成所需要的操作：组装步骤将把所有内容展平为一个单独的、可用的向量，而不是得到嵌套的向量。

代码清单 13-9　创建向量组装器并更新 food_pipeline 的各个 stage

```
preml_assembler = MF.VectorAssembler(
    inputCols=BINARY_COLUMNS
    + ["continuous_scaled"]
    + ["protein_ratio", "fat_ratio"],
    outputCol="features",
)

food_pipeline.setStages(
    [imputer, continuous_assembler, continuous_scaler, preml_assembler]
)

food_pipeline_model = food_pipeline.fit(food)
food_features = food_pipeline_model.transform(food)
```

food_pipeline_model 变成了一个 PipelineModel

……然后可以对数据帧使用 transform()

数据帧已经为机器学习做好了准备！我们有很多记录，每条记录都有以下内容。

- 目标(或标签)列 dessert，包含一个二分类输入(如果食谱是甜点，则为 1.0，否则为 0.0)。
- 特征向量(features)，包含了训练机器学习模型所需要的所有信息。

看看我们的工作，查看数据帧中的相关列时(见代码清单 13-10)，可以看到 features 列与之前见过的所有列都有很大的不同。我们提供了 513 个不同的特征(参见 features 列值开头的 513)，其中有大量的 0，这称为稀疏特征集(sparse features set)。在存储向量时，PySpark 有两种表示向量的方式。

- 密集表示：PySpark 中的向量只是 NumPy (Python 的一个高性能多维数组库)的一维数组对象。
- 稀疏表示：PySpark 中的 Vector 是与 SciPy(Python 中的科学计算库)scipy.sparse 矩阵兼容的优化稀疏向量。

代码清单 13-10　用稀疏向量表示法显示 features 列

```
food_features.select("title", "dessert", "features").show(5, truncate=30)
# +------------------------------+-------+------------------------------+
# |                         title|dessert|                      features|
# +------------------------------+-------+------------------------------+
# |       Swiss Honey-Walnut Tart |    1.0|(513,[30,47,69,154,214,251,...|
# |Mascarpone Cheesecake with ...|    1.0|(513,[30,47,117,154,181,188...|
# |          Beef and Barley Soup |    0.0|(513,[7,30,44,118,126,140,1...|
# |                     Daiquiri |    0.0|(513,[49,210,214,408,424,50...|
# |Roast Beef and Watercress W...|    0.0|(513,[12,131,161,173,244,25...|
# +------------------------------+-------+------------------------------+
# only showing top 5 rows
```

由于向量中有 513 个元素，大部分都是 0，因此 PySpark 使用稀疏向量表示来节省空间

在实践中，无法决定一个向量是稀疏的还是密集的：PySpark 会根据需要在这两者之

间转换。我之所以列出差异，是因为在数据帧上使用 show()方法时，它们看起来不同。在第 12 章介绍相关矩阵时已经见过密集向量表示(就像数组一样)。为了说明 513 个元素的稀疏向量更简洁，我使用两种不同的表示法，将相同的样本向量写了两次。稀疏向量是一个三元组，其中包括：

- 向量的长度。
- 元素非零的位置数组。
- 非零值数组。

```
Dense:  [0.0, 1.0, 4.0, 0.0]
Sparse: (4, [1,2], [1.0, 4.0])
```

提示

如果需要，pyspark.sql.linalg.Vectors 提供了从头开始创建向量的函数和方法。

现在所有的东西都在一个向量中，那么怎么知道它们具体存储了什么，以及它们的位置呢？第 6 章简要介绍过 PySpark 允许将元数据字典附加到一列上，并在使用 PySpark 的机器学习时使用这些元数据。现在看看这些元数据，如代码清单 13-11 所示。

代码清单 13-11 使用 PySpark 展开元数据

```
print(food_features.schema["features"])

# StructField(features,VectorUDT,true)

print(food_features.schema["features"].metadata)
# {
#    "ml_attr": {
#       "attrs": {
#           "numeric": [
#               {"idx": 0, "name": "sausage"},
#               {"idx": 1, "name": "washington_dc"},
#               {"idx": 2, "name": "poppy"},
#               [...]
#               {"idx": 510, "name": "continuous_scaled_4"},
#               {"idx": 511, "name": "protein_ratio"},
#               {"idx": 512, "name": "fat_ratio"},
#           ]
#       },
#       "num_attrs": 513,
#    }
# }
```

组合后的向量的列模式(column schema)会记录元数据属性下组成向量的特征

对于缩放变量，由于它们源自 VectorAssembler, PySpark 会给它们一个通用的名称，但你可以根据需要从原始的向量列(这里是 continuous_assemble)中跟踪它们的名称

本节介绍了将数据组装成最终的特征向量，这是发送数据进行训练之前的最后一个 stage。我们重新访问并更详细地探索了矢量(Vector)数据结构，解释了它的密集表示和稀疏表示。最后，使用 VectorAssembler 转换器组合所有特征，包括那些已经存在于向量中的特征，并展示 features 向量中包含的元数据。准备好训练模型了吗？

13.2.2　使用 LogisticRegression 分类器训练机器学习模型

本节介绍 PySpark 中的机器学习，具体来说，将介绍如何将机器学习模型 stage 添加到管道中。在 PySpark 中，训练机器学习模型只是在机器学习管道中添加一个 stage。我们将花一些时间来选择算法，因为它对模型有重要作用。虽然在 PySpark 中选择并尝试每种算法都很简单，但每种算法都有适合某些类型问题的属性。通常，要解决的业务问题将提供关于模型应该具有哪些属性的提示。你是想要一个易于解释的模型，一个对异常值(超出正常期望范围的数据点)的检测有很好的鲁棒性的模型，还是只想追求模型的准确性？本节继续使用之前的问题——这个食谱到底是不是甜点？选择第一种模型类型，并集成到机器学习管道中。

因为我们的目标是二分类的(0.0 或 1.0)，所以只使用分类算法(classification algorithm)。顾名思义，分类算法是为预测一系列有限的结果而设计的。如果你的目标具有相对较少的不同值，并且它们之间没有特定的顺序，那么你面临的是分类问题。如果想预测食谱中的卡路里数[1]，则可以使用回归算法(regression algorithm)，它可以预测数值型的目标。

逻辑回归算法(logistic regression algorithm)虽然名为逻辑回归，但其实是广义线性模型家族的一种分类算法。这类模型很容易理解，也非常强大，但比其他模型(如决策树和神经网络)更容易解释。尽管逻辑回归很简单，但它在分类问题中无处不在。最著名的例子是信用评分，直到今天都是由逻辑回归模型驱动的。虽然这里的特定用例并不需要可解释性，但查看模型的最大 driver(13.4 节)可以告诉我们预测中最具影响力的输入信息是什么。

注意

逻辑回归也不是没有缺点。线性模型不如其他模型灵活。它们还要求对数据进行缩放，这意味着每个特征的范围应该是一致的。在我们的示例中，所有特征要么是二分类特征，要么在 0.0 到 1.0 之间缩放，因此这不是问题。关于以机器学习为中心的模型选择方法，参阅第 12 章开头的说明，其中有一些优秀的参考资料。

在将逻辑回归集成到管道中之前，需要创建估计器。这个估计器名为 LogisticRegression，来自 pyspark.ml.classification 模块。LogisticRegression 的 API 文档页(在 iPython/Jupyter 中可以通过 LogisticRegression？获得，或访问在线网站 http://mng.bz/XWr6)列出了我们可以设置的 21 个 Param。为了快速开始工作，我们尽可能使用默认设置，并专注于使管道工作。在 13.3.3 节讨论超参数优化时，会重新访问其中的一些 Param。现在只设置了以下 3 个 Param，如代码清单 13-12 所示。

- featuresCol：包含特征向量的列。
- labelCol：包含标签(或目标)的列。
- predictionCol：包含模型预测结果的列。

1　这是一个非常简单的模型，因为卡路里直接与碳水化合物、蛋白质和脂肪联系在一起。参见第 12 章中的公式。

代码清单 13-12 将 LogisticRegression 估计器添加到管道中

```
from pyspark.ml.classification import LogisticRegression

lr = LogisticRegression(
    featuresCol="features", labelCol="dessert", predictionCol="prediction"
)

food_pipeline.setStages(
    [
        imputer,
        continuous_assembler,
        continuous_scaler,
        preml_assembler,

        lr,
    ]
)
```

接下来，对管道使用 fit()方法，如代码清单 13-13 所示。在此之前，需要使用 randomSplit()将数据集分成两部分：一部分用于训练，提供给管道，另一部分用于测试，评估模型的拟合效果。这可以让我们对模型在从未见过的数据上的泛化能力有一定的信心。把训练集想象成学习材料，把测试集想象成考试：如果把考试作为学习材料的一部分，成绩会高得多，但这并不能准确反映学生的能力。

最后，在拟合管道之前，对训练数据帧使用 cache()方法。在第 11 章中，我们这样做是因为机器学习会重复使用数据帧，如果在集群内存容量充足的情况下，将数据帧通过 cache()放在内存中，可以提高速度。

警告

尽管 PySpark 将使用相同的 seed，应该可以保证每次运行时数据集的拆分保持一致，但在某些情况下，PySpark 会打破这种一致性。如果想 100%确定拆分的结果，可以先拆分数据帧，将每个数据帧写入磁盘，然后从磁盘位置读取它们。

代码清单 13-13 将数据帧拆分为训练集和测试集

```
train, test = food.randomSplit([0.7, 0.3], 13)

train.cache()

food_pipeline_model = food_pipeline.fit(train)
results = food_pipeline_model.transform(test)
```

randomSplit()接收一个分区列表，用来设定训练集和测试集的比例。第二个属性是随机数生成器的 seed

这一次，在 train 数据集上使用 fit()，在 test 数据集上使用 transform()，而不是在两个操作中使用同一个数据帧

现在，有了训练好的模型和在测试集上进行的预测，可以进入模型的最后阶段：评估和剖析模型。

逻辑回归简介

如果对数据不感兴趣，请跳过这部分说明。

如果先了解线性回归模型，那么考虑逻辑回归会更容易。在学校里，你可能已经学过简单的单变量回归。在本例中，y 是因变量/目标，x 是自变量/特征，m 是 x 的系数，b 是截距(或系数为 0)：

```
y = m * x + b
```

线性回归采用这个简单的公式并可应用于多个特征。换句话说，x 和 m 变成了值向量。如果使用基于索引的表示法，它将如下所示(一些统计学教科书可能会使用不同但等价的表示法)：

```
y = b + (m0 * x0) + (m1 * x1) + (m2 * x2) + ... + (mn * xn)
```

这里，有 n 个特征和系数。这个线性回归公式称为线性分量(linear component)，通常写成 Xβ(X 表示观测值，β 表示系数向量)。线性回归的预测范围可以从负无穷到正无穷——这个公式没有边界。

我们如何从中得到一个分类模型？使用逻辑回归！

逻辑回归得名于 logit 变换。logit 变换采用线性分量 Xβ，并产生一个介于 0 和 1 之间的函数。该公式是 logistic 函数的展开形式。注意线性分量的位置。它看起来像是一个任意选择的函数，但它背后有很多理论，而且这种形式非常方便：

```
y = 1 / (1 + exp(-Xβ))
```

对于任意 Xβ 的值，logistic 函数的 y 将返回一个 0 到 1 之间的数字。为了将其转换为二分类特征，我们应用了一个简单的阈值：如果 y>/=0.5，则为 1，否则为 0。如果你希望模型更加敏感，可以更改此阈值。如果对逻辑回归的原始结果 y 感兴趣，请查看预测数据集的 rawPrediction 列：你将得到一个包含[Xβ，-Xβ]的向量。在 rawPrediction 中，probability 列将包含 logit 公式中定义的 y：

```
results.select("prediction", "rawPrediction", "probability").show(3, False)
# +----------+----------------------+--------------------+
# |prediction|rawPrediction         |probability         |
# +----------+----------------------+--------------------+
# |0.0       |[11.98907,-11.9890722]|[0.9999937,6.2116-6]|
# |0.0       |[32.94732,-32.947325] |[0.99999,4.88498-15]|
# |1.0       |[-1.32753,1.32753254] |[0.209567,0.7904]   |
# +----------+----------------------+--------------------+
```

13.3　评估和优化模型

建模完成。该如何评估我们的工作？本节将执行数据科学的一个关键步骤：回顾模型结果并调整其实现。这两个步骤都至关重要，可以确保我们使用获得的数据生成最好的模型，最大化模型的预测效果。

PySpark 提供了清晰的 API，与机器学习管道抽象相吻合。我们首先通过一个定制的评估器对象来评估原始模型的性能，该对象为我们的二分类器提供了相关指标。然后，尝试通过交叉验证(cross-validation)这一过程调整一些参数(称为超参数)，以提高模型的准确性。在本节结束时，你将有一个可重现的蓝图，用于评估和优化模型。

13.3.1 评估模型准确率：混淆矩阵和评估器对象

本节将介绍两个常用的评估二分类算法的指标。最核心的是，我们想要准确地预测标签字段(是否为甜点)。有多种方法来分割模型结果。例如，预测“肝慕斯”为甜点，是否比预测“提拉米苏”不是甜点效果更差？选择和优化合适的指标对于产生有影响力的模型至关重要。我们重点关注两种不同的方法来评估模型结果。

- 混淆矩阵(confusion matrix)是一个 2 × 2 的矩阵，由预测结果和标签组成，可以很容易地得到一些指标，如准确率(识别甜点的能力有多强)和召回率(识别非甜点的能力有多强)
- 受试者工作特征(Receiver Operating Characteristic，ROC)曲线，改变预测阈值时，它显示了模型的诊断能力(稍后详细介绍)。

混淆矩阵：一种检查分类结果的简单方法

下面将结果与真实值创建为混淆矩阵，以评估模型对甜点的预测能力。混淆矩阵是表示分类结果的非常简单的形式，因此在评估模型结果时非常流行。另一方面，它们不会为模型的实际表现提供任何指导，这就是通常将它们与一组指标结合起来的原因。

为甜点分类模型绘制混淆矩阵的最简单方法是制作一个 2 × 2 的表，其中行是标签(真实值)结果，列是预测值，如图 13-4 所示。这也为我们提供了 4 种可用于创建性能指标的方法。

- 真阴性(True Negative，TN)：标签值和预测值都为 0。我们准确地识别了一种非甜点。
- 真阳性(True Positive，TP)：标签值和预测值都为 1。我们准确地识别了一种甜点。
- 假阳性(False Positive，FP)：当食物不是甜点(0)时，将它预测为甜点(1)。这也称为 I 型错误(type I error)。
- 假阴性(False Negative, FN)：食物是甜点(1)时，预测它不是甜点(0)。这也称为 II 型错误(type II error)。

从这 4 个指标中可以制作多种用来评估模型的指标。准确率(precision)和召回率(recall)是最常用的两个指标，如图 13-4 所示。在了解性能指标之前，先创建混淆矩阵。PySpark 只提供了遗留的 pyspark.mllib 模块，现在处于维护模式。说实话，对于这样一个简单的操作，我宁愿手动完成，如代码清单 13-14 所示。为此，对预测列按标签(dessert)进行分组，然后使用 count()作为单元格的值。pivot()从传入的参数中获取每一列的值，并将其创建为一列。

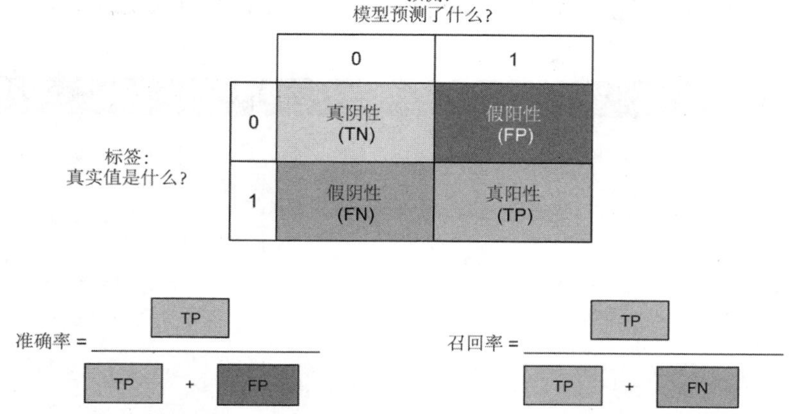

图 13-4　准确率和召回率的可视化描述，如混淆矩阵中所示。模型的准确率衡量在模型预测为 1 的结果中，有多少实际值为 1。模型的召回率衡量模型捕捉到多少真阳性(label = 1，prediction = 1)

代码清单 13-14　使用 pivot()为模型创建混淆矩阵

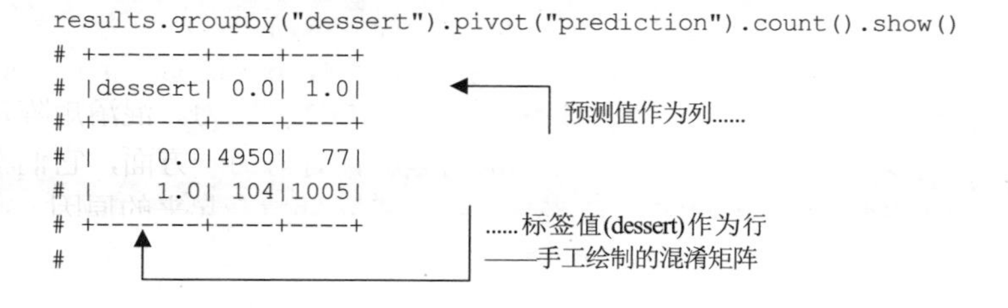

```
results.groupby("dessert").pivot("prediction").count().show()
# +-------+----+----+
# |dessert| 0.0| 1.0|
# +-------+----+----+
# |    0.0|4950|  77|
# |    1.0| 104|1005|
# +-------+----+----+
#
```


注意

从混淆矩阵可以看出，数据集中的非甜点比甜点多很多。在分类领域，这被称为类不平衡数据集，通常不适合用于模型训练。在这种情况下，类不平衡是可以处理的：要彻底了解该主题，查看 Bartosz Krawczyk 的 *Learning from imbalanced data: open challenges and future directions*(http://mng.bz/W7Yd)。

现在我们已经掌握了混淆矩阵，下面处理准确率和召回率。在 Spark 3.1 之前，需要(再次)依赖传统的基于 RDD 的 MLlib (pyspark.mllib.evaluation.MulticlassMetrics)获得准确率和召回率。在 Spark 3.1 中，可以访问一个新的 LogisticRegressionSummary 对象，从而避免了对 RDD 的访问。因为它是最近添加的，所以这里提供了两者的代码，你可以专注于面向未来的数据帧方法。

对于数据帧方法(Spark3.1+)，需要首先从管道模型中提取拟合模型。为此，可以使用 pipeline_food_model 的 stages 属性并只访问最后一项。对于那个模型(在代码清单 13-15 中称为 lr_model)，在结果数据集上调用 evaluate()。evaluate()会对任何存在的预测列进行验证，因此我只需将相关的列(dessert 和 features)提供给它。避免手动计算指标只需要付出很小的代价。注意，PySpark 不知道我们将哪个标签视为阴性和阳性。因此，准确率和召回率可通过 precisionByLabel 和 recallByLabel 访问，它们都按顺序返回每个标签的准确率/召回率列表。

代码清单 13-15 计算准确率和召回率(Spark 3.1+)

由于 PySpark 不知道哪个标签是阳性的，因此会计算两者的准确率和召回率，并将它们放在一个列表中。我们选择第二个变量(dessert == 1.0)。

管道模型的最后阶段(stage)是拟合的机器学习模型

```
lr_model = food_pipeline_model.stages[-1]
metrics = lr_model.evaluate(results.select("title", "dessert", "features"))
# LogisticRegressionTrainingSummary

print(f"Model precision: {metrics.precisionByLabel[1]}")
print(f"Model recall: {metrics.recallByLabel[1]}")

# Model precision: 0.9288354898336414
# Model recall: 0.9062218214607755
```

第一次测试的准确率和召回率超过 90%

对于使用传统的基于 RDD 的 MLLib 的人来说，这个过程非常类似，但我们首先需要将数据移动到一个由(prediction, label)对组成的 RDD 中。然后，需要将 RDD 传递给 pyspark.ml.evaluation.MulticlassMetrics 并提取相关的指标。这一次，precision()和 recall()都是方法，因此需要将“阳性”类标签(1.0)作为实参传入，如代码清单 13-16 所示。

代码清单 13-16 通过基于 RDD 的 API 计算准确率和召回率

```
from pyspark.mllib.evaluation import MulticlassMetrics

predictionAndLabel = results.select("prediction", "dessert").rdd

metrics_rdd = MulticlassMetrics(predictionAndLabel)

print(f"Model precision: {metrics_rdd.precision(1.0)}")
print(f"Model recall: {metrics_rdd.recall(1.0)}")

# Model precision: 0.9288354898336414
# Model recall: 0.9062218214607755
```

本节介绍了评估二分类模型的有用指标。13.3.2 节将介绍评估二分类模型的另一个有用的方法：ROC 曲线。

13.3.2 真阳性与假阳性：ROC 曲线

本节将介绍另一个用于评估二分类模型的常用指标——ROC 曲线。它提供了模型性能的视觉表示。我们还将讨论利用 ROC 曲线的主要指标：ROC 曲线下的面积。这种展示模型性能的替代方式为如何优化模型提供了提示，通过调整决策边界了解模型表现。想要针对用例优化模型时，这将被证明是有效的(参见 13.3.3 节)。

逻辑回归(也适用于大多数分类模型)预测一个介于 0 和 1 之间的值，PySpark 存储了一个名为 probability 的列。默认情况下，任何概率等于或大于 0.5 的预测结果将被视为 1.0，而任何概率小于 0.5 的预测结果将被视为 0.0。事实证明，可以通过更改 LogisticRegression 对象的 threshold Param 更改该阈值。

因为阈值在区分分类模型的能力方面是一个非常重要的概念，所以 PySpark 将原始预测存储在 rawPrediction 列中。通过使用这种原始预测并在不重新训练模型的情况下更改阈值，可以根据不同的敏感度了解模型的性能。由于 ROC 曲线可以更直观地解释，这里省略了一些步骤，我们将结果和一些相关元素显示在图 13-5 中。生成这个图的代码将在本节后面介绍。

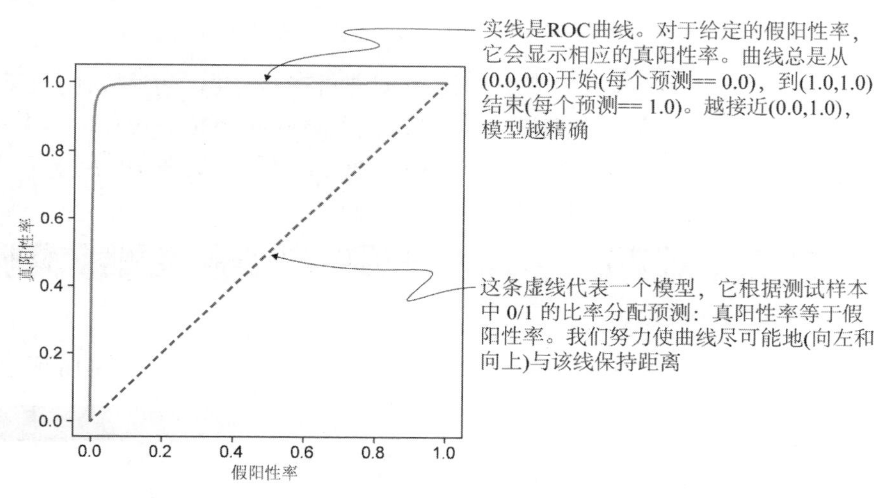

图 13-5　模型的 ROC 曲线。我们希望实线曲线尽可能地触碰到左上角

简而言之，ROC 曲线将假阳性率(FPR)映射到真阳性率(TPR)。一个完全准确的模型的 TPR 为 100%，FPR 为 0，这意味着每个预测都是正确的。因此，我们希望图 13-5 所示的曲线尽可能触碰到左上角。一个不那么精确的模型则会接近虚线，与我们认为的随机模型(FPR = TPR)一致。

看到了 ROC 曲线。我们如何创建它？

通过 BinaryClassificationEvaluator 对象得到 ROC 曲线。在代码清单 13-17 中，实例化了这个对象，明确要求得到指标 areaUnderROC，从而得到 ROC 曲线。我们的评估器将原始预测结果作为输入。评估器生成单个指标量，即 ROC 曲线下的面积，一个介于 0 和 1 之间的数字(越大越好)。我们做得很好，但如果能知道这个数字的含义就更好了。

提示

另一个度量指标是 areaUnderPR，它可以给出准确率－召回率曲线下的面积。当类别非常不平衡或处理罕见事件时，这很有用。

代码清单 13-17　创建和评估 BinaryClassificationEvaluator 对象

```
from pyspark.ml.evaluation import BinaryClassificationEvaluator

evaluator = BinaryClassificationEvaluator(
    labelCol="dessert",
    rawPredictionCol="rawPrediction",
    metricName="areaUnderROC",
)

accuracy = evaluator.evaluate(results)
print(f"Area under ROC = {accuracy} ")
# Area under ROC = 0.9927442079816466
```

传入标签(或目标)和模型生成的 rawPrediction 列

如本节前面所述，一个完美的模型的曲线应该靠近在左上角。为了从数字上直观地知道离这个值有多近，使用 ROC 曲线下的面积(area under the ROC curve)：它是图表在 ROC 曲线下的比率。AUC(Area Under the Curve，曲线下面积)分数为 0.9929 表示图表的 99.29%面积位于 ROC 曲线下，如代码清单 13-18 所示。

代码清单 13-18　使用 matplotlib 显示 ROC 曲线

```
import matplotlib.pyplot as plt

plt.figure(figsize=(5, 5))
plt.plot([0, 1], [0, 1], "r--")
plt.plot(
    lr_model.summary.roc.select("FPR").collect(),
    lr_model.summary.roc.select("TPR").collect(),
)
plt.xlabel("False positive rate")
plt.ylabel("True positive rate")
plt.show()
```

在第一次运行中，模型的表现令人惊讶。这并不意味着工作结束了：初始模型拟合是获得可用于生产的模型的第一步。我们的代码看起来有点粗糙，可以增加一些鲁棒性。还需要确保模型随着时间的推移保持准确，这就是为什么拥有一个自动化的指标管道很重要。

13.3.3 节将着眼于优化模型训练的某些方面，以获得更好的性能。

13.3.3　使用交叉验证优化超参数

本节介绍如何通过修改 Param 优化 LogisticRegression。通过微调模型训练的某些方面(Spark 如何构建拟合模型)，可以得到更好的模型精度。为此，使用一种称为交叉验证的技术。交叉验证将数据集重采样为训练集和测试集，以评估模型对新数据的泛化能力。

在 13.2.2 节中，将数据集分为两部分：一部分用于训练，一部分用于测试。通过交叉验证，再次细分训练集，以尝试为我们的 LogisticRegression 估计器找到最佳 Param 集。在机器学习术语中，这些 Param 被称为超参数，因为它们是用来训练模型的参数(模型内部将包含用于预测的参数)。我们称超参数优化是为给定情况或数据集选择最佳超参数的过程。

在深入研究交叉验证如何工作的细节之前，先选择一个超参数进行优化。为了保持示例简单和计算可控，只构建了一个具有单个超参数的简单网格：elasticNetParam。这个超参数(称为 α)可以取 0.0 到 1.0 之间的任何值。首先，设定两个值，分别是 0.0(默认值)和 1.0。

提示

有关 α 的更多信息，请查看 Gareth James、Daniela Witten、Trevor Hastie 和 Rob Tibshirani 合著的 *Introduction to Statistical Learning*(Springer，2013)。Trevor Hastie 参与发明了 Elastic Net 的概念，这就是这个 α 的意义！

我们可以使用 ParamGridBuilder 构建一组超参数来评估模型，它可以帮助我们创建一个 Param 映射(Param Map)，如代码清单 13-19 所示。为此，从 builder 类开始(就像使用 SparkSession 一样)。这个 builder 类可以接收一系列 addGrid()方法，参数有以下两个。

- 我们想要修改的 stage 的 Param。在本例中，LogisticRegression 估计器被赋值给变量 lr，即 lr.elasticNetParam 这个参数。
- 我们希望赋给超参数的值，作为一个列表传递。

完成后，调用 build()，返回一个 Param Map 列表。列表中的每个元素都是一个 Param 字典(Scala 中称为 Map，因此得名)，这些 Param 在拟合时将被传递到管道中。通常，我们想为模型估计器设置超参数，但没有什么阻止我们从另一个 stage 更改 Param，例如，想删除特征时，修改 preml_assembler(参见练习)。如果修改了 inputCol/outputCol，请确保前后保持一致，以避免出现遗漏列的错误。

代码清单 13-19　使用 ParamGridBuilder 构建一组超参数

```
from pyspark.ml.tuning import ParamGridBuilder

grid_search = (
    ParamGridBuilder()
    .addGrid(lr.elasticNetParam, [0.0, 1.0])
    .build()
)

print(grid_search)
# [
#     {Param(parent='LogisticRegression_14302c005814',
#            name='elasticNetParam',
#            doc='...'): 0.0},
#     {Param(parent='LogisticRegression_14302c005814',
#            name='elasticNetParam',
#            doc='...'): 1.0}
# ]
```

ParamGridBuilder()是一个构建器类

……我们可以添加 addGrid()方法，设置 α 为 0.0 和 1.0…

……直到调用 build()完成网格

我对输出结果进行了编辑，只保留相关的元素网格完成。现在来看交叉验证。PySpark 通过 CrossValidator 类提供了开箱即用的 K 折交叉验证(K-fold crossvalidation)。简而言之，交叉验证通过将数据集拆分为一组不重叠的、随机划分的集合(称为折叠)来尝试超参数的每种组合，这些集合被用作单独的训练和验证数据集[1]。在图 13-6 中，展示了一个 k = 3 的例子。对于网格中的每个元素，PySpark 将执行 3 次训练集—验证集拆分，在训练集(包含 2/3 的数据)上拟合模型，然后评估在验证集(包含剩余 1/3 的数据)上选择的性能指标。

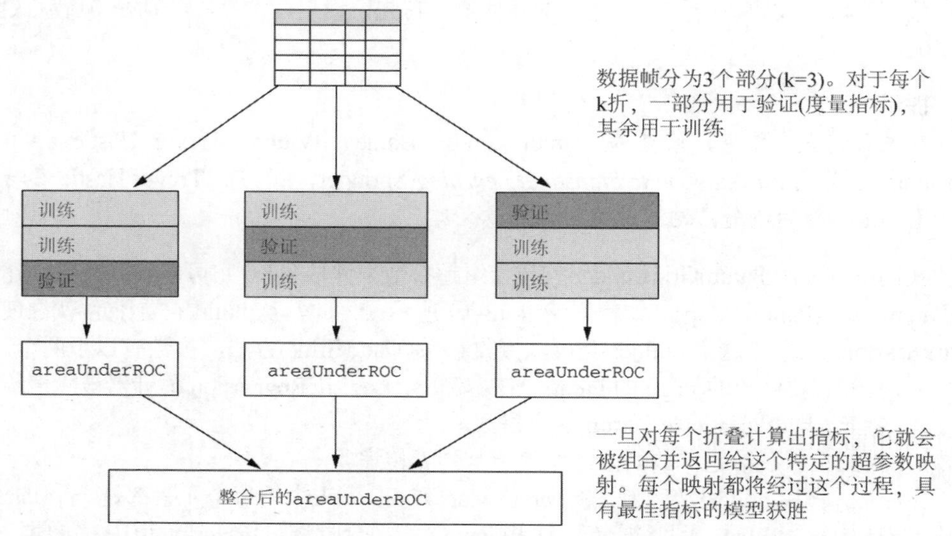

图 13-6 3 折交叉验证。对于每个参数映射，执行 3 个训练/验证周期，每次使用不同的数据作为验证集。然后将选定的指标 areaUnderROC 进行组合(平均后的)，这将成为生成的模型加上 Param Map 的性能指标

在代码方面，CrossValidator 对象将所有内容组合在一个抽象中。要构建交叉验证器，需要 3 个元素，到目前为止我们都已经见到了。

- estimator：包含想要评估的模型(在这里是 food_pipeline)。
- estimatorParamMaps 集合：是指在本节前面创建的 Param 映射列表。
- evaluator：包含想要优化的指标(这里重用代码清单 13-17 中创建的指标)。

在代码清单 13-20 中，还提供了一些参数：numFolds = 3，用于设置折数 k 为 3；seed(13)，用于保持随机数生成器每次运行时的一致性；collectSubModels=True，用于保留每个训练模型的版本(用于比较结果)。得到的交叉验证器遵循与估计器相同的约定，因此应用 fit()方法来开始交叉验证过程。

代码清单 13-20 创建和使用 CrossValidator 对象

```
from pyspark.ml.tuning import CrossValidator
```

1 文档称它们为 train 和 test，但我想将“test”这个名称保留起来，在通过管道运行数据前用于对原始数据集的拆分。

```
cv = CrossValidator(
    estimator=food_pipeline,
    estimatorParamMaps=grid_search,
    evaluator=evaluator,
    numFolds=3,
    seed=13,
    collectSubModels=True,
)

cv_model = cv.fit(train)

print(cv_model.avgMetrics)
# [0.9899971586317382, 0.9899992947698821]

pipeline_food_model = cv_model.bestModel
```

在 CrossValidator 上使用 fit()方法，就像在任何管道中一样

elasticNetParam == 1.0 以微弱优势胜出

为了从训练的模型中提取 areaUnderROC(评估器跟踪的指标)，使用 avgMetrics 属性。在这里，两个模型的性能基本上没有差别，elasticNetParam == 1.0 模型以微弱优势胜出。最后，提取最佳模型(bestModel)，以便可以将其用作管道模型。

我们在这一节完成了很多工作。由于 PySpark 友好且一致的 API，我们可以用两种方式评估模型(准确率与召回率，以及 ROC 曲线下面积)，然后通过交叉验证优化管道的超参数。知道使用哪个模型，选择哪个指标，遵循哪个过程，关于这些，可以单独写书详细介绍(市面上已经有很多这方面的书籍)，但我发现使用 PySpark 进行数据科学研究非常有趣，语法也非常简单。

13.4 节将讨论模型的可解释性，将探索模型特征的系数，并将讨论我们发现的一些改进。

13.4　从模型中获取最大的驱动力：提取系数

本节介绍如何提取模型特征及其系数。我们使用这些系数来了解模型的最重要特征，并计划在第二次迭代中进行一些改进。

在 13.2.1 节中，解释了通过 VectorAssembly 对象构建的向量中的特征会将特征名称保存在列的元数据字典中，并展示如何访问它们。我们可以通过顶层 StructField 中包含的 StructField(参见第 6 章，深入了解 Schema 和 StructField)来访问 Schema。然后我们只需要按照正确的顺序匹配变量和系数。代码清单 13-21 展示了 features 列的元数据，并提取了相关字段。然后通过 coefficient.values 属性从 lrModel 中提取系数。注意，PySpark 将模型的截距保存在 intercept 槽中：因为我喜欢一下子显示所有内容，所以我倾向于将它作为另一个“特征”添加到表中。

提示

如果有非数值特征，PySpark 会将特征的元数据存储为 binary 键，而不是 numeric(数值)键。在我们的示例中，因为我们知道特征是满足二分类的，所以没有将它们视为特殊特征，PySpark 将它们集中到数值元数据键中。

代码清单 13-21 从特征向量中提取特征名称

```
import pandas as pd

feature_names = ["(Intercept)"] + [
    x["name"]
    for x in (
        food_features
        .schema["features"]
        .metadata["ml_attr"]["attrs"]["numeric"]
    )
]

feature_coefficients = [lr_model.intercept] + list(
    lr_model.coefficients.values
)

coefficients = pd.DataFrame(
    feature_coefficients, index=feature_names, columns=["coef"]
)

coefficients["abs_coef"] = coefficients["coef"].abs()

print(coefficients.sort_values(["abs_coef"]))
#                                coef   abs_coef
# kirsch                     0.004305   0.004305
# jam_or_jelly              -0.006601   0.006601
# lemon                     -0.010902   0.010902
# food_processor            -0.018454   0.018454
# phyllo_puff_pastry_dough -0.020231   0.020231
# ...                             ...        ...
# cauliflower              -13.928099  13.928099
# rye                      -13.987067  13.987067
# plantain                 -15.551487  15.551487
# quick_and_healthy        -15.908631  15.908631
# horseradish              -17.172171  17.172171
# [514 rows x 2 columns]
```

从 intercept slot 手动添加 intercept(截距)

从 intercept slot 手动添加 intercept

由于负数和正数在逻辑回归中同等重要，为了便于排序，我创建了一个绝对值列

在第 12 章中，解释过将特征设置为相同的尺度(这里是 0 到 1)有助于提高系数的可解释性。每个系数都乘以一个 0 到 1 之间的值，因此它们彼此都是一致的。通过对它们的绝对值排序，可以看到哪些系数对模型影响最大。

系数接近 0，如 kirsch、lemon 和 food_processor，意味着这个特征对模型的预测能力不强。另一方面，系数非常高或很低，如 cauliflower、horseradish 和 quick_and_healthy，意味着该特征具有高度预测性。使用线性模型时，系数为正意味着该特征的预测结果为 1.0(这道菜是甜点)。我们的结果并不太令人惊讶；看看这些非常负面的特征，似乎 horseradish(辣根)或“quick and healthy”食谱的存在意味着“不是甜点！”

不出所料，数据科学很大程度上是围绕着处理、提取信息，并对数据应用正确抽象的能力展开的。当需要知道特定模型的原理时，统计知识变得非常有用。PySpark 为越来越多的模型提供了支持，但每个模型都使用类似的估计器/转换器设置。现在你已经了解

了不同组件的工作原理，应用不同的模型将是小菜一碟！

机器学习管道的可移植性：读和写

对机器学习管道进行序列化和反序列化就像读写数据帧一样简单。Spark 的 PipelineModel 有一个 write 方法，它的工作方式和数据帧一样(除了格式，因为管道格式是预定义的)。设置 overwrite()选项可以覆盖任何现有模型：

```
pipeline_food_model.write().overwrite().save("am_I_a_dessert_the_model")
```

结果是一个名为 am_I_a_dessert_the_model 的目录。要读取它，需要导入 PipelineModel 类并调用 load()方法：

```
from pyspark.ml.pipeline import PipelineModel

loaded_model = PipelineModel.load("am_I_a_dessert_the_model")
```

13.5　本章小结

- 转换器是一种对象，通过 transform()方法，根据一组驱动数据帧行为的 Param 修改数据帧。想确定地转换一个数据帧时，使用转换器 stage。
- 估计器是通过 fit()方法接收一个数据帧，并返回一个称为模型的完全参数化的转换器的对象。想要使用数据相关转换器转换数据帧时，使用估计器 stage。
- 机器学习管道类似于估计器，因为它们使用 fit()方法生成管道模型。它们只有一个 Param，即 stage，带有要应用于数据帧上的转换器和估计器的有序列表。
- 在训练模型之前，需要使用 VectorAssembler 转换器将每个特征组装到一个向量中。这提供了一个单独的优化(稀疏或密集)列，包含用于机器学习的所有特征。
- PySpark 通过一组评估器对象为模型评估提供了有用的指标。可以根据预测类型(比如二分类，使用 BinaryClassificationEvaluator)选择合适的分类器。
- 通过参数映射网格、评估器和估计器，可以执行模型超参数优化，从而尝试不同的场景，并尝试提高模型精度。
- 交叉验证是一种在拟合/测试模型之前将数据帧重新采样到不同分区的技术。使用交叉验证来测试模型在遇到不同数据时是否表现一致。

第 14 章

构建自定义机器学习转换器和估计器

本章主要内容

- 使用 Param 创建自己的转换器进行参数化
- 使用伴随模型方法创建自己的估计器
- 在机器学习管道中集成自定义转换器和估计器

本章将介绍如何创建和使用自定义转换器和估计器。虽然 PySpark 提供的转换器和估计器生态系统涵盖了很多常用的用例，并且每个版本都会带来新的用例，但有时你不用使用现成的技术，而是想为自己的用例创建专用的转换器和估计器。另一种选择是将管道切成两半，并在其中插入一个数据转换函数。这基本上抵消了第 12 章和第 13 章介绍的机器学习管道的所有优势(可移植性、自文档化)。

由于转换器和估计器非常相似，我们从深入介绍转换器及其基本构建块 Param 开始。然后，创建估计器，重点关注转换器的差异。最后，在机器学习管道中集成自定义转换器和估计器，请注意它们的序列化。

在开始学习本章内容之前，强烈建议你先阅读第 12 章和第 13 章，并完成其中的示例和练习。如果知道转换器/估计器如何使用，那么构建一个健壮而有效的转换器/估计器会容易得多。我认为最好谨慎使用自定义转换器和估计器，最好始终使用预定义的 PySpark 组件。但如果一定要使用自定义的内容，本章将为你提供指导。

14.1 创建自己的转换器

本节介绍如何创建和使用自定义转换器。我们实现了一个 ScalarNAFiller 转换器，它在使用插补器(Imputer)时用标量值而不是均值(mean)或中位数(median)填充列的空值。多亏了这一点，第 13 章的 dessert 管道将有一个 ScalarNAFiller stage，可以在运行不同的场景时使用它(例如在优化超参数时)，而不需要更改代码本身。这提高了机器学习实验的灵活性和鲁棒性。

创建自定义转换器并不难，但有很多不确定因素，需要遵循一组约定，以使其与 PySpark 提供的其他转换器保持一致。本节的蓝图如下。

(1) 设计转换器：Param、输入和输出。
(2) 创建 Param，根据需要继承一些预先配置的 Param。
(3) 创建必要的 getter(获取)方法和 setter(设置)方法。
(4) 创建初始化函数，用于实例化转换器。
(5) 创建转换函数。

注意

因为将分阶段实现这个类，所以一些代码块将无法按原样在 REPL 中运行。使用新元素更新的转换器定义，参阅每一节的末尾。

PySpark 的 Transformer 类(pyspark.ml.Transformer。http://mng.bz/y4Jq)提供了第 13 章中使用的许多方法，如 explainParams()和 copy()，以及其他一些用于实现我们自己的转换器的有用方法。通过继承 Transformer，可以免费继承所有这些功能，如代码清单 14-1 所示。这给了我们一个起点！

代码清单 14-1　ScalarNAFiller 转换器的框架

```
from pyspark.ml import Transformer


class ScalarNAFiller(Transformer):
    pass
```

ScalarNAFiller 类是 Transformer 类的子类，继承了它的泛型方法

在开始编写转换器的其余部分之前，先概述一下它的参数化和功能。14.1.1 节将回顾如何使用 Param 和转换函数设计一个优秀的转换器。

14.1.1　设计转换器：从 Param 和转换的角度思考

本节解释转换器、它的 Param 和转换函数之间的关系。通过使用这些活动部件设计转换器，可以确保转换器正确、健壮，并与 API 管道的其他部分保持一致。

在第 12 章和第 13 章中，了解了转换器(以及估计器)是通过一组 Param 配置的。transform()函数总是接收一个数据帧作为输入，并返回转换后的数据帧。我们希望与我们的设计保持一致，以避免在使用时出现问题，如图 14-1 所示。

在设计自定义转换器时，我总是从实现一个函数开始，该函数重现了转换器的行为，如代码清单 14-2 所示。对于 ScalarNAFiller，利用 fillna()函数。我还创建了一个样本数据帧来测试函数的行为。

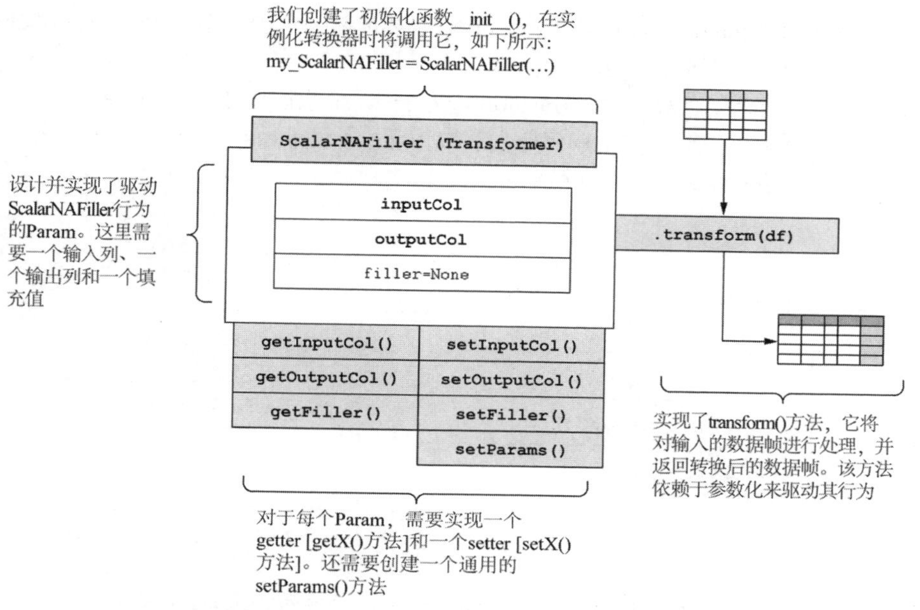

图 14-1　自定义 ScalarNAFiller 蓝图，步骤 1

代码清单 14-2　创建一个函数，重现转换器期望的行为

```
import pyspark.sql.functions as F
from pyspark.sql import Column, DataFrame

test_df = spark.createDataFrame(
    [[1, 2, 4, 1], [3, 6, 5, 4], [9, 4, None, 9], [11, 17, None, 3]],
    ["one", "two", "three", "four"],
)

def scalarNAFillerFunction(
    df: DataFrame, inputCol: Column, outputCol: str, filler: float = 0.0
):
    return df.withColumn(outputCol, inputCol).fillna(
        filler, subset=outputCol
    )

scalarNAFillerFunction(test_df, F.col("three"), "five", -99.0).show()
# +---+---+-----+----+----+
# |one|two|three|four|five|
# +---+---+-----+----+----+
# |  1|  2|    4|   1|   4|
# |  3|  6|    5|   4|   5|
# |  9|  4| null|   9| -99|
# | 11| 17| null|   3| -99|
# +---+---+-----+----+----+
```

第三列中的 null 被填充值-99 取代

通过对转换函数的设计(14.1.5 节会证明它很有用)，会发现在 ScalarNAFiller 函数中需要 3 个参数。

- inputCol 和 outputCol 分别用于设置输入列和输出列，其行为与到目前为止遇到的其他转换器和估计器相同。
- filler 是一个浮点数，表示 transform()方法执行时用于替换 null 的值。

数据帧(代码清单 14-2 中的 df)将作为参数传递给 transform()方法。如果想把它映射到第 13 章介绍的转换器蓝图中，看起来会如图 14-2 所示。

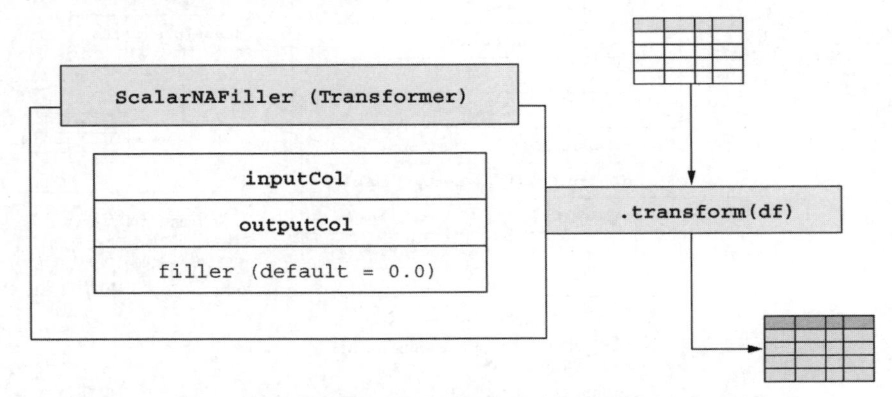

图 14-2　ScalarNAFiller 的蓝图。配置其行为需要 3 个参数(inputCol、outputCol、filler)。与其他转换器一样，transform()方法也可以将数据帧作为参数

我相信我们现在已经准备好开始编写 ScalarNAFiller 类了。本节通过列出 Param 设计转换器并创建一个函数重现 transform()函数的预期行为。14.1.2 节将创建转换器运行所需要的 Param。

14.1.2　创建转换器的 Param

本节将为 ScalarNAFiller 转换器创建 3 个 Param(inputCol、outputCol、filler)。我们将学习如何从头定义一个 Param，它将与其他参数协同工作。我们还利用 PySpark 为常用 Param 提供预定义 Param 类。Param 驱动转换器和估计器的行为，并允许在运行管道时轻松进行自定义(例如，在第 13 章的交叉验证中，提供 Param Map 来测试不同的机器学习超参数)。因此，以一种允许自定义和自文档化的方式创建它们非常重要。

首先，从创建自定义参数开始，使用 filler 填充值。要创建自定义 Param, PySpark 提供了一个 Param 类，它有 4 个属性。

- parent：在转换器实例化后，将携带转换器的值。
- name：这是 Param 的名称。按照惯例，将它设置为与 Param 相同的名称。
- doc：这是 Param 的文档。这允许在使用转换器时为 Param 嵌入文档。
- typeConverter：这是控制 Param 的类型。这提供了一种将输入值转换为正确类型的标准化方法。如果你期望的是浮点数，但转换器的用户提供的是字符串，它也会给出相关的错误消息。

在代码清单 14-3 中，创建了一个完全配置的 filler。我们创建的每个自定义 Param 都需要有 Params._dummy()作为 parent，这确保 PySpark 能够在使用或更改转换器的 Param

时复制和更改它们，例如在交叉验证期间(第 13 章)。name 和 doc 是不言自明的，所以我们多花点时间在 typeConverter 上。

类型转换器是指示 Param 预期值类型的方法。可以把它们想象成 Python 中的值注释，但可以尝试转换值。对于 filler，我们想要一个浮点数，所以使用 TypeConverters.toFloat。还有许多其他可用的选项(查看 API 参考，从而找到适合你的用例的 API: http://mng.bz/M2vn。)

代码清单 14-3　使用 Param 类创建 filter Param

```
from pyspark.ml.param import Param, Params, TypeConverters

filler = Param(
    Params._dummy(),
    "filler",
    "Value we want to replace our null values with.",
    typeConverter=TypeConverters.toFloat,
)

filler
# Param(parent='undefined', name='filler',
#       doc='Value we want to replace our null values with.')
```

parent 被设置为 Params._dummy()，从而与其他 Param 保持一致

将 Param 的名称设置为变量(filler)的字符串值

这是 Param 的文档

我们希望 Param 是一个类似浮点的值

转换器有 3 个参数，我们希望将这个过程再重复两次，这很乏味，但必须要这样做。幸运的是，PySpark 提供了一些加速方法来包含常用的 Param，而不需要编写自定义 Param。因为每个转换器都需要输入列和输出列，即 inputCol 和 outputCol，它们可被简化。

常用的 Param 在 pyspark.ml.param.shared 模块中名为 Mixin 的特殊类中定义。在本书写作时，还没有关于这个模块的公开文档，所以必须阅读源代码来查看可用的 Mixin (http://mng.bz/aDZB)。在 Spark 3.2.0 版本中，这样的定义有 34 个。用于 inputCol 和 outputCol Param 的类分别是 HasInputCol 和 HasOutputCol。这个类本身并没有什么神奇之处：它定义了 Param(HasInputCol 的完整代码见代码清单 14-4)，并提供了一个初始化函数和一个 getter 函数，参见 14.1.3 节。

代码清单 14-4　HasInputCol 类看起来很熟悉

```
class HasInputCols(Params):
    """Mixin for param inputCols: input column names."""

    inputCols = Param(
        Params._dummy(),
        "inputCols", "input column names.",
        typeConverter=TypeConverters.toListString,
    )

    def __init__(self):
        super(HasInputCols, self).__init__()

    def getInputCols(self):
        """Gets the value of inputCols or its default value. """
```

Param 定义遵循与自定义 Param 相同的一组约定

```
        return self.getOrDefault(self.inputCols)
```

要使用这些加速的 Param 定义，只需在转换器类定义中继承它们。更新后的类定义，定义了所有 3 个 Param：两个通过 Mixin (inputCol 和 outputCol)定义，一个通过自定义(filler)定义，见代码清单 14-5。

代码清单 14-5 定义了 3 个 Param 的 ScalarNAFiller 转换器

```
from pyspark.ml.param.shared import HasInputCol, HasOutputCol


class ScalarNAFiller(Transformer, HasInputCol, HasOutputCol):

    filler = Param(
        Params._dummy(),
        "filler",
        "Value we want to replace our null values with.",
        typeConverter=TypeConverters.toFloat,
    )

    pass
```

inputCol 和 outputCol 是通过 Mixin 类定义的(HasInputCol 和 HasOutputCol)

正如定义的那样，filler 有一个自定义 Param

由于参数已经定义，因此 ScalarNAFiller 马上就可以使用了。按照本节开头的计划，下一步(也是 14.1.3 节的主题)是创建不同的获取(getter)方法和设置(setter)方法。

提示

如果需要多个输入列或输出列怎么办？参见 14.3.1 节，我们将扩展 ScalarNAFiller 以处理多个列。

14.1.3 getter 和 setter：成为 PySpark 中优秀的一员

本节介绍如何为自定义转换器创建 getter 和 setter。如第 13 章所述，获取或修改 Param 的值时，可以使用 getter 和 setter。它们提供了一致的接口，从而与转换器或估计器的参数化进行交互。

根据迄今为止使用过的每个 PySpark 转换器的设计，创建 setter 的最简单方法如下：首先创建一个通用方法 setParams()，它允许修改多个以关键字参数形式传递的参数(参见第 13 章中的 continuous_assembler 转换器)；然后，为其他 Param 创建 setter 方法时，只要调用 setParams()方法，并传入相应的关键字参数即可。

setParams()方法一开始很难正确设定；它需要接收转换器的所有 Param，然后只更新作为参数传递的 Param。幸运的是，可以利用 PySpark 开发人员用于其他转换器和估计器的方法。代码清单 14-6 给出了 setParams()的代码，并根据 ScalarNAFiller 函数进行了调整。如果查看 PySpark 提供的转换器或估计器的源代码，会看到相同的代码体，但函数的参数不同。

keyword_only 装饰器提供了_input_kwargs 属性，它是传递给函数的参数字典。例如，如果调用 setParams(inputCol="input",filler=0.0)，_input_kwargs 将等于{"inputCol": "input","filler": 0.0}。这个特性允许只捕获显式传递给 setParams()的参数，即使显式传递 None 也是如此。

Transformer 类[1]有一个_set()方法，当以_input_kwargs 可接受的格式传递字典时，该方法将更新相关的参数，这很方便！

代码清单 14-6　ScalarNAFiller 的 setParams()方法

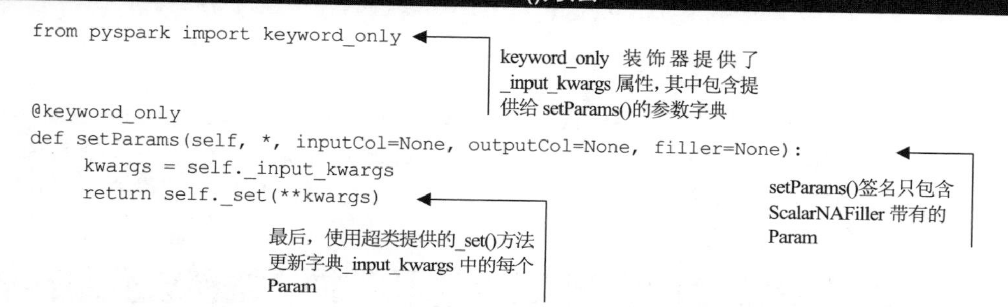

```
from pyspark import keyword_only


@keyword_only
def setParams(self, *, inputCol=None, outputCol=None, filler=None):
    kwargs = self._input_kwargs
    return self._set(**kwargs)
```


第一次见到 setParams()方法时，可能会觉得它很神奇。为什么不直接使用**kwargs 和_set()呢？我认为当 setParams()只包含转换器带有的 Param 时，它的签名会更清晰。而且，如果输入错误(我经常错误地输入 inputcol，而不是 inputCol)，它将在函数调用时被捕获，而不是在之后调用_set()时被捕获。我认为这种取舍是值得的。

提示

如果创建了一个自定义转换器，却忘了如何创建 setParams()，查看 PySpark 源代码中的任何转换器：它们都以相同的方式实现了这个方法！

setParams()被解决后，就可以创建单独的 setter 方法了。这再简单不过：只需要使用适当的参数调用 setParams()即可！在代码清单 14-4 中，虽然为 inputCol 提供了 getter 方法，但没有提供 setter 方法，因为它意味着创建一个无论如何都会覆盖的通用 setParams()方法。别担心，这只是几行样板代码。setter 方法见代码清单 14-7。

代码清单 14-7　ScalarNAFiller 的单个 setter 方法

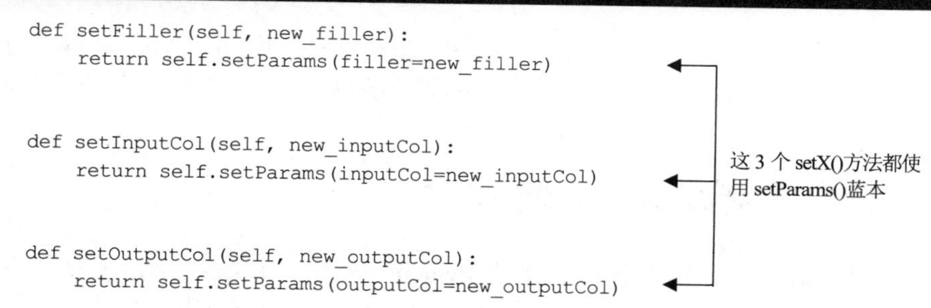

```
def setFiller(self, new_filler):
    return self.setParams(filler=new_filler)


def setInputCol(self, new_inputCol):
    return self.setParams(inputCol=new_inputCol)


def setOutputCol(self, new_outputCol):
    return self.setParams(outputCol=new_outputCol)
```


1　理论上，它由 Params 类提供，Transformer 类和 Estimator 类都继承自 Params 类。

setter 也成功实现了！现在轮到 getter 了。与 setter 不同，Mixin 已经提供了 getter，所以只需要创建 getFiller()即可。我们也不需要创建泛型 getParams()方法，因为 Transformer 类提供了 explainParam 和 explainParams。

代码清单 14-4 中的 Mixin 定义提供了 getter 语法的蓝图。我们利用超类提供的 getOrDefault()方法将相关的值返回给代码清单 14-8 中的调用者。

代码清单 14-8 ScalarNAFiller 的 getFiller() 方法

```
def getFiller(self):
    return self.getOrDefault(self.filler)
```

如果把代码放在一起，转换器的代码如代码清单 14-9 所示。我们有 Param 定义(为了避免代码清单混乱，这里省略了)，一个通用的 setter (setParam())，3 个单独的 setter (setInputCol()、setOutputCol()、setFiller())，以及显式的 getter (由 Mixin 类提供的 getFiller()、getInputCol()和 getOutputCol())。

代码清单 14-9 ScalarNAFiller 及其定义的 getter 和 setter 方法

```
class ScalarNAFiller(Transformer, HasInputCol, HasOutputCol):

    filler = [...] # elided for terseness

    @keyword_only
    def setParams(self, inputCol=None, outputCol=None, filler=None):
        kwargs = self._input_kwargs
        return self._set(**kwargs)

    def setFiller(self, new_filler):
        return self.setParams(filler=new_filler)

    def getFiller(self):
        return self.getOrDefault(self.filler)

    def setInputCol(self, new_inputCol):
        return self.setParams(inputCol=new_inputCol)

    def setOutputCol(self, new_outputCol):
        return self.setParams(outputCol=new_outputCol)
```

本节介绍了如何为自定义转换器创建 getter 和 setter 方法，并利用 PySpark 提供的一些模板和 Mixin 类来约减代码。14.1.4 节将介绍初始化函数，它将使我们能够实例化并使用转换器。

14.1.4 创建自定义转换器的初始化函数

本节介绍转换器的初始化代码。如果想在 Python 中创建一个类的实例，初始化方法是最简单也是最常用的方法。我们会介绍如何与 Param 映射进行交互，以及如何使用 PySpark 辅助函数创建与其他 PySpark 转换器一致的 API。

从本质上讲，初始化转换器无非是初始化转换器的超类，并相应地设置 Param 映射。与 setParams()一样，每个转换器和估计器都定义了__init__()，因此可以从 PySpark 提供的转换器和估计器中获得灵感。

在代码清单 14-10 中，SparkNAFiller 的__init__()方法的作用如下：

(1) 实例化 ScalarNAFiller 通过 super()函数继承的每个超类。

(2) 在创建的自定义 Param 上调用 setDefault()。因为有 keyword_only 装饰器，所以需要 setDefault()设置 filler Param 的默认值。inputCol 和 outputCol 分别由 HasInputCol 和 HasOutputCol 中的__init__()方法定义(见代码清单 14-4)。

(3) 提取_input_kwargs 并调用 setParams()，以设置传递给__init__()方法的 Param，从而将 Param 设置为传递给类构造函数的值。

代码清单 14-10　ScalarNAFiller 初始化方法

这将调用 Transformer 的__init__()方法，然后调用 HasInputCol，再调用 HasOutputCol

```
class ScalarNAFiller(Transformer, HasInputCol, HasOutputCol):
    @keyword_only
    def __init__(self, inputCol=None, outputCol=None, filler=None):
        super().__init__()
        self._setDefault(filler=None)
        kwargs = self._input_kwargs
        self.setParams(**kwargs)

    @keyword_only
    def setParams(self, *, inputCol=None, outputCol=None, filler=None):
        kwargs = self._input_kwargs
        return self._set(**kwargs)

    # 其他方法
```

为 Param filler 设置了默认值，因为 keyword_only 覆盖了常规的默认参数捕获

这里，可以调用_set()，但其他 PySpark 转换器使用 setParams()。两者都可以

所有自定义转换器的模板代码都完成了！就像 getter 方法和 setter 方法一样，从现有的 PySpark 转换器中获得灵感可以确保代码一致，且易于理解。14.1.5 节将介绍转换函数。这样转换器就可以开始运行！

14.1.5　创建转换函数

本节将介绍如何创建转换函数。这个函数当然是转换器中最重要的部分，因为它执行转换数据帧的实际工作。我将解释如何使用 Param 值创建一个健壮的转换函数，以及如何处理不适当的输入。

在第 12 章和第 13 章中，解释了转换器如何通过 transform()方法修改数据。另一方面，Transformer 类希望程序员提供一个_transform()方法(注意下画线)。两者的区别很微妙：PySpark 为 transform()提供了一个默认实现，允许在转换时传入一个可选参数 params，以供传递 Param 映射(类似于第 13 章中 ParamGridBuilder 和 CrossValidator 中遇到的 Param 映射)。Transform()最终调用_transform()，它接收一个参数 dataset，并执行实际的数据转

换工作。

因为已经有了一个可以运行的函数(代码清单 14-2 中创建的 scalarNAFillerFunction)，所以实现_transform()方法非常简单！这个方法如代码清单 14-11 所示，其中有些细节值得一看。

代码清单 14-11　ScalarNAFiller 转换器的_transform()方法

```
def _transform(self, dataset):

    if not self.isSet("inputCol"):
        raise ValueError(
            "No input column set for the ScalarNAFiller transformer."
        )
    input_column = dataset[self.getInputCol()]
    output_column = self.getOutputCol()
    na_filler = self.getFiller()
    return dataset.withColumn(
        output_column, input_column.cast("double")
    ).fillna(na_filler, output_column)
```

如果用户没有设置 inputCol，会抛出 ValueError 异常

首先，如果想要验证任何 Param(例如，确保 inputCol 被设置了)，我们会在处理_transform()时，使用 isSet()方法(超类提供的方法)进行验证，如果没有显式设置，则会抛出异常。如果早点这样做，就有可能在编写/加载自定义转换器时遇到这些问题，就像在 14.3.2 节中所做的那样。

然后，使用单个 getter 为转换器的 3 个 Param 显式设置了一些变量。output_column 和 na_filler 分别代表 outputCol 和 filler 的 Param。对于表示 inputCol Param 值(一个字符串)的 input_column，使用方括号表示法将其提升为数据集上的一个列对象；这使它与我们的原型函数保持一致，并简化了方法的 return 子句。由于 filler Param 是 double 类型，因此显式将 input_column 转换为 double，以确保 fillna()方法可以正常运行。由于 outputCol 和 filler 都有默认值，因此只需要测试 inputCol 是否被用户设置即可，如果没有，则抛出异常。

完成_transform()方法后，就有了一个功能齐全的转换器！完整代码见代码清单 14-12。14.1.6 节将演示我们的转换器如何工作。

代码清单 14-12　ScalarNAFiller 的源代码

```
class ScalarNAFiller(Transformer, HasInputCol, HasOutputCol):

    filler = Param(
        Params._dummy(),
        "filler",
        "Value we want to replace our null values with.",
        typeConverter=TypeConverters.toFloat,
    )

    @keyword_only
    def __init__(self, inputCol=None, outputCol=None, filler=None):
        super().__init__()
```

自定义 Param(14.1.2 节)

初始化方法(14.1.4 节)

```
        self._setDefault(filler=None)
        kwargs = self._input_kwargs
        self.setParams(**kwargs)

    @keyword_only
    def setParams(self, inputCol=None, outputCol=None, filler=None):
        kwargs = self._input_kwargs
        return self._set(**kwargs)

    def setFiller(self, new_filler):
        return self.setParams(filler=new_filler)

    def setInputCol(self, new_inputCol):
        return self.setParams(inputCol=new_inputCol)

    def setOutputCol(self, new_outputCol):
        return self.setParams(outputCol=new_outputCol)

    def getFiller(self):
        return self.getOrDefault(self.filler)

    def _transform(self, dataset):
        if not self.isSet("inputCol"):
            raise ValueError(
                "No input column set for the "
                "ScalarNAFiller transformer."
            )
        input_column = dataset[self.getInputCol()]
        output_column = self.getOutputCol()
        na_filler = self.getFiller()
        return dataset.withColumn(
            output_column, input_column.cast("double")
        ).fillna(na_filler, output_column)
```

通用 setParams()方法(14.1.3 节)

独立 setter (14.1.3)

独立 getter(仅针对自定义 Param，见 14.1.3 节)

转换方法(14.1.5 节)

14.1.6　使用转换器

现在我们已经有了一个自定义的转换器，是时候使用它了！本节将确保 ScalarNAFiller 转换器按预期工作。为此，我们将实例化它，设置它的 Param，并使用转换方法。建议你尝试编写自己的代码。

在第 12 章和第 13 章已经看到了如何实例化和使用转换器，下面看看它的具体实现，见代码清单 14-13。

代码清单 14-13　实例化和测试 ScalarNAFiller 转换器

```
test_ScalarNAFiller = ScalarNAFiller(
    inputCol="three", outputCol="five", filler=-99
)

test_ScalarNAFiller.transform(test_df).show()
# +---+---+-----+----+-----+
# |one|two|three|four| five|
# +---+---+-----+----+-----+
```

```
# |  1|  2|    4|   1|  4.0|
# |  3|  6|    5|   4|  5.0|
# |  9|  4| null|   9|-99.0|
# | 11| 17| null|   3|-99.0|
# +---+---+-----+----+-----+
```

因为继承了 HasInputCol 和 HasOutputCol，为简洁起见，跳过了更改 inputCol 或 outputCol 的测试，而是专注于 filler。在代码清单 14-14 和图 14-3 中，展示了两种改变 Param 的方法，它们应该会产生相同的行为：

- 使用显式的 setFiller()，它在后台调用 setParams()。
- 向 transform()方法传递一个 Param 映射，覆盖默认的 Param 映射。

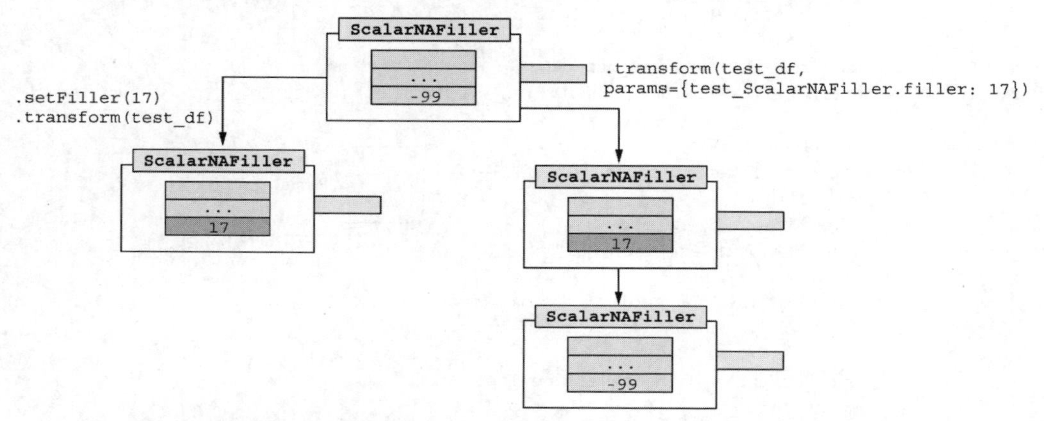

图 14-3　通过显式设置 filler Param，永久修改了转换器。还可以在 transform()方法中临时设置新的 Param，以测试不同的场景，而不需要修改原来的转换器

在实践中，两种情况产生的结果相同。不同之处在于转换器在操作之后的外观。显式使用 setFiller()时，就地修改 test_ScalarNAFiller，在执行转换之前将 filler 设置为 17。在 transform()方法中，使用 Param 映射，覆盖 filler Param 而不更改 test_ScalarNAFiller。

代码清单 14-14　测试对 filler Param 的修改

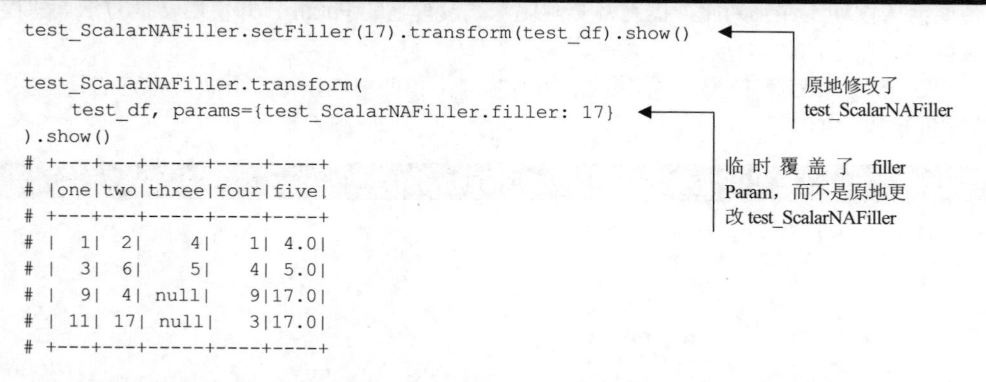

```
test_ScalarNAFiller.setFiller(17).transform(test_df).show()

test_ScalarNAFiller.transform(
    test_df, params={test_ScalarNAFiller.filler: 17}
).show()
# +---+---+-----+----+-----+
# |one|two|three|four|five|
# +---+---+-----+----+-----+
# |  1|  2|    4|   1| 4.0|
# |  3|  6|    5|   4| 5.0|
# |  9|  4| null|   9|17.0|
# | 11| 17| null|   3|17.0|
# +---+---+-----+----+-----+
```


转换器的内容到此就完成了！我们学习了如何从头开始创建自定义转换器。在 14.2 节，

将介绍如何创建自定义估计器，我们已经有了一个良好的开端。

14.2 创建自己的估计器

转换器和估计器在机器学习管道中密切相关。在本节中，将基于创建自定义转换器(Param、getter /setter、初始化方法和转换函数)的知识构建自定义估计器。当 PySpark 提供的估计器集已经不能满足需求，但仍然希望将所有步骤保持在机器学习管道内时，自定义估计器就可以发挥作用了。和第 13 章一样，我们会关注自定义估计器与自定义转换器的不同之处。

本节将创建一个 ExtremeValueCapper 估计器。该估计器类似于为甜点分类模型准备数据时对卡路里、蛋白质和脂肪进行的“封顶”操作(第 12 章)，但与第 99 个百分位数不同的是，ExtremeValueCapper 对超出列平均值的值“封顶”，再加上或减去标准偏差的倍数。例如，如果列中值的平均值为 10，标准差为 2，倍数为 3，则将小于 4 的值取底(或 10 － 2 × 3)，并限制大于 16 的值(或 10＋2 × 3)。由于平均值和标准差的计算依赖于输入列，因此需要的是估计器而不是转换器。

本节的行动计划与转换器非常相似。

(1) 对估计器进行概要设计，讨论结果模型：输入、输出、fit()和 transform()。

(2) 创建对应的 model 类作为 Model 的子类(它是一个专用的 Transformer)。

(3) 创建作为 Estimator 子类的估计器。

开始设计吧。

14.2.1 设计估计器：从模型到 Param

在开始编码之前，本节将介绍估计器的设计。就像自定义转换器的设计(14.1.1 节)，将介绍如何从期望的输出到输入来设计估计器，确保设计合乎逻辑且可靠。

要使估计器成为创建转换器的机器，需要 fit()方法返回一个完全参数化的转换器。因此，在设计估计器时，通过构建返回的模型(我称之为“伴生模型”)开始设计估计器是有意义的，它规定了估计器需要如何配置。

在 ExtremeValueCapper 中，得到的转换器类似于“边界守卫”：给定下限和上限。

- 列中任何低于下限的值都会随着下限值的变化而变化。
- 列中任何高于上限的值都会随着上限值的变化而变化。

图 14-4 给出了转换器的流程 ExtremeValueCapperModel，并给出了相关的 Param:inputCol、outputCol、cap 和 floor。还强调了以下两类 Param。

- 隐式(implicit)Param，从数据本身推断出来。
- 显式(explicit)Param，不依赖于数据，需要通过估算器的构造函数显式提供。

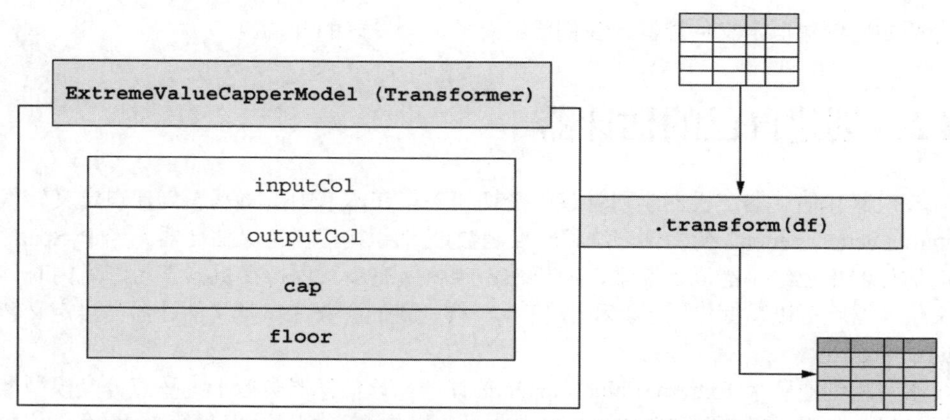

图 14-4 ExtremeValueCapperModel 的概要设计，显示显式 Param 和隐式 Param

对于 ExtremeValueCapperModel 来说，cap 和 floor 是隐式 Param，因为它们是使用输入列的平均值和标准差计算的。inputCol 和 outputCol 是显式 Param。

有了模型设计，可以回溯到估计器设计本身。估计器需要伴生模型所需要的所有显式 Param，以便对它进行传递。对于模型隐式 Param 而言，它们需要从输入列和估计器的 Param 中计算。在我们的示例中，只需要一个额外的 Param，我将其命名为 boundary，用于计算 ExtremeValueCapperModel 的 cap 和 floor。设计如图 14-5 所示，测试函数如代码清单 14-15 所示(就像在 14.1.1 节中对转换器所做的那样)。这次，创建了两个函数：一个用于实现估计器的 fit()方法，另一个用于实现伴生模型的 transform()方法。

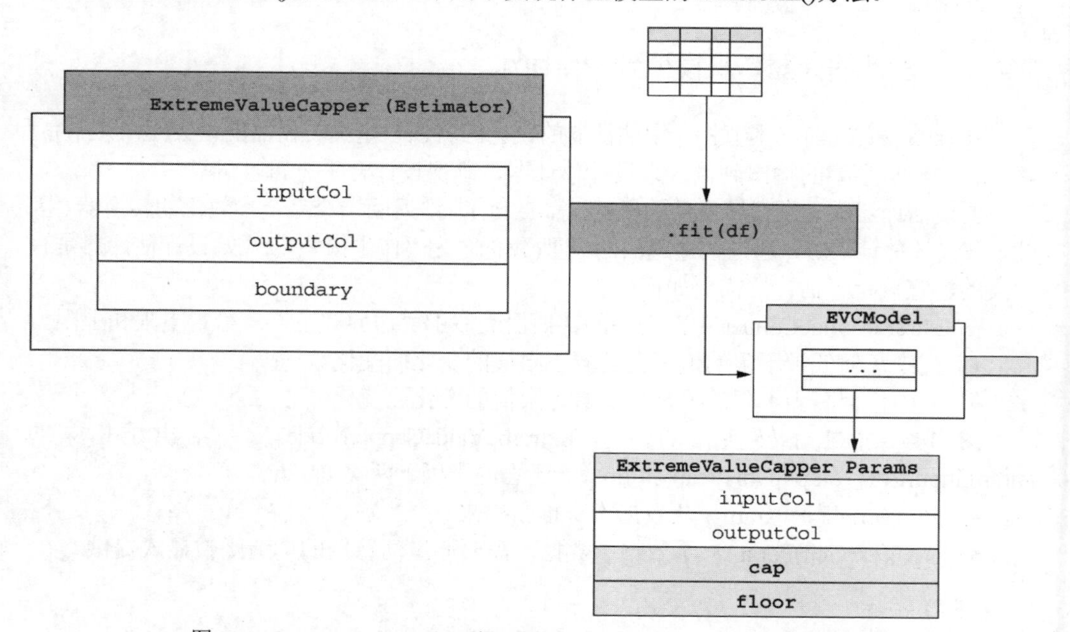

图 14-5 ExtremeValueCapper 估计器的设计及其 Param 和得到的伴生模型

test_ExtremeValueCapper_transform()函数接收 4 个 Param(以及数据帧 df)作为参数，这 4 个 Param 是 inputCol、outputCol、cap 和 floor，并返回一个带有经过修正和截断的额外列的数据帧。test_ExtremeValueCapper_fit()函数接收 inputCol、outputCol 和 boundary(以及数据帧 df)作为参数，并使用输入列的平均值(avg)和标准差(stddev)计算 cap 和 floor。这个函数对同一个数据帧应用 test_ExtremeValueCapper_transform()的结果，其中包含了所有的 Param，包括显式 Param 和隐式 Param 的计算结果。

提示

如果想让 fit()返回预先参数化的 test_ExtremeValueCapper_transform()函数，并准备将其应用于新的数据帧，可以使用与启用了转换功能的函数相同的机制。这个非常有用的功能需要更多的练习，具体参见附录 C。

代码清单 14-15　ExtremeValueCapper 伴生模型的蓝图函数

```
def test_ExtremeValueCapperModel_transform(
    df: DataFrame,
    inputCol: Column,
    outputCol: str,
    cap: float,
    floor: float,
):

    return df.withColumn(
        outputCol,
        F.when(inputCol > cap, cap)
        .when(inputCol < floor, floor)
        .otherwise(inputCol),
    )


def test_ExtremeValueCapper_fit(
    df: DataFrame, inputCol: Column, outputCol: str, boundary: float
):
    avg, stddev = df.agg(
        F.mean(inputCol), F.stddev(inputCol)
    ).head()
    cap = avg + boundary * stddev
    floor = avg - boundary * stddev
    return test_ExtremeValueCapperModel_transform(
        df, inputCol, outputCol, cap, floor
    )
```

使用 when()会使代码更冗长，但比使用 F.min(F.max(inputCol, floor), cap)更明确

head()将聚合后的数据帧的第一条(也是唯一一条)记录作为 Row 对象返回，可以使用解构的方法将其绑定到每个字段

返回伴生模型

使用 avg 和 stddev 计算 cap 和 floor，它们依赖于数据和边界，边界是估计器的 Param 之一

估计器和伴生模型都已经设计好了，现在可以开始编码了。14.2.2 节将使用一个将 Param 与实现代码分离的技巧实现伴生模型类。

14.2.2　实现伴生模型：创建自己的 Mixin

本节将实现伴生模型 ExtremeValueCapperModel，它类似于转换器。因为这与 14.1.1 节中 ScalarNAFiller 的实现过程相同，所以引入了一个额外的技巧，通过将 Param 从实现中分离并创建自己的 Param Mixin，让代码更加模块化。创建一个估计器及其伴生模型时，通常会将估计器的 Param 传播到伴生模型，即使它们没有被使用。在我们的示例中，这意味着 boundary 会被添加到 ExtremeValueCapperModel 的 Param 中。为了让代码更清晰、更简洁，可以实现一个 Mixin(在 Python 中是一个常规类)，让 ExtremeValueCapper 和 ExtremeValueCapperModel 都可以继承，如图 14-6 所示。

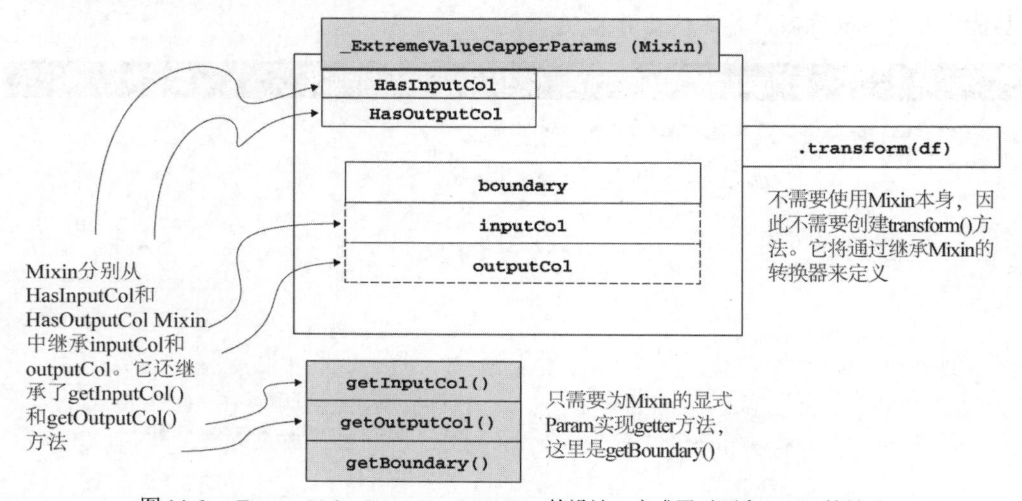

图 14-6　_ExtremeValueCapperParams Mixin 的设计，完成了对两个 Mixin 的继承

注意

我们不会在伴生模型上实现 setBoundary()方法，因为我们不想在计算出 cap 和 floor 值后修改 Param。

创建一个 Mixin 和创建“半个”转换器非常相似：

(1) 从希望添加 Param 的任何 Mixin 继承(如 HasInputCol、HasOutputCol)。

(2) 创建自定义 Param 及其 getter。

(3) 创建__init__()函数。

这里唯一的细微差别是__init__()方法的签名。因为这个 Mixin 不会被直接调用，而是在继承了 Mixin 的类中调用 super()时调用，所以需要接收任何下游转换器、模型或估计器的参数。在 Python 中，只需要将*args 传递给初始化方法即可。因为每个作为超类调用该 Mixin 的转换器可能有不同的参数(我们不使用它们)，所以将它们捕获到*args 中，并用这些相同的参数调用 super()。最后，使用_setDefault()设置自定义 Param boundary(边界)，如代码清单 14-16 所示。

代码清单 14-16　_ExtremeValueCapperParams Mixin 的实现

```
class _ExtremeValueCapperParams(HasInputCol, HasOutputCol):

    boundary = Param(
        Params._dummy(),
        "boundary",
        "Multiple of standard deviation for the cap and floor. Default = 0.0.",
        TypeConverters.toFloat,
    )

    def __init__(self, *args):
        super().__init__(*args)
        self._setDefault(boundary=0.0)

    def getBoundary(self):
            return self.getOrDefault(self.boundary)
```

通过将它们捕获到*args 下，确保正确的超类调用层次结构

就像初始化转换器一样，使用_setDefault()设置 boundary Param 的默认值

Mixin 习惯上提供 getter 作为类定义的一部分。这里重用了与 getter 相同的管道

提示

用于 Mixin 的__init()__方法的语法是相同的(除了_setDefault()，它会接收每个 Mixin 的 Param，包括 PySpark 提供的那些 Param)。你可以查看现有 Mixin 的源代码作为参考。

现在可以实现完整的模型，继承自 Model(而不是转换器，因为我们想要知道这是一个模型)和_ExtremeValueCapperParams。为了让代码更简洁，我省略了 getter 和 setter，如代码清单 14-17 所示。本章中每个转换器和估计器的完整代码都可以在本书的配套代码库中找到。

代码清单 14-17　ExtremeValueCapperModel 的源代码

```
from pyspark.ml import Model


class ExtremeValueCapperModel(Model, _ExtremeValueCapperParams):

    cap = Param(
        Params._dummy(),
        "cap",
        "Upper bound of the values `inputCol` can take."
        "Values will be capped to this value.",
        TypeConverters.toFloat,
    )
    floor = Param(
        Params._dummy(),
        "floor",
        "Lower bound of the values `inputCol` can take."
        "Values will be floored to this value.",
        TypeConverters.toFloat,
    )
    @keyword_only
```

继承了超类 Model，也继承了 Mixin 类(其中包含 HasInputCol 和 HasOutputCol)，所以这里不再赘述

```
    def __init__(
        self, inputCol=None, outputCol=None, cap=None, floor=None
    ):
        super().__init__()
        kwargs = self._input_kwargs
        self.setParams(**kwargs)

    def _transform(self, dataset):
        if not self.isSet("inputCol"):
            raise ValueError(
                "No input column set for the "
                "ExtremeValueCapperModel transformer."
            )
        input_column = dataset[self.getInputCol()]
        output_column = self.getOutputCol()
        cap_value = self.getOrDefault("cap")
        floor_value = self.getOrDefault("floor")

        return dataset.withColumn(
            output_column,
            F.when(input_column > cap_value, cap_value).when(input_column <
    floor_value, floor_value).otherwise(input_column),
        )
```

虽然我们的模型并不是有意这样使用的——它应该只是 fit()方法的输出——但没有什么能阻止我们和用户导入 ExtremeValueCapperModel 并直接使用它，将值直接传递给 cap 和 floor，而不是计算它们。因此，我像编写独立的转换器一样编写其他模型，在 transform()方法中检查相关的 Param。

本节创建了伴生模型 ExtremeValueCapperModel，以及_ExtremeValueCapperParams Mixin。现在可以开始创建 ExtremeValueCapper 估计器了。

14.2.3 创建 ExtremeValueCapper 估计器

本节介绍如何创建 ExtremeValueCapper。就像创建转换器/伴生模型类一样，估计器大量借鉴了我们目前为止遇到的约定集。唯一的区别在于 fit()方法的返回值：返回的不是转换后的数据帧，而是一个完全参数化的模型。而且，就像转换器一样，自定义估计器允许实现 PySpark 没有完全提供的功能。这使得机器学习管道更加干净和健壮。

我们已经处理了大量的原材料。我们在 Mixin 中定义了 Param，并有了一个伴生模型(14.2.2 节)。只需要提供__init__()方法、setter 方法和 fit()方法。因为前两个的完成方式与转换器相同，所以将重点放在 fit()方法。

对于图 14-7 中的 fit()方法，已经有了一个可以在代码清单 14-15 中大量借用的样本函数。在代码清单 14-18 中，fit()方法根据需要使用估计器的 Param，重现了样本函数的功能。返回值是一个完全参数化的 ExtremeValueCapperModel。注意，就像_transform()一样，PySpark 要求创建_fit()方法，并提供了一个 fit()包装，它允许在调用时覆盖 Param。

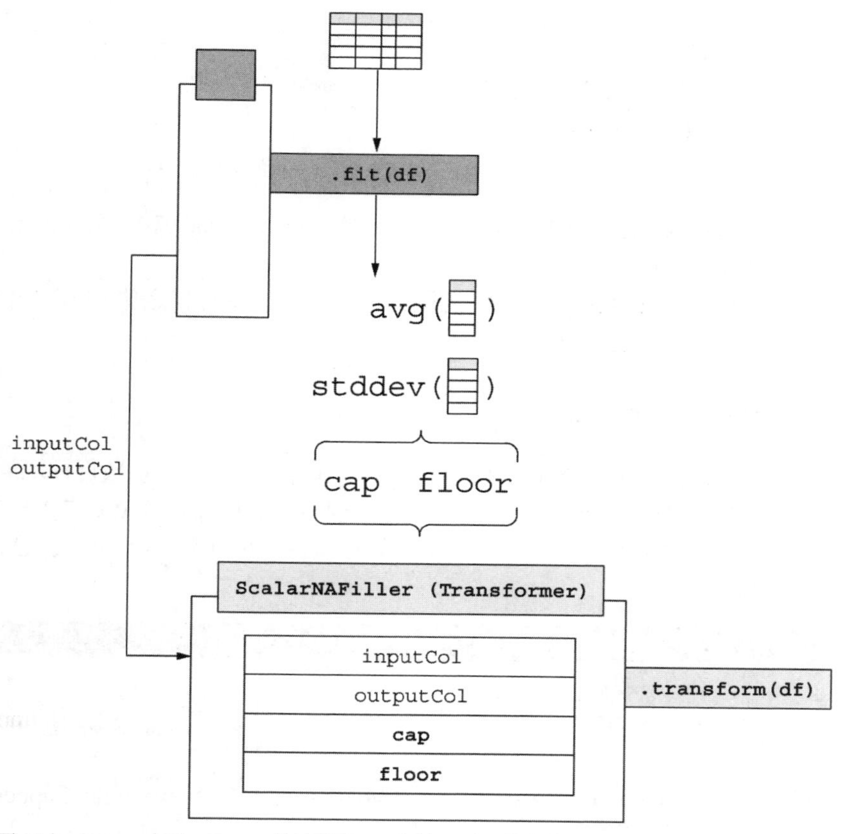

图 14-7　ExtremeValueCapper 估计器的 fit()方法。对于伴生模型，根据作为输入传递的数据生成 cap 和 floor Param，其中 inputCol 和 outputCol 由估计器实例化逐字传递

代码清单 14-18　ExtremeValueCapper 的_fit()方法

```
from pyspark.ml import Estimator

class ExtremeValueCapper(Estimator, _ExtremeValueCapperParams):

    # [... __init__(), setters definition]

    def _fit(self, dataset):
        input_column = self.getInputCol()
        output_column = self.getOutputCol()
        boundary = self.getBoundary()

        avg, stddev = dataset.agg(
            F.mean(input_column), F.stddev(input_column)
        ).head()

        cap_value = avg + boundary * stddev
        floor_value = avg - boundary * stddev
```

继承了 Estimator 类和_ExtremeValueCapperParams Mixin，以减少代码量

根据 Param 设置相关变量

从作为参数传递的数据帧中计算平均值 (avg) 和标准差 (stddev)

```
    return ExtremeValueCapperModel(
        inputCol=input_column,
        outputCol=output_column,
        cap=cap_value,
        floor=floor_value,
    )
```

返回一个完全参数化的 ExtremeValueCapperModel 作为方法的输出

与 ExtremeValueCapperModel 一样，本书配套代码库中的 code/Ch14/custom_feature.py 中也有 ExtremeValueCapper 的完整源代码。

本节实现了 ExtremeValueCapper 估计器，结束了自定义估计器之旅。14.2.4 节将在一个样本数据集上测试估计器，以检查其有效性。

14.2.4 使用自定义估计器

本节将使用 ExtremeValueCapper 估计器，并将其应用于一个示例数据帧。就像自定义转换器一样，在机器学习管道中使用它之前，确保自定义估计器按预期工作至关重要。

在代码清单 14-19 中，使用 test_df 数据帧(在本章开始时定义)尝试使用 ExtremeValueCapper。

代码清单 14-19 在一个数据帧上测试 ExtremeValueCapper

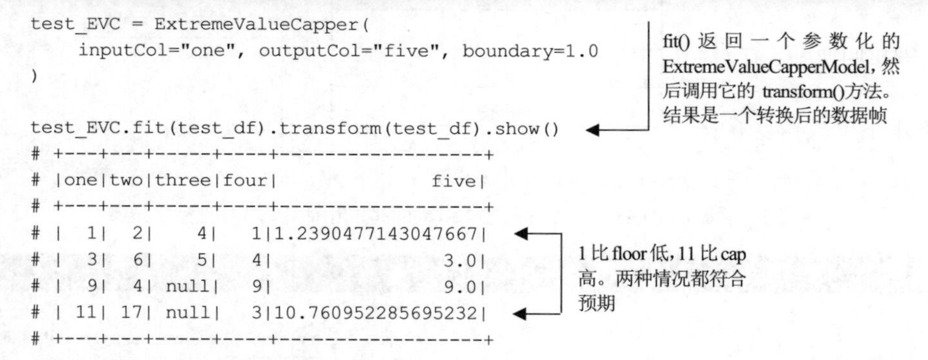

```
test_EVC = ExtremeValueCapper(
    inputCol="one", outputCol="five", boundary=1.0
)

test_EVC.fit(test_df).transform(test_df).show()
# +---+---+-----+----+------------------+
# |one|two|three|four|              five|
# +---+---+-----+----+------------------+
# |  1|  2|    4|   1|1.2390477143047667|
# |  3|  6|    5|   4|               3.0|
# |  9|  4| null|   9|               9.0|
# | 11| 17| null|   3|10.760952285695232|
# +---+---+-----+----+------------------+
```


在这短短的一节中，确保了 ExtremeValueCapper 的功能符合预期。随着两个新的候选管道(pipeline)成员的开发，14.3 节将介绍它们是否包含在原始的甜点预测模型中。

14.3 在机器学习管道中使用转换器和估计器

如果不打算使用自定义转换器和估计器，那么创建它们有什么意义？在本节中，将 ScalarNAFiller 和 ExtremeValueCapper 应用于甜点分类建模管道。这个自定义转换器和估计器将有助于使机器学习管道更具可移植性，并在运行管道之前去除需要执行的一些预处理工作(填充空值和“封顶”数值)。

在编写机器学习程序时，可以选择是将操作集成到管道中(通过自定义转换器/估计器)

还是将其作为数据进行转换。我喜欢管道的可测试性和可移植性，并倾向于“尽可能使用管道”。在构建机器学习模型时，经常想获得 cap/floor 值，或为 null 值估算标量值。有了自定义转换器/估计器，就不需要重写转换代码。

如果按原样使用 ScalarNAFiller，则必须为想要填充的每个二分类列应用一个转换器。目前还不能实现，本节首先扩展 ScalarNAFiller，以接收多列。

14.3.1　处理多个输入

注意

从本节开始，为了简洁，我使用转换器(transformer)这个词。这些概念同样适用于转换器、估计器和伴生模型。

本节将解决构建自定义转换器时处理多个输入和输出列的常见问题。介绍 HasInputCols 和 HasInputCols Mixin，以及如何处理可以接收一列或多列作为输入或输出的转换器。接收多列作为输入或输出的转换器比为每列使用一个转换器产生的重复更少。此外，第一次在第 12 章遇到的 VectorAssembler，根据定义，需要多个输入列(inputCols)和一个单独的向量输出列(outputCol)。在本节的最后，将能够创建健壮的转换器，可以同时处理单列和多列。

与 HasInputCol 和 HasOutputCol 一样，PySpark 也提供了 HasInputCols 和 HasOutputCols Mixin 供我们使用。在代码清单 14-20 中，得到了 ScalarNAFiller 的新类定义，其中包含了额外的 Mixin 继承。由于希望 ScalarNAFiller 可以使用单列或多列作为输入/输出，因此同时继承了单数和复数的 Mixin。

代码清单 14-20　将 HasInputCols 和 HasOutputCols 添加到 ScalarNAFiller

```
from pyspark.ml.param.shared import HasInputCols, HasOutputCols


class ScalarNAFiller(
    Transformer,
    HasInputCol,
    HasOutputCol,
    HasInputCols,
    HasOutputCols,
):
    pass
```

就像它们的单数形式一样，接收多列只是从相应的 Mixin 中继承

注意

我们需要创建适当的 setter，并将参数更新为 setParams()和__init__。完整的 ScalarNAFiller 代码可以在本书配套的代码库 code/Ch14/custom_feature.py 中找到。

处理 inputCol/inputCols/outputCol/outputCols 意味着必须确保在正确的时间使用了正确的 Param。这也意味着我们必须验证以下内容。

- 定义了正确的 Param。

- 可以明确地知道应该使用哪个 Param。

在 ScalarNAFiller 的示例中，要么想对一列(inputCol/outputCol)应用转换器，要么想对多列(inputCols/outputCols)应用转换器。由此可以推导出 3 个想要保护程序的用例。

- 如果 inputCol 和 inputCols 都被设置了，应该抛出一个异常，因为不知道应该将转换器应用于单列还是多列。
- 相反，如果两者都没有被设置，也应该抛出异常。
- 最后，如果设置了 inputCols，则应该将 outputCols 设置为一个长度相同的列表(输入 *N* 列，输出 *N* 列)。

注意

outputCol 被设置为默认值，因此不需要测试 isSet()。

将这 3 个测试用例包装在转换器定义中的 checkParams()方法中，如代码清单 14-21 所示。

代码清单 14-21 检查 Param 的有效性

```
def checkParams(self):

    if self.isSet("inputCol") and (self.isSet("inputCols")):
        raise ValueError(
            "Only one of `inputCol` or `inputCols`" "must be set."
        )

    if not (self.isSet("inputCol") or self.isSet("inputCols")):
        raise ValueError("One of `inputCol` or `inputCols` must be set.")

    if self.isSet("inputCols"):
        if len(self.getInputCols()) != len(self.getOutputCols()):
            raise ValueError(
                "The length of `inputCols` does not match"
                " the length of `outputCols`"
            )
```

测试 1：inputCol 和 inputCols 都可以设置，但不能同时设置

测试 2：至少要设置一个(inputCol 或 inputCols)

测试 3：如果设置了 inputCols，那么 outputCols 的列表长度应该相同

更新后的 ScalarNAFiller 的第三个内容是_transform()方法本身。在代码清单 14-22 中，这个新方法有一些新的活动部分。

首先，使用代码清单 14-21 中定义的方法 checkParams()。我喜欢将所有检查放在一个方法中，这样_transform()方法可以更专注于实际的转换工作。

其次，由于 inputCols/outputCols 是字符串的列表，而 inputCol/outputCol 是字符串，转换例程需要适应这两者，因此将奇异 Param(在使用时)包装在一个单元素列表中，以便稍后迭代。这样，我们可以使用 for 循环遍历 input_columns/output_columns，而不用担心是单数情况还是复数情况。

最后，在转换例程本身中，首先测试 input_columns 是否与 output_columns 相同：如果相同，则不需要用 withColumn()创建新列，因为它们已经在数据帧中了。我们将使用 na_filler 处理 output_columns 列表中的所有列。

代码清单 14-22　修改后的_transform()方法

```
def _transform(self, dataset):
    self.checkParams()

    input_columns = (
        [self.getInputCol()]
        if self.isSet("inputCol")
        else self.getInputCols()
    )
    output_columns = (
        [self.getOutputCol()]
        if self.isSet("outputCol")
        else self.getOutputCols()
    )

    answer = dataset

    if input_columns != output_columns:
        for in_col, out_col in zip(input_columns, output_columns):
            answer = answer.withColumn(out_col, F.col(in_col))

    na_filler = self.getFiller()
    return dataset.fillna(na_filler, output_columns)
```

在执行任何工作之前，首先检查 Param 的有效性

因为复数 Param 在列表中，所以将单数 Param 包装在一个(单元素)列表中，从而保持相同的行为，以便对它进行迭代

为了节省一些操作，当 input_columns 等于 output_columns 时，覆盖现有的列；没有必要创建新列

将单列转换器转换为多列转换器非常简单。我们仍然需要确保正确地设计 Param 的使用，使它们能够正常工作，或者失败时显示一条有意义的错误消息。14.3.2 节将把自定义转换器应用到甜点预测管道中。

14.3.2　将自定义组件应用于机器学习管道

在本章的最后一节，将研究如何将自定义转换器/估计器应用于第 13 章介绍的甜点机器学习管道。此外，还研究了序列化和反序列化包含自定义转换器和估计器的机器学习管道，确保机器学习管道具有较高的可移植性。本节的节奏更快，因为重用了第 13 章介绍过的方法。事实上，这显示了自定义转换器和估计器与 PySpark 机器学习 API 的一致性。

要实例化自定义转换器和估计器，只需使用相关参数调用类的构造函数。与 PySpark 常用组件一样，自定义组件也使用完全关键字的属性，如代码清单 14-23 所示。

代码清单 14-23　为管道实例化自定义转换器和估计器

```
scalar_na_filler = ScalarNAFiller(
    inputCols=BINARY_COLUMNS, outputCols=BINARY_COLUMNS, filler=0.0
)
extreme_value_capper_cal = ExtremeValueCapper(
    inputCol="calories", outputCol="calories", boundary=2.0
)
extreme_value_capper_pro = ExtremeValueCapper(
    inputCol="protein", outputCol="protein", boundary=2.0
)
```

inputCols、outputCols 和 filler 作为显式的关键字参数传递

```
extreme_value_capper_fat = ExtremeValueCapper(
    inputCol="fat", outputCol="fat", boundary=2.0
)
extreme_value_capper_sod = ExtremeValueCapper(
    inputCol="sodium", outputCol="sodium", boundary=2.0
)
```

现在可以定义一个 food_pipeline 对象(见代码清单 14-24)，它以 stage 的形式包含我们的新组件。由于自定义了转换器和估计器，因此新管道中包含了一些新的 stage，但其余部分都复制了第 13 章中使用的 stage。

代码清单 14-24 新改进的 food_pipeline

```
from pyspark.ml.pipeline import Pipeline

food_pipeline = Pipeline(
    stages=[
        scalar_na_filler,
        extreme_value_capper_cal,
        extreme_value_capper_pro,
        extreme_value_capper_fat,
        extreme_value_capper_sod,

            imputer,
            continuous_assembler,
            continuous_scaler,
            preml_assembler,
            lr,
        ]
    )
```

新的处理 stage 像其他 stage 一样列出

不出所料，更新后的 food_pipeline 使用的方法与之前一样(fit()/transform())。在代码清单 14-25 中，遵循的逻辑步骤与运行之前版本的管道时一样。

(1) 将数据集拆分为训练集(train)和测试(test)集。
(2) 在 train 数据帧上对管道进行拟合。
(3) 对 test 数据帧上的观测值进行分类。
(4) 评估 AUC(曲线下面积)并打印结果。

代码清单 14-25 在训练数据集上转换 food_pipeline

```
from pyspark.ml.evaluation import BinaryClassificationEvaluator

train, test = food.randomSplit([0.7, 0.3], 13)

food_pipeline_model = food_pipeline.fit(train)

results = food_pipeline_model.transform(test)

evaluator = BinaryClassificationEvaluator(
    labelCol="dessert",
    rawPredictionCol="rawPrediction",
    metricName="areaUnderROC",
```

```
)

accuracy = evaluator.evaluate(results)
print(f"Area under ROC = {accuracy} ")
# Area under ROC = 0.9929619675735302
```

现在对创建的管道充满信心，下面看看序列化和反序列化。在代码清单 14-26 中，管道没有被保存，抛出一个 ValueError，其中包含一条提示消息：one stage (ScalarNAFiller) is not MLWritable。

代码清单 14-26 尝试将模型序列化到磁盘

```
food_pipeline_model.save("code/food_pipeline.model")
# ValueError: ('Pipeline write will fail on this pipeline because
# stage %s of type %s is not MLWritable',
# 'ScalarNAFiller_7fe16120b179', <class '__main__.ScalarNAFiller'>)
```

幸运的是，可以通过继承 Mixin 添加序列化转换器(或估计器)的功能。在这个示例中，我们希望自定义组件继承 pyspark.ml.util 模块中的 DefaultParamsReadable 和 DefaultParamsWritable。在代码清单 14-27 中，将这些 Mixin 添加到 ScalarNAFiller 和 _ExtremeValueCapperParams 中，以便 ExtremeValueCapper 估计器及其对应的模型都继承自它们。这样做是为了序列化转换器或估计器的元数据，以便另一个 Spark 实例可以读取它们，然后应用管道定义或拟合中的参数化。

代码清单 14-27 添加两个 Mixin 用于写入/读取转换器

```
from pyspark.ml.util import DefaultParamsReadable, DefaultParamsWritable

class ScalarNAFiller(
    Transformer,
    HasInputCol,
    HasOutputCol,
    HasInputCols,
    HasOutputCols,
    DefaultParamsReadable,
    DefaultParamsWritable,
):
    # ... 类的其余部分在这里

class _ExtremeValueCapperParams(
    HasInputCol, HasOutputCol, DefaultParamsWritable, DefaultParamsReadable
):
    # ... 类的其余部分在这里
```

上面的方法可以进行序列化。那么读取带有自定义组件的管道呢？在读取序列化管道时，PySpark 将执行以下步骤。

(1) 创建管道的 shell，使用默认参数化。

(2) 对于每个组件，应用来自序列化配置的参数化。

在很多情况下，序列化环境和反序列化环境不一样。例如，通常在强大的 Spark 集群上训练机器学习管道，并对拟合的管道进行序列化。然后，可以根据需要在不同的(功能较弱或成本较高的)配置上进行预测。在这种情况下，需要向反序列化的 Spark 环境提供信息，告诉它在哪里可以找到实现了转换器和估计器的类，如代码清单 14-28 所示。PySpark 中包含的类不需要显式导入，但任何自定义类都需要显式导入。

代码清单 14-28　从磁盘读取序列化管道

```
from pyspark.ml.pipeline import PipelineModel
from .custom_feature import ScalarNAFiller, ExtremeValueCapperModel

food_pipeline_model.save("code/food_pipeline.model")
food_pipeline_model = PipelineModel.read().load("code/food_pipeline.model")
```

本节回顾了使用自定义转换器和估计器的具体步骤。只要采取一些预防措施，比如确保继承适当的 Mixin，导入必要的自定义类，就可以确保管道是可移植的，从而可以在多个 Spark 环境中使用。

14.4　本章小结

- 在转换器和估计器背后，PySpark 有 Param 的概念，这是控制转换器或估计器行为的自文档化属性。
- 在创建自定义转换器/估计器时，首先创建它们的 Param，然后在类似 transform()/fit()的实例属性中使用它们。PySpark 在 pyspark.ml.param.shared 模块中为频繁使用的场景提供了标准 Param。
- 对于经常使用的 Param 或功能，如写和读，PySpark 提供了 Mixin，类包含特定的方法，以简化和减少转换器和估计器的样板文件代码。
- 在反序列化包含自定义 stage 的管道时，需要确保在程序的命名空间中导入基础类。

14.5　结论：有数据，我就开心

以上就是我们对 PySpark 数据分析生态系统的概述。我希望通过这些不同的用例和问题，你能对 Spark 的数据模型和操作引擎有所了解。在本书的开头，我将每个数据作业总结为类似于采集、转换和导出的过程。本书做了如下工作。

- 采集各种数据源，从 text(第 2 章)到 CSV(第 4 章)、JSON(第 6 章)，再到 parquet (第 10 章)。
- 使用 SQL 风格的数据操作框架转换数据(第 4 章和第 5 章)，甚至求助于具体的 SQL 代码(第 7 章)。我们还使用 Python 和 pandas 代码(第 8 章和第 9 章)来结合 Python 的强大功能和 Spark 的可扩展性。
- 第 6 章介绍了 Spark 的数据类型、schema，以及如何使用数据帧构建多维数据模型。

- 第 8 章颠覆了数据帧模型，深入研究了底层的 RDD，获得了对分布式数据模型的完全控制。我们了解了 RDD 和数据帧在复杂性、性能和灵活性之间的权衡。
- 第 11 章通过 Spark UI 分析了 Spark 处理数据、管理计算资源和内存资源的方式。
- 为机器学习准备数据(第 12 章)，为可重复的机器学习实验构建机器学习管道(第 13 章)，并为更灵活和强大的管道创建自定义组件(本章)。

虽然 PySpark 在不断变化，但我希望本书中的信息能让 PySpark 现在(以及将来)更容易、更高效、更愉快地被使用。随着数据的增长速度持续快于硬件的发展速度，我相信分布式处理可以提供更多的价值。

感谢你给我这个机会陪伴你走过这段旅程。我期待听到你使用 Python 和 PySpark 从数据中获得的见解。

附录A
习 题 答 案

本附录包含书中练习的解答。如果你还没有完成那些练习，我建议你尽力完成它们。你可以阅读 API 文档或在其他章节找寻解决方法。直接阅读答案是没有任何好处的！

除非特殊指定，否则每个代码块遵循如下假定：

```
from pyspark.sql import SparkSession
import pyspark.sql.functions as F
import pyspark.sql.types as T

spark = SparkSession.builder.getOrCreate()
```

第 2 章

练习 2-1

11 条记录。explode()为分解列的每个数组中的每个元素生成一条记录。numbers 列包含两个数组，一个有 5 个元素，一个有 6 个元素：5 + 6 = 11。

```
from pyspark.sql.functions import col, explode

exo_2_1_df = spark.createDataFrame(
    [
        [[1, 2, 3, 4, 5]],
        [[5, 6, 7, 8, 9, 10]]
    ],
    ["numbers"]
)

solution_2_1_df = exo_2_1_df.select(explode(col("numbers")))
```

```
print(f"solution_2_1_df contains {solution_2_1_df.count()} records.")
# => solution_2_1_df contains 11 records.

solution_2_1_df.show()
# +---+
# |col|
# +---+
# |  1|
# |  2|
# |  3|
# |  4|
# |  5|
# |  5|
# |  6|
# |  7|
# |  8|
# |  9|
# | 10|
# +---+
```

练习 2-2

使用列表推导式(参见附录 C)，可以迭代数据帧的每个数据类型。由于 dtypes 是一个元组列表，因此可以解构为 x,y，其中 x 映射到列的名称，y 映射到类型。我们只需要保留 y!="string"的那些结果。

```
print(len([x for x, y in exo2_2_df.dtypes if y != "string"])) # => 1
```

练习 2-3

可以直接在结果列上使用 alias()，而不是通过函数应用程序创建一列，然后重命名它。

```
exo2_3_df = (
    spark.read.text("./data/gutenberg_books/1342-0.txt")
    .select(length(col("value")).alias("number_of_char"))
)
```

练习 2-4

数据帧在第一个 select()语句之后有一列：maximum_value。然后我们尝试选择 key 和 max_value，但失败了。

练习 2-5

a)

我们只需要筛选列(使用 filter()或 where())，以保留 word 不等于(!=)"is"的单词。

```
words_without_is = words_nonull.where(col("word") != "is")
```

b)

```
from pyspark.sql.functions import length

words_more_than_3_char = words_nonull.where(length(col("word")) > 3)
```

练习 2-6

记住，PySpark 中的否定符号是~。

```
words_no_is_not_the_if = (
    words_nonull.where(~col("word").isin(
        ["no", "is", "the", "if"])))
```

练习 2-7

通过将 book.printSchema()赋值给 book 变量，我们丢失了数据帧：printSchema()返回None，我们将其赋值给 book。NoneType 类没有 select()方法。

第 3 章

练习 3-1

答案：b

(a)缺少"length"别名，因此 groupby()子句将不起作用。(c)按不存在的列进行分组。

```
from pyspark.sql.functions import col, length

words_nonull.select(length(col("word")).alias("length")).groupby(
    "length"
).count().show(5)

# +------+-----+
# |length|count|
# +------+-----+
# |    12|  815|
# |     1| 3750|
# |    13|  399|
# |     6| 9121|
# |    16|    5|
# +------+-----+
# only showing top 5 rows
```

练习 3-2

PySpark 在操作过程中不一定保持顺序。在这个特定的例子中，我们执行以下操作：

- 按照字段 count 进行排序。
- 按每个(唯一)单词的长度分组。
- 再次计数，生成一个新的计数列。

我们之前用于排序的 count 列已不存在。

练习 3-3

1)

```
results = (
    spark.read.text("./data/gutenberg_books/1342-0.txt")
    .select(F.split(F.col("value"), " ").alias("line"))
    .select(F.explode(F.col("line")).alias("word"))
    .select(F.lower(F.col("word")).alias("word"))
    .select(F.regexp_extract(F.col("word"), "[a-z']*", 0).alias("word"))
    .where(F.col("word") != "")
    .groupby(F.col("word"))
    .count()
    .count()
)

print(results) # => 6595
```

通过 groupby()/count()，数据帧的每个单词只有一条记录。再次计算记录的数量，将得到记录的数量或者不同单词的数量

或者，可以删除 groupby()/count()，并将其替换为 distinct()，它将只保留不同的记录。

```
results = (
    spark.read.text("./data/gutenberg_books/1342-0.txt")
    .select(F.split(F.col("value"), " ").alias("line"))
    .select(F.explode(F.col("line")).alias("word"))
    .select(F.lower(F.col("word")).alias("word"))
    .select(F.regexp_extract(F.col("word"), "[a-z']*", 0).alias("word"))
    .where(F.col("word") != "")
    .distinct()
    .count()
)

print(results) # => 6595
```

distinct()消除了对 groupby()/count() 的需求

2)

```
def num_of_distinct_words(file):
    return (
        spark.read.text(file)
        .select(F.split(F.col("value"), " ").alias("line"))
        .select(F.explode(F.col("line")).alias("word"))
        .select(F.lower(F.col("word")).alias("word"))
        .select(
            F.regexp_extract(F.col("word"), "[a-z']*", 0).alias("word")
        )
        .where(F.col("word") != "")
        .distinct()
        .count()
```

```
    )

print(num_of_distinct_words("./data/gutenberg_books/1342-0.txt")) # => 6595
```

练习3-4

在groupby()/count()之后，可以像使用其他列一样使用count列。在本例中，筛选count值，以只保留那些值为1的记录。

```
results = (
    spark.read.text("./data/gutenberg_books/1342-0.txt")
    .select(F.split(F.col("value"), " ").alias("line"))
    .select(F.explode(F.col("line")).alias("word"))
    .select(F.lower(F.col("word")).alias("word"))
    .select(F.regexp_extract(F.col("word"), "[a-z']*", 0).alias("word"))
    .where(F.col("word") != "")
    .groupby(F.col("word"))
    .count()
    .where(F.col("count") == 1)
)

results.show(5)
# +------------+-----+
# |        word|count|
# +------------+-----+
# |   imitation|    1|
# |     solaced|    1|
# |premeditated|    1|
# |     elevate|    1|
# |   destitute|    1|
# +------------+-----+
# only showing top 5 rows
```

我们只保留计数值为1的记录

练习3-5

假设results可用(来自words_count_submit.py):

```
results = (
    spark.read.text("./data/gutenberg_books/1342-0.txt")
    .select(F.split(F.col("value"), " ").alias("line"))
    .select(F.explode(F.col("line")).alias("word"))
    .select(F.lower(F.col("word")).alias("word"))
    .select(F.regexp_extract(F.col("word"), "[a-z']*", 0).alias("word"))
    .where(F.col("word") != "")
    .groupby(F.col("word"))
    .count()
)
```

(1)

```
results.withColumn(
    "first_letter", F.substring(F.col("word"), 1, 1)
```

```
).groupby(F.col("first_letter")).sum().orderBy(
    "sum(count)", ascending=False
).show(
    5
)

# +------------+----------+
# |first_letter|sum(count)|
# +------------+----------+
# |           t|     16101|
# |           a|     13684|
# |           h|     10419|
# |           w|      9091|
# |           s|      8791|
# +------------+----------+
# only showing top 5 rows
```

(2)

```
results.withColumn(
    "first_letter_vowel",
    F.substring(F.col("word"), 1, 1).isin(["a", "e", "i", "o", "u"]),
).groupby(F.col("first_letter_vowel")).sum().show()
# +------------------+----------+
# |first_letter_vowel|sum(count)|
# +------------------+----------+
# |              true|     33522|
# |             false|     88653|
# +------------------+----------+
```

练习 3-6

在使用 groupby()/count()之后，我们得到了一个数据帧。DataFrame 对象没有 sum()方法。

第 4 章

练习 4-1

```
sample = spark.read.csv("sample.csv",
                        sep=",",
                        header=True",
                        quote="$",
                        inferSchema=True)
```

解释：

(1) sample.csv 是我们要采集的文件名称。

(2) 记录分隔符是逗号。因为我们被要求提供一个值，所以我显式地传递了逗号字符，因为它是默认值。

(3) 该文件有一个标题行，因此输入 header=True。

(4) 引号中的字符是美元符号$，所以将它作为参数传递给 quote。

(5) 最后，由于推断模式很好，因此将 True 传递给 inferSchema。

练习 4-2

c

解释：item 和 UPC 都作为列匹配，而 prices 则不匹配。PySpark 将忽略传递给 drop() 的不存在的列。

练习 4-3

```
DIRECTORY = "./data/broadcast_logs"
logs_raw = spark.read.csv(os.path.join(
    DIRECTORY, "BroadcastLogs_2018_Q3_M8.CSV"),)

logs_raw.printSchema()
# root
# |-- _c0: string (nullable = true)

logs_raw.show(5, truncate=50)
# +--------------------------------------------------+
# |                                               _c0|
# +--------------------------------------------------+
# |BroadcastLogID|LogServiceID|LogDate|SequenceNO|...|
# |1196192316|3157|2018-08-01|1|4||13|3|3|||10|19|...|
# |1196192317|3157|2018-08-01|2||||1|||||20|||00:0...|
# |1196192318|3157|2018-08-01|3||||1|||||3|||00:00...|
# |1196192319|3157|2018-08-01|4||||1|||||3|||00:00...|
# +--------------------------------------------------+
# only showing top 5 rows
```

两个主要的区别：

- PySpark 将所有内容都放在一个字符串列中，因为它在记录中不会始终遇到默认分隔符(,)。
- 它将记录命名为_c0，这是没有列名信息时的默认约定。

练习 4-4

```
logs_clean = logs.select(*[x for x in logs.columns if not x.endswith("ID")])

logs_clean.printSchema()
# root
#  |-- LogDate: timestamp (nullable = true)
#  |-- SequenceNO: integer (nullable = true)
#  |-- Duration: string (nullable = true)
#  |-- EndTime: string (nullable = true)
```

```
#  |-- LogEntryDate: timestamp (nullable = true)
#  |-- ProductionNO: string (nullable = true)
#  |-- ProgramTitle: string (nullable = true)
#  |-- StartTime: string (nullable = true)
#  |-- Subtitle: string (nullable = true)
#  |-- Producer1: string (nullable = true)
#  |-- Producer2: string (nullable = true)
#  |-- Language1: integer (nullable = true)
#  |-- Language2: integer (nullable = true)
```

解释：在数据帧的列上使用了列表推导的技巧，使用筛选子句 if not x.endswith("ID")以只保留那些不以"ID"结尾的列。

第 5 章

练习 5-1

这是 1 和 2 之间的左连接。

解释：left_semi 连接只保留左侧的记录，其中 my_column 的值也存在于右侧的 my_column 列中。left_anti 连接则相反：它会保留不存在的记录。将这些结果合并到原始数据帧中，left。

练习 5-2

c：内连接

练习 5-3

b：右外连接

练习 5-4

```
left.join(right, how="left",
          on=left["my_column"] == right["my_column"]).where(
          right["my_column"].isnull()
          ).select(left["my_column"]).
```

解释：在执行内部连接时，左侧数据帧中的所有记录都保存在连接后的数据帧中。如果谓词不成功，那么右表中受影响的记录的列值都被设置为 null。我们只需要筛选以保留不匹配的记录，然后选择 left["my_column"]列。

练习 5-5

首先，需要读取 call_signs .csv 文件。由于分隔符是逗号，因此可以为 reader 保持默认的参数化，header=True 除外。然后我们看到两张表都有 LogIdentifierID，可以对其进行等值连接。

```
import pyspark.sql.functions as F

call_signs = spark.read.csv(
    "data/broadcast_logs/Call_Signs.csv", header=True
).drop("UndertakingNo")

answer.printSchema()
# root
#  |-- LogIdentifierID: string (nullable = true)
#  |-- duration_commercial: long (nullable = true)
#  |-- duration_total: long (nullable = true)
#  |-- commercial_ratio: double (nullable = false)

call_signs.printSchema()
# root
#  |-- LogIdentifierID: string (nullable = true)
#  |-- Undertaking_Name: string (nullable = true)


exo5_5_df = answer.join(call_signs, on="LogIdentifierID")

exo5_5_df.show(10)
# +---------------+-------------------+--------------+--------------------+--------------------+
# |LogIdentifierID|duration_commercial|duration_total|    commercial_ratio|    Undertaking_Name|
# +---------------+-------------------+--------------+--------------------+--------------------+
# |           CJCO|             538455|       3281593| 0.16408341924181336|Rogers Media Inc....|
# |          BRAVO|             701000|       3383060|  0.2072088582525879|              Bravo!|
# |           CFTF|                665|         45780| 0.01452599388379205|Télévision MBS in...|
# |           CKCS|             314774|       3005153|    0.10474475010091|Crossroads Televi...|
# |           CJNT|             796196|       3470359| 0.22942756066447303|Rogers Media Inc....|
# |           CKES|             303945|       2994495|  0.1015012548025627|Crossroads Televi...|
# |           CHBX|             919866|       3316728| 0.27734140393785683|Bell Media Inc., ...|
# |           CASA|             696398|       3374798| 0.20635249872733125|Casa - (formerly ...|
# |           BOOK|             607620|       3292170| 0.18456519560047022|Book Television (...|
# |         MOVIEP|             107888|       2678400|0.040280764635603344|STARZ (formerly T...|
# +---------------+-------------------+--------------+--------------------+--------------------+
# only showing top 10 rows
```

可以对这些列执行等值连接

练习 5-6

可以重用相同的管道来生成我们的最终答案，稍微修改一下 when()函数，从“pure”(1.0)广告中删除"PRC"。然后链接了一个额外的 when()来考虑对"PRC"的不同处理。

```
PRC_vs_Commercial = (
    F.when(
        F.trim(F.col("ProgramClassCD")).isin(
            ["COM", "PGI", "PRO", "LOC", "SPO", "MER", "SOL"]
```

为了整洁，我们将 when()子句分离到单独的变量中(可选)

```
        ),
        F.col("duration_seconds"),
    )
    .when(
        F.trim(F.col("ProgramClassCD")) == "PRC",
        F.col("duration_seconds") * 0.75,
    )
    .otherwise(0)
)

exo5_6_df = (
    full_log.groupby("LogIdentifierID")
    .agg(
        F.sum(PRC_vs_Commercial).alias("duration_commercial"),
        F.sum("duration_seconds").alias("duration_total"),
    )
    .withColumn(
        "commercial_ratio",
        F.col("duration_commercial") / F.col("duration_total"),
    )
)

exo5_6_df.orderBy("commercial_ratio", ascending=False).show(5, False)
```

这是"PRC"的第二个 when()子句

练习 5-7

可以直接在 groupby()子句中创建 round()谓词，确保为新列指定别名。

```
exo5_7_df = (
    answer
        .groupby(F.round(F.col("commercial_ratio"),
    1).alias("commercial_ratio"))
        .agg(F.count("*").alias("number_of_channels"))
)

exo5_7_df.orderBy("commercial_ratio", ascending=False).show()
# +----------------+------------------+
# |commercial_ratio|number_of_channels|
# +----------------+------------------+
# |             1.0|                24|
# |             0.9|                 4|
# |             0.8|                 1|
# |             0.7|                 1|
# |             0.5|                 1|
# |             0.4|                 5|
# |             0.3|                45|
# |             0.2|               141|
# |             0.1|                64|
# |             0.0|                38|
# +----------------+------------------+
```

第6章

练习6-1

对于这个解决方案，创建了一个JSON文档的字典副本，然后使用json.dump函数转储它。因为spark.read.json只能读取文件，所以使用了一个巧妙的技巧来创建一个可以通过spark.read.json(更多信息参见http://mng.bz/g41E)读取的RDD(参见第8章)。

```
import json
import pprint

exo6_1_json = {
    "name": "Sample name",
    "keywords": ["PySpark", "Python", "Data"],
}

exo6_1_json = json.dumps(exo6_1_json)

pprint.pprint(exo6_1_json)
# '{"name": "Sample name", "keywords": ["PySpark", "Python", "Data"]}'

sol6_1 = spark.read.json(spark.sparkContext.parallelize([exo6_1_json]))

sol6_1.printSchema()
# root
#  |-- keywords: array (nullable = true)
#  |    |-- element: string (containsNull = true)
#  |-- name: string (nullable = true)
```

练习6-2

虽然在keywords的列表/数组中有一个数字，但PySpark将默认使用最小公分母并创建一个strings数组。答案与练习6-1相同。

```
import json
import pprint

exo6_2_json = {
    "name": "Sample name",
    "keywords": ["PySpark", 3.2, "Data"],
}

exo6_2_json = json.dumps(exo6_2_json)

pprint.pprint(exo6_2_json)
# '{"name": "Sample name", "keywords": ["PySpark", 3.2, "Data"]}'

sol6_2 = spark.read.json(spark.sparkContext.parallelize([exo6_2_json]))
```

```
sol6_2.printSchema()
# root
#  |-- keywords: array (nullable = true)
#  |    |-- element: string (containsNull = true)
#  |-- name: string (nullable = true)

sol6_2.show()
# +--------------------+-----------+
# |            keywords|       name|
# +--------------------+-----------+
# |[PySpark, 3.2, Data]|Sample name|
# +--------------------+-----------+
```

练习 6-3

StructType()会接收 StructField()的一个列表，而不是直接接收 StructField 的类型。我们需要把 T.StringType(), T.LongType()和 T.LongType()封装到 StructField()中，并给它们起一个合适的名字。

练习 6-4

为了说明这个问题，让我们创建列 info.status，在一个已经有 info 结构体的数据帧中，包含一个 status 字段。通过创建一个 info.status，该列变得不可访问，因为 Spark 默认为从 info 结构列中获取 status。

```
struct_ex = shows.select(
    F.struct(
        F.col("status"), F.col("weight"), F.lit(True).alias("has_watched")
    ).alias("info")
)

struct_ex.printSchema()
# root
#  |-- info: struct (nullable = false)
#  |    |-- status: string (nullable = true)
#  |    |-- weight: long (nullable = true)
#  |    |-- has_watched: boolean (nullable = false)

struct_ex.show()
# +-----------------+
# |             info|
# +-----------------+
# |{Ended, 96, true}|
# +-----------------+

struct_ex.select("info.status").show()
# +------+
# |status|
# +------+
# | Ended|
# +------+
```

```
struct_ex.withColumn("info.status", F.lit("Wrong")).show()
# +-----------------+-----------+
# |             info|info.status|
# +-----------------+-----------+
# |{Ended, 96, true}|      Wrong|
# +-----------------+-----------+

struct_ex.withColumn("info.status", F.lit("Wrong")).select(
    "info.status"
).show()
# +------+
# |status|
# +------+
# | Ended|
# +------+
```

正常结束，没有错误

练习6-5

```
import pyspark.sql.types as T

sol6_5 = T.StructType(
    [
        T.StructField("one", T.LongType()),
        T.StructField("two", T.ArrayType(T.LongType())),
    ]
)
```

练习6-6

不同版本的Spark可能会显示不同的时间间隔。当选择struct的array类型的列的元素时，你将得到一个不需要explode的元素数组。然后，可以使用array_min()和array_max()计算第一个和最后一个airdate。

```
sol6_6 = three_shows.select(
    "name",
    F.array_min("_embedded.episodes.airdate").cast("date").alias("first"),
    F.array_max("_embedded.episodes.airdate").cast("date").alias("last"),
).select("name", (F.col("last") - F.col("first")).alias("tenure"))

sol6_6.show(truncate=50)
```

练习 6-7

```
sol6_7 = shows.select(
    "_embedded.episodes.name", "_embedded.episodes.airdate"
)

sol6_7.show()
# +--------------------+--------------------+
# |                name|             airdate|
# +--------------------+--------------------+
# |[Minimum Viable P...|[2014-04-06, 2014...|
# +--------------------+--------------------+
```

练习 6-8

```
sol6_8 = (
    exo6_8.groupby()
    .agg(
        F.collect_list("one").alias("one"),
        F.collect_list("square").alias("square"),
    )
    .select(F.map_from_arrays("one", "square"))
)

# sol6_8.show(truncate=50)
# +----------------------------+
# |map_from_arrays(one, square)|
# +----------------------------+
# |     {1 -> 2, 2 -> 4, 3 -> 9}|
# +----------------------------+
```

第 7 章

练习 7-1

b

注意，d 也可以运行，但它返回一个整数值，而不是像示例中那样返回一个数据帧。

```
elements.where(F.col("Radioactive").isNotNull()).groupby().count().show()

# +-----+
# |count|
# +-----+
# |   37|
# +-----+
```

练习 7-2

查看 failures 表，可以看到对 failure = 1 的记录计数。在将布尔值(True/False)作为整数(1/0)处理时，一个有用的技巧是，可以将筛选和计数子句组合成一个求和操作(值为 1 的所有记录的计数，等于所有记录的和)。使用 sum 操作也就不需要对左连接中的值使用 fillna 了，因为不需要筛选任何记录。因此，代码被大大简化了。

```
sol7_2 = (
    full_data.groupby("model", "capacity_GB").agg(
        F.sum("failure").alias("failures"),
        F.count("*").alias("drive_days"),
    )
).selectExpr("model", "capacity_GB", "failures / drive_days failure_rate")

sol7_2.show(10)
# +--------------------+--------------------+--------------------+
# |               model|         capacity_GB|        failure_rate|
# +--------------------+--------------------+--------------------+
# |       ST12000NM0117|             11176.0|0.006934812760055479|
# |      WDC WD5000LPCX|   465.7617416381836|1.013736124486796...|
# |         ST6000DX000|-9.31322574615478...|                 0.0|
# |         ST6000DM004|    5589.02986907959|                 0.0|
# |      WDC WD2500AAJS|  232.88591766357422|                 0.0|
# |         ST4000DM005|   3726.023277282715|                 0.0|
# |HGST HMS5C4040BLE641|   3726.023277282715|                 0.0|
# |        ST500LM012 HN|   465.7617416381836|2.290804285402249...|
# |       ST12000NM0008|             11176.0|3.112598241381993...|
# |HGST HUH721010ALE600|-9.31322574615478...|                 0.0|
# +--------------------+--------------------+--------------------+
# only showing top 10 rows
```

练习 7-3

这个问题需要再多考虑一下。在查看每个驱动器模型的可靠性时，可以将驱动器天数作为一个单位，并计算故障与驱动器天数的比较。现在需要计算每个硬盘的年龄。可以将这个函数分解为几个组件：

(1) 为每个驱动器创建故障日期。

(2) 计算每个硬盘的使用时间。

(3) 分组模型；求平均使用时间。

(4) 返回每个平均使用时间对应的驱动器。

以下提供了原始数据帧 data 的代码。

```
common_columns = list(
    reduce(
        lambda x, y: x.intersection(y), [set(df.columns) for df in data]
    )
)

full_data = (
    reduce(
        lambda x, y: x.select(common_columns).union(
            y.select(common_columns)
        ),
        data,
    )
    .selectExpr(
        "serial_number",
        "model",
        "capacity_bytes / pow(1024, 3) capacity_GB",
        "date",
        "failure",
    )
    .groupby("serial_number", "model", "capacity_GB")
    .agg(
        F.datediff(
            F.max("date").cast("date"), F.min("date").cast("date")
        ).alias("age")
    )
)

sol7_3 = full_data.groupby("model", "capacity_GB").agg(
    F.avg("age").alias("avg_age")
)

sol7_3.orderBy("avg_age", ascending=False).show(10)
# +--------------------+-----------------+-----------------+
# |               model|      capacity_GB|          avg_age|
# +--------------------+-----------------+-----------------+
# |      ST1000LM024 HN|931.5133895874023|            364.0|
# |HGST HMS5C4040BLE641|3726.023277282715|            364.0|
# |         ST8000DM002|7452.036460876465| 361.1777375201288|
# |Seagate BarraCuda...|465.7617416381836| 360.8888888888889|
# |        ST10000NM0086|           9314.0| 357.7377450980392|
# |         ST8000NM0055|7452.036460876465|  357.033857892227|
# |      WDC WD5000BPKT|465.7617416381836| 355.3636363636364|
# |HGST HUS726040ALE610|3726.023277282715| 354.0689655172414|
# |      WDC WD5000LPCX|465.7617416381836|352.42857142857144|
# |HGST HUH728080ALE600|7452.036460876465| 349.7186311787072|
# +--------------------+-----------------+-----------------+
# only showing top 10 rows
```

练习 7-4

在 SQL 中，可以使用 extract(day from COLUMN)提取日期。这等价于 dayofmonth()函数。

```
common_columns = list(
    reduce(
        lambda x, y: x.intersection(y), [set(df.columns) for df in data]
    )
)

sol7_4 = (
    reduce(
        lambda x, y: x.select(common_columns).union(
            y.select(common_columns)
        ),
        data,
    )
    .selectExpr(
        "cast(date as date) as date",
        "capacity_bytes / pow(1024, 4) as capacity_TB",
    )
    .where("extract(day from date) = 1")
    .groupby("date")
    .sum("capacity_TB")
)

sol7_4.orderBy("date").show(10)
# +----------+-----------------+
# |      date| sum(capacity_TB)|
# +----------+-----------------+
# |2019-01-01|732044.6322980449|
# |2019-02-01|745229.8319376707|
# |2019-03-01|760761.8200763315|
# |2019-04-01|784048.2895324379|
# |2019-05-01| 781405.457732901|
# |2019-06-01|834218.0686636567|
# |2019-07-01|833865.5910149883|
# |2019-08-01|846133.1006234661|
# |2019-09-01|858464.0372464955|
# |2019-10-01|884306.1266535893|
# +----------+-----------------+
# only showing top 10 rows
```

练习 7-5

为了解决这个问题，需要提取最常见的容量(以字节为单位)，然后只保留每个容量的顶部记录(如果有多个，将两者都保留)。通过对给定驱动器模型的所有容量进行计数，只保留最常出现的容量(请参见 most_common_capacity 和 capacity_count)。接下来，将最常见的容量连接到原始数据中。

```
common_columns = list(
    reduce(
        lambda x, y: x.intersection(y), [set(df.columns) for df in data]
    )
)
data7_5 = reduce(
    lambda x, y: x.select(common_columns).union(y.select(common_columns)),
    data,
)

capacity_count = data7_5.groupby("model", "capacity_bytes").agg(
    F.count("*").alias("capacity_occurence")
)

most_common_capacity = capacity_count.groupby("model").agg(
    F.max("capacity_occurence").alias("most_common_capacity_occurence")
)

sol7_5 = most_common_capacity.join(
    capacity_count,
    (capacity_count["model"] == most_common_capacity["model"])
    & (
        capacity_count["capacity_occurence"]
        == most_common_capacity["most_common_capacity_occurence"]
    ),
).select(most_common_capacity["model"], "capacity_bytes")

sol7_5.show(5)
# +--------------------+--------------+
# |               model|capacity_bytes|
# +--------------------+--------------+
# |      WDC WD5000LPVX|  500107862016|
# |       ST12000NM0117|12000138625024|
# | TOSHIBA MD04ABA500V|  5000981078016|
# |HGST HUS726040ALE610|  4000787030016|
# |HGST HUH721212ALE600|12000138625024|
# +--------------------+--------------+
# only showing top 5 rows

full_data = data7_5.drop("capacity_bytes").join(sol7_5, "model")
```

第8章

练习 8-1

让我们创建一个简单的 RDD 来完成这个练习。

```
exo_rdd = spark.sparkContext.parallelize(list(range(100)))

from operator import add

sol8_1 = exo_rdd.map(lambda _: 1).reduce(add)
print(sol8_1) # => 100
```

解释：

首先将每个元素映射到值 1，无论输入是什么。lambda 函数中的_不会绑定元素，因为我们不处理元素；只关心它的存在。在 map 操作之后，我们得到了一个只包含值 1 的 RDD。可以通过 reduce(sum)得到所有 1 的和，从而得到 RDD 中元素的个数。

练习 8-2

a

当 predicate(作为参数传入的函数)返回 false 时，Filter 将删除所有值。在 Python 中，0、None 和空集合都表示 false。由于谓词原封不动地返回值，因此 0、None、[]和 0.0 都为 false 并被筛选，只留下[1]作为答案。

练习 8-3

由于 C 和 K 相同(减去一个常数)，F 和 R 相同(减去另一个常数)，因此可以对函数的决策树进行约简。如果将非 F、C、K 或 R 的字符串传递给 from_temp 和/或 to_temp，则返回 None。

```
from typing import Optional


@F.udf(T.DoubleType())
def temp_to_temp(
    value: float, from_temp: str, to_temp: str
) -> Optional[float]:

    acceptable_values = ["F", "C", "R", "K"]
    if (
        to_temp not in acceptable_values
        or from_temp not in acceptable_values
    ):
        return None

    def f_to_c(value):
        return (value - 32.0) * 5.0 / 9.0

    def c_to_f(value):
        return value * 9.0 / 5.0 + 32.0

    K_OVER_C = 273.15
    R_OVER_F = 459.67

    # 可以通过只转换为摄氏度和华氏度来减少决策树
    if from_temp == "K":
        value -= K_OVER_C
        from_temp = "C"
    if from_temp == "R":
        value -= R_OVER_F
        from_temp = "F"

    if from_temp == "C":
        if to_temp == "C":
            return value
```

```
        if to_temp == "F":
            return c_to_f(value)
        if to_temp == "K":
            return value + K_OVER_C
        if to_temp == "R":
            return c_to_f(value) + R_OVER_F
    else:  # from_temp == "F":
        if to_temp == "C":
            return f_to_c(value)
        if to_temp == "F":
            return value
        if to_temp == "K":
            return f_to_c(value) + K_OVER_C
        if to_temp == "R":
            return value + R_OVER_F


sol8_3 = gsod.select(
    "stn",
    "year",
    "mo",
    "da",
    "temp",
    temp_to_temp("temp", F.lit("F"), F.lit("K")),
)
sol8_3.show(5)
# +------+----+---+---+----+------------------------+
# |   stn|year| mo| da|temp|temp_to_temp(temp, F, K)|
# +------+----+---+---+----+------------------------+
# |359250|2010| 03| 16|38.4|       276.7055555555555|
# |725745|2010| 08| 16|64.4|                  291.15|
# |386130|2010| 01| 24|42.4|      278.92777777777775|
# |386130|2010| 03| 21|34.0|      274.26111111111106|
# |386130|2010| 09| 18|54.1|      285.42777777777775|
# +------+----+---+---+----+------------------------+
# only showing top 5 rows
```

练习 8-4

有 3 件事需要解决。

- 变量使用：我们始终使用 value，而不是 t 和 answer。
- 因为将值乘以 3.14159，所以函数需要注释为 float→float，而不是 str→str。
- 将 UDF 的返回类型改为 DoubleType()。

```
@F.udf(T.DoubleType())
def naive_udf(value: float) -> float:
    return value * 3.14159
```

练习 8-5

```
@F.udf(SparkFrac)
def add_fractions(left: Frac, right: Frac) -> Optional[Frac]:

    left_num, left_denom = left
    right_num, right_denom = right
    if left_denom and right_denom:  # avoid division by zero
        answer = Fraction(left_num, left_denom) + Fraction(right_num, right_denom)
        return answer.numerator, answer.denominator
    return None

test_frac.withColumn("sum_frac", add_fractions("reduced_fraction",
    "reduced_fraction")).show(5)
# +--------+----------------+--------+
# |fraction|reduced_fraction|sum_frac|
# +--------+----------------+--------+
# |  [0, 1]|          [0, 1]|  [0, 1]|
# |  [0, 2]|          [0, 1]|  [0, 1]|
# |  [0, 3]|          [0, 1]|  [0, 1]|
# |  [0, 4]|          [0, 1]|  [0, 1]|
# |  [0, 5]|          [0, 1]|  [0, 1]|
# +--------+----------------+--------+
# only showing top 5 rows
```

练习 8-6

```
def py_reduce_fraction(frac: Frac) -> Optional[Frac]:
    """Reduce a fraction represented as a 2-tuple of integers."""
    MAX_LONG = pow(2, 63) - 1
    MIN_LONG = -pow(2, 63)
    num, denom = frac
    if not denom:
        return None
    left, right = Fraction(num, denom).as_integer_ratio()
    if left > MAX_LONG or right > MAX_LONG or left < MIN_LONG or right < MIN_LONG:
        return None
    return left, right
```

我们不需要改变 Optional[Frac]的返回类型：更新后的 py_reduce_fraction 的返回值仍然是 Frac 或 None。

第 9 章

练习 9-1

```
WHICH_TYPE = T.IntegerType()
WHICH_SIGNATURE = pd.Series
```

练习 9-2

与第 8 章的相同练习相比，这里需要返回一个 pd.Series 而不是标量值。这里的空值(如果我们传入一个不可接受的单位)是一系列 None。

```
def temp_to_temp(
    value: pd.Series, from_temp: str, to_temp: str
) -> pd.Series:


acceptable_values = ["F", "C", "R", "K"]
if (
    to_temp not in acceptable_values
    or from_temp not in acceptable_values
):
    return value.apply(lambda _: None)

def f_to_c(value):
    return (value - 32.0) * 5.0 / 9.0

def c_to_f(value):
    return value * 9.0 / 5.0 + 32.0

K_OVER_C = 273.15
R_OVER_F = 459.67

# 可以通过只转换为摄氏度和华氏度来减少决策树
if from_temp == "K":
    value -= K_OVER_C
    from_temp = "C"
if from_temp == "R":
    value -= R_OVER_F
    from_temp = "F"

if from_temp == "C":
    if to_temp == "C":
        return value
    if to_temp == "F":
        return c_to_f(value)
    if to_temp == "K":
        return value + K_OVER_C
    if to_temp == "R":
        return c_to_f(value) + R_OVER_F
else: # from_temp == "F":
    if to_temp == "C":
        return f_to_c(value)
    if to_temp == "F":
        return value
    if to_temp == "K":
        return f_to_c(value) + K_OVER_C
    if to_temp == "R":
        return value + R_OVER_F
```

练习 9-3

输出是一样的。归一化过程不会根据温度的单位变化而改变。

```
def scale_temperature_C(temp_by_day: pd.DataFrame) -> pd.DataFrame:
    """Returns a simple normalization of the temperature for a site, in Celcius.

    If the temperature is constant for the whole window, defaults to 0.5."""

    def f_to_c(temp):
        return (temp - 32.0) * 5.0 / 9.0

        temp = f_to_c(temp_by_day.temp)
        answer = temp_by_day[["stn", "year", "mo", "da", "temp"]]
        if temp.min() == temp.max():
            return answer.assign(temp_norm=0.5)
        return answer.assign(
            temp_norm=(temp - temp.min()) / (temp.max() - temp.min())
        )
```

练习 9-4

根据我们定义函数的方式，数据帧返回一个 6 列的数据帧，而我们预期只有 4 列。错误的代码行是 answer = temp_by_day[["stn","year", "mo", "da", "temp"]]，这里我们对列进行了硬编码。

```
sol9_4 = gsod.groupby("year", "mo").applyInPandas(
    scale_temperature_C,
    schema=(
        "year string, mo string, "
        "temp double, temp_norm double"
    ),
)

try:
    sol9_4.show(5, False)
except RuntimeError as err:
    print(err)

# 运行时错误：返回的pandas.DataFrame 的列数与指定的模式不匹配。期望：4  实际：6
```

练习 9-5

```
from sklearn.linear_model import LinearRegression
from typing import Sequence


@F.pandas_udf(T.ArrayType(T.DoubleType()))
def rate_of_change_temperature_ic(
```

```
        day: pd.Series, temp: pd.Series
    ) -> Sequence[float]:
        """Returns the intercept and slope of the daily temperature for a given
        period of time."""
        model = LinearRegression().fit(
            X=day.astype(int).values.reshape(-1, 1), y=temp
        )
        return model.intercept_, model.coef_[0]

gsod.groupby("stn", "year", "mo").agg(
    rate_of_change_temperature_ic("da", "temp").alias("sol9_5")
).show(5, truncate=50)
# +------+----+---+------------------------------------------+
# |   stn|year| mo|                                    sol9_5|
# +------+----+---+------------------------------------------+
# |008268|2010| 07| [135.79999999999973, -2.1999999999999877]|
# |008401|2011| 11| [67.51655172413793, -0.30429365962180205]|
# |008411|2014| 02| [82.69682539682537, -0.026662835249042155]|
# |008411|2015| 12|  [84.03264367816091, -0.04769744160177797]|
# |008415|2016| 01|[82.10193548387099, -0.013225806451612926]|
# +------+----+---+------------------------------------------+
# only showing top 5 rows
```

第10章

练习10-1

c

```
sol10_1 = Window.partitionBy("year", "mo", "da")

res10_1 = (
    gsod.select(
        "stn",
        "year",
        "mo",
        "da",
        "temp",
        F.max("temp").over(sol10_1).alias("max_this_day"),
    )
    .where(F.col("temp") == F.col("max_this_day"))
    .drop("temp")
)
```

```
res10_1.show(5)
# +------+----+---+---+------------+
# |   stn|year| mo| da|max_this_day|
# +------+----+---+---+------------+
# |406370|2017| 08| 11|       108.3|
# |672614|2017| 12| 10|        93.8|
# |944500|2018| 01| 04|        99.2|
# |954920|2018| 01| 12|        98.9|
# |647530|2018| 10| 01|       100.4|
# +------+----+---+---+------------+
# only showing top 5 rows
```

练习 10-2

让我们创建一个包含 1000 条记录的数据帧(250 个不同的 index 值和 value 列)，所有值都等于 2。

```
exo10_2 = spark.createDataFrame(
    [[x // 4, 2] for x in range(1001)], ["index", "value"]
)

exo10_2.show()
# +-----+-----+
# |index|value|
# +-----+-----+

# |    0|    2|
# |    0|    2|
# |    0|    2|
# |    0|    2|
# |    1|    2|
# |    1|    2|
# |    1|    2|
# |    1|    2|
# |    2|    2|
# |    2|    2|
# |    2|    2|
# |    2|    2|
# |    3|    2|
# |    3|    2|
# |    3|    2|
# |    3|    2|
# |    4|    2|
# |    4|    2|
# |    4|    2|
# |    4|    2|
# +-----+-----+
# only showing top 20 rows
```

```
sol10_2 = Window.partitionBy("index").orderBy("value")

exo10_2.withColumn("10_2", F.ntile(3).over(sol10_2)).show(10)
# +-----+-----+----+
# |index|value|10_2|
# +-----+-----+----+
# |   26|    2|   1|
# |   26|    2|   1|
# |   26|    2|   2|
# |   26|    2|   3|
# |   29|    2|   1|
# |   29|    2|   1|
# |   29|    2|   2|
# |   29|    2|   3|
# |   65|    2|   1|
# |   65|    2|   1|
# +-----+-----+----+
# only showing top 10 rows
```

这个结果可能看起来有悖直觉，但根据我们的定义(见图 A-1)，可以看到 PySpark 试图将每个分区窗口尽可能地分成 3 个桶(bucket)，这是正确的。

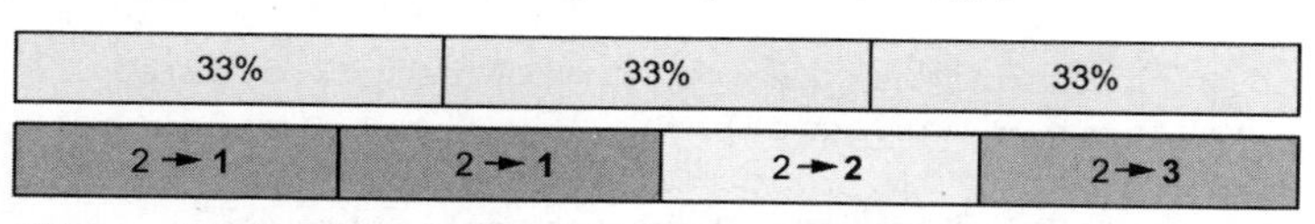

图 A-1 所有值相同的“3 展开”操作。我们遵循同样的行为：跨记录拆分

练习 10-3

rowsBetween()窗口分区包含 5 条记录。因为数据的第一个和第二个记录之前没有两个记录，所以第一个和第二个记录分别是 3 和 4。

rangeBetween()窗口分区使用值 10(始终相同)来计算窗口框架的边界。结果值都是 1 000 001。

```
exo10_3 = spark.createDataFrame([[10] for x in range(1_000_001)], ["ord"])

exo10_3.select(
    "ord",
    F.count("ord")
    .over(Window.partitionBy().orderBy("ord").rowsBetween(-2, 2))
    .alias("row"),
    F.count("ord")
    .over(Window.partitionBy().orderBy("ord").rangeBetween(-2, 2))
    .alias("range"),
).show(10)
```

```
# +---+---+-------+
# |ord|row|  range|
# +---+---+-------+
# | 10|  3|1000001|
# | 10|  4|1000001|
# | 10|  5|1000001|
# | 10|  5|1000001|
# | 10|  5|1000001|
# | 10|  5|1000001|
# | 10|  5|1000001|
# | 10|  5|1000001|
# | 10|  5|1000001|
# | 10|  5|1000001|
# +---+---+-------+
# only showing top 10 rows
```

练习 10-4

我们有多个最高温度的记录：PySpark 会显示所有记录。

```
(
    gsod.withColumn("max_temp", F.max("temp").over(each_year))
    .where("temp = max_temp")
    .select("year", "mo", "da", "stn", "temp")
    .withColumn("avg_temp", F.avg("temp").over(each_year))
    .orderBy("year", "stn")
    .show()
)
# +----+---+---+------+-----+--------+
# |year| mo| da|   stn| temp|avg_temp|
# +----+---+---+------+-----+--------+
# |2017| 07| 06|403770|110.0|   110.0|
# |2017| 07| 24|999999|110.0|   110.0|
# |2018| 06| 06|405860|110.0|   110.0|
# |2018| 07| 12|407036|110.0|   110.0|

# |2018| 07| 26|723805|110.0|   110.0|
# |2018| 07| 16|999999|110.0|   110.0|
# |2019| 07| 07|405870|110.0|   110.0|
# |2019| 07| 15|606030|110.0|   110.0|
# |2019| 08| 02|606450|110.0|   110.0|
# |2019| 07| 14|999999|110.0|   110.0|
# +----+---+---+------+-----+--------+
```

练习 10-5

虽然可以用多种方法解决这个问题，但最简单的方法(在我看来)是创建一个创纪录的数字(这个数字总是在增加)来打破联系。

```
temp_per_month_asc = Window.partitionBy("mo").orderBy("count_temp")
temp_per_month_rnk = Window.partitionBy("mo").orderBy(
    "count_temp", "row_tpm"
)

gsod_light.withColumn(
    "row_tpm", F.row_number().over(temp_per_month_asc)
).withColumn("rank_tpm", F.rank().over(temp_per_month_rnk)).show()
# +------+----+---+---+----+----------+-------+--------+
# |   stn|year| mo| da|temp|count_temp|row_tpm|rank_tpm|
# +------+----+---+---+----+----------+-------+--------+
# |949110|2019| 11| 23|54.9|        14|      1|       1|
# |996470|2018| 03| 12|55.6|        12|      1|       1|
# |998166|2019| 03| 20|34.8|        12|      2|       2|
# |998012|2017| 03| 02|31.4|        24|      3|       3|
# |041680|2019| 02| 19|16.1|        15|      1|       1|
# |076470|2018| 06| 07|65.0|        24|      1|       1|
# |719200|2017| 10| 09|60.5|        11|      1|       1|
# |994979|2017| 12| 11|21.3|        21|      1|       1|
# |917350|2018| 04| 21|82.6|         9|      1|       1|
# |998252|2019| 04| 18|44.7|        11|      2|       2|
# +------+----+---+---+----+----------+-------+--------+
```

这些记录是 1 和 2

练习 10-6

可以将日期转换为 unix_timestamp(自 UNIX 纪元以来的秒数；参见 http://mng.bz/enPv)，然后使用 7 天窗口(或 7 天× 24 小时× 60 分钟× 60 秒)。

```
seven_days = (
    Window.partitionBy("stn")
    .orderBy("dtu")
    .rangeBetween(-7 * 60 * 60 * 24, 7 * 60 * 60 * 24)
)
sol10_6 = (
    gsod.select(
        "stn",
        (F.to_date(F.concat_ws("-", "year", "mo", "da"))).alias("dt"),
        "temp",
    )
    .withColumn("dtu", F.unix_timestamp("dt").alias("dtu"))
    .withColumn("max_temp", F.max("temp").over(seven_days))
```

```
    .where("temp = max_temp")
    .show(10)
)
# +------+----------+----+----------+--------+
# |   stn|        dt|temp|       dtu|max_temp|
# +------+----------+----+----------+--------+
# |010875|2017-01-08|46.2|1483851600|    46.2|
# |010875|2017-01-19|48.0|1484802000|    48.0|
# |010875|2017-02-03|45.3|1486098000|    45.3|
# |010875|2017-02-20|45.7|1487566800|    45.7|
# |010875|2017-03-14|45.7|1489464000|    45.7|
# |010875|2017-04-01|46.8|1491019200|    46.8|
# |010875|2017-04-20|46.1|1492660800|    46.1|
# |010875|2017-05-02|50.5|1493697600|    50.5|
# |010875|2017-05-27|51.4|1495857600|    51.4|
# |010875|2017-06-06|53.6|1496721600|    53.6|
# +------+----------+----+----------+--------+
# only showing top 10 rows
```

练习 10-7

假设一年总是有 12 个月，可以创建一个伪索引 num_mo，即 year * 12 + mo。有了它，则可以使用±1 个月的精确范围。

```
one_month_before_and_after = (
    Window.partitionBy("year").orderBy("num_mo").rangeBetween(-1, 1)
)

gsod_light_p.drop("dt", "dt_num").withColumn(
    "num_mo", F.col("year").cast("int") * 12 + F.col("mo").cast("int")
).withColumn(
    "avg_count", F.avg("count_temp").over(one_month_before_and_after)
).show()
# +------+----+---+---+----+----------+------+------------------+
# |   stn|year| mo| da|temp|count_temp|num_mo|         avg_count|
# +------+----+---+---+----+----------+------+------------------+
# |041680|2019| 02| 19|16.1|        15| 24230|             15.75|
# |998012|2019| 03| 02|31.4|        24| 24231|13.833333333333334|
# |996470|2019| 03| 12|55.6|        12| 24231|13.833333333333334|
# |998166|2019| 03| 20|34.8|        12| 24231|13.833333333333334|
# |917350|2019| 04| 21|82.6|         9| 24232|              13.6|
# |998252|2019| 04| 18|44.7|        11| 24232|              13.6|
# |076470|2019| 06| 07|65.0|        24| 24234|              24.0|
# |719200|2019| 10| 09|60.5|        11| 24238|              12.5|
# |949110|2019| 11| 23|54.9|        14| 24239|15.333333333333334|
# |994979|2019| 12| 11|21.3|        21| 24240|              17.5|
# +------+----+---+---+----+----------+------+------------------+
```

第 11 章

练习 11-1

不会发生改变。我们仍然只有一个任务(由 showString()触发的程序)和两个 stage。

练习 11-2

第一个计划没有附加 action (show())，所以我们没有最后一个 action。

练习 11-3

a 和 b 是一次对单个记录的操作；它们是窄操作。其他的则需要混洗数据来分配相关的记录，因此属于宽操作。c、d 和 e 需要匹配的键同时在同一个节点上。

第 13 章

练习 13-1

当 E_max = = E_min 时，每个值都变成 0.5 * (max + min)

附录 B

安装 PySpark

本附录介绍如何在自己的计算机上安装独立的 Spark 和 PySpark，无论运行的是 Windows、macOS 还是 Linux。如果你想轻松利用 PySpark 的分布式特性，我还会简要介绍云服务。

拥有一个本地 PySpark 集群意味着可以使用更小的数据集来试验语法。在你准备好扩展程序之前，不需要购置多台计算机，也不需要花钱使用云端的托管 PySpark 环境。一旦你准备好处理更大的数据集，就可以轻松地将程序转移到 Spark 的云实例上，以获得更大的性能支持。

B.1 在本地计算机上安装 PySpark

本节介绍如何在自己的计算机上安装 Spark 和 Python。Spark 是一个复杂的软件，虽然安装过程很简单，但大多数指南都将安装过程复杂化了。我们将采用一种更简单的方法，安装最低限度的安装包，然后从那里开始构建。我们的目标如下：

- 安装 Java (Spark 是用 Scala 编写的，运行在 Java 虚拟机(Java Virtual Machine, JVM)上)。
- 安装 Spark。
- 安装 Python 3 和 IPython。
- 使用 IPython 启动 PySpark shell。
- (可选)安装 Jupyter 并与 PySpark 一起使用。

在下一节中，我们将介绍 Windows、macOS 和 Linux 操作系统的指令。

注意，当在本地使用 Spark 时，你可能会得到一条类似这样的信息：21/10/26 17:49:14 WARN NativeCodeLoader: Unable to load native-hadoop library for your platform... using builtin-java classes where applicable。别担心，这仅仅意味着你的系统上找不到 Hadoop(它只在*nix 平台上可用)。因为我们是在本地运行，所以没有关系。

B.2 Windows

在 Windows 系统上，你可以选择直接在 Windows 系统上安装 Spark，也可以选择使用 WSL (Windows Subsystem for Linux)。如果你想使用 WSL，请遵循 https://aka.ms/wslinstall 上的说明，然后遵循 GNU/Linux 的说明。如果你想在普通 Windows 上安装，请按照本节的其余部分进行操作。

B.2.1 安装 Java

在 Windows 上安装 Java 的最简单方法是访问 https://adoptopenjdk.net，按照下载和安装说明下载 Java 8 或 11。

警告

因为 Java 11 与某些第三方库不兼容，所以我建议继续使用 Java 8。Spark 3.0+也可以使用 Java 11+，但一些第三方库会出现不兼容的问题。

B.2.2 安装 7-zip

Spark 官网提供的安装文件为 GZIP 压缩包(.tgz)格式。默认情况下，Windows 没有提供处理这些文件的原生方式。最受欢迎的选择是使用 7-zip (https://www.7-zip.org/)。只需要访问网站，下载程序，并按照安装说明进行安装。

B.2.3 下载并安装 Apache Spark

请访问 Apache 网站(https://spark.apache.org/)下载最新版本的 Spark。接受默认选项，图 B-1 显示了我在导航到下载页面时看到的选项。如果你想验证下载的文件，请确保你下载了签名和校验和(页面上的第 4 步)。

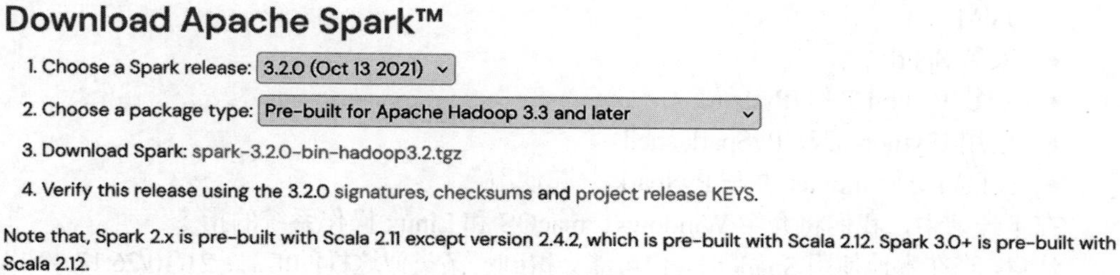

Download Apache Spark™

1. Choose a Spark release: 3.2.0 (Oct 13 2021)
2. Choose a package type: Pre-built for Apache Hadoop 3.3 and later
3. Download Spark: spark-3.2.0-bin-hadoop3.2.tgz
4. Verify this release using the 3.2.0 signatures, checksums and project release KEYS.

Note that, Spark 2.x is pre-built with Scala 2.11 except version 2.4.2, which is pre-built with Scala 2.12. Spark 3.0+ is pre-built with Scala 2.12.

图 B-1 下载 Spark 的选项

下载文件后，使用 7-zip 解压文件。建议把这个目录放在 C:\Users\[YOUR_USER_NAME]\spark 下。

接下来，需要下载 winutils.exe，以防止一些奇怪的 Hadoop 错误。访问 https://github.com/cdarlint/winutils，下载 hadoop-X.Y.Z/bin 目录中的 winutils.exe 文件，其

中 X.Y 与图 B-1 中所选 Spark 使用的 Hadoop 版本相匹配。认真阅读 README.md 文件。把 winutils.exe 放在 Spark 安装目录(C:\Users\[YOUR_USER_NAME\ Spark])中的 bin 目录下。

接下来，设置两个环境变量，让 shell 知道在哪里可以找到 Spark。把环境变量想象成任何程序都可以使用的操作系统级变量；例如，PATH 表示在哪里找到要运行的可执行文件。在这里，我们设置了 SPARK_HOME (Spark 可执行文件所在的主目录)，并将 SPARK_HOME 的值附加到 PATH 环境变量中。为此，打开 Start 菜单并搜索 Edit the system environment variables。单击 Environment Variables 按钮(见图 B-2)，然后将它们添加到环境变量中。还需要将 SPARK_HOME 设置为你的 Spark 安装目录(C:\Users\[YOUR-USER-NAME]\ Spark)。最后，将%SPARK_HOME%\bin 目录添加到 PATH 环境变量中。

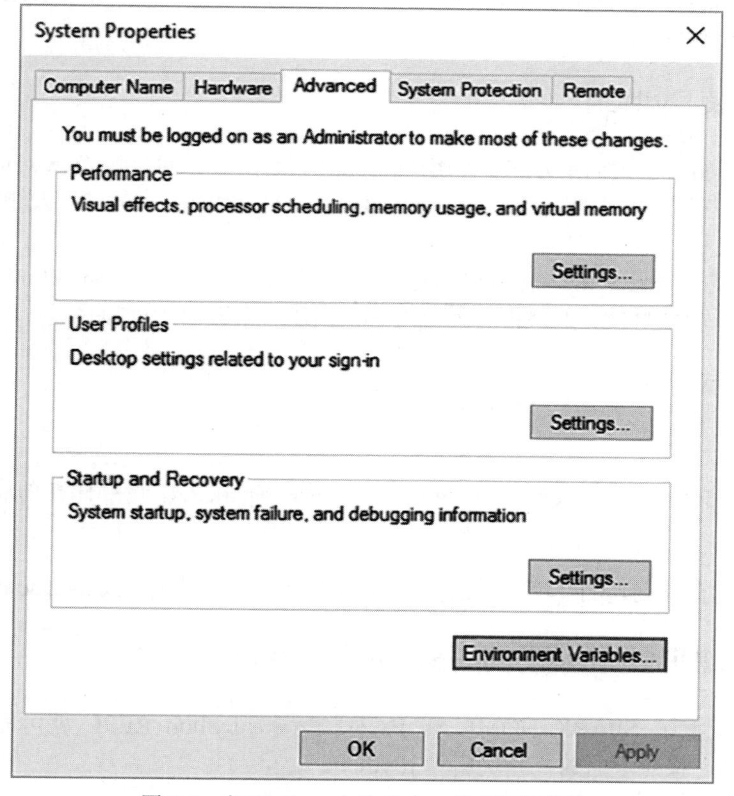

图 B-2　在 Windows 上为 Hadoop 设置环境变量

注意

对于 PATH 变量，你肯定已经有了一些值(类似于列表)。为了避免删除其他程序可能会用到的其他有用变量，双击 PATH 变量并添加%SPARK_HOME%\bin。

B.2.4　配置 Spark 使其与 Python 无缝配合

如果你使用的是 Spark 3.0+和 Java 11+，则需要输入一些额外的配置才能无缝地与 Python 一起工作。为此，需要在$SPARK_HOME/conf 目录下创建一个 spark-defaults.conf 文件。来到这个目录中，可以看到 spark-defaults.conf.template 文件，还有一些其他文件。复制 spark-defaults.conf.template 文件，并将其命名为 spark-defaults.conf。在这个文件中，包含以下内容：

```
spark.driver.extraJavaOptions="-Dio.netty.tryReflectionSetAccessible=true"
spark.executor.extraJavaOptions="-Dio.netty.tryReflectionSetAccessible=true"
```

当你尝试在 Spark 和 Python 之间传递数据时(第 8 章)，将防止麻烦的 java.lang.UnsupportedOperationException: sun.misc.Unsafe or java.nio.DirectByteBuffer.(long, int) not available 错误产生。

B.2.5　安装 Python

学习 Python 3 的最简单方法是使用 Anaconda 发行版。访问 https://www.anaconda.com/distribution 并按照安装说明进行安装，确保你得到的是适用于 Python 3.0 及更高版本的 64 位图形化安装程序。

一旦安装了 Anaconda，就可以通过在 Start 菜单中选择 Anaconda PowerShell 提示符来激活 Python 3 环境。如果你想为 PySpark 创建一个专用的虚拟环境，可以使用以下命令：

```
$ conda create -n pyspark python=3.8 pandas ipython pyspark=3.2.0
```

警告

仅 Spark 3.0+支持 Python 3.8+。如果你使用的是 Spark 2.4，请确保在创建环境时指定 Python 3.7。

然后，选择新创建的环境，只需要在 Anaconda 提示符中输入 conda activate pyspark。

B.2.6　启动 IPython REPL 并启动 PySpark

如果你配置了 SPARK_HOME 和 PATH 变量，Python REPL 就可以访问本地的 PySpark 实例。按照下面的代码块启动 IPython。

提示

如果你对命令行或 PowerShell 不熟悉，推荐你学习 Don Jones 和 Jeffery D. Hicks 合著的 *Windows PowerShell in a Month of lunch*(Manning, 2016)。

```
conda activate pyspark
ipython
```

然后，在 REPL 中导入 PySpark 并启动它：

```
from pyspark.sql import SparkSession

spark = SparkSession.builder.getOrCreate()
```

注意

Spark 提供了 pyspark.cmd 辅助命令，它保存在 Spark 安装目录下的 bin 文件夹中。在本地工作时，我更喜欢通过常规的 Python REPL 访问 PySpark；因为我发现这样安装软件库更容易，也更清楚地知道你使用的是哪个 Python。它还可以与你最喜欢的编辑器很好地交互。

B.2.7 (可选)安装并运行 Jupyter，使用 Jupyter notebook

因为我们已经配置了 PySpark，让它从常规的 Python 进程中导入，所以不需要进一步配置就可以在 notebook 中使用它了。在你的 Anaconda PowerShell 窗口中，使用以下命令安装 Jupyter：

```
conda install -c conda-forge notebook
```

现在可以使用以下命令运行 Jupyter notebook 服务器了。在此之前，使用 cd 切换到源代码所在的目录：

```
cd [WORKING DIRECTORY]
jupyter notebook
```

启动 Python 内核，使用方法和使用 IPython 一样。

注意

有些可选的安装指令会为 Python 程序和 PySpark 程序创建一个单独的环境，在这个环境中你可能会看到多个内核选项。使用这组指令，请使用 Python 3 内核。

B.3 macOS

在 macOS 上，到目前为止最简单的选择是使用 Homebrew apache-spark 包。它会处理所有的依赖关系(为了简单起见，仍然建议使用 Anaconda 管理 Python 环境)。

B.3.1 安装 Homebrew

Homebrew 是 OS.X 的包管理器。它提供了一个简单的命令行界面来安装许多流行的软件包，并使它们保持更新。虽然你可以在 Windows 操作系统上按照手册的下载和安装步骤进行操作，但只需少量命令，Homebrew 就可以简化安装过程。

要安装 Homebrew，请访问 https://brew.sh 并按照安装说明进行操作。可以通过 brew 命令与 Homebrew 交互。

Apple M1：关于 Rosetta

如果你使用带有新的 Apple M1 芯片的 Mac 计算机，则可以选择使用 Rosetta(一种 x64 指令模拟器)运行。请按本节的说明进行操作。

如果想使用专门用于 Apple M1 的 JVM，可以使用 Azul Zulu VM(请使用 Homebrew (https://github.com/mdogan/homebrew-zulu)下载它)。书中所有的代码都能正常工作(比同等的英特尔芯片的 Mac 计算机还要快)，除了 Spark BigQuery 连接器，它在 ARM 平台上无法运行(参见 http://mng.bz/p298)。

B.3.2 安装 Java 和 Spark

在终端中输入以下命令：

```
$ brew install apache-spark
```

你可以指定想要的版本；建议通过不传递任何参数来获取最新的数据。

如果在你的计算机上安装 Spark 时 Homebrew 没有设置$SPARK_HOME(通过重启终端并输入 echo $SPARK_HOME 进行测试)，则需要在~/.zshrc 文件中添加以下内容：

```
export SPARK_HOME="/usr/local/Cellar/apache-spark/X.Y.Z/libexec"
```

请确保输入了正确的版本号来代替 x.Y.z。

警告

Homebrew 会在 Spark 安装新版本后立即更新 Spark。安装新包时，请注意 apache-spark 是否有“恶意”升级，并根据需要更改 SPARK_HOME 的版本号。在写这本书的时候，这种事发生在我身上好多次！

B.3.3 配置 Spark 使其与 Python 无缝配合

如果你使用的是 Spark 3.0+和 Java 11+，则需要输入一些额外的配置才能无缝地与 Python 协同工作。为此，需要在$SPARK_HOME/conf 目录下创建一个 spark-defaults.conf 文件。当来到这个目录时，应该有一个 spark-defaults.conf.template 文件在其中，还有一些其他文件。对这个模板文件进行复制，并将其命名为 spark-defaults.conf。在这个文件中，包含以下内容：

```
spark.driver.extraJavaOptions="-Dio.netty.tryReflectionSetAccessible=true"
spark.executor.extraJavaOptions="-Dio.netty.tryReflectionSetAccessible=true"
```

当你尝试在 Spark 和 Python 之间传递数据时(第 8 章)，这将防止麻烦的 java.lang.UnsupportedOperationException: sun.misc.Unsafe or java.nio.DirectByteBuffer.(long, int) not available 错误产生。

B.3.4　安装 Anaconda/Python

学习 Python 3 的最简单方法是使用 Anaconda 发行版。访问 https://www.anaconda.com/distribution 并按照安装说明进行安装，确保你的操作系统安装了适用于 Python 3.0 及更高版本的 64 位图形化安装程序：

```
$ conda create -n pyspark python=3.8 pandas ipython pyspark=3.2.0
```

如果这是你第一次使用 Anaconda，请按照说明注册 shell。

警告

仅 Spark 3.0 支持 Python 3.8+。如果你使用的是 Spark 2.4.X 或更早版本，请确保在创建环境时指定 Python 3.7。

然后，选择新创建的环境，只需要在终端中输入 conda activate pyspark。

B.3.5　启动 IPython REPL 并启动 PySpark

Homebrew 应该包含环境变量 SPARK_HOME 和 PATH，这样 Python shell(也称为 REPL，或 read eval print loop)就能访问本地的 PySpark 实例。只需要输入以下内容：

```
conda activate pyspark
ipython
```

然后，在 REPL 中导入 PySpark 并开始运行：

```
from pyspark.sql import SparkSession

spark = SparkSession.builder.getOrCreate()
```

B.3.6　(可选)安装并运行 Jupyter，使用 Jupyter notebook

因为我们已经配置了 PySpark，它可以从一个普通的 Python 进程中使用，所以我们不需要做任何进一步的配置就可以在 notebook 中使用它。在你的 Anaconda PowerShell 窗口中，使用以下命令安装 Jupyter:

```
conda install -c conda-forge notebook
```

现在可以使用以下命令运行 Jupyter notebook 服务器了。在此之前，使用 cd 切换到源代码所在的目录：

```
cd [WORKING DIRECTORY]
jupyter notebook
```

启动 Python 内核，使用方法和使用 IPython 一样。

注意

有些可选的安装指令会为 Python 程序和 PySpark 程序创建一个单独的环境，在这个环境中你可能会看到多个内核选项。对于这组指令，请使用 Python 3 内核。

B.4 GNU/Linux 和 WSL

B.4.1 安装 Java

警告

因为 Java 11 与某些第三方库不兼容，所以建议继续使用 Java 8。Spark 3.0 及以上版本也可以使用 Java 11 及以上版本，但有些库的更新可能不会那么及时。

大多数 GNU/Linux 发行版都提供了包管理器。OpenJDK version 11 可通过软件仓库获得：

```
sudo apt-get install openjdk-8-jre
```

B.4.2 安装 Spark

请登录 Apache 网站下载最新版本的 Spark。你不应该改变默认选项，图 B-1 显示了我在导航到下载页面时看到的选项。如果你想对下载的内容进行验证，请确保下载了签名和校验和(页面上的步骤 4)。

提示

在 WSL(有时是 Linux)上，没有可用的图形用户界面。下载 Spark 的最简单方式是访问 Spark 的网站，通过命令行进行操作，复制最近的镜像的链接，然后通过 wget 命令下载这个镜像：

```
wget [YOUR_PASTED_DOWNLOAD_URL]
```

如果你想了解更多关于在 Linux(和 Os.X)上熟练使用命令行的知识，可以参考 William Shotts 的 *The Linux Command Line*(http://linuxcommand.org/)。它也有纸质或电子书(No Starch Press, 2019)。

下载文件后，解压缩它。如果你使用命令行，下面的命令可以完成这个工作。请确保你将 spark-[…].gz 替换为你刚下载的文件的名称：

```
tar xvzf spark-[...].gz
```

这将把压缩文件的内容解压缩到一个目录中。现在你可以根据自己的喜好重命名和移动目录。我通常把它放在/home/[MY-USER-NAME]/bin/spark-X.Y.Z/中(可以根据需要，修改目录的名称)。

警告

请确保将 X.Y.Z 替换为对应的 Spark 版本。

设置以下环境变量：

```
echo 'export SPARK_HOME="$HOME/bin/spark-X.Y.Z"' >> ~/.bashrc
echo 'export PATH="$SPARK_HOME/bin/spark-X.Y.Z/bin:$PATH"' >> ~/.bashrc
```

B.4.3 配置 Spark 使其与 Python 无缝配合

如果你使用的是 Spark 3.0 及以上版本和 Java 11 及以上版本，则需要进行一些额外的配置才能无缝地使用 Python。为此，需要在$SPARK_HOME/conf 目录下创建一个 spark-defaults.conf 文件。当来到这个目录时，应该有一个 spark-defaults.conf.template 文件在其中，还有一些其他文件。对这个模板文件进行复制，并将其命名为 spark-defaults.conf。在这个文件中，包含以下内容：

```
spark.driver.extraJavaOptions="-Dio.netty.tryReflectionSetAccessible=true"
spark.executor.extraJavaOptions="-Dio.netty.tryReflectionSetAccessible=true"
```

当你尝试在 Spark 和 Python 之间传递数据时(第 8 章)，这将防止麻烦的 java.lang.UnsupportedOperationException: sun.misc.Unsafe or java.nio.DirectByteBuffer.(long, int) not available 错误产生。

B.4.4 安装 Python 3、IPython 和 PySpark 包

系统已经提供了 Python 3；你只需要安装 IPython。在终端中输入以下命令：

```
sudo apt-get install ipython3
```

提示

也可以在 GNU/Linux 上使用 Anaconda。可以按照 macOS 部分中的说明进行操作。

然后使用 pip 安装 PySpark。这样就可以在 Python REPL 中导入 PySpark:

```
pip3 install pyspark==X.Y.Z
```

B.4.5 使用 IPython 启动 PySpark

启动一个 IPython shell:

```
ipython3
```

然后，在 REPL 中导入 PySpark 并开始使用：

```
from pyspark.sql import SparkSession

spark = SparkSession.builder.getOrCreate()
```

B.4.6 (可选)安装并运行 Jupyter，使用 Jupyter notebook

因为我们已经配置了 PySpark，它可以从一个普通的 Python 进程中启动，所以我们不需要做任何进一步的配置就可以在 notebook 中使用它。在终端中输入以下命令来安装 Jupyter:

```
pip3 install notebook
```

现在可以使用以下命令运行 Jupyter notebook 服务器了。在此之前，使用 cd 切换到源代码所在的目录：

```
cd [WORKING DIRECTORY]
jupyter notebook
```

启动 Python 内核，使用方法和使用 IPython 一样。

注意

有些可选的安装指令会为 Python 程序和 PySpark 程序创建一个单独的环境，在这个环境中你可能会看到多个内核选项。使用这组指令，请使用 Python 3 内核。

B.5 在云端使用 PySpark

在本附录的最后，我们将快速回顾在云中使用 PySpark 的主要方法。因为选择太多，无法一一介绍，但我决定介绍 3 个主要的云提供商(AWS、Azure、GCP)。为了完整起见，我还增加了一节关于 Databricks 的内容，因为 Databricks 是 Spark 背后的团队，它为托管式 Spark 提供了一个很好的云平台。

云产品的变化非常大。在写这本书的过程中，每个提供商都在不断调整他们的 API，有时调整的幅度将非常大。因此，我提供了相关文章的直接链接，以及我用来让 Spark 在每个提供商上运行的知识库。其中大多数的文档都发展得很快，但概念还是一样的。它们的核心都提供了 Spark 访问权限；不同之处在于用于创建、管理和分析集群的用户界面。我建议，一旦你选择了自己喜欢的云服务商，就应该通读文档，以理解特定提供商的一些特性。

注意

很多云提供商提供了一些小型的 Spark 虚拟机供你测试。如果你的计算机由于工作限制或其他原因无法在本地安装 Spark，它们就很有用。在创建集群时，可以勾选“single-node”选项。

在使用 cloud Spark 时的一些微小差异

使用 Spark 集群时，尤其是在云上时，我强烈建议你在创建集群时安装你想要使用的库(pandas、scikit-learn 等)。在一个正在运行的集群上管理依赖项是一件很烦人的事情，大多数情况下，你最好销毁整个集群然后重新创建。

每个云提供商都会告诉你如何操作来安装软件库。如果这是你反复要做的事情，请检查云服务商是否提供了自动化的解决方案，例如 Ansible、Puppet、Terraform 等。在处理个人项目时，我通常创建一个简单的 shell 脚本。大多数云提供商都提供了 CLI 接口，以编程的方式与 API 交互。

B.6 AWS

Amazon 为 Spark 提供了两个产品：EMR (Elastic Map-Reduce)和 Glue。虽然它们有很大的不同，可以满足不同的需求，但我发现 Spark 在 EMR 上通常是最新的。如果你在熟悉的环境中运行零星的作业，它的性价比也会更好。

EMR 提供了一个完整的 Hadoop 环境，以及包括 Spark 在内的大量开源工具。可通过 https://aws.amazon.com/emr/resources/获取相关文档。

Glue 被宣传为一个无服务器的 ETL 服务，Spark 也是其工具的一部分。Glue 扩展了 Spark，提供了一些 AWS 特有的概念，比如 DynamicFrame 和 GlueContext。这些概念非常强大，但在 Glue 之外无法使用。可以通过 https://aws.amazon.com/glue/resources/获取它的文档。

B.7 Azure

Azure 通过 HDInsight umbrella 提供了托管式 Spark 服务。该产品的文档可通过 https://docs.microsoft.com/en-us/azure/hdinsight/获取。微软确实对 Hadoop 集群上提供的不同产品进行了细分，所以一定要遵循 Spark 的说明。对于 Azure，我通常更喜欢使用 GUI: http://mng.bz/OGQR 上的说明非常容易理解和使用。对于探索大规模数据处理，Azure 会在你构建集群时为你提供小时收费的价格策略。

Azure 还通过其 Linux 数据科学虚拟机(Data Science Virtual Machine for Linux)提供单节点 Spark(相关文档可在 http://mng.bz/YgwB 上查阅)。如果你不想费心设置环境，这是一个成本较低的选择。

B.8 GCP

谷歌通过 Google Dataproc 提供托管式 Spark。该文档可通过 https://cloud.google.com/dataproc/docs 获取。我在书中的大多数“扩展”示例中都使用了 GCP Dataproc，因为发现命令行实用程序非常容易学习，文档也非常详细。

使用 Google Dataproc 学习 Spark 时，最简单的启动和运行方式是使用谷歌提供的单节点集群选项。单节点集群的文档有点难找；它可以在 http://mng.bz/GGOv 上找到。

B.9　Databricks

Databricks 由 Apache Spark 的创始人在 2013 年创建。从那时起，他们围绕 Spark 发展了一个完整的生态系统，涵盖数据仓库(Delta Lake)、MLOps 解决方案(MLFlow)，甚至安全数据交换功能(Delta Share)。

提示

如果你只想以最少的工作量开始使用 Databricks，请查看 Databricks 社区版(https://community.cloud.databricks.com/login.html)。这为你提供了一个不需要预先安装的小型集群。本节将介绍如何使用一个成熟的(付费的)Databricks 实例，以供你在需要更多功能时使用。

Databricks 的 Spark 发行版是围绕 Databricks Runtime 构建的。Databricks Runtime 是一组内聚的库(Python、Java、Scala、R)，与特定的 Spark 版本绑定。它们的 Runtime 有以下几种形式：

- Databricks runtime 是标准选项，它为在 Databricks 上运行 Spark 提供了一个完整的生态系统(https://docs.databricks.com/runtime/dbr.html)。
- Databricks runtime for machine learning 在标准选项之上提供了一组流行的 ML 库(如 TensorFlow、PyTorch、Keras 和 XGBoost)。这个 runtime 确保你拥有一组内聚的 ML 库，它们彼此之间可以很好地协作(https://docs.databricks.com/runtime/mlruntime.html)。
- Photon 是一个新的、更快的，但功能不完整的 Spark 查询引擎，它是通过 C++实现的。由于性能的提高，它已经成为一个诱人的选择(https://docs.databricks.com/runtime/photon.html)。

Databricks 根据 DBU (Databricks Units, Databricks 单元)对其服务定价，DBU 相当于“标准计算节点一小时”的模拟量。集群越强大(通过拥有更多节点或使它们更强大)，消耗的 DBU 就越多，它的成本也就越高。你还需要考虑底层云资源(虚拟机、存储、网络等)的价格。这使得定价相当不透明；我通常使用定价估算器(包括 Databricks 和云提供商的)来了解每小时的成本。

注意

查看每个云提供商的页面，以获得每个 DBU 的价格。它们在不同提供商之间存在差异。

在本附录的其余部分，将介绍 Databricks 中设置、使用和销毁工作区的主要步骤。我使用 Google 云平台，但一般步骤也适用于 Azure 和 AWS。我不会提供管理 Databricks 的完整介绍，但这些内容应该能为你提供一个运行和扩展本书示例的工作环境。

警告

使用 Databricks 在创建工作区时就开始计费。使用强大的集群会带来很多费用的支出。一旦完成，请确保关闭集群和工作空间！

使用 Databricks，必须启用服务并创建工作区。为此，在搜索栏中搜索 Databricks 并激活试用。仔细阅读条款和条件，以及使用服务所需的许可。完成后，单击 Manage on Provider 按钮并使用 GCP 账户登录。你会看到如图 B-3 所示的界面，其中有一个空列表和一个 Create workspace 按钮。

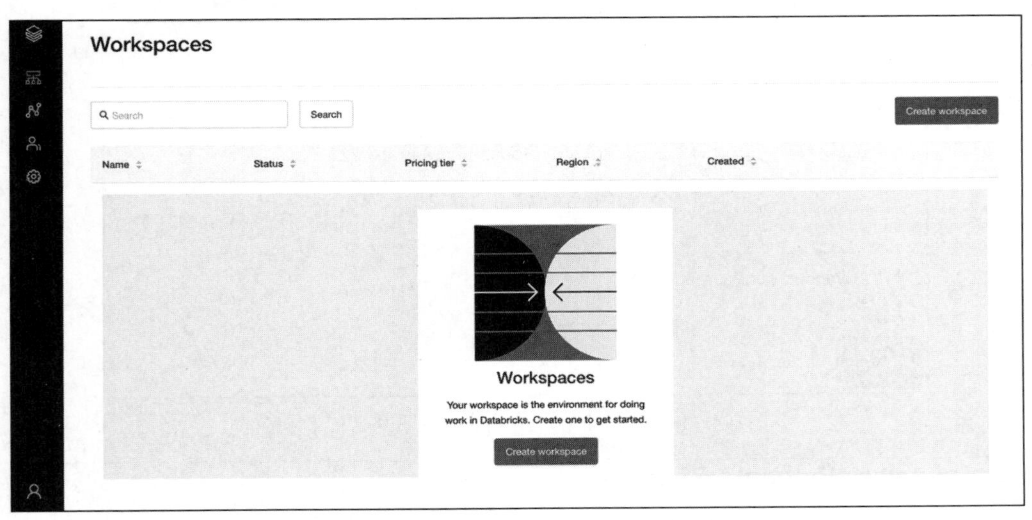

图 B-3 Databricks 工作区的登录页面(这里使用 GCP)

要开始使用 Databricks，需要创建一个工作区，它充当集群、notebook、管道等的保护伞。组织通常使用工作区作为逻辑分离(用于分隔团队、项目、环境等)。在我们的例子中，只需要一个；在图 B-4 中，我们看到了创建新工作区的简单表单。如果你没有谷歌云项目 ID，请转到 GCP 控制台的登录页面，并勾选左上角的框：我的是 focus-archway-214221。

一旦创建了工作区，Databricks 将提供一个页面，其中包含访问工作台的 URL；在图 B-5 的右侧，可以看到以 gcp.databricks.com 结尾的唯一 URL。在这个页面的右上角，注意下拉式配置菜单。一旦完成，可以通过它销毁工作区。

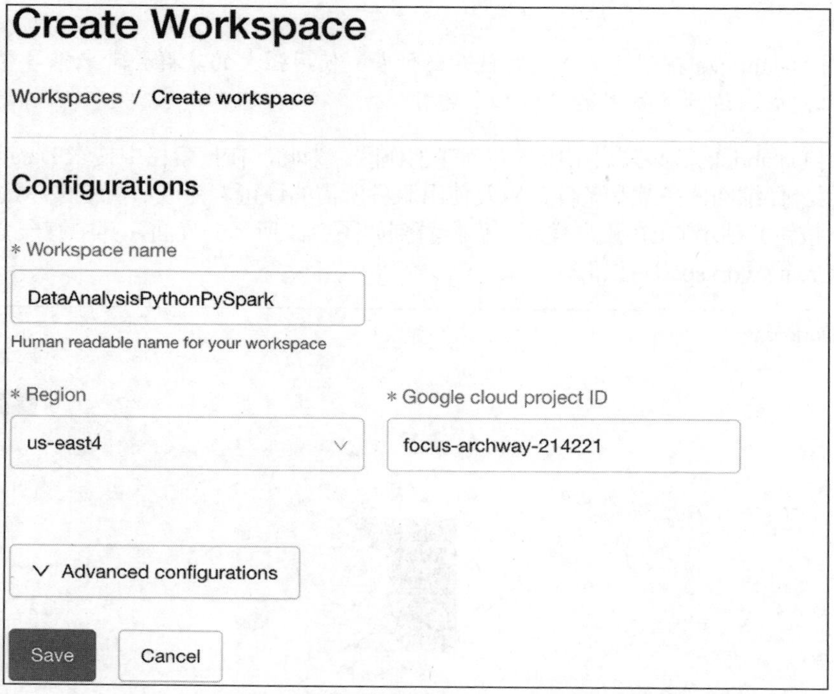

Create Workspace
Workspaces / Create workspace
Configurations
* Workspace name
DataAnalysisPythonPySpark
Human readable name for your workspace
* Region
us-east4
* Google cloud project ID
focus-archway-214221
Advanced configurations
Save
Cancel

图 B-4　创建一个存储数据、notebook 和集群的工作区

DataAnalysisPythonPySpark
Workspaces / DataAnalysisPythonPySpark
Configuration
Configure
Google Cloud project ID
focus-archway-214221
Region
us-east4
URL
https://473788027813330.0.gcp.databricks.com
Workspace status
Running
Workspace status message
Workspace is running.
Pricing tier
Standard
Created
today at 11:18 AM

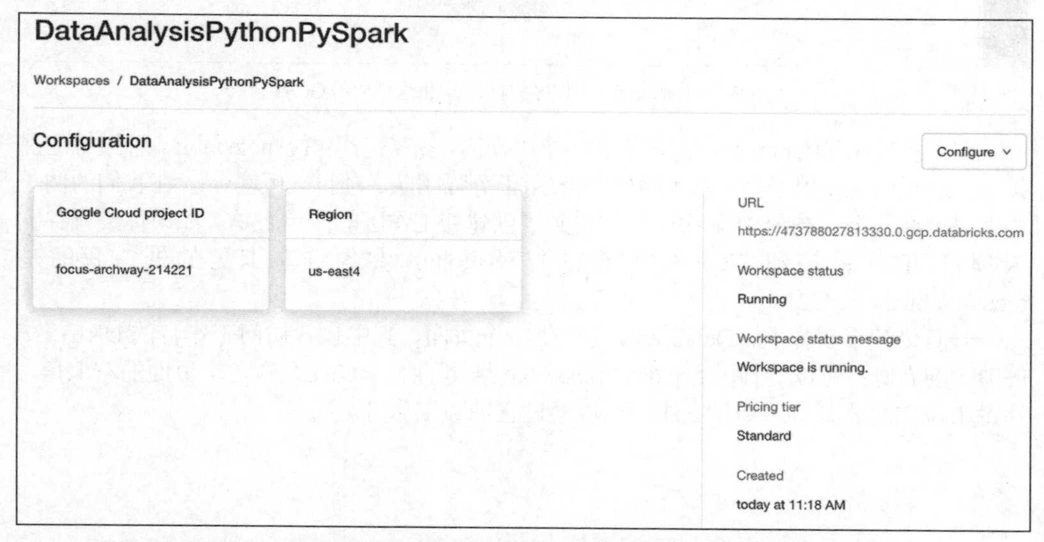

图 B-5　我们的新工作空间已经创建并准备就绪。单击右侧的唯一 URL 就可以访问工作台

工作台是我们真正开始使用数据块的地方。如果你在企业环境中工作，则可能已经配置了工作空间。通过图 B-6 所示的界面，可以开始使用 Databricks 了。在这个简单的例子中，我们只介绍 Databricks 以 spark 为中心的功能：notebook/代码、集群和数据。正如本节开始讨论的那样，Databricks 包含一个完整的生态系统，用于 ML 实验、数据管理、数据共享、数据探索/商业智能和版本控制/库管理。当你熟悉了一般的工作流程后，请查阅这些附加组件的文档。

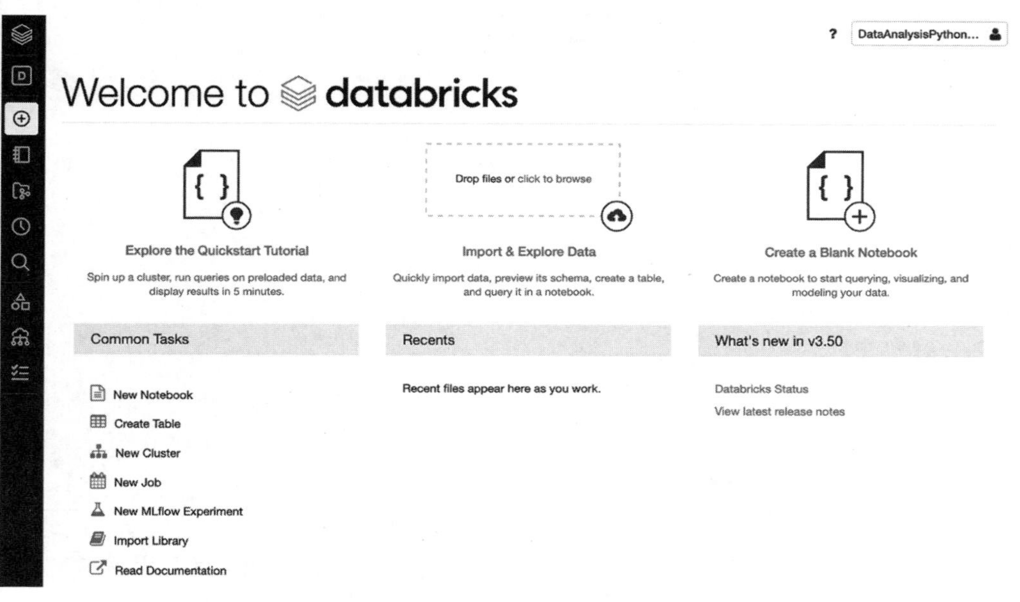

图 B-6　工作区中的工作台登录页面。在这个登录页面中，可以创建、访问和管理集群，以及运行作业和 notebook

是时候启动集群了。单击 New Cluster(或者侧边栏上的 Cluster 菜单)，填写集群配置说明。这个菜单如图 B-5 所示，不言自明。如果你处理的是小数据集，我推荐单节点集群模式选项，它将在本地机器上模拟设置(worker 和 driver 在同一台机器上)。如果你想实验一个更大的集群，请将最小/最大工作线程设置为适当的值。Databricks 将从最小值开始，根据需要自动扩展到最大值。

注意

默认情况下，GCP 有非常严格的使用配额。当我开始使用 Databricks 时，必须申请两个额外的配额才能启动集群。我要求将 SSD_TOTAL_GB 设置为 10000(可用的 10000 GB SSD)和相关区域的 CPU(us-east4；参见图 B-2)到 100(100 个 CPU)。如果你遇到集群在创建时就被销毁的问题，请检查日志；很有可能你已经用光了你的配额。

对于大多数用例，如图 B-7 所示的默认配置(n1-highmem-4, 26 GB 内存和 4 个内核)就足够了。如有必要，例如，在执行大量连接时，可以将机器增强到更强大的配置。对于 GCP，我发现高容量内存机器在性能和成本方面提供了最好的选择。请记住，DBU 的费用是 GCP 收取的 VM 成本之外的费用。

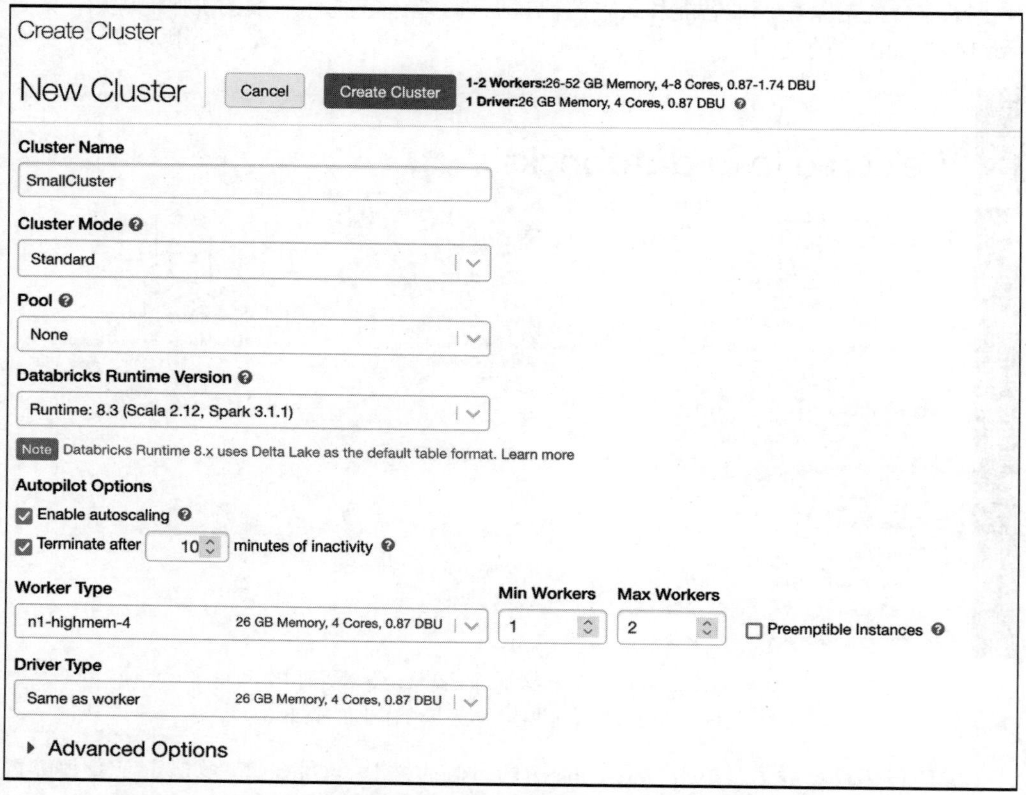

Create Cluster
New Cluster
Cancel
Create Cluster
1-2 Workers:26-52 GB Memory, 4-8 Cores, 0.87-1.74 DBU
1 Driver:26 GB Memory, 4 Cores, 0.87 DBU
Cluster Name
SmallCluster
Cluster Mode
Standard
Pool
None
Databricks Runtime Version
Runtime: 8.3 (Scala 2.12, Spark 3.1.1)
Note Databricks Runtime 8.x uses Delta Lake as the default table format. Learn more
Autopilot Options
Enable autoscaling
Terminate after 10 minutes of inactivity
Worker Type
n1-highmem-4 26 GB Memory, 4 Cores, 0.87 DBU
Min Workers
1
Max Workers
2
Preemptible Instances
Driver Type
Same as worker 26 GB Memory, 4 Cores, 0.87 DBU
Advanced Options

图 B-7 创建一个包含一到两个工作节点的小集群，每个节点包含 26 GB RAM 和 4 个内核。每个节点除 VM 之外，额外的成本为 0.87 DBU

创建集群时(需要几分钟)，上传运行程序所需的数据。我选择了 Gutenberg 的书，但任何数据都遵循相同的过程。

单击工作台登录页面上的 Create Table，选择 Upload File，并拖放要上传的文件。注意 DBFS 的目标目录(这里是/FileStore/tables/gutenberg_books)，在 PySpark 中读取数据时需要引用这个目录。如图 B-8 所示。

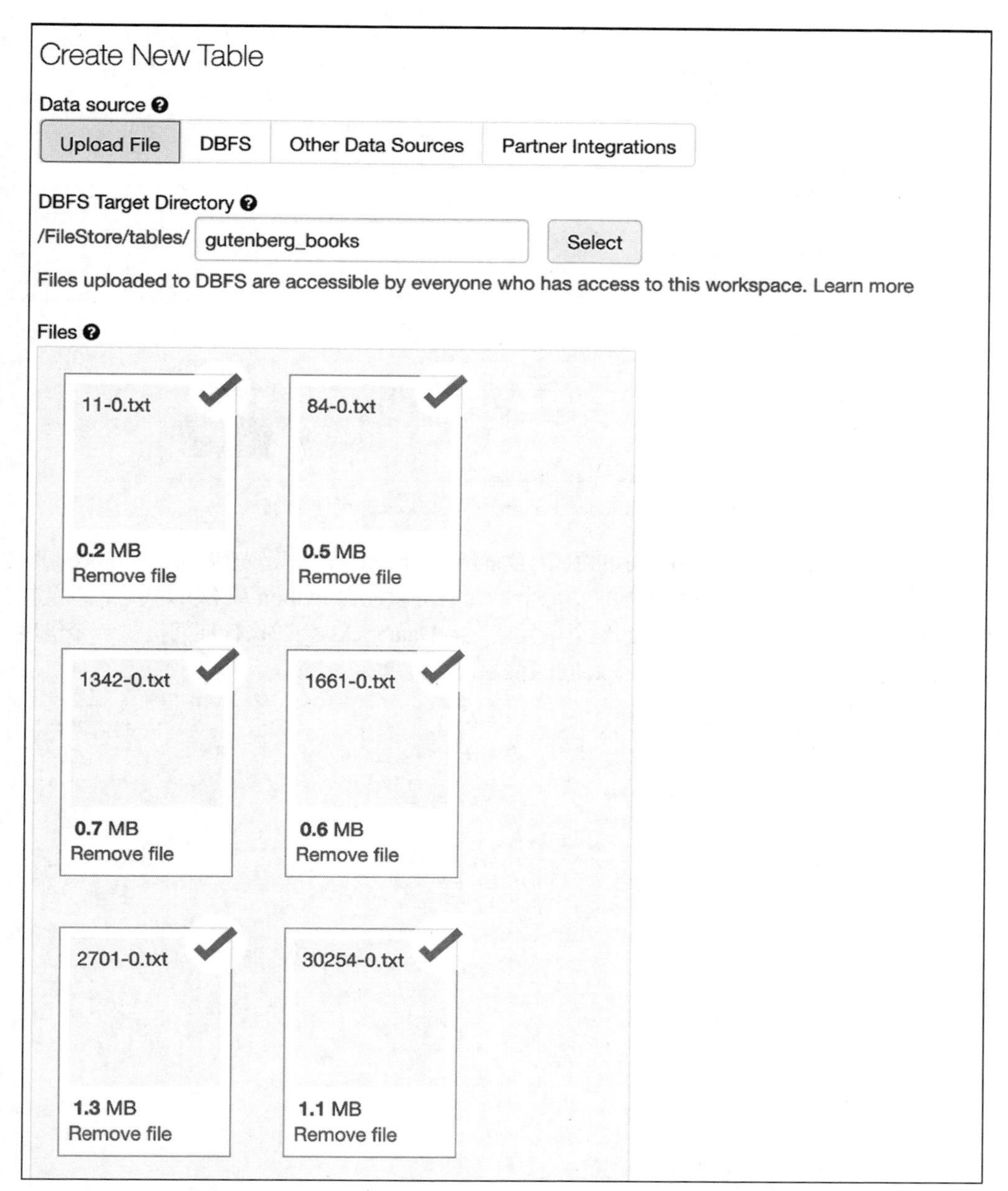

图 B-8　在 DBFS (Databricks File System)中上传数据(此处为 Gutenberg 书的第 2 章和第 3 章)

一旦集群开始运行，并且数据已存储到 DBFS 中，就可以创建 notebook 开始编码。在工作台的登录页面上单击 Create Notebook，选择你的 Notebook 将要附加到的集群的名称(如图 B-9 所示)。

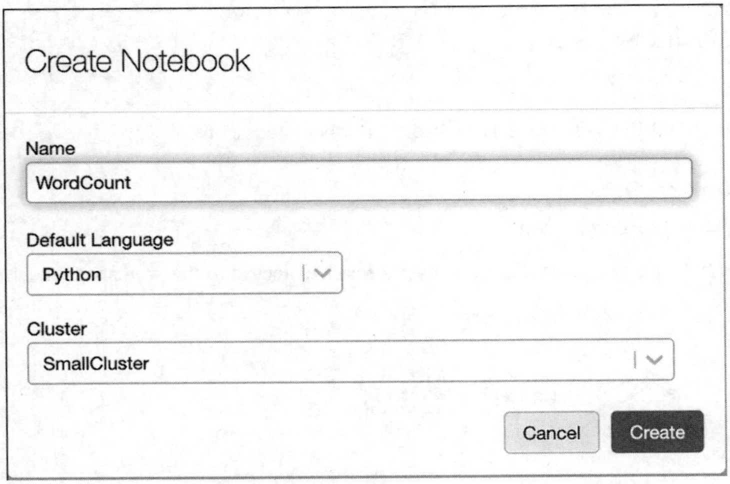

图 B-9 在 SmallCluster 上创建一个 notebook 来运行你的分析

创建后，会看到如图 B-10 所示的窗口。Databricks notebook 看起来像 Jupyter notebook，但具有不同的样式和一些额外的功能。每个单元格可以包含 Python 或 SQL 代码，以及将要渲染的 markdown 文本。当执行一个单元格时，Databricks 会在执行期间提供一个进度条，并给出每个单元格花费了多少时间的信息。

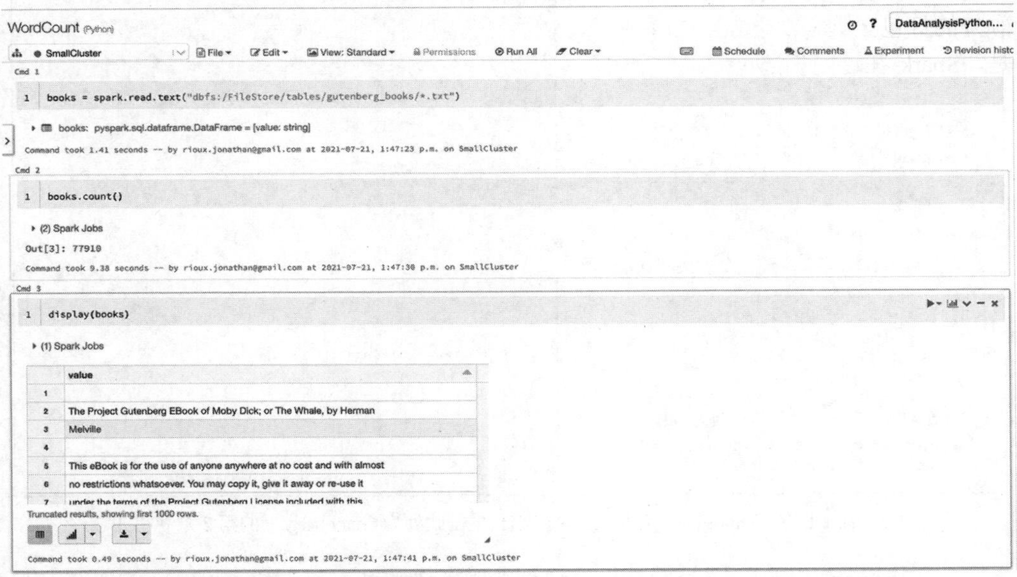

图 B-10 Databricks notebook 看起来像 Jupyter notebook，只是添加了一些特定于 spark 的功能

在使用 Databricks 时，有两点值得注意。

- 如果你将数据上传到 DBFS 中，则可以通过 dbfs:/[DATALOCATION]访问它。在图 B-8 中，在上传数据时直接使用了图 B-6 中设置的位置。与引用 URL(如 https://www.manning.com)不同，这里只有一个正斜杠。
- Databricks 提供了一个方便的 display()函数来代替 show()方法。display()默认以丰富的表格格式显示 1000 行，可以滚动浏览。在图 B-8 中第三个单元格的底部，还可以看到用于创建图表或下载多种格式数据的按钮。你还可以使用 display()以使用流行的库显示可视化(有关更多信息，请参阅 http://mng.bz/zQEB)。

提示

如果你想对显示内容有更多的控制，可以使用 displayHTML()函数显示 HTML 代码。更多信息请参见 http://mng.bz/0w1N。

一旦你完成了分析，应该通过按下工作台的 cluster 页面中的 Stop 按钮来关闭集群。如果你不打算长时间使用 Spark/Databricks(超过几个小时)，并且你是个人付费用户，我建议你销毁工作空间，因为 Databricks 会启动一些虚拟机来管理它。如果你想把你的云开销降到 0，也可以进入 GCP 的存储选项卡，并删除 Databricks 为托管数据和集群元数据创建的数据存储桶。

Databricks 提供了一种在云中与 PySpark 交互的诱人方式。每个供应商都有不同的方法在云端管理 Spark，从手动配置(GCP Dataproc, AWS EMR)到自动管理(AWS Glue)。从用户的角度看，差异主要在于预期配置环境的成本。就像 Databricks 一样，它提供了一些额外的打包工具来简化代码和数据管理，或者提供优化的代码来加速关键操作。幸运的是，Spark 在这两种环境下都可以很好地运行。不管你喜欢哪种 Spark，本书介绍的内容都适用。

附录 C

一些有用的 Python 内容

Python 是一门迷人而复杂的语言。虽然有大量的初学者学习指南来介绍基础知识，但很少讨论 Python 的一些新的或更复杂的方面。本附录将简单介绍 Python 的中级到高级的一些概念，这些概念对使用 PySpark 会很有用。

C.1 列表推导式

列表推导式是 Python 的一种结构，一旦你理解了它，就会喜欢上这种简洁的编码方式。本质上，它们不过是对列表的迭代。它们的优势来自它们的简洁性和可读性。我们会在第 4 章开始使用它们，为 select()和 drop()等方法提供多列，通常用于选择/删除一部分列。

在使用列表、元组和字典时，经常需要对列表中的每个元素进行操作。为此，可以使用 for 循环，如代码清单 C-1 的前半段所示，在其中创建一个要在数据帧中删除列的列表。这是完全可行的，虽然有点长，但也只有 5 行代码。

我们还可以使用列表推导式(list comprehension)代替列表的创建和迭代。这样就可以避免无用的变量赋值，如代码清单 C-1 的后半部分所示。与循环方法相比，焦点也直接放在 drop()方法上，在该方法中，我们更多地专注于创建列的子集。

代码清单 C-1　将函数应用于数据帧的每一列

```
# Without a list comprehension

to_delete = []
for col in df.columns:
     if "ID" in col:
          to_delete.append(col)

df = f.drop(*to_delete)

# With a list comprehension

df = df.drop(*[col for col in df.columns if "ID" in col])
```

考虑到 PySpark 可以使用 Column 对象在主代码之外存储计算结果，列表推导式就特别有用。例如，在代码清单 C-2 中，可以利用第 9 章末尾的 gsod 数据来计算 temp 和 temp_norm 的最大值，而无须键入所有内容。我们还通过星号操作符进行参数解包。(更多细节请参见 C.2 节。)

代码清单 C-2 计算 temp 和 temp_norm 的最大值

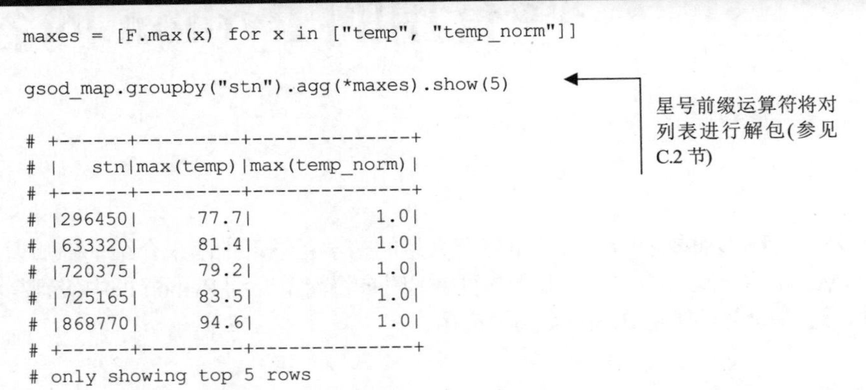

```
maxes = [F.max(x) for x in ["temp", "temp_norm"]]

gsod_map.groupby("stn").agg(*maxes).show(5)

# +------+---------+--------------+
# |   stn|max(temp)|max(temp_norm)|
# +------+---------+--------------+
# |296450|     77.7|           1.0|
# |633320|     81.4|           1.0|
# |720375|     79.2|           1.0|
# |725165|     83.5|           1.0|
# |868770|     94.6|           1.0|
# +------+---------+--------------+
# only showing top 5 rows
```


从视觉上看，在图 C-1 中，我们可以想象这样一个过程，即根据作为输入的前一个列表(通过列表推导式中的关键字 in)构建新列表。结果是一个新列表，其中的每个元素都来自输入列表，并在开始时通过函数进行处理。

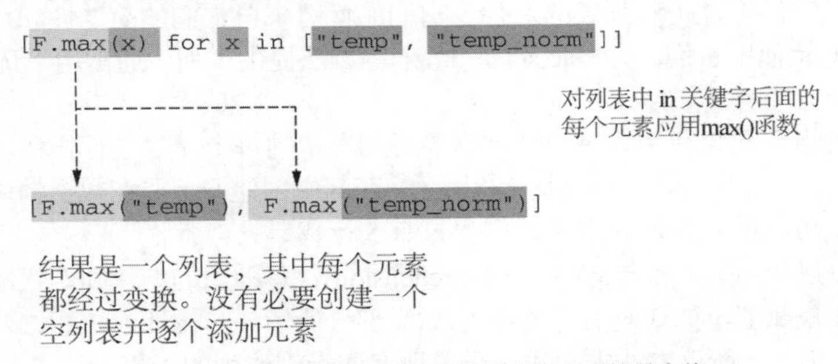

图 C-1 使用简单的列表推导式计算多个列的最大值

列表推导式可以变得很复杂(见图 C-2)。下面是一个示例，有两个输入列表和一个 if 子句用来筛选结果(见代码清单 C-3)。

代码清单 C-3 一个更复杂的列表推导式

```
print([x + y for x in [0, 1, 2] for y in [0, 1, 2] if x != y])

# => [1, 2, 1, 3, 2, 3]
```

包含多个列表进行迭代将生成输入列表的笛卡尔积。在这里，在筛选之前有 9 个元素

```
[x + y for x in [0, 1, 2] for y in [0, 1, 2] if x != y]
```

```
[(0+0), (0+1), (0+2), (1+0), (1+1), (1+2), (2+0), (2+1), (2+2)]
```

```
[1, 2, 1, 3, 2, 3]
```

输入列表中的每个值的组合都在输出列表中，除非它们被筛选

图 C-2　一个更复杂的列表推导式。输入列表中元素的每个组合都在输出列表中，除非用 if 子句筛选它们

C.2　打包和解包参数(*args 和**kwargs)

许多 Python 和 PySpark 函数和方法可以使用数量不定的参数。举个例子，在 PySpark 中，可以使用相同的方法 select()来选择一列、两列、三列等。在底层，Python 使用参数打包和解包来实现这种灵活性。本节以 PySpark 操作为背景，介绍参数的打包和解包。知道何时以及如何利用这些技术，将有助于让代码更健壮、更简单。

事实上，一些 PySpark 的最常用的数据帧方法，如 select()、groupby()、drop()、summary()和 describe()(有关这些方法的更多内容，请参阅第 4 章和第 5 章)，可以处理任意数量的参数。在文档中可以看到，参数以*作为前缀，就像 drop()一样。这就是我们如何识别一个方法/函数是否可以使用多个参数：

```
drop(*cols)
```

如果你从未见过这种语法，可能会觉得有点困惑。但它非常有用，尤其是在 PySpark 的环境下，因此值得学习它。

以 drop()为例，假设有一个简单的 4 列数据帧，如代码清单 C-4 所示。这些列被命名为 feat1、pred1、pred2 和 feat2；假设 feat 列是特征，pred 列是 ML 模型的预测。在实践中，我们可能想要删除任意数量的列，而不仅仅是两列。

代码清单 C-4　带有 4 列的数据帧

```
sample = spark.createDataFrame(
    [[1, 2, 3, 4], [2, 2, 3, 4], [3, 2, 3, 4]],
    ["feat1", "pred1", "pred2", "feat2"],
)
sample.show()
# +-----+-----+-----+-----+
# |feat1|pred1|pred2|feat2|
# +-----+-----+-----+-----+
# |    1|    2|    3|    4|
# |    2|    2|    3|    4|
# |    3|    2|    3|    4|
# +-----+-----+-----+-----+
```

删除所有前缀为 pred 的列的最佳方法是什么？一种解决方案是将列的名称直接传递给 drop，例如 sample.drop("pred1", "pred2")。只要这两列的名称正确，那么删除操作就可以顺利执行。如果我们有 pred3 和 pred74 呢？

我们在第 5 章已经看到，对于给定的数据帧 sample，可以利用列表推导式(更多信息参见 C.1 节)，使用 sample.columns 处理列的列表(见代码清单 C-5)。这样，就可以很容易地处理以 pred 开头的列。

代码清单 C-5 筛选 sample 数据帧中的列

```
to_delete = [c for c in sample.columns if str.startswith(c, "pred")]
print(to_delete)  # => ['pred1', 'pred2']
```

如果我们尝试执行 sample.drop(to_delete)操作，会得到 TypeError:col should be a string or a Column 错误消息。drop()接收多个参数，每个参数要么是一个字符串，要么是一列，而我们给出的是一个字符串列表。应该输入*args，也称为参数打包和解包。

*前缀操作符有两种用法：当在函数中使用它时，它将解包参数，使其看起来像是单独传递的。在函数定义中使用时，它将函数调用的所有参数封装到一个元组中。

C.2.1 参数解包

让我们从解包开始，因为这是我们现在面临的情况。我们需要从每个元素中提取一个字符串列表，并将其作为参数传递给 drop()。在 drop()中给 to_delete 添加一个星号前缀，就像代码清单 C-6 一样，就可以达到目的。

代码清单 C-6 使用参数解包操作符一次性删除多列

```
sample.drop(*to_delete).printSchema()
# root
#  |-- feat1: long (nullable = true)
#  |-- feat2: long (nullable = true)
```

pred1 和 pred2 已经被删除

我喜欢把参数解包想象成一个语法转换，星号“吃掉”元组或列表的“括号”，只保留其中的元素。这是最好的视觉表达方式。在图 C-3 中，我们看到了具体实现：将星号作为前缀添加到*to_delete，相当于将列表中的每个元素作为不同的参数传递。

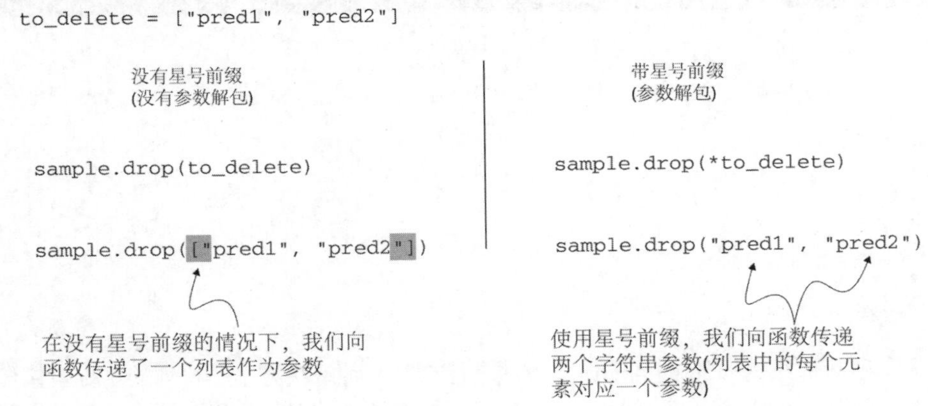

图 C-3 在列表/元组参数前加上一个星号，将每个元素“解包”为不同的参数值

C.2.2　参数打包

现在解包工作已经完成了，那打包呢？为此，让我们创建一个简单的 drop()实现。第 4 章介绍过，drop 等同于对那些不想被删除的列执行 select()操作。drop()需要接收可变数量的参数。代码清单 C-7 给出了一个简单的实现。

代码清单 C-7　实现了一个与 drop()方法等价的简单方法

```
def my_drop(df, *cols):
    return df.select(*[x for x in df.columns if x not in cols])
```

将每个参数(除了第一个 df)打包到一个名为 cols 的元组中

定义函数后，可以看到 Python 如何将“pred1”和“pred2”参数封装到一个名为 cols 的元组中，以便在函数中使用。同样，可以使用相同的*前缀解包参数列表，如图 C-4 的右侧所示。

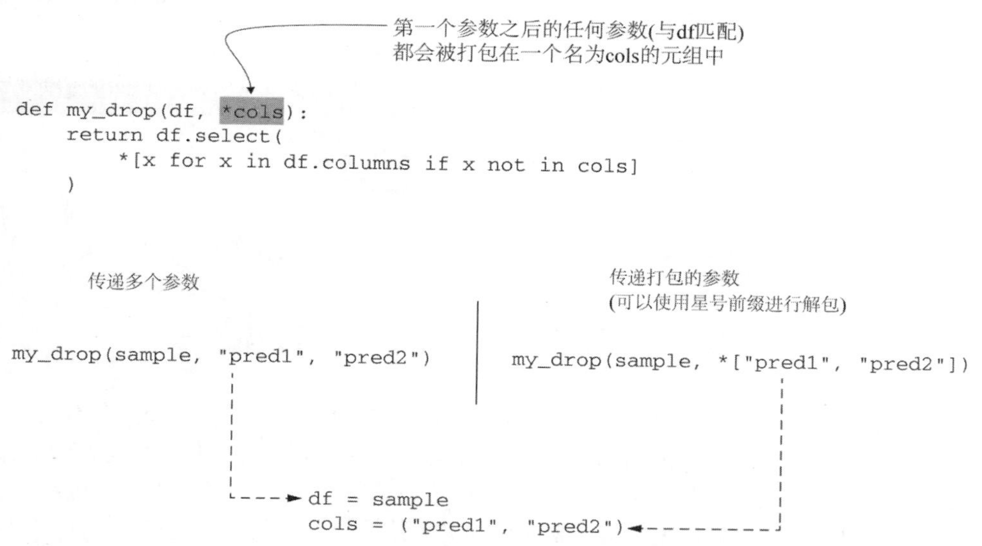

图 C-4　在函数定义中使用*args。第一个参数之后的每个参数都被打包到一个名为 cols 的元组中

C.2.3　打包和解包关键字参数

Python 还通过前缀运算符**接受打包和解包关键字参数。如果你看到一个签名中带有**kwargs 的函数，如图 C-5 所示，这意味着它会将命名参数打包到一个名为 kwargs 的字典中(你不必将它命名为 kwargs，就像你不必为打包或解包参数命名 args 一样)。PySpark 不经常使用它，只是把它留给带有选项的方法来使用。DataFrame.orderBy()就是最好的例

子，其中 ascending 作为关键字参数。

参数打包和解包使 Python 函数更加灵活：我们不必实现用于选择 1 列、2 列或 3 列的 select1()、select2()、select3()。它还使语法更容易记住，因为我们不必为了函数运行方便而将要选择的列打包到一个列表中。它还有助于让 Python 静态类型工具更方便，这正是下一节的主题。

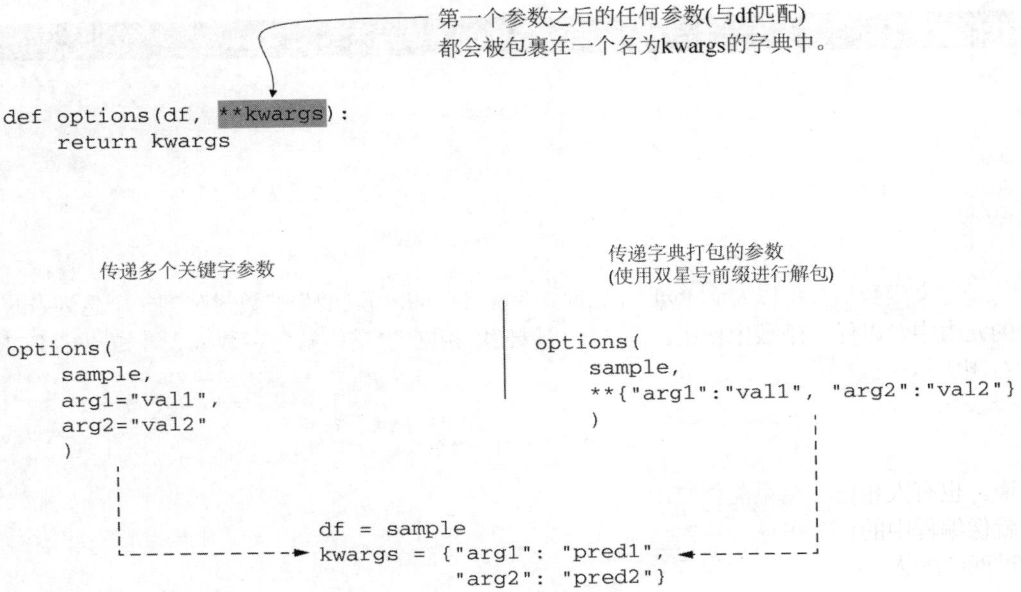

第一个参数之后的任何参数(与df匹配)
都会被包裹在一个名为kwargs的字典中。

```
def options(df, **kwargs):
    return kwargs
```

传递多个关键字参数

```
options(
    sample,
    arg1="val1",
    arg2="val2"
    )
```

传递字典打包的参数
(使用双星号前缀进行解包)

```
options(
    sample,
    **{"arg1":"val1", "arg2":"val2"}
    )
```

```
df = sample
kwargs = {"arg1": "pred1",
          "arg2": "pred2"}
```

图 C-5 关键字参数打包和解包：参数名是字典的键，参数值是字典中对应的值

C.3 Python 中的 typing、mypy 和 pyright

Python 是一种强类型的动态语言。在我学习编程的时候，记得许多经验丰富的开发人员经常会使用 typing、mypy 和 pyright。我还记得，当我问："那是什么意思？"时，他们都投来疑惑的目光。本节从强类型和动态类型的工作定义开始，然后回顾 Python，更具体地说是 PySpark，如何使用类型来简化和提高数据处理和分析代码的稳健性。

谈到编程语言时，强类型意味着每个变量都有一个类型。例如，在 Python 中，语句 a = "the letter a"将 the letter a 赋值给变量 a。这意味着对 a 执行的任何操作都需要有一个适用于字符串的实现。有些语言，如 Python，在类型上更灵活，只要定义了行为，它们允许一些函数被应用于多种类型。让我们以字符串为例：在代码清单 C-8 中，可以看到，虽然不能把 a 和 1 进行相加，但可以把一个字符串"加"成一个更长的字符串。在 Python 中，每个变量都有一个类型，在执行操作时，这个类型很重要：+操作符不能用于 int 和 str，但可以用于两个 int 或两个 str。

代码清单 C-8　数字之间和字符串之间的加法(拼接)

```
>>> a = "the letter a"

>>> a + 1
Traceback (most recent call last):
   File "<stdin>", line 1, in <module>
TypeError: cannot concatenate 'str' and 'int' objects

>>> a + " but not the letter b"
'the letter a but not the letter b'
```

弱类型语言可以在传入 a + 1 时执行某些操作，而不是抛出类型错误。弱类型语言和强类型语言形成一个梯度，而不是两个家族；弱类型和强类型之间的明确界限仍然存在争议。在我们的例子中，只要记住 Python 对每个变量都有一个类型就足够了。在执行操作时，变量的类型很重要，而在不兼容的类型上执行操作，例如将字符串加 1，将导致类型错误。

Python 是动态类型的，这意味着在程序运行时将发生类型解析或类型错误。这与静态类型不同，静态类型意味着是在编译期间推断的类型。像 Haskell、OCaml 甚至 Java 这样的语言都是静态类型语言：Python 在执行类型不兼容的操作时将抛出运行时错误，而静态类型语言将拒绝直接运行程序，甚至拒绝编译源代码。严格类型还是动态类型哪个更好，这取决于个人偏好。有些人认为，严格类型可以在编码和消除类型错误时更加严谨。也有人相信，动态类型有助于完成工作，而不会被类型验证中多余的过程所干扰。就像编程中的许多事情一样，这是一个备受争议的话题，争议主要是那些没有广泛使用过两者的人。

Python 3.5 通过在语言中引入类型提示，略微改变了游戏规则。虽然这并不意味着 Python 现在是一种静态类型语言，但可选类型检查的介入，意味着我们可以获得静态检查的一些优势，而不必与它们所强制的非常严格的框架作斗争。

要开始进行类型检查，你需要一个类型检查器。最简单的开始方法是使用 mypy (http://mypy-lang.org/)；我在本节的示例中使用它。你还可以使用 pytype(来自谷歌)、Pyright/Pylance(来自微软，与 VS Code 捆绑)和 Pyre(来自 Facebook)的替代方案。PyCharm 还打包了一个类型检查工具。有关安装说明，请参阅你使用的编辑器/类型检查器的文档。

让我们创建一个类型不匹配的小示例。在代码清单 C-9 中，有一个明显的类型错误，我们再次将一个整数值与一个字符串进行相加。

代码清单 C-9　type_error.py：故意制造类型错误

```
def add_one(value: float):
       return value + 1


add_one("twenty")
```

通过将 value 标注为浮点数，我们表示可以传递 int 或 float(每个 int 都是浮点数，但不是每个浮点数都是 int)

“twenty”不是一个浮点数。这是一个类型错误

如果你已经配置了编辑器，让它在输入代码时进行类型检查，那么在输入代码清

单 C-9 的最后一行代码后，应该会立即出现一个错误。如果不是，请使用命令行工具 mypy 检查文件，如代码清单 C-10 所示。

代码清单 C-10　使用 mypy 命令行工具识别类型错误

```
$ mypy type_error.py
type_error.py:8: error: Argument 1 to "add_one"
has incompatible type "str"; expected "float"


Found 1 error in 1 file (checked 1 source file)
```

这是一个非常简单的例子，但当你设计自己的函数时，类型提示可能很有帮助。它们不仅可以指示函数的潜在用户期望(和返回)的参数类型，还可以帮助强制执行某些所需的行为并解释 TypeError。在 PySpark 中，它们用于分派一种 pandas UDF 类型(参见第 9 章)，不需要任何特殊的注释。作为示例，我复制了代码清单 C-11 中的 f_to_c 函数：该函数的签名是(degrees: pd.Series) -> pd.Series，这意味着它接收一个参数，必须是 pandas Series，并返回一个 pandas Series。PySpark 接收输入信息后，就自动知道这是一个 Series to Series UDF。在为 pandas UDF 引入类型提示之前，需要向装饰器添加第二个参数(参见 C.5 节)来帮助分派。

代码清单 C-11　在 f_to_c 函数中的添加提示

```
import pandas as pd
import pyspark.sql.types as T
import pyspark.sql.functions as F


@F.pandas_udf(T.DoubleType())
def f_to_c(degrees: pd.Series) -> pd.Series:
    """Transforms Farhenheit to Celcius."""
    return (degrees - 32) * 5 / 9
```

f_to_c 接收一个 Series 并返回一个 Series。这是因为它带有注释

本节最后介绍一些有用的类型构造函数，用于构建自己的函数。[有关更多信息，请参阅 PEP484 类型提示(https://www.python.org/dev/peps/pep-0484/)]。在使用 Python 3.8 时，所有 5 个构造函数，Iterator、Union、Optional、Tuple 和 Callable，都是从 typing 模块导入的[Python 3.9 的语义略有变化，无须显式导入即可使用它们；参见标准集合中的 PEP585 类型提示泛型(https://www.python.org/dev/peps/pep-0585/)]：

```
from typing import Iterator, Union, Optional, Callable
```

我们在第 9 章介绍过 Series 的迭代器中的 Iterator (单次迭代和多次迭代)。Iterator 类型提示意味着你正在处理一个可以迭代的集合，例如列表、字典、元组，甚至文件的内容。它表示将迭代这个变量，可能使用 for 循环。

Union 类型提示意味着在 union 中变量可以是任意一种类型。例如，许多 PySpark 函数的签名是 Union[Column, str]，这意味着它们接受一个 Column 对象(在 pyspark.sql 中)或一个字符串作为参数。Optional[...]等价于 Union[...，None]，在 Union 中，我们在省略号

中放入一个类型。

Tuple 是用于多个 Series UDF 的迭代器。由于元组(tuple)在 Python 中是不可变的(不能就地更改它们)，我们可以通过注释强制执行严格类型。一个由 3 个 pandasSeries 组成的元组就是 Tuple[pd.Series, pd.Series,pd.Series]。

Callable 将在下一节讨论，我们将在其中讨论 Python 闭包和 transform()方法。它指的是函数的类型(一个接收参数以返回另一个对象的对象)。例如，代码清单 C-11 中的 add_one 函数的类型是 Callable[[float], float]：第一个位置的列表是输入参数，第二个是返回值。

在结束本节之前，我建议你使用类型提示作为工具。因为类型检查是 Python 最近才加入的，所以还不够完善，不同类型的检查器的覆盖率也不均衡。人们很容易痴迷于寻找完美的类型签名，这会浪费用于完成更有意义工作的宝贵时间。

C.4　Python 闭包和 PySpark transform()方法

如果我用几个字总结本节，我想说，你可以在 Python 中创建返回函数的函数。在使用高阶函数(如第 8 章中介绍的 map()和 reduce())时，这可能很有用。在使用 PySpark 转换数据时，这也开启了一种可选的，但非常有用的代码模式。

第 1 章介绍了方法链，这是组织数据转换代码的首选方式。我们在第 3 章中提交的作业代码(见代码清单 C-12)很好地说明了这个概念：左侧的一列圆点，每一行都是对前一个应用返回的数据帧调用的方法。

代码清单 C-12　单词计数提交程序，以及它的一系列方法链

```
results = (
    spark.read.text("./data/gutenberg_books/1342-0.txt")
    .select(F.split(F.col("value"), " ").alias("line"))
    .select(F.explode(F.col("line")).alias("word"))
    .select(F.lower(F.col("word")).alias("word"))
    .select(F.regexp_extract(F.col("word"), "[a-z']*", 0).alias("word"))
    .where(F.col("word") != "")
    .groupby(F.col("word"))
    .count()
)
    ^
```

代码对齐是为了突出方法链

如果不需要使用 select()、where()、groupby()、count()或任何数据帧 API 提供的现成方法，该怎么办？

输入 transform()方法。transform()方法接收一个参数：一个接收单个参数的函数。它返回将函数应用于数据帧的结果。例如，假设我们要计算给定列的模数。让我们创建一个函数(见代码清单 C-13)，它将数据帧作为参数，并将列的模数作为新列返回。我们的函数有 4 个参数：

- 数据帧本身
- 旧列的名称
- 新列的名称
- 模数值

代码清单 C-13　带有 4 个参数的 modulo_of 函数

```
def modulo_of(df, old_column, new_column, modulo_value):
    return df.withColumn(new_column, F.col(old_column) % modulo_value)
```

如果我们想将此函数应用于数据帧，则需要像普通函数一样应用该函数，例如 modulo_of(df, "old", "new", 2)。这打破了方法链，使函数应用和方法应用之间的代码变得混乱。要将 transform()方法与 modulo_of()一起使用，需要使其成为单个参数(数据帧)的函数。

在代码清单 C-14 中，我们重写了 modulo_of 函数来实现这个约定。modulo_of()的返回值是一个函数/callable，接收一个数据帧作为参数，并返回一个数据帧。为了返回一个函数，我们创建了一个_inner_func()，它接受一个数据帧作为参数，并返回转换后的数据帧。_inner_func()可以访问传递给 modulo_of()的参数，即 new_name、old_col 和 modulo_value。

代码清单 C-14　重写 modulo_of 函数

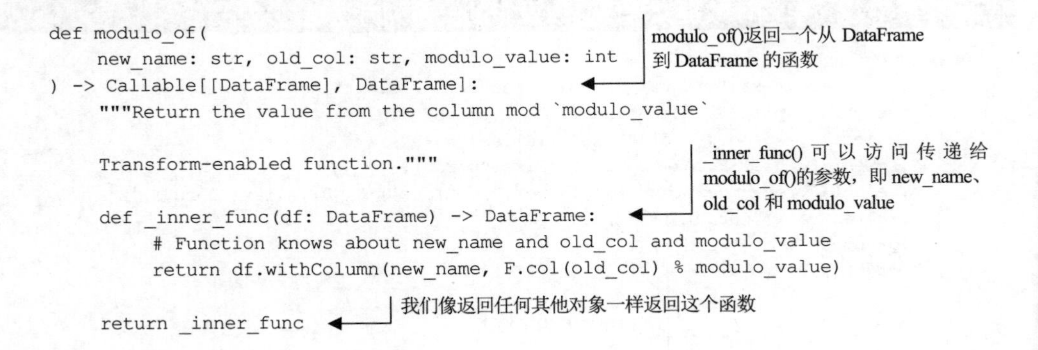

```
from typing import Callable
from pyspark.sql import DataFrame


def modulo_of(
    new_name: str, old_col: str, modulo_value: int
) -> Callable[[DataFrame], DataFrame]:
    """Return the value from the column mod `modulo_value`

    Transform-enabled function."""

    def _inner_func(df: DataFrame) -> DataFrame:
        # Function knows about new_name and old_col and modulo_value
        return df.withColumn(new_name, F.col(old_col) % modulo_value)

    return _inner_func
```


它是如何工作的？

- 在 Python 中，函数可以返回函数，就像任何其他对象一样。
- Python 中在函数内部创建的函数可以访问定义它的环境(定义的变量)。以_inner_func()为例，我们创建的辅助函数 DataFrame→DataFrame 可以访问 new_name、old_col 和 modulo_value。即使我们结束了封闭的函数块，这也仍然可以运行。这称为函数闭包(closure)，生成的函数称为闭包(closure)。

- 结果类似于部分求值函数，我们在第一个“应用程序”中设置所有参数，然后在第二个数据帧中设置数据帧。

现在，可以简单地对新创建的“transform-enabled”函数使用 transform()。

代码清单 C-15　将 modulo_of()函数应用到样本数据帧

```
df = spark.createDataFrame(
    [[1, 2, 4, 1], [3, 6, 5, 0], [9, 4, None, 1], [11, 17, None, 1]],
    ["one", "two", "three", "four"],
)

(
    df.transform(modulo_of("three_mod2", "three", 2))
    .transform(modulo_of("one_mod10", "one", 10))
    .show()
)

# +---+---+-----+----+----------+---------+
# |one|two|three|four|three_mod2|one_mod10|
# +---+---+-----+----+----------+---------+
# |  1|  2|    4|   1|         0|        1|
# |  3|  6|    5|   0|         1|        3|
# |  9|  4| null|   1|      null|        9|
# | 11| 17| null|   1|      null|        1|
# +---+---+-----+----+----------+---------+
```

要结束循环，如果想像函数一样使用新的 modulo_of()函数，而不使用 transform()，该怎么办？我们只需要应用它两次：第一个应用将返回一个以数据帧作为唯一参数的函数。第二个应用将返回转换后的数据帧：

```
modulo_of("three_mod2", "three", 2)(df)
```

Transform-enabled 函数对于编写高性能和可维护的程序不是必需的。另一方面，通过转换方法嵌入任意逻辑，保持了方法链的代码组织模式。这将产生更清晰、更易读的代码。

C.5　Python 装饰器：包装函数以改变其行为

装饰器，至少在我们遇到它们的上下文中，是一种允许在不改变代码体的情况下修改函数的结构。它们是非常简单的结构，但看起来很复杂，因为它们的语法非常独特。装饰器依赖于 Python 将函数视为对象的能力：你可以将它们作为参数传递，并从函数中返回它们(参见 C.4 节)。简言之，装饰器是一种简化的语法，它将函数包装在作为参数传递的函数周围。

装饰器可以实现很多事情。因此，我们最好关注 PySpark 中如何使用它们。在 PySpark 中，我们使用 Python 装饰器将函数转换为 UDF (regular 或 vectorized/pandas)。举个例子，回顾一下第 9 章中创建的 f_to_c() UDF(见代码清单 C-16)。回想一下 pandas_udf 装饰器的工作原理，当将其应用于函数(这里是 f_to_c())时，该函数不再应用于 pandas Series。装饰器将其转换为可以应用到 Spark Column 上的 UDF。

代码清单 C-16 f_to_c UDF

```
@F.pandas_udf(T.DoubleType())
def f_to_c(degrees: pd.Series) -> pd.Series:
    """Transforms Farhenheit to Celcius."""
    return (degrees - 32) * 5 / 9
```

应用了装饰器后，f_to_c 函数就不再是 pandas Series 上的简单函数，而是要在 Spark 数据帧上使用的向量化 UDF

在底层，创建 UDF 需要一些 JVM (Java 虚拟机，因为 Spark 是用 Scala 编写的，PySpark 利用 Java API)操作。我们可以使用 pandas_udf()装饰器的伪代码(见代码清单 C-17)，以便在需要时更好地理解装饰器的工作原理以及如何创建装饰器。

装饰器是函数——为了完整起见，我们可以有装饰器类，但 PySpark 面向用户的 API 不会使用它们——至少接受一个函数 f 作为参数。通常，装饰器在返回(它的返回值)之前，会围绕函数 f 执行额外的工作。

代码清单 C-17 pandas_udf 装饰器函数的伪代码

```
def pandas_udf(f, returnType, functionType):

    Step 1: verify the returnType to ensure its validity (either
        `pyspark.sql.types.*` or a string representing a PySpark data type).

    Step 2: assess the UDF type (functionType) based on the signature (Spark 3)
    or the PandasUDFType (Spark 2.3+))

    Step 3: Create the UDF object wrapping the function `f` passed as an
    argument (in PySpark, this is done through the
            `pyspark.sql.udf._create_udf()` function)

    Return: the newly formed UDF from step 3.
```

下面创建一个装饰器 record_counter，它会对转换数据帧前后的记录数进行计数和打印。record_counter 只接收一个参数，即我们要修饰的函数，并返回一个包装器，它计算记录数，应用函数，计算函数结果的记录数，返回函数的结果(见代码清单 C-18)。

代码清单 C-18 一个简单的装饰器函数

我们应用了这个函数，并将返回值保存在包装函数的末尾

我们在装饰器函数中创建一个函数，就像 transform-enabled 函数一样。这个函数就是应用装饰器后返回的函数

```
def record_counter(f):


    def _wrapper(value):
        print("Before: {} records".format(value.count()))
        applied_f = f(value)
```

在实际应用作为参数传递的函数之前，打印出记录的数量

```
        print("After: {} records".format(applied_f.count()))
        return applied_f

    return _wrapper
```

我们返回函数的结果。忘记这一点意味着用 record_counter 装饰函数将不会返回任何内容

将包装器作为装饰器函数的结果返回

要为函数应用装饰器，需要在函数定义前加上@record_counter 前缀(见代码清单 C-19)。Python 将装饰器后面的函数赋值为 record_counter 的第一个实参。当应用一个除了函数之外没有其他参数的装饰器时，不必在装饰器名称后面加上圆括号()。

代码清单 C-19　将 record_counter 应用于函数

```
@record_counter
def modulo_data_frame(df):
    return (
        df.transform(modulo_of("three_mod2", "three", 2))
        .transform(modulo_of("one_mod10", "one", 10))
        .show()
    )
```

将装饰器放在函数定义的顶部。由于装饰器没有额外的参数，因此不需要在末尾添加括号

由于装饰函数也是函数，可以像使用任何函数一样使用它。在 pandas UDF 的例子中，装饰器实际上改变了对象的性质，因此它的使用方式不同，但仍然有函数的味道(见代码清单 C-20)。

代码清单 C-20　像使用任何其他函数一样使用装饰函数

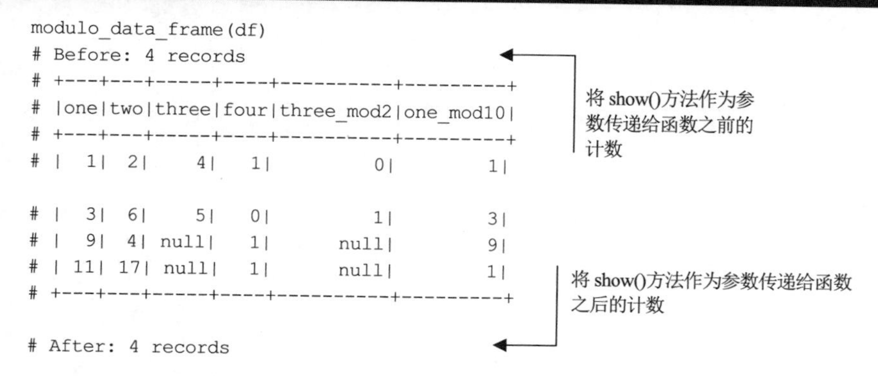

```
modulo_data_frame(df)
# Before: 4 records
# +---+---+-----+----+----------+---------+
# |one|two|three|four|three_mod2|one_mod10|
# +---+---+-----+----+----------+---------+
# |  1|  2|    4|   1|         0|        1|

# |  3|  6|    5|   0|         1|        3|
# |  9|  4| null|   1|      null|        9|
# | 11| 17| null|   1|      null|        1|
# +---+---+-----+----+----------+---------+

# After: 4 records
```


因为装饰器函数也是一个函数，所以我们也可以不用@pattern 来使用它。为此，我们使用常规函数 record_counter()，并将结果赋值给一个变量(见代码清单 C-21)。我个人认为装饰器模式非常有吸引力和整洁，因为它避免了有两个变量：一个用于原始函数(modulo_data_frame2)，一个用于被装饰的函数(modulo_data_frame_d2)。

代码清单 C-21　通过使用常规的函数应用来避免装饰器模式

```
def modulo_data_frame2(df):
    return (
```

```
            df.transform(modulo_of("three_mod2", "three", 2))
            .transform(modulo_of("one_mod10", "one", 10))
            .show()
        )


    modulo_data_frame_d2 = record_counter(modulo_data_frame2)
```

最后，在使用 UDF 时，仍然可以通过 func 属性访问原始函数(处理 Python 或 pandas 对象的函数)。如代码清单 C-22 所示。当对用户定义的函数进行单元测试时，这很有用。它还可以确保 pandas 和 PySpark 之间的行为一致。

代码清单 C-22　通过 func 属性从 UDF 访问原始函数

```
print(f_to_c.func(pd.Series([1,2,3])))
# 0    -17.222222
# 1    -16.666667
# 2    -16.111111
# dtype: float64
```

在 PySpark 中，装饰器可以指示函数是用户定义的(也可以指示函数的类型)。因为装饰器是常规的 Python 语言结构，我们并不局限于只将它们用于 UDF：每当你想要向一组函数添加新功能(我们演示了日志记录)时，装饰器都是一个可读性极高的选择。